高等学校试用教材

Gonglu Huanjing Yu Jingguan Sheji

公路环境与景观设计

刘朝晖　秦仁杰　主编

张起森　主审

人民交通出版社

内 容 提 要

本书为面向21世纪交通版高等学校教材,本教材系统地介绍了环境及环境工程学的基本原理、方法及其在公路环境工程与环境景观设计中的应用。全书共分十章,第一章绪论,主要介绍环境、环境问题、公路环境及公路环境保护的基本概念,环境与可持续发展的基本关系,环境工程学的基本内容与公路环境问题;第二章介绍生态学基本知识与公路生态环境问题;第三章介绍公路环境自然资源的利用与保护;第四章至第七章以环境污染控制工程的基本理论为基础,介绍公路水环境污染防治、公路空气污染防治、公路噪声污染控制以及公路其他环境问题控制等;第八章介绍环境质量评价原理与方法及公路环境评价;第九章介绍公路环境管理与环境监测;第十章介绍公路环境景观设计,公路环境影响恢复。本教材编写中以介绍环境工程的基本知识为基础,强调如何在公路景观环境工程中应用环境工程基本理论。

本书可作为工科院校土木工程专业本、专科必修或选修课教材,也可作为交通运输学科、土木工程学科硕士研究生选修课教材,亦可供有关工程技术人员与管理人员参考。

图书在版编目（CIP）数据

公路环境与景观设计/刘朝晖,秦仁杰主编. —北京:
人民交通出版社,2003.8 (2022.1重印)
ISBN 7-114-04763-0

Ⅰ.公... Ⅱ.①刘... ②秦... Ⅲ.公路－景观－设
计 Ⅳ.U412.36

中国版本图书馆 CIP 数据核字 (2003) 第 063762 号

高等学校试用教材
公路环境与景观设计
刘朝晖 秦仁杰 主编
张起森 主审

正文设计:王静红 责任校对:刘 芹 责任印制:刘高彤
人民交通出版社出版发行
100013 北京和平里东街10号 010－64216602)
各地新华书店经销
北京虎彩文化传播有限公司印刷
开本:787×1092 1/16 印张:17.25 字数:416 千
2003 年 9 月 第 1 版
2022 年 1 月 第 1 版 第 2 次印刷
定价:45.00 元
ISBN 7-114-04763-0

总 序

　　当今世界,科学技术突飞猛进,全球经济一体化趋势进一步加强,科技对于经济增长的作用日益显著,教育在国家经济与社会发展中所处的地位日益重要。进入新世纪,面对国际国内经济与社会发展所出现的新特点,我国的高等教育迎来了良好的发展机遇,同时也面临着巨大的挑战,高等教育的发展处在一个前所未有的重要时期。其一,加入 WTO,中国经济已融入到世界经济发展的进程之中,国家间的竞争更趋激烈,竞争的焦点已更多地体现在高素质人才的竞争上,因此,高等教育所面临的是全球化条件下的综合竞争。其二,我国正处在由计划经济向社会主义市场经济过渡的重要历史时期,这一时期,我国经济结构调整将进一步深化,对外开放将进一步扩大,改革与实践必将提出许多过去不曾遇到的新问题,高等教育面临加速改革以适应国民经济进一步发展的需要。面对这样的形势与要求,党中央国务院提出扩大高等教育规模,着力提高高等教育的水平与质量。这是为中华民族自立于世界民族之林而采取的极其重大的战略步骤,同时,也是为国家未来的发展提供基础性的保证。

　　为适应高等教育改革与发展的需要,早在 1998 年 7 月,教育部就对高等学校本科专业目录进行了第四次全面修订。在新的专业目录中,土木工程专业扩大了涵盖面,原先的公路与城市道路工程,桥梁工程,隧道与地下工程等专业均纳入土木工程专业。本科专业目录的调整是为满足培养"宽口径"复合型人才的要求,对原有相关专业本科教学产生了积极的影响。这一调整是着眼于培养 21 世纪社会主义现代化建设人才的需要而进行的,面对新的变化,要求我们对人才的培养规格、培养模式、课程体系和内容都应作出适时调整,以适应要求。

　　根据形势的变化与高等教育所提出的新的要求,同时,也考虑到近些年来公路交通大发展所引发的需求,人民交通出版社通过对"八五"、"九五"期间的路桥及交通工程专业高校教材体系的分析,提出了组织编写一套面向 21 世纪的具有鲜明交通特色的高等学校教材的设想。这一设想,得到了原路桥教学指导委员会几乎所有成员学校的广泛响应与支持。2000 年 6 月,由人民交通出版社发起组织全国面向交通办学的 12 所高校的专家学者组成面向 21 世纪交通版高等学校教材(公路类)编审委员会,并召开第一次会议,会议决定着手组织编写土木工程专业具有交通特色的**道路专业方向**、**桥梁专业方向以及交通工程专业**教材。会议经过充分研讨,确定了包括**基本知识技能培养层次**、**知识技能拓宽与提高层次**以及**教学辅助层次**在内的约 130 种教材,范围涵盖**本科**与**研究生用**教材。会后,人民交通出版社开始了细致的教材编写组织工作,经过自由申报及专家推荐的方式,近 20 所高校的百余名教授承担约 130 种教材的主编工作。2001 年 6 月,教材编委会召开第二次会议,全面审定了各门教材主编院校提交的教学大纲,之后,编写工作全面展开。

　　面向 21 世纪交通版高等学校教材编写工作是在本科专业目录调整及交通大发展的背景下展开的。教材编写的基本思路是:(1)顺应高等教育改革的形势,专业基础课教学内容实现与土木工程专业打通,同时保留原专业的主干课程,既顺应向土木工程专业过渡的需要,又保持服务公路交通的特色,适应宽口径复合型人才培养的需要。(2)注重学生基本素质、基本能力的培养,将教材区分为二个主层次与一个辅助层次,即基本知识技能培养层次与知识技能拓宽与提高层次,辅助层次为教学参考用书。工作的着力点放在基本知识技能培养层次教材的编写上。(3)目前,中国的经济发展存在地区间的不平衡,各高校之间的发展也不平衡,因此,教材的编写要充分考虑各校人才培养规格及教学需求多样性的要求,尽可能为各校教学的开展提供一个多层次、系统而全面的教材供给平台。(4)教材的编写在总结"八五"、"九五"工作经验的基础上,注意体现原创性内容,把握好技术发展与教学需要的关系,努力体现教育面向现代化、面向世界、面向未来的要求,着力提高学生的创新思维能力,使所编教材达到先进性与实用性兼备。(5)配合现代化教学手段的发展,积极配套相应的教学辅件,便利教学。

教材建设是教学改革的重要环节之一,全面做好教材建设工作,是提高教学质量的重要保证。本套教材是由人民交通出版社组织,由原全国高等学校路桥与交通工程教学指导委员会成员学校相互协作编写的一套具有交通出版社品牌的教材,教材力求反映交通科技发展的先进水平,力求符合高等教育的基本规律。各门教材的主编均通过自由申报与专家推荐相结合的方式确定,他们都是各校相关学科的骨干,在长期的教学与科研实践中积累了丰富的经验。由他们担纲主编,能够充分体现教材的先进性与实用性。本套教材预计在二年内完全出齐,随后,将根据情况的变化而适时更新。相信这批教材的出版,对于土木工程框架下道路工程、桥梁工程专业方向与交通工程专业教材的建设将起到有力的促进作用,同时,也使各校在教材选用方面具有更大的空间。需要指出的是,该批教材中研究生教材占有较大比例,研究生教材多具有较高的理论水平,因此,该套教材不仅对在校学生,同时对于在职学习人员及工程技术人员也具有很好的参考价值。

21世纪初叶,是我国社会经济发展的重要时期,同时也是我国公路交通从紧张和制约状况实现全面改善的关键时期,公路基础设施的建设仍是今后一项重要而艰巨的任务,希望通过各相关院校及所有参编人员的共同努力,尽快使全套面向21世纪交通版高等学校教材(公路类)尽早面世,为我国交通事业的发展做出贡献。

面向21世纪交通版

高等学校教材(公路类)编审委员会

人民交通出版社

2001年12月

前　言

20 世纪 50 年代以来,日趋严重的环境问题引起了国内外人士的广泛关注,各国都采取各种手段和措施进行环境保护与环境污染防治。与此同时,各国开展了对环境保护与污染防治的理论、技术、政策、法规等的研究,逐步形成了环境科学及各门类学科,以寻求人类社会与环境协同演化,持续发展。

近年来,随着我国公路技术稳步发展,公路施工与营运过程中与周围环境的关系问题,如水污染、大气污染、噪声污染、水土流失、景观破坏等;对公路环境的影响评价与保护,如景观、野生动植物、水土保持、水污染、大气污染、行车噪声等,得到了广泛重视和深入研究。同时,我国在公路规划、设计、施工与养护管理的各个阶段,从公路自身的需求出发,采取各种措施在公路规划、线形设计时考虑避让文物、水源及村、镇等环境敏感点;尽可能少占农田、减少水土流失;对公路建设、设计过程中的路基边坡采取工程防护或植物防护措施;加强公路沿线景观的恢复,保护自然的风光和环境。公路建设中对环境的影响研究及景观设计变得日益重要。

本书系统地介绍了环境及环境工程学的基本原理、方法及其在公路环境工程与环境景观设计中的应用。全书共分十章,第一章绪论,主要介绍环境、环境问题、公路环境及公路环境保护的基本概念,环境与可持续发展的基本关系,环境工程学的基本内容与公路环境问题;第二章介绍生态学基本知识与公路生态环境问题;第三章介绍公路环境自然资源的利用与保护;第四章至第七章以环境污染控制工程的基本理论为基础,介绍公路水环境污染防治、公路空气污染防治、公路噪声污染控制以及公路其他环境问题控制等;第八章介绍环境质量评价原理与方法及公路环境评价;第九章介绍公路环境管理与环境监测;第十章介绍公路环境景观设计,公路环境影响恢复。教材编写以介绍环境工程的基本知识为基础,强调如何在公路景观环境工程中应用环境工程基本理论。

本书第一章、第二章由刘朝晖编写,第三章由秦仁杰编写,第四章、第五章、第六章由秦志斌编写,第七章由秦仁杰编写,第八章由巨锁基编写,第九章由刘朝晖编写,第十章由刘朝晖、秦仁杰编写。全书由刘朝晖、秦仁杰统稿主编,由张起森主审。

由于编者水平有限,在内容安排和取材等方面难免有不妥之处,敬请读者批评指正。

编　者
2003 年 7 月

目　录

第一章 绪 论

第一节 环境与环境科学

一、环境

环境是指人类和生物生存的空间。对于人类来说,环境是指可以直接和间接影响人类生存、生活和发展的空间以及各种自然因素和社会因素的总体。《中华人民共和国环境保护法》中称环境是指影响人类生存和发展的各种天然的和经过人工改造的自然因素的总体,包括大气、水、土地、矿藏、森林、草原、野生动物、野生植物、水生生物、名胜古迹、风景游览区、温泉、疗养区、自然保护区、生活居住区等。按照环境的自然和社会属性分类,环境包括自然环境和社会环境。

按照系统论观点,人类环境是由若干个规模大小不同、复杂程度有别、等级高低有序、彼此交错重叠、彼此互相转化变换的子系统所组成,是一个具有程序性和层次结构的网络。人们可以从不同的角度或以不同的原则,按照人类环境的组成和结构关系,将它划分为一系列层次,每一层次就是一个等级的环境系统,或称等类环境。根据不同原则,人类环境有不同的分类方法。通常的分类原则是:环境范围的大小、环境的主体、环境的要素、人类对环境的作用,以及环境的功能。

任何一个层次的环境系统,都是由低一级层次的各个子系统所组成,而它自身又是构成更高级环境系统的组成部分。系统和子系统是整体和部分的关系。在系统层序上,有些层次间的关系比较密切,有些层次间则可能出现较大的质变。根据其质变关系,可以将人类环境划分成不同的层次等级。当然,在层次结构上,由于主成分的分布不平衡,往往形成该层次的环境系统的中心和边缘的不同。两种不同类型的环境的交错地带,简称边际。边际属于两种相邻环境的过渡带,它通常具有此两种环境的特征和色彩。

二、环境要素

环境要素又称环境基质,是构成人类环境整体的各个独立的、性质不同的而又服从整体演化规律的基本物质组分,分自然环境要素与人工环境要素。目前研究较多的是自然环境要素。自然环境要素通常指:水、大气、生物、阳光、岩石、土壤等。

环境要素组成环境结构单元,环境结构单元又组成环境整体或环境系统。例如,由水组成水体,全部水体总称水圈;由大气组成大气层,整个大气层总称为大气圈;由土壤构成农田、草地、林地,由岩石构成岩体,全部土壤和岩体构成地球固体壳层;由生物体组成生物群落,全部生物群落组成生物圈,等等。阳光以其辐射能为环境要素提供能量。

环境要素具有一些十分重要的特点。它们不仅制约各环境要素间互相联系、互相作用的基本关系,而且是认识环境、评价环境、改造环境的基本依据。环境要素有如下特点:

(1)最少限制律。整个环境的质量不是由诸环境要素的平均状况决定的,而是受那个与最优状态差距最大的环境要素所控制,即环境质量取决于诸要素中处于"最劣状态"的那个环境要素,而不能用其余处于优良状态的环境要素去弥补,去替代。因此,在环境治理时,应遵循由差到优的顺序,依次改造每个环境要素,使之均衡达到最佳状态。

(2)等值性。任何一种环境要素对于环境质量的限制,只有当它们处于最差状态时才具有等值性。即诸环境要素不论其规模或数量上的不同,只要是一种独立的要素,那么它们对环境质量的限制作用是相同的。

(3)环境的整体性大于诸环境要素的个体之和。环境要素的相互联系、相互作用所产生的集体效应,是个体效应基础上质的飞跃,比组成该环境各个要素作用之"和"要丰富得多,复杂得多。因此,研究环境不但要研究单个要素的作用,还要研究整个环境的作用机制,综合分析其整体效应。

(4) 所有环境要素具有相互联系、相互依存的关系。从演化意义上讲,某些环境要素孕育着其他要素。在地球发展史上,岩石圈的形成为大气的出现提供了条件,岩石圈和大气圈的存在为水的产生提供了条件,前三者又为生物的产生与发展提供了条件。环境要素间的相互作用、相互联系是通过能量流的传递或转换来实现的,能量形式的转换又影响到整个环境要素间的相互制约关系。环境要素间还通过物质流的循环,即通过各个要素对物质的贮存、释放、转运等环节的调控,使全部环境要素联系在一起。

(一)自然环境

自然环境是指可以直接和间接地影响人类生存和发展的一切自然形成的物质和能量的总体。它是人类赖以生存和发展的物质基础。自然环境的分类比较多,按照其主要的环境组成要素,自然环境可分为大气环境、水环境、土壤环境、声环境等。

1. 大气环境

大气是自然环境的重要组成部分,是人类生存所必需的物质。在自然状态下,大气由混合气体、水汽和杂质组成。除去水汽和杂质的空气称为干洁空气。干洁空气中的三种主要气体——氮(N_2)、氧(O_2)、氩(Ar)的体积占大气总体的99.96%,其他各种气体含量合计不到0.1%。在地球表面向上,大约85km以内的大气层里,这些气体组分的含量几乎可认为是不变的,称为恒定组分。

在大气中还存在不定组分。一是来自自然方面(自然源),如火山爆发、森林火灾、海啸、地震等灾害形成的污染物,如尘埃、硫、硫化氢、硫氧化物、碳氧化物等;二是来自人类活动方面(人为源),如人类的生活消费、交通、工农业生产排放的废气等。

洁净的大气对生命来说是至关重要的。大气中超过洁净空气组成物质应有的浓度称为大气污染。大气污染使得大气质量恶化,对人类的生活、工作、健康及生态环境等都产生破坏。

2. 水环境

水是人类生存的基本物质,是社会经济发展的重要资源。水环境一般指河流、湖泊、沼泽、水库、地下水、冰川、海洋等地表贮水体中的水本身及水体中的物质和生物。

地球上约有97.3%的水是海水,人类生命活动和生产活动所必需的淡水水量有限,只占不到总水量的3%,可较容易地使用和开发的淡水量就更少,仅占总水量的0.3%,而且这部分淡水在时空的分布又很不均衡。

由于人类活动的加剧以及一些自然原因,水污染成为当今世界一个突出的环境问题。造成污染的原因是水体受到了人类或自然因素的影响,使水的感观性状、物理化学性能、化学成分、生物组成及底质状况恶化,其中人为污染是最严重的。人为污染是指人类在生产和生活中产生的"三废"对水源的污染。水污染及其所带来的危害更加剧了水资源的紧张,对人类的健康和生存产生威胁。

防治水污染,保护水资源已成为当今人类的迫切任务。

3. 土壤环境

在地球陆地地表有多种自然体存在,其中土壤作为一个重要的独立的自然体发挥着不可替代的作用,是一个非常重要的环境要素。土壤环境是指土壤系统的组成、结构和功能特性及所处的状态。土壤是由矿物质、有机质、水分和空气等物质组成,是一个非常复杂的系统。土壤系统具有的独特结构和功能,不仅为人类和生物提供资源,而且对环境的自净能力和容量有着重大贡献。

土壤也是人类排放各种废弃物的场所,当进入土壤系统的各种物质数量超过了它本身所能承受的能力时,就会破坏土壤系统原有的平衡,发生土壤污染。同时土壤污染又会使大气、水体等进一步受到污染。

一些开发建设项目对土壤环境也产生诸如土壤侵蚀、土壤酸化、次生盐渍化等多方面的土壤污染影响。所以在社会经济发展的同时,注意保护土壤环境,协调两者的关系,加强土壤环境管理具有十分重要的意义。

4. 声环境

声音是充满自然界的一种物理现象。声是由物体振动而产生的,所以把振动的固体、液体和气体称为声源。声能通过固体、液体和气体介质向外界传播,并且被感受目标所接受。声学中把声源、介质、接受器称为声的三要素。

人类和生物的生存需要声音。对于人类来说,良好的声环境有利于正常的生活、工作和人们的健康。但是不良的、甚至是恶劣的声环境会直接影响人们的活动,对人类产生危害。这些不需要的声音,称为环境噪声。噪声污染的危害在于它直接对人体的生理和心理产生影响,诱发疾病,进而影响到人们的生活和工作。同时噪声对动物也存在不良影响。

环境噪声的来源,按污染种类可分为交通噪声、工厂噪声、施工噪声、社会生活噪声和自然噪声等。其中交通噪声是由各种交通运输工具在行驶中产生的。交通噪声大,影响区域分布最广,受危害的人数最多。对于噪声进行控制,保护良好的声环境是保护环境、保护人类的重要任务。

(二)社会环境

社会环境是人类在利用和改造自然环境中创造出来的人工环境和人类在生活和生产活动中所形成的人与人之间关系的总体。社会环境是人类活动的必然产物,是人类通过有意识的长期的劳动,加工和改造了自然物质,形成了人造物质,创造了物质生产体系,积累了物质文化,产生了精神文化的综合体。它包括了经济、政治、文化、道德、意识、风俗以及人类建造的各种建筑物、构筑物、其他形态和作用的人工物品等要素。

1. 社会环境的广义概念

对社会环境的上述解释,实质上是社会环境的广义概念。可以说社会环境包括了除自然环境以外的众多内容,如自然条件的利用、土地使用、基础设施、社会结构、经济发展、文化宗教、医疗教育、生活条件、文物古迹、旅游景观、环境美学和环境经济等内容,在一些特殊场合,也包括政治、军事等。

根据社会环境的广义概念,社会环境包括三个方面的基本内容,反映社会环境的结构、功能和外貌。

1)社群环境,反映社会群体的特征和结构。

(1)社会构成:包括性别、年龄、民族、种族、职业、家庭、宗教、社会团体和机构等;

(2)社会状况:包括健康水平、文化程度、居住环境、社会关系、生活习俗、通俗水平、就业与失业、娱乐、福利等;

(3)社会约束与控制系统:包括行政、法律、宗教、舆论等。

2)经济与生活环境,反映生产、生活环境及其结构。

(1)第一、第二产业:包括农业、工业等,相应的技术、设施、条件等称为生产环境;

(2)第三产业:绝大多数第三产业为生活服务和有关设施,属生活环境。

3)社会外观环境,包括自然与人文景观,即自然与人文的有形体与环境氛围协调配合的系统。

2.社会环境的狭义概念

社会环境的概念非常重要,但由于在环境科学中社会环境近些年才逐渐得到重视,对于它的意义、解释以及所包括的内容等,还没有较严格的界定。

有些文献对社会环境作了这样的解释,认为社会环境指的是人类的生活环境条件,如居住、交通、绿地、噪声、饮食、文化娱乐、商业和服务业。有些文献认为社会环境是与人类基本生活条件有关的环境,包括居住环境、交通、文化教育、商业服务以及绿化等要素,实际上是居民的衣食住行等方面;一个开发行动或一项拟建工程项目产生的社会环境影响表现在人体健康水平、劳动和休息条件、生态平衡、自然景观和文物古迹保护等。有些文献认为社会环境是城市居民环境,是人为环境,并提出了社会环境质量的三原则,即舒适原则、清洁原则和美学原则。这些解释实质上是社会环境狭义概念的解释。

(三)环境质量

所谓环境质量,一般是指在一个具体的环境内,环境的总体或环境的某些要素,对人群的生存和繁衍以及社会经济发展的适宜程度,是反映人群的具体要求而形成的对环境评定的一种概念。最早是在20世纪60年代,由于环境问题的日趋严重,人们常用"环境质量"的好坏来表示环境遭受污染的程度。显然,环境质量是对环境状况的一种描述,这种状况的形成,有来自自然的原因,也有来自人为的原因,而且从某种意义上说,后者是更重要的原因。人为原因是指:污染可以改变环境质量;资源利用的合理与否,同样可以改变环境质量;此外,人群的文化状态也影响着环境质量。

环境质量包括自然环境质量和社会环境质量。自然环境质量包括物理的、化学的和生物的质量等。按照自然环境的构成要素,自然环境质量可分为大气、水、土壤、声、生态等环境质量。

社会环境质量是人类精神文明和物质文明的标志。社会环境质量包括人口的、经济的、文化的、美学的等多方面的质量。各地区的基本条件不同、社会经济发展不同、人口密度不同、科学技术和文化水平不同,所以社会环境质量存在着明显的差异。衡量社会环境质量的标准是:是否适宜于人类健康地生存、生活和工作,是否具有良好的社会经济效益。

三、环境的功能特性

环境系统是一个复杂的,有时、空、量、序变化的动态系统和开放系统。系统内外存在物质和能量的变化和交换。系统对外部的各种物质和能量,通过外部作用,进入系统内部,这种过程称为输入;系统内部也对外界发生一定的作用,通过系统内部作用,一些物质和能量排放到系统外部,这种过程称为输出。在一定的时空尺度内,若系统的输入等于输出,就出现平衡,叫做环境平衡或生态平衡。

系统的内部,可以是有序的,也可以是无序的。系统的无序性,称为混乱度,也叫做熵。熵越大,混乱度越大,越无秩序。反之,则称为负熵,即系统的有序性。负熵越大,即伴随物质能量进入系统后,有序性增大。可见,系统的有序性,是依靠外界物质能量的输入来维持的;环境平衡就是保持系统的有序性。保持开放系统有序性的能力,称为稳定性;具有稳定性的开放系统,称为耗散结构。

系统的组成和结构越复杂,它的稳定性越大,越容易保持平衡;反之,系统越简单,稳定性越小,越不容易保持平衡。因为任何一个系统,除组成成分的特征外,各成分之间还具有相互作用的机制。这种相互作用越复杂,彼此的调节能力就越强;反之则弱。这种调节的相互作用,称为反馈作用,最常见的反馈作用是负反馈作用,它使系统具有自我调节的能力,以保持系统本身的稳定和平衡。

环境构成为一个系统,是由于在各子系统和各组成成分之间,存在着相互作用,并构成一定的网络结构。正是这种网络结构,使环境具有整体功能,形成集体效应,起着协同作用。环境的整体功能大于各子系统和各组成成分功能之和,这在环境要素的属性中也已提到过。

由于人类环境存在连续不断的和巨大而高速的物质、能量和信息的流动,表现出其对人类活动的干扰与压力,具有不容忽视的特性:

(1)整体性

人与地球环境是一个整体,地球的任何部分,或任何一个系统,都是人类环境的组成部分。各部分之间存在着紧密的相互联系、相互制约的关系。局部地区的环境污染或破坏,总会对其他地区造成影响和危害。所以人类的生存环境及其保护,从整体上看是没有地区界线、省界和国界的。

(2)有限性

这不仅是指地球在宇宙中独一无二,而且其空间也有限,有人称其为"弱小的地球"。这也同时意味着人类环境的稳定性有限,资源有限,容纳污染物质的能力有限,或对污染物质的自净能力有限。下面以环境对污染物的容纳能力或自净能力为例,加以说明。

环境在未受到人类干扰的情况下,环境中化学元素及物质和能量分布的正常值,称为环境本底值。环境对于进入其内部的污染物质或污染因素,具有一定的迁移、扩散和同化、异化的能力。在人类生存和自然环境不致受害的前提下,环境可能容纳污染物质的最大负荷量,称为环境容量。环境容量的大小,与其组成成分和结构、污染物的数量及其物理和化学性质有关。任何污染物对特定的环境及其功能要求,都有其确定的环境容量。由于环境的时、空、量、序的变化,导致物质和能量的不同分布和组合,使环境容量发生变化,其变化幅度的大小,表现出环境的可塑性和适应性。污染物质或污染因素进入环境后,将引起一系列物理的、化学的和生物的变化,而自身逐步被清除出去,从而环境达到自然净化的目的。环境的这种作用,称为环境自净。人类发展活动产生的污染物或污染因素,进入环境的量,超越环境容量或环境自净能力时,就会导致环境质量恶化,出现环境污染。这正说明存在环境有限性的特征。

(3)不可逆性

人类的环境系统在其运转过程中,存在两个过程:能量流动和物质循环。后一过程是可逆的,但前一过程不可逆,因此根据热力学理论,整个过程是不可逆的。所以环境一旦遭到破坏,利用物质循环规律,可以实现局部的恢复,但不能彻底回到原来的状态。当然,有时候是有意这样做的,否则就没有必要改造环境了。

(4)隐显性

除了事故性的污染与破坏(如森林大火、农药厂事故等)可直观其后果外,日常的环境污染与环境破坏对人们的影响,其后果的显现,要有一个过程,需要经过一段时间。如日本汞污染引起的水俣病,需要经过20年时间才显现出来;又如DDT农药,虽然已经停止使用,但已进入生物圈和人体中的DDT,还得再经过几十年才能从生物体中彻底排除出去。

(5)持续反应性

事实告诉人们,环境污染不但影响当代人的健康,而且还会造成世世代代的遗传隐患。目前中国每年出生有缺陷婴儿约300万,其中残疾婴儿约30万,这不可能与环境污染丝毫无关。历史上黄河流域生态环境的破坏,至今仍给炎黄子孙带来无尽的水旱灾害。

以上事例都说明,环境对其遭受的污染和破坏,具有持续反应特性。

(6)灾害放大性

实践证明,某方面不引人注目的环境污染与破坏,经过环境的作用以后,其危害性或灾害性,无论从深度和广度,都会明显放大。如上游小片林地的毁坏,可能造成下游地区的水、旱、虫灾害;燃烧释放出来的SO_2、CO_2等气体,不仅造成局部地区空气污染,还可能造成酸沉降,毁坏大片森林,大量湖泊不宜鱼类生存,或因温室效应,使全球气温升高,冰帽溶化,海水上涨,淹没大片城市和农田。又如,由于大量生产和使用氟氯烃化合物,破坏了大气臭氧层,结果不仅使人类皮癌患者增加,而且太阳光中能量较高的紫外线杀死地球上的浮游生物和幼小生物,断了大量食物链的始端,以致有可能毁掉整个生物圈。以上例子足以说明,环境对危害或灾害的放大作用是非常强大的。

但是,具有高度智能的人类,是干扰和调控环境的一个重要因素。历史的经验证明,人类的经济和社会发展,如果不违背环境的功能和特性,遵循客观的自然规律、经济规律和社会规律,那么人类就受益于自然界,人口、经济、社会和环境就协调发展;相反,则环境质量恶化,生态环境破坏,自然资源枯竭,人类必然受到自然界的惩罚。为此,人们要正确掌握环境的组成和结构、环境的功能和环境的演变规律,消除各项工作中的主观性和片面性。

四、环境问题

什么叫环境问题,二三十年前人们只局限在对环境污染或公害的认识上,因此那时把环境污染等同于环境问题,而地震、水、旱、风灾等则认为全属自然灾害。可是随着近几十年来经济的迅猛发展,自然灾害发生的频率及受灾的人数都在激增。以旱灾和水灾为例,全世界在20世纪60年代每年受旱灾人数185万人,受水灾人数244万人;而70年代则分别为520万人和1540万人,即受旱灾人数增加2.8倍,而受水灾人数增加6.3倍。又如1981年我国四川省连续发生两次大水灾,灾情非常严重,受灾人口11 180万人,倒塌房屋160万间,冲毁农田2000万亩,直接经济损失20亿元。究其原因,就是人口激增和大量砍伐林木,破坏植被,使四川省的森林覆盖率由50年代初的19%下降到70年代末的13%,一遇暴雨就丧失保持水土的能力,酿成人为的天灾。这些也都是环境问题。

因此环境问题,就其范围大小而论,可从广义和狭义两个方面理解。从广义理解,就是由自然力或人力引起生态平衡破坏,最后直接或间接影响人类的生存和发展的一切客观存在的问题。只是由于人类的生产和生活活动,使自然生态系统失去平衡,反过来影响人类生存和发展的一切问题,就是从狭义上理解的环境问题。

人类的环境问题可以分为两类。一类是由自然界自身变化所引发的"天灾",如地震、台风等,叫做原生环境问题或者第一类环境问题。另一类是由人类的活动所引发的"人祸",如臭氧层空洞、酸雨、全球气候变暖叫做第二类环境问题。

环境科学与环境保护研究的环境问题主要不是自然灾害问题(原生或第一环境问题),而是人为因素引起的环境问题(次生或第二环境问题)。人为环境问题通常分两类:一是不合理地开发利用自然资源,超出环境承受能力,使生态环境恶化或自然资源趋向枯竭;二是人口激增、城市化和工农业高速发展引起的环境污染和环境破坏。

环境污染一般是指由于人为的因素,环境的化学组成与物理状态发生了变化,与原来的情况相比,环境质量恶化,扰乱和破坏了生态系统和人们正常的生产和生活条件。环境破坏是指严重的环境污染或主要是对生物体的危害。具体来说,环境污染是指有害的物质,主要是工业的"三废"(废气、废水、废渣)对大气、水体、土壤和生物的污染。环境污染包括大气污染、水体污染、土壤污染、生物污染等由物质引起的污染和噪声污染、热污染、放射性污染、电磁辐射污染等由物理性因素引起的污染。环境破坏则是人类活动直接作用于自然界引起的,如乱砍滥伐引起的森林植被的破坏;过渡放牧引起的草原退化;大面积开垦草原引起的沙漠化;滥采滥捕使珍稀物种灭绝,危及地球物种多样性的特点,植被破坏引起的水土流失等等。

环境污染,根据其起因、机制和特点的不同,又可分为环境污染和环境干扰两类。环境污染是人类活动所排出的各种各样物质,作用于环境而产生的不良影响。其特点是污染源停止排出污染物以后,污染并不马上消失,还会存在较长的时间。环境污染包括水体污染、大气污染、土壤污染和生物污染等。环境干扰是人类活动排出的能量作用于环境而产生的不良影响,其特点是干扰源停止排出能量以后,干扰立即或很快消失。环境干扰包括噪声干扰、热干扰和电磁辐射干扰等。顺便指出,也有把"污染"和"干扰"统称为"污染因子(或因素)"的。

但是应该注意,原生和次生环境问题,往往难以截然分开,它们常常相互影响、相互作用。

(一)环境问题的由来与发展

随着人类的出现,生产力的发展和人类文明的提高,环境问题也相伴产生,并由小范围、低程度危害,发展到大范围、对人类生存造成不容忽视的危害,即由轻度污染、轻度破坏、轻度危害向重污染、重破坏、重危害方向发展。环境问题大致经历了四个阶段:

1. 环境问题的萌芽阶段(工业革命之前)

此阶段包括人类出现以后直至产业革命的漫长时期,所以又称为早期环境问题。工业革命以前的很长时期,人类主要以生活活动、生理代谢过程与环境间进行物质和能量转换,活动的主要方式是利用环境(资源)。可以说,在原始社会中,由于生产力水平极低,人类依赖自然环境,过着以采集天然动植物为生的生活。此时,人类主要是利用环境而很少有意识地改造环境。因此,虽然当时已经出现环境问题,主要是由于人口的自然增长及盲目的采伐和捕猎,但是并不突出,而且很容易被自然生态系统自身的调节能力所抵消。

到了奴隶社会和封建社会时期,由于生产工具不断进步,生产力逐渐提高,人类学会了驯化野生动植物,出现了耕作业与渔牧业的劳动分工,即人类社会的第一次劳动大分工。当人类进入农业和畜牧业时代后,人类改造环境的作用就越来越明显,同时也产生了相应的环境问题,如大量砍伐森林,破坏草原,盲目开垦,造成区域性的环境破坏。较突出的例子是古代经济比较发达的美索不达米亚等地,由于不合理的开垦和灌溉,后来都变成了荒芜不毛之地。中国黄河流域曾以其茂密的森林、茂盛的草原和肥沃的土地孕育了中国古代文明,自西汉末年和东汉时期起,由于进行了大规模开垦,森林和草原遭到了破坏,引起严重土壤侵蚀,水旱灾害频繁,致使地域内土地沟壑纵横交错,沙漠化程度日益严重。

2. 环境问题的发展恶化阶段(工业革命至 20 世纪 50 年代)

18 世纪中叶至 19 世纪中叶,生产史上出现了工业革命,使生产力大为提高,增强了人类利用和改造自然环境的能力,大规模地改变了环境的结构,因而改变了环境中的物质循环系统。与此同时也产生了新的环境问题。一些工业发达的城市和工矿区排出大量废弃物污染环境,环境污染事件不断发生。如 1873 年 12 月、1880 年 1 月、1882 年 2 月、1891 年 12 月和 1892年 2 月,英国伦敦曾多次发生可怕的毒烟雾事件;1930 年 12 月,比利时马斯河谷工业区工厂排放的有害气体,在逆温条件下造成了严重的大气污染事件,使几千人发病,60 人死亡;19 世纪后期,日本足尾铜矿区排出的废水污染了大片农田等。由于工业生产和消费过程中排放的"三废"为生物和人类不熟悉,难以降解、同化和认同,因此,随着大工业的出现与发展,生产力的日益提高,环境问题也随之发展,且日趋恶化。

3. 环境问题的第一次高潮(20 世纪 50 年代至 70 年代)

第二次世界大战以后,社会生产力发展突飞猛进,于是现代工业、农业排出的"三废"量也猛增,致使许多国家出现了震惊世界的公害事件。如 1952 年 12 月的伦敦烟雾事件;日本 1953 ~ 1956 年的水俣(市)病事件,1961 年的四日(市)哮喘病事件及 1955 ~ 1972 年的富山(县)骨痛病事件等。当时,工业发达国家的环境污染已达到严重程度,直接威胁着人类的生命和安全,成为重大的社会问题。1972 年 6 月 5 日至 16 日联合国在斯德哥尔摩召开了人类环境会议,通过了《联合国人类环境会议宣言》。这次会议对人类认识环境问题是一个里程碑。发达国家把环境问题摆上了国家议事日程,包括制定法律、建立机构、加强管理及研究采用环境治理新技术等。

4. 环境问题的第二次高潮(20 世纪 80 年代以来)

20 世纪 80 年代初出现的环境问题高潮主要表现为三类:一是全球性的大气污染,如"温室效应"、臭氧层破坏和酸雨;二是大范围的生态环境破坏,如大面积森林被毁、草场退化、土壤侵蚀和沙漠化;三是严重环境污染事件迭起,直接危害人群健康甚至死亡。如 1986 年 12 月印度博帕尔农药泄漏事件(受害面积达 40km², 死亡人数在 0.6 万 ~ 1.0 万人,受害人数在 10 万 ~20 万人);1986 年 4 月前苏联的切尔诺贝利核电站泄漏事故;1986 年 11 月的莱茵河污染事件等。我国自 80 年代起环境问题也日趋严重,如大量水体(淮河、太湖等)污染,生态环境恶化,水土流失加剧,黄河断流,长江泥沙量激增,至 1997 年底全国荒漠化土地面积高达国土面积的26.3%。由此可见,当今的环境问题已发展为全球性的环境污染和生态破坏问题,已严重威胁到人类的生存,阻碍经济的持续发展。

(二)环境问题的实质

环境问题的实质是对环境的价值认识不足,发展盲目(包括人口增长),不合理开发利用资源而造成环境质量恶化和资源(土地、森林、淡水、生物物种等)浪费、破坏,甚至枯竭。

环境的性质具有不可根除和不断发展的属性。第一,它与人类的欲望、经济的发展、科技的进步同时产生、同时发展,呈现孪生关系。那种认为"随着科技的进步、经济实力雄厚,人类环境问题就不存在了"的观点,显然是幼稚的想法。第二,环境问题范围广泛而全面,它存在于生产、生活、政治、工业、农业、科技等全部领域中。第三,环境对人类行为具有反馈作用,使人类的生产方式、生活方式、思维方式等一系列问题引起新变化。第四,环境问题是可控的,通过教育,提高人们的环境意识,充分发挥人的智慧和创造力,借助法律的、经济的和技术的手段,总可以把环境问题控制在影响最小的范围内。

当前世界面临的主要环境问题是人口、资源、生态破坏和环境污染,在一些发达国家出现了"反增长"的论点。当然,发达国家实行了高生产、高消费的政策,过度浪费资源、能源,大量排放污染物,应该进行控制。但是,发展中国家的环境问题,主要是由于贫困落后,发展中缺少妥善的环境规划和正确的环境对策造成的。环境问题只能在发展中解决。只有世界各国共同处理好发展与环境的关系,才能从根本上解决。

联合国于 1992 年 6 月在里约热内卢召开了"环境与发展大会",通过了《里约环境与发展宣言》、《21 世纪议程》等重要文件,这是人类在环境与发展史上揭开了新的一页。我国在大会后编制了《中国 21 世纪议程——中国 21 世纪人口、环境与发展白皮书》,为今后解决环境问题制定了可持续发展的战略与对策,也是对世界环境与发展的承诺与贡献。

(三)当前人类面临的环境问题

进入 20 世纪 90 年代,环境学家和生态学家依据对环境问题的进一步认识,更科学地把当前人类面临的环境问题归纳为人口、资源和环境三个方面。

总的情况是,人类当前面临着人口剧增、资源锐减和生态环境恶化的严重局面。

1. 人口剧增

现代人口发生了爆炸性剧增。1987 年 7 月 11 日,全世界人口突破了 50 亿大关。如今人口平均增长速度攀上人类有史以来的最高峰。每 35 年全球人口就会翻一番,照此速度,预计 2020 年将突破 100 亿,2055 年将突破 200 亿。而 700 年以后,世界人口将是一个天文数字。有人描述过,届时的人口状况意味着地球上包括不毛之地的所有地表都将站满人。人类对自己生育的控制已经刻不容缓!人口的剧增直接造成了人类对地球有限资源的无度"啃食",它已经严重破坏了生物圈的平衡,并且是其他环境问题的主要诱因。因此,人们称它为当代首当其冲的环境问题。

2. 资源锐减

直到近 30 年,人类才抛弃"地球资源取之不尽用之不竭"的错误观念,深刻认识到地球资源的有穷性。除了由于人口剧增所引出的人均资源占有量的陡降外,人类对自然资源漫无节制的开采和浪费,又导致了一系列令人忧虑的环境问题。

(1)化石燃料枯竭

化石燃料是指煤、石油和天然气等地下开采出来的能源。当代人类的社会文明主要是建立在化石能源的基础之上的。无论是工业、农业或生活,其繁荣都依附于化石能源。而由于人类高速发展的需要和无知的浪费,化石燃料逐渐走向枯竭,并反过来直接影响人类的文明生活。解决这一问题的途径是厉行节约和开发核能、太阳能、地热能、海洋能等新型能源。

(2)矿产资源匮乏

与化石能源相似,人类不仅无计划地择优开采地下矿藏,而且采取的滥掘乱采方式导致了矿产资源的贫化或破坏。目前现存矿产资源的富集程度已经逐渐趋向了当代科学技术所能经济开采的最低限度,形成了一种相对的匮乏局面。地球矿源是有限的,从长远考虑,人类首先必须合理地有计划地开采利用地球矿源,然后扩展到上其他星球去寻找矿源。

(3)森林资源破坏

由于人类的过度利用和乱砍乱伐,使得全球森林特别是热带雨林迅速消失。现存的热带雨林已经存在了 1 亿多年,它是造成地球二氧化碳与氧循环平衡和淡水循环平衡的主角之一,不仅是地球气候的调适者,而且是千百万野生动植物物种的保存者。热带雨林的迅速消失无论对人类的现在和将来都会造成致命的重大损失。

(4)土地荒漠化

在这个星球上,三分陆地七分海洋,而沙漠及荒漠化土地竟占了陆地面积的35%,超过了亚洲的面积。由于人类无情地砍伐森林,破坏植被,加上自然因素的影响,目前全球荒漠化问题十分严重,正在以每年$6 \times 104km^2$的速度扩张。世界每分钟就有150亩地变成荒漠。全世界有近100个国家、五分之一的人口不同程度受到沙漠危害。沙漠及荒漠化土地是地球生态系统中生产力最低的地区之一,全球性土地荒漠化加剧,意味着土地资源的劣化,意味着粮食大减产和饥荒在全球蔓延。控制人口,保护森林和植被对遏制土地荒漠化至关重要。

(5)淡水资源短缺

地球素有"水之行星"之美誉,70%以上是茫茫海洋,但是人类却面临着淡水资源危机。淡水资源仅占全球总水量的2.5%,而总淡水量的70%被固定在两极地带和高山的冰川之中,剩下的30%大部分在地下含水层中,河流中的淡水仅占淡水量的0.004%,因此人类所能利用到的淡水资源是非常有限的。

水资源短缺的问题日益威胁着人类生活。据统计,全世界60%的地区面临供水不足,40多个国家闹水荒。"淡水贵如油"的现象从中东沙漠和北非大陆扩展到欧洲和拉丁美洲。而且,对淡水资源的争夺是当今世界难以安定的主要原因之一。

造成淡水危机的原因,是人类城市工业的膨胀,水资源使用的惊人浪费,以及水体大面积污染所导致的降格利用等。显然,面对这个危机,人类必须保护水资源免受污染,节约用水并开发经济适用的海水淡化技术。

(6)野生物种灭绝

野生动植物是人类非常宝贵的资源。它们不仅是人类开拓未来生活的一种可再生资源(例如驯养以使之成为新食源、新药源等),而且可以保持生物圈的生物多样性,这对维持整个生物圈的平衡,稳定人类的生存基础有着巨大意义。

然而人类过去并没有很好地珍惜自然界留给我们的这一珍贵财富。由于人们滥采滥捕,加之对热带雨林和海洋这两个野生物种的主要基地的毁坏或污染,导致野生物的灭绝速度越来越快。目前全世界估计有2.5万种植物和1000多种脊椎动物处于灭绝的危险中。有些科学家估计,地球上现在是一天绝灭一个物种,问题的严重性可以想见。显然,保护热带雨林和海洋,宣传教育并立法禁止滥采滥捕,是解决这个普遍国际问题的出路。

3．生态环境的恶化

生态环境的恶化,即是人类生存条件的恶化。当前全球性的问题如下:

(1)全球性气候变暖

由于化石燃料的燃烧排放出大量的二氧化碳,又由于森林大面积减少和海洋污染,降低了地球植物吸收二氧化碳的总效能,于是大气中二氧化碳的含量与日俱增。而二氧化碳所具有的不吸收短波光辐射却易于吸收长波光辐射的特性,使得它放阳光长驱直入而阻地表热反射逸出,于是导致了全球气温的不断升高。这就是"温室效应"。

气候变暖的最严重后果是北冰洋飘浮海冰和南极西部冰山的融化。它将会导致主要气候带向北移200km以上和世界海平面上升5～7m,使许多沿海和低洼地区受到淹没,并导致人类疾病发病率升高和农业病虫害横行。气候带的北移可能使当前的一些沙漠变为绿洲,但也可能使当前的一些绿洲变为沙漠。据科学家估计,后者将大于前者。

(2)臭氧层的破坏

臭氧层在地球上空 25~50km 处,它保护着生物圈生物免受太阳紫外线的伤害。然而近年科学家发现,南极和北极上空都出现了臭氧空洞。南极春季的臭氧"破洞"已达美国领土一般大小。1978~1984 年间,地球臭氧减少了 3%,估计到 21 世纪臭氧将减少约 8%。美国环保局官员曾提出警告:如果人类不采取保护臭氧层措施而让其空洞扩大,到 2075 年全世界将有1.54 亿人患皮肤癌,将有 1 800 万人患白内障,而且伴随着农作物和水产的大量减产和光化学烟雾的频增。

产生臭氧流失的主要元凶是人类当前广泛用作制冷剂、清洁剂和灭火剂的氟氯烷烃。当它被排入大气被紫外线辐射后,释放出对臭氧分子有特殊亲和能力的氯原子。一个氯原子可以连续地破坏 10 万个臭氧分子。因此,臭氧层的破坏是人类一手造成的。

解决这一问题的根本途径就是削减和取消对氟氯烷烃的应用。1987 年全球 62 个国家及欧洲共同体在蒙特利尔签订了《保护臭氧层协议》,许多签约国正在积极采取行动,各种无氟新产品新工艺正在涌现。

(3)酸雨及水体富营养化危害

酸雨是指 pH 值小于 5.6 的雨雪或其他形式的大气降水。它是由人为排入大气的二氧化硫和氮氧化物在大气中铁、铜、镁、铅等金属尘粒的催化下与雨水反应而成。酸雨已是当今世界的一种严重危害,它毁坏森林,使湖泊变为鱼类绝迹的"水的荒漠",使土地酸化、农业减产,并且凶恶地噬咬人类的各种交通运输和水利设施以及文化遗迹。

水体富营养化则是江河湖泊中氮、磷等植物营养物质严重超标,导致水质降格、水草疯长、水体缺氧发黑发臭、鱼类死亡这样的现象。它也严重地影响着人类对淡水资源的利用。水体富营养化主要是由于人们大量使用化肥以及含磷洗涤剂等因素造成的。

酸雨和水体富营养化导致全球性淡水生态系统的严重衰退,给人类的经济和健康造成很大损失。显然,解决这两个问题的出路就是减少燃烧中二氧化硫及氮氧化物的排放,并且提倡施用农家肥以及不使用含磷洗涤剂等。

(4)土壤的流失和退化

由于植被的严重破坏,导致了严重的土壤流失和土壤退化。世界每年由于冲蚀损失的土壤高达 $24 \times 10^8 t$。而仅我国长江黄河流域每年流入大海的泥沙就近 $16 \times 10^8 t$,可折合成 600 多万亩良田。其中含氮、磷、钾 $4 000 \times 10^4 t$,超过我国一年化肥的总产量,有人形象地称之为中国大地的"主动脉出血"。土壤退化即土壤肥力的下降,意味着农业减产,而土壤流失其最终恶果将是土地的荒漠化。制止这些衰退现象的办法,就是尽快恢复各流域的森林和植被。

(5)自然灾害日益频繁

全球范围内自然灾害的频繁产生,除了自然力的影响之外,人类行为所导致的因素越来越严重。毁坏森林,破坏植被,造成沙暴横行,或造成水灾加剧,或造成泥石流;污染大气而造成酸雨灾害等等事例比比皆是。因此,要减少减轻自然灾害,除了要对自然规律进行更深入研究之外,还要切实实施环境保护。

(6)环境污染严重

当前,全球已经呈现一种"海、陆、空"全方位环境污染局面。人类生活在这样一种可悲的状况中,到处是水却再也难喝到一口干净水;到处是空气却只能把呼吸新鲜空气视为奢侈享受;滥用自己制造的毒剂欲杀灭一切病虫害,却不料毒剂通过食物链反过来浓集于人类身体之中而长期地、无情地毁坏人类健康、缩短人类寿命,并造成自己的胎儿在娘胎中就受 DDT 影响,且出生后啜吸的第一口母奶就含有 DDT。生活在已经再也找不到一块"清洁区"的被自己全面污染了的地球上,很多人却还在无忧无虑,并把尽量多地纳入污染物和排出污染物视为"高级享受",视为"现代生活"。这就是现代人类的生活误区。现代人类若不迅速警醒,则人类的灭顶之灾为期不远了!

(四)当前我国面临的环境问题

中国是一个名副其实的人口、资源和面积大国。但是中国同时又是人均资源占有量远低于世界人均值的国家。几千年以来,相对于其他国家,中国众多的人口一直给自然环境带来巨大的压力。当今的中国,靠它仅占全球十五分之一的耕地,奇迹般地养活了占全世界四分之一的人口。它是一个中国式的社会主义现代化建设成就巨大而辉煌,而环境问题也同时客观而严峻地存在着的发展中国家。绝大多数的全球性环境问题在中国都有明显表现,而中国大多数的环境问题也都具有世界级影响。

1. 人口包袱沉重

1998 年 7 月 11 日(世界人口日),中国计划生育部门官员公布的数据是:中国人口在 1999 年将达到 12.5 亿,近年来中国人口每年净增 1 300 万。从 1994 年起,中国计划生育工作由过去单纯控制出生率进入到将之与经济发展、生括提高和优生优育有机结合的更高层次,提出了"少生快富奔小康"的深得人心的口号,取得了巨大成就。中国对世界人口控制的贡献得到了联合国的高度赞扬和肯定。但是应当看到,庞大的人口基数是一个沉重的包袱,它在今后若干年内依然限制着我国经济的发展,无情地冲击我国脆弱的自然生态。因此,中国的计划生育工作要实现将人口限制在 13 亿以内的目标,任重而道远。

2. 荒漠化形势严峻

国家林业局 1998 年 6 月公布的数字表明,我国是受荒漠化危害最严重的国家之一。从 20 世纪 70 年代以来,我国土地荒漠化就以每年 2 460km^2 的速度扩展,现已实际发生荒漠化的土地面积为 262.2×10^{4}km^2,占国土面积的 27.3%。每年我国因沙漠化造成的直接经济损失已高达 540 亿元。当前,我国荒漠化仍呈越演越烈的趋势,防治荒漠化的形势非常严峻,如不采取有力措施遏制,后果不堪设想。

沙漠化使耕地质量下降,使我国粮食因此每年减少 30×10^{8}kg 以上。沙漠化使草场退化,毁坏畜牧业,造成我国西北各省的沙暴灾害。沙漠化加剧的原因,是人们乱垦滥挖、毁林毁草开荒、超载放牧、过度樵采等行为所至。本质原因为过剩人口对绿地的过度"啃食"。尽管我国政府高度重视沙漠化的防治,而且在局部地区取得了"人进沙退"的可喜成果,但是总体局势不容乐观。

3. 淡水短缺

中国是世界上 13 个贫水国之一,人均拥有淡水量仅占世界人均量的四分之一,和以色列相当。全国包括首都北京在内的 600 多个城市,已经有 300 个亮起了缺水黄牌,严重缺水的达 108 个。中国水资源危机的潜在象征是黄河断流。因上游成千上万的城市、工厂和农村的堵用,致使它二年中有数个月流不到大海。1997 年黄河断流 266 天。中国大城市地下水已经下降至危险水平。淡水危机将成为中国经济发展的"瓶颈"。造成这一问题的主要原因,一是各水系源头及上游生态的破坏导致原水量减少,二是我国水资源长期的低水价所造成的人们的高浪费用水习惯。显然我国水资源的市场化势在必行。

4. 长江、黄河、澜沧江源头生态环境的恶化

青海省是长江、黄河和澜沧江的发源地(三江源头),被誉为"中华水塔"。近年来随着人类活动的增加和全球性气候的变化,源头地区的生态环境日益恶化,直接影响了中下游工农业生

产。以黄河为例,从青海省流出的黄河水占黄河总流量的 55%。而据水利部门测定,近九年黄河上游径流量比前 36 年的平均值减少了 $150m^3/s$,青海省内黄河水量减少了 23%,成为自 1972 年至 1998 年 26 年中黄河有 20 年断流的重要原因之一。目前青海全省水土流失面积已达 $3\,340 \times 10^4 hm^2$,沙漠化土地面积高达 $1\,252 \times 10^4 hm^2$,两者相加占全省面积的 63.8%,并且还有扩大之势。国家高度重视江河源头的生态问题,国务院已经决定将青海黄河、长江源头生态环境治理列入国家跨世纪六大生态治理工程的第一项工程,拯救母亲河源头的生态,是中华民族生存和发展的千年大计。

5. 自然灾害频繁

中国由于西高东低的基本地貌结构与其处于欧亚大陆东端的方位相结合,造成了它独特的气候条件:冬季西伯利亚高原干冷空气长驱直入,夏季又有包括强台风的季风气流横行无忌,所以中国容易发生旱灾和水灾。但是近年来自然灾害的频繁出现,又与人类活动密切相关。首先是全球温室效应的影响,其次是我国土地荒漠化和环境污染异常严重所致。例如西北地区的沙尘暴,20 世纪 50 年代每 7 ~ 8 年一次,70 年代每 4 ~ 5 年一次,到了 90 年代,基本上年年发生。1998 年 4 月的大沙尘暴席卷了全国 10 多个省市,甚至波及到长江中下游地区。又例如海洋赤潮灾害的发生,60 年代只出现 4 次,70 年代达到 15 次,80 年代至今,竟然达到了 260 次。1998 年 4 月发生的南海赤潮,给广东及香港造成极大经济损失。这就是大自然对我们的报复。其实大自然的报复岂止沙尘暴和赤潮,频频发生的冰雹、雪灾、干旱、洪涝、水土流失、山体滑坡,如此等等,不可枚举。

6. 野生动植物种濒危

我国幅员辽阔,自然条件多样,孕育了丰富的动植物资源。约有苔藓、蕨类种子植物 3 万种,占世界种数的 10%,其中木本植物 7 000 多种。约有兽类、鸟类、爬行类、两栖动物 2 100 种,也是世界种数的 10%。由于独特的历史自然条件,我国保留了北半球其他地区已经灭绝了的未受冰川影响的珍稀动物,如银杏、银杉、水杉,以及熊猫等。但是由于人口压力和对自然的不合理开发,以及滥用农药和非法走私等原因,不少动植物品种都已经遭到了灭绝或处于濒危状态。

7. 环境污染严重

我国当前环境污染局部有所控制,但是总体仍在恶化。依据 1998 年 3 月以来见于报端的统计数据,目前全国日排放污水近 $1.3 \times 10^8 t$,其中 80% 以上未经过任何处理直接排放,使江河湖库及近海海域普遍受到污染。78% 流经城市的河段已经不适合作饮用水源。城市地下水的 50% 受到污染,更加剧了我国水源短缺的矛盾。1998 年 6 月 3 日国家环保总局在京发布的《1997 年中国环境状况公报》中说,1997 年,我国城市空气质量仍处于较严重的污染水平,部分大中城市出现烟煤、机动车尾气混合型污染。大气中的二氧化硫及氮氧化物的超标使我国大片地区深受酸雨危害。1996 年风靡北京的“氧吧”,说明新鲜空气已经是都市人们的奢侈品了。环境污染在我国已经达到了令人心惊肉跳的程度。

1998 年 3 月至 8 月,大自然向我们实施了一次全面报复:华北降泥雨,西北起沙暴,江河洪涝灾,南海泛赤潮,而且全国各地如像 1998 年 5 月武汉东湖因严重污染引发大规模死鱼这样的局部报复也比比皆是,层出不穷。环保警钟已频频敲响。环境问题已经在扼制我国经济,威胁中华民族的未来。

五、环境科学

(一)环境科学的研究对象

环境科学是在人们亟待解决环境问题的需要下迅速发展起来的新兴学科,是一门介于自然科学、社会科学和技术科学之间的边际学科。如果把社会科学、自然科学和技术科学看作是人类早已确立的三大科学领域,则环境科学便是在这三大领域的交接带上。而其相互交错的部分,则分别形成社会环境学与环境社会学(它们分别研究人类社会政治活动对环境的影响和如何利用社会手段如立法等,来保护环境),工程环境学与环境工程学(分别研究工程活动对环境的影响和如何利用工程手段保护和改善环境质量),此外还包括自然环境学与环境自然学等三大类六个方面。

环境科学可定义为:是一门研究人类社会发展活动与环境演化规律之间相互作用关系,寻求人类社会与环境协同演化、持续发展途径与方法的科学。简单而言,环境科学是研究人类环境质量及其控制的科学。

环境科学的研究对象是"人类和环境"这对矛盾的对立统一关系,其目的是通过调整人类的社会行为,保护、发展和建设环境,从而使环境为人类社会持续、协调、稳定发展提供良好的支持与保证。当前,环境科学的主要研究内容为:全球范围内环境演化的规律;人类社会经济行为引起的生态破坏和环境污染,环境系统在人类活动下的变化规律;环境质量恶化的程度及其与人类社会经济活动的关系;人类社会经济与环境协调持续发展的途径和方法,以争取人类社会与自然环境的永续和谐。

(二)环境科学的内容和任务

1. 环境科学研究的内容

环境科学是研究人类活动与其环境质量关系的科学。从广义上说,它是对人类生活的自然环境进行综合研究的科学,是研究人类周围空气、大气、土地、水、能源、矿物资源、生物和辐射等所有环境因素及其与人类的关系以及人类活动如何改变这种关系的科学。它对原生和次生环境问题都进行研究。从狭义上说,它只研究由人类活动所引起的环境质量的变化以及保护和改进环境质量的科学。它所研究的只限于次生环境问题。

环境科学是以人类—环境系统为其特定的研究对象,既不是逐个地研究环境的各要素,那是许多自然科学部门(如地质学、气象学、海洋学、土壤学、生物学等)的研究对象;也不仅是综合地研究人类的环境,那又是其他自然科学部门(如自然地理学和生态学等)的任务。环境科学主要研究环境在人类活动强烈干预下所发生的变化和为了保持这个系统的稳定性所应采取的对策与措施。在宏观上,它研究人类与环境之间的相互作用、相互促进、相互制约的对立统一关系,揭示社会经济发展和环境保护协调发展的基本规律;在微观上,它研究环境中的物质,尤其是人类排放的污染物在有机体内迁移、转化和积累的过程与运动规律,探索其对生命的影响及作用机理等。可见,环境科学是一门综合性很强的科学,不仅牵涉到自然科学与工程技术科学的许多部门,而且还涉及经济学、社会学和法学等社会科学方面,要充分运用地学、生物学、化学、物理学、医学、工程学、数学、计算科学,以及社会学、经济学和法学等多种学科的知识。

环境科学研究人类与其生活环境之间的矛盾。在这一对矛盾中,人是矛盾的主要方面。因此,在环境科学中,人和社会因素占有主导地位,决定环境状况的因素是人而不是物。环境科学决不是纯粹的自然科学,而是兼有社会科学和技术科学的内容和性质。它不仅要研究和认识环境中的自然因素及其变化规律,而且要认识和了解社会经济因素和技术因素与规律,以及人和环境的辩证关系等。把自然环境同社会生产关系割裂开来的观点是错误的。

综上所述,环境科学所研究的内容大体可概括如下:

(1)人类和环境的关系。

(2)污染物在自然环境中的迁移、转化、循环和积累的过程和规律。

(3)环境污染的危害。

(4)环境状况的调查、评价和环境预测。

(5)环境污染的控制和防治。

(6)自然资源的保护和合理使用。

(7)环境监测、分析技术和预报。

(8)环境区域规划和环境规划。

(9)环境管理。

2．环境科学的任务

环境科学的任务就是揭示人类与环境所构成的这一对矛盾的实质,研究二者之间的辩证关系,掌握其发展规律,调控二者之间物质、能量与信息的交换过程,寻求解决矛盾的途径和方法,以求人类—环境系统的协调和持续发展。因此,环境科学的主要任务应包括:

(1)了解人类与环境的发展规律。这是研究环境科学的前提。在环境科学诞生以前,有关的科学部门已经为此积累了丰富的资料,例如人类学、人口学、地质学、地理学、气候学等。环境科学必须从这些相关学科中吸取营养,从而了解人类与环境的发展规律。

(2)研究人类与环境的关系。这是环境科学研究的核心。在人类与环境的矛盾中,人类作为矛盾的主体,一方面从环境中获取其生产与生活所必需的物质与能量,另一方面又把生产与生活中所产生的废弃物排放到环境之中,这就必然引起资源消耗与环境污染的问题。而环境作为矛盾的客体,虽然消极地承受人类对资源的开采与废弃物的污染,但这种承受力是有一定限度的,这就是所谓的环境容量。这个容量就是对人类发展的制约,超过这个容量就会造成环境的退化和破坏,从而给人类带来意想不到的灾难,即大自然的报复。

(3)探索人类活动强烈影响下环境的全球性变化。这是环境科学研究的长远目标。环境是一个多要素组成的复杂系统,其中有许多正、负反馈机制。人类活动造成的一些暂时性的与局部性的影响,常常会通过这些已知的和未知的反馈机制积累、放大或抵消,其中必然有一部分转化为长期的和全球性的影响,例如大气中 CO_2 浓度增加的问题。因此,关于全球变化(global change)的研究已成为环境科学的热点之一。

(4)开发环境污染防治技术与制订环境管理法规。这是环境科学的应用方面。在这方面,西方发达国家已取得一些成功的经验:从 20 世纪 50 年代的污染源治理,到 60 年代转向区域性污染综合治理,70 年代则更强调预防为主,加强了区域规划和合理布局。同时,又制订了一系列有关环境管理的法规,利用法律手段推行环境污染防治的措施。近年来我国在这两方面都取得了可喜的成就,但是要达到控制污染、改善环境的目标,还需作出更大的努力。为此,人们就要进一步防止可能造成的资源过度开发和环境污染,积极开展环境保护工作,以利于发展生产和保障人民的健康,为子孙后代造福。

(三)环境科学的分科

环境科学是 20 世纪 60 年代后才形成和发展起来的。1972 年英国经济学家 B·沃德和美国生物学家 R·杜博斯受联合国人类环境会议秘书长的委托,主编出版《只有一个地球》一书,被认为是环境科学的一部绪论性著作。许多学者认为,环境科学的出现是 20 世纪 60 年代以来自然科学迅猛发展的一个重要标志。在现阶段,环境科学主要是运用自然科学、社会科学和技术科学的有关理论、技术和方法来研究环境问题,形成了与有关学科相互渗透、交叉的许多分支学科。

不同的学者从不同的角度提出各种不同的分科方法,图 1-1 是其中一种分科体系。由图可见,环境科学可分为三大部分,每部分又由许多学科组成。

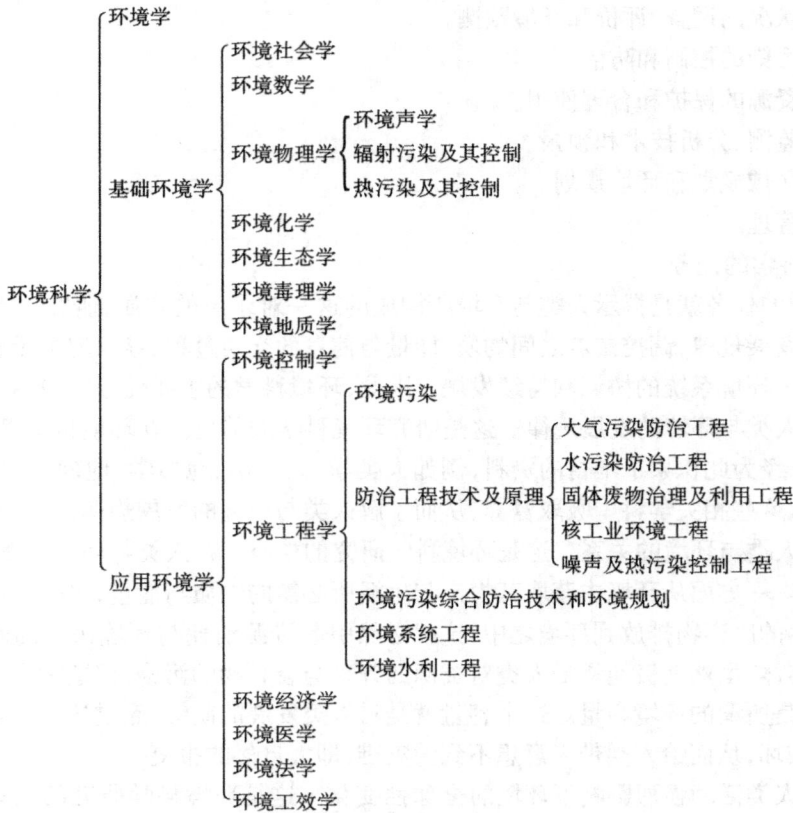

环境科学
- 环境学
- 基础环境学
  - 环境社会学
  - 环境数学
  - 环境物理学
    - 环境声学
    - 辐射污染及其控制
    - 热污染及其控制
  - 环境化学
  - 环境生态学
  - 环境毒理学
  - 环境地质学
- 应用环境学
  - 环境控制学
  - 环境工程学
    - 环境污染
    - 防治工程技术及原理
      - 大气污染防治工程
      - 水污染防治工程
      - 固体废物治理及利用工程
      - 核工业环境工程
      - 噪声及热污染控制工程
    - 环境污染综合防治技术和环境规划
    - 环境系统工程
    - 环境水利工程
  - 环境经济学
  - 环境医学
  - 环境法学
  - 环境工效学

图 1-1　环境科学的学科体系

（1）环境学

这是环境科学的核心,它着重于对环境科学基本理论和方法论的研究。

（2）基础环境学

它是环境科学发展过程中所形成的基础学科,包括环境数学、环境物理学、环境化学、环境污染生态学、环境毒理学、环境地理学和环境地质学等。

（3）应用环境学

它是环境科学中实践应用的学科,包括环境控制学、环境工程学、环境经济学,环境医学、环境管理学和环境法学等。

每一个分支学科还可能由若干个次级分支学科组成。图中标出环境物理学、环境工程学的分支学科情况,其他从略。

总之,环境科学所涉及的学科范围非常广泛,各个学科领域多边缘互相交叉渗透;同时不同地区的环境条件、生产布局和经济结构千差万别,而人与环境间的具体矛盾也各有差异,污染物运动的过程又很复杂,结果使环境科学具有强烈的综合性和鲜明的区域性。因此,在环保工作实践中必须组织多学科、多专业的协同作战,而在环境工程中控制和消除污染危害时,也必须采取多途径的综合防治措施,因地制宜,选择最优方案,沿着经济合理和技术先进的途径,走中国自己的环境保护道路。

第二节　环境保护与可持续发展

一、环境保护

(一)环境保护的概念

20世纪50年代以后,由于环境污染日趋严重,多数人认为环境保护只是对大气污染、水污染等进行治理,对固体废弃物进行处理和利用,即所谓"三废"治理及排除噪声干扰等技术性管理工作,目的是消除公害,保护人类健康。70年代起随着环境科学的问世及世界性环境会议的召开,人们逐渐从发展与环境的对立统一关系来认识环境保护的含义。认为环境保护不仅是控制污染,更重要的是合理开发利用资源,经济发展不能超出环境的容许极限。有的环境专家提出:"环境保护从某种意义上讲,是对人类总资源进行最佳利用的管理工作"。所以,环境保护不仅是治理污染的技术问题、保护人类健康的福利问题,更重要的是经济问题和政治问题。

(二)环境保护的内容

环境保护的内容世界各国不尽相同,同一个国家在不同时期的内容也有所不同。一般环境保护的内容大致包括两个方面:一是保护和改善环境质量,保护人们身心健康,防止机体在环境污染影响下产生遗传变异和退化;二是合理开发利用资源,保护自然环境,加强生物多样性保护,以求维护生态平衡和生物资源的生产能力,恢复和扩大自然资源的再生产,保障人类社会的持续发展。

(三)环境保护的基本任务

1989年我国颁布了《中华人民共和国环境保护法》,明确提出了环境保护的基本任务是:"保护和改善生活环境与生态环境,防治污染和其他公害,保障人体健康,促进社会主义现代化建设和发展。"

(四)国外环境保护发展概况

世界各国之中,美国是第一个把环境影响评价用法律形式固定下来并建立环境影响评价制度的国家。1969年,美国国会通过了《国家环境政策法》,1970年1月1日起正式实施。在此之后,环境影响评价发展很快,世界各国纷纷通过立法建立环境影响评价制度。一些国际组织,特别是国际金融机构也踊跃参加与推动环境影响评价制度的发展。环境影响评价出现了蓬勃发展的趋势。

继美国建立环境影响评价制度后,1970年瑞典、1973年新西兰与加拿大、1974年澳大利亚与马来西亚、1976年前联邦德国、1978年印度、1979年菲律宾、泰国、中国、印尼、斯里兰卡等国均先后建立了环境影响评价制度。与此同时,国际上也设立了许多有关环境影响评价机构,召开了一系列的相关国际会议。1970年世界银行设立了环境与健康事务办公室,1974年联合国环境规划署与加拿大联合召开了第一次环境影响评价会议。1984年5月联合国环境规划理事会议第12届会议建议组织各国环境影响评价专家进行环境影响评价研究,为世界各国更好地开展环境影响评价提供了方法和理论基础。1992年联合国环境与发展大会在里约热内卢召开,会议通过的《里约环境与发展宣言》和《21世纪议程》中都写入了有关环境影响评价内容。

1994年由加拿大环境评价办公室(FERO)和国际评估学会(LAIA)在魁北克市联合召开了

第一届国际环境影响评价部长级会议,有 52 个国家和组织机构参加了会议,会议作出了进行环境评价有效性研究的决议。

经过 30 年的发展,世界上已有 100 余个国家建立了环境影响评价制度。其内涵不断提高,已从自然环境发展到社会环境;不仅考虑了环境污染的防治,还注重了生态环境的保护以及被破坏后的生态重建;开展了风险评价;已开始关注对环境影响进行后评估;而且环境影响评价从最初单纯的工程项目已发展到区域开发和战略规划方面的环境影响评价,环境影响评价技术方法和程序也在发展中不断地得到了完善。

(五)我国环境保护发展情况

为了对我国的环境保护的巨大成就有一个较全面的认识,有必要对我国环境保护的发展历程作一个简要的回顾。

我国早在 20 世纪 60 年代科学家就开展了克山病地区水、土、粮食中微量元素与病因相关的研究,制作了包括气象、地貌、植被、土壤四因素的自然环境质量模型图。人们一般将 1973~1978 年称为中国环保事业的起步阶段。1972 年 6 月 5 日我国派团参加了联合国人类环境会议,通过这次会议,中国高层决策者们开始认识到中国也存在严重的环境问题,需要认真对待。在此历史背景下,1973 年 8 月 5 日至 20 日在北京召开了我国第一次全国环境保护会议,它标志着中国环境保护事业的开端。这次会议审议通过了"全面规划、合理布局、综合利用、化害为利,依靠群众、大家动手、保护环境、造福人民"的 32 字环境保护方针,通过了中国第一个全国性环境保护文件《关于保护和改善环境的若干规定(试行)》。该《规定》共 10 条,第 1 和第 2 条提出"做好全面规划,工业合理布局";第 3 条提出"逐步改善老城市的环境",要求保护水源,消除烟尘,治理城市"四害",消除污染;第 4 条"综合利用,除害兴利"规定预防为主治理工业污染,开展综合利用,并明确规定:"一切新建、扩建和改建企业,防治污染项目,必须和主体工程同时设计,同时施工,同时投产"即"三同时"。1973 年 11 月,由国家计委、国家建委、卫生部联合颁布了中国第一个环境标准——《工业"三废"排放试行标准》(GB J4—73)。1974 年 10 月,正式成立了国务院环境保护领导小组。

1983 年 12 月 31 日至 1984 年 1 月 7 日,在北京召开了第二次全国环境保护会议。这次会议是中国环境保护工作的一个转折点,为中国的环境保护事业做出了重要的历史贡献。在这次会议上明确提出环境保护是一项基本国策,提出"经济建设、城乡建设和环境建设同步规划、同步实施、同步发展",实现"经济效益、社会效益与环境效益的统一"。会议确定把强化环境管理作为当前环境保护的中心环节,提出了符合国情的三大环境政策:即"预防为主、防治结合、综合治理"、"谁污染谁治理"、"强化环境管理"。会议还提出了 20 世纪末的环保战略目标。会议确定将环境保护纳入国家和地方发展计划,进一步强化环境保护机构,将国务院环境领导小组改为国务院环境委员会,在各部委及省市自治区和军队确定设立局一级环保机构建制。

1989 年 4 月底至 5 月初,在北京召开了第三次全国环境保护会议,这是一次开拓创新的会议。会议提出努力开拓有中国特色的环境保护道路,总结确定了 3 组 6 项有中国特色的环境管理制度,即:(1)环境影响评价和"三同时"制度;(2)排污收费、排污申报登记、排污许可证制度和污染集中控制及限期治理制度;(3)环境目标责任制、城市环境综合整治定量考核制度。

从 1979 至 1992 年,中国的环保政策体系和环境保护法规体系初步形成。形成了以宪法为基础,《中华人民共和国环境保护法》为主体的环境法律体系。自 1979 年《中华人民共和国环境保护法(试行)》颁布以来,开发建设项目的环境影响评价在我国已制度化。由国家经委、计委、建委和国务院环办联合发布《基本建设项目环境保护管理办法的通知》,进一步强调了建设项目的环境影响评价工作。从此,环境影响评价工作在我国普遍地开展起来,同时标志着我国环境质量评价工作从现状评价转入影响评价阶段。

1992年在里约热内卢召开了联合国环境与发展大会,实施可持续发展战略成为世界各国的共识,环境原则成为经济活动中的重要原则。推行清洁生产,实现生态可持续工业生产成为工业生产发展的环境原则。生态可持续工业发展,要求经济增长的方式由粗放型向集约型转变,环境原则也成为人类社会行为的重要原则。

1997年7月在北京召开了第四次全国环境保护会议。这次会议对于布置落实跨世纪的环境保护目标和任务,实施可持续发展战略,具有十分重要的意义。会议进一步明确了控制人口和保护环境是我国必须长期坚持的两项基本国策,提出了两项重大的举措:其一,"九五"期间全国主要污染物排放总量控制计划;其二,中国跨世纪绿色工程规划。此次会议后,国务院发布了《国务院关于环境保护若干问题的决定》。

1999年3月,在北京召开了"中央人口资源环境工作座谈会",这是一次贯彻可持续发展战略的新部署。2000年,国家发布了《全国生态环境保护纲要》。

我国从1979年颁布《中华人民共和国环境保护法》开始,针对特定的环境保护对象颁布了多项环境保护专门法以及与环境保护相关的资源法,包括:《水污染防治法》、《大气污染防治法》、《噪声污染防治法》、《矿产资源法》、《土地管理法》、《水土保持法》等。还制定了《自然保护区条例》、《基本农田保护条例》等30多项环境保护行政法规。此外,各有关部门还发布了大量的环境保护行政规章。各省、市地方人大和地方政府制定和颁布了600多项环境保护地方性法规。

现在我国已基本建立了比较完善的环境保护法规体系,并配套建立了由360多项各类国家环境标准组成的环境保护标准体系和有中国特色的环境保护管理体系。环境保护工作已步入规范化,环境保护工作的力度不断得到加强。

二、环境保护与可持续发展

全球环境问题的尖锐化,构成了人类日益严重的生存发展危机。它主要表现在两个方面:全球性自然资源的锐减和破坏,以及全球性生态环境的污染和破坏。而人类无节制的人口增长则是造成并加速如上危机的根源。因此,对环境保护概念的广义理解,就是保证人类的可持续发展。20世纪90年代的研究表明,人口爆炸是环境恶化的根本原因,而资源无节制的不合理开发是环境恶化的直接原因。为了突出以上两点,人们又给环境保护一个狭义的定义,那就是:专指保护生态环境不受污染和破坏。

1. 环境保护与发展的关系

环境问题是人类面临的重大问题之一。归纳起来,环境问题可分为两大类:一类是不合理地开发利用自然资源,使生态环境遭受破坏。这类环境问题突出表现在植被破坏、水土流失、土壤退化、沙漠化、气候变异等方面,造成生物产量急剧下降。另一类是由于城市生活和工业生产排放有毒有害物质引起的环境污染。这类污染通过大气和江河由城镇的局部地区扩散到广阔的自然界,对人体健康和工农业的生产有很大的损害。这两类环境问题又常常相互影响,相互交融,形成"复合效应",造成更大危害。

不管是发展中国家,还是发达国家,都不同程度地存在着这两类环境问题。一般而言,发展中国家更多的是生态环境问题;发达国家更多的是环境污染问题。我国是发展中国家,但却同时存在着两类环境问题,并且问题都比较严重。因此,如何控制污染和保持良好的生态环境,对于经济发展和加速现代化建设具有更加重要的意义。

环境保护与经济发展是矛盾统一体的两个方面。经济发展带来了环境问题,却又增强了解决环境问题的能力;环境问题的解决,也为经济发展创造了更加有利的条件。解决环境问题必须依赖于一定的经济基础,离开了一定的经济条件,环境的保护和改善就成了无源之水,无本之木;环境状况的好坏,对经济发展又有很大的制约作用,破坏了环境就是破坏了资源,破坏了生产力。因此,经济发展既要满足人类不断增长的物质和文化的需要,又不能超出环境的负担能力,即自然资源的再生增殖能力和环境的自我净化能力。环境保护搞好了,就可以提高资源的再生能力和永续利用的能力,促进经济稳定持续地发展。

经济发展与环境保护的对立,往往与人类的认识水平分不开。譬如,产业革命开始,燃煤引起空气污染,当时人们认为燃煤引起的污染问题难以解决,因为那时还缺乏解决这种污染问题的技术。幸好当时出现了大量的石油,替代了污染严重的煤炭。但是随后的实验证明:只要加强原煤的选洗加工,改变燃烧利用方式,采取必要的净化处理措施,由燃煤引起的污染问题是可以解决的。随着科学的发展,把煤炭变成像石油、天然气那样比较干净的气体和液体也是可能的。应当相信人类的认识力,经济发展带来的环境问题,总会被人类不断认识和不断解决。

许多环境问题,如大气、水体、土壤污染以及森林锐减、草地沙化、水土流失等等,人们已经认识到了它的危害性和问题的严重性,也找到了解决的措施。但是,由于解决这些环境问题需要巨大的环境投资,往往经济能力不足,使环境问题得不到解决。发展中国家比较普遍地存在这种情况。发展中国家只有致力于经济发展,增强经济实力,才能有能力,有成效地解决自己的环境问题。

经济发展和环境保护是有矛盾的,但是,只要认真对待,采取适当的政策与措施,经济发展与环境的对立是可以在发展中统一起来。

2. 可持续发展概念的提出与定义

可持续发展的概念,最早是一些生态学家在1980年发表的世界自然资源保护大纲中提出并予以阐述的。大纲提出,把资源保护和发展结合起来,既要使目前这一代人得到最大的持久利益,又要保持潜力,以满足后代的需要和愿望。可持续发展的概念在世界自然保护联盟1981年发表的另一个文件——《保护地球》中得到进一步的阐述。该文件把可持续发展定义为"改善人类生活质量,同时不要超过支持发展的生态系统的负荷能力"。1987年,在挪威前首相布伦特兰夫人任主席的世界环境与发展委员会向联合国提交的《我们共同的未来——从一个地球到一个世界》的著名报告中,首先提出并论证了可持续发展这一主题,并将可持续发展的概念明确定义为:"在不危及后代人满足其环境资源需求的前提下,寻找满足当代人需要的发展途径"。换言之,可持续发展是既满足当代人需要,又不危及后代人满足自身需要能力的发展。这一定义虽然与世界自然保护大纲中一致,但对其具体内涵的阐述中却从生态的可持续性转入了社会的可持续性,提出了消灭贫困、限制人口、政府立法和公众参与等社会政治问题。

可持续发展的思想是人类对发展认识的重大突破。这一基本思想在1992年的联合国环境与发展大会又得到了明确的表达。在《关于环境与发展的里约热内卢宣言》中进一步指出"人类应享有以与自然和谐的方式过健康而富有生产成果的生活的权利",并"公平地满足今世后代在发展与环境方面的需要,求取发展的权利必须实现"。

3. 可持续发展的内涵

可持续发展的思想涵义深刻,内容丰富,总括起来它有两个最基本的要点:第一,肯定了人类有权通过发展不断改善其生活条件,以有益于人类自身的健康生活,以及满足人类不断扩大的各种物质需求。但是,人类的这种追求必须是在保持与自然和谐统一的前提下来实现的。人类不应当凭借自己手中的技术和投资,采取耗竭资源,破坏生态和污染环境的方式来达到一时发展的目的。第二,在承认了当代人的发展权力的同时,也承认后代人有同等的发展权力。因此,当代人不能一味地、片面地为了追求今世的发展和消费,而毫不留情地剥夺后代人本应合理享有的同等发展与消费的机会。

布伦特兰委员会提出的可持续发展概念在1992年联合国环境与发展大会上得到共识。它包括了可持续发展的三个最基本原则:公平性原则、持续性原则和共同性原则。

公平性原则主要体现在三个方面。一是当代人的公平。可持续发展要求满足当代全球人民的基本要求,并予以机会满足其要求较好生活的愿望。二是代际间的公平。由于自然资源的有限性和稀缺性,每一代人都不应该为着当代人的发展与需求而损害人类世世代代满足其需求的自然资源与环境条件,正确的做法是给予世世代代利用自然资源的权利。三是公平分配有限的资源。应该结束少数发达国家过量消费全球共有资源,而给予广大发展中国家合理利用更多的资源以达到经济增长的机会。公平性原则和国家间的主权原则是一致的。

持久性原则要求人类对于自然资源的耗竭速率应该考虑资源与环境的临界性,可持续发展不应该损害支持地球生命的大气、水、土壤、生物等自然系统。"发展"一旦破坏了人类生存的物质基础,"发展"本身也就衰退了。因此,持续性原则的核心是,人类的经济和社会发展不能超越资源和环境的承载能力。

共同性原则强调可持续发展一旦作为全球发展的总目标而定下来,对于世界各国来说,其所表现的公平性和持续性原则都是共同的。实现这一总目标必须采取全球共同的联合行动。

为了实现可持续发展的理想,人类在生产时,一方面应尽可能地少投入多产出,在消费时应尽可能地多利用,少排放;另一方面对可再生资源,努力增加其再生能力,尽可能避免退化,以保证今世后代的永续利用。

可持续发展的思想是与传统的发展思想相对立的,是在对传统发展思想深刻反省的基础上升华出来的。工业革命以来,人们手中掌握的技术,使人类改造自然的能力迅速增强;在这个基础上人类扩大了对自然资源的攫取,同时又增加了对自然环境的输出。在这一过程中,人类取得了一次又一次的空前发展,但是也对自然环境进行了一次比一次更大的破坏,这种破坏的恶果,最终又降落在人类自己的头上。20世纪90年代,自然对人类的惩罚愈演愈烈,环境与生态的危机也愈来愈加深。酸雨污染、土地沙漠化、森林及生物物种锐减等区域性环境问题,以及温室效应、臭氧层破坏、有毒化学物质和放射性废弃物的转移与危害等全球性问题正在危及人类的生存与发展。这些惨痛的教训教育了人类,使人类认识到只有走持续发展的道路才是人类走向繁荣未来的必由之路。

可持续发展的理论认为:人类任何时候都不能以牺牲环境为代价去换取经济的一时发展,也不能以今天的发展损害明天的发展。全球性环境问题的产生和尖锐化表明,以牺牲资源和环境为代价的经济增长和以世界上绝大多数人贫困为代价的少数人的富裕,使人类社会走进非持续发展的死胡同。人类要摆脱目前的困境,必须从根本上改造人与自然、人与人之间的关系,走可持续发展的道路。要实现可持续发展,必须做到保护环境同经济、社会发展协调进行。保护环境和促进发展是同一个重大问题的两个方面。人类的生产、消费和发展,不考虑资源和环境,则难以为继;同样,孤立地就环境论环境,而没有经济发展和技术进步,环境的保护就失去了物质基础。要实现可持续发展必须维护世界的和平与稳定,没有和平与稳定就根本谈不上保护环境和促进发展。冷战时期的军备竞赛和核扩军、核备战浪费了大量的人力、物力,并且破坏了生态,污染了环境。例如,在 20 世纪 80 年代,一些美国学者统计,要实施当时联合国宣布的改善国际饮用水供应和卫生设备的十年计划,全球每天需要开支 8 000 万美元,而全球每天花在军备上的开支竟然达到 14 亿美元! 历史证明,和平与稳定是一个国家、一个地区乃至全球环境保护和经济发展的前提。

4. 可持续发展的全球实践

"可持续发展"虽然有了比较规范的定义和解释,但是发达国家和发展中国家由于历史原因,在一些场合对可持续发展仍有不同理解。发达国家过分强调持续发展中的环境因素,用保护环境来限制发展中国家开发利用本国资源的主权;而发展中国家则强调只有促进持续发展才能逐步解决好环境问题,环境保护不应当成为资助发展的一种新形式附加条件。联合国环境规划署理事会为了解决双方对"可持续发展"理解上的分歧,于 1998 年 5 月通过和发表了一项《关于可持续发展的声明》,声明中肯定了发展中国家对其资源的拥有权,强调持续发展中的平等互利国际合作不能以环保作为资助发展的附加条件,在一定程度上反映了发展中国家的意志和利益。

1992 年巴西里约热内卢召开的联合国环境与发展大会上,可持续发展的思想成为大会的指导思想,并通过一系列文件和决议,特别是《21 世纪议程》,把可持续发展的概念和理论推向行动。《21 世纪议程》从政治平等、消除贫困、环境保护、资源管理、生产和消费方式、科学技术、立法、国际贸易、公众参与能力与建筑等方面详细地论述了实现可持续发展的目标、活动和手段。从此后,可持续发展思想成了世界各国制定国策的指导思想。

5. 可持续发展思想的深远意义

在关于全球问题的科学探索中,可持续发展思想具有重要的理论意义和实践意义。它是在总结了人类以往处理环境与发展相互关系的经验和教训的基础上提出来的。可持续发展的理论首先同流行一时的、认为保护环境必须放弃发展的"社会生态悲观论"划清了界限,也与对世界环境盲目乐观者的论调泾渭分明。可持续发展把环境与发展、一代人的利益和子孙后代的利益结合起来,是人类惟一的生存和发展的战略。

可持续发展的关键在于处理好人口、资源、环境和发展的关系。人口、资源和环境是人类社会赖以生存和发展的基础,是构成可持续发展的基本要素。它们之间的关系是一种复杂的动态关系,相互影响。当今世界出现的环境污染和生态破坏归根结底都与人口增长过快有关,因为它必然造成对自然资源和环境的巨大压力。

人口、资源、环境作为可持续发展的要素是有机地联系在一起的,只有三者结合、整体优化,才能形成可持续发展能力。如果割裂三者之间的联系,就人口论人口,就资源论资源,就环境论环境,必然导致非持续发展。

另外,可持续发展的模式,是一种提倡和追求"低消耗、低污染、适度消费"的模式。用它取代人类工业革命以来所形成的,发达国家迄今难以放弃而其诱惑力又使不少发展中国家积极效仿的"高消耗、高污染、高消费"的非持续发展模式,可以有效扼制当今一小部分人为自己的富裕而不惜牺牲全球人类现代和未来利益的行为。显然,可持续发展思想将给人们带来观念和行为的更新。

6. 中国的可持续发展战略

目前,我国的经济发展基本上还是沿用着以大量消耗资源和粗放经营为特征的传统发展模式,比较重视发展的速度和数量,轻发展的效益和质量;重外延性的扩大再生产,轻内涵性的扩大再生产;重对自然资源重开发,轻保护。这种发展模式违背了持续发展的基本原则,已经正在对环境和生态造成极为不利的影响,并成为制约发展的重要因素。因此,有必要在今后的环境保护和经济工作中,坚持贯彻持续发展的思想。

1)《中国 21 世纪议程》的制定

作为一个世界上最大的发展中国家,中国在联合国内自始至终都坚定不移地站在发展中国家正义立场上,中流砥柱般积极参与全球可持续发展理论的建设和健全工作,为它的健康出台作出了巨大贡献。在 1992 年的世界环发大会开过不久,中国政府为了履行自己的承诺和贯彻世界环发大会的精神,参照联合国《21 世纪议程》的框架和格式制定了《中国 21 世纪议程》,在世界上率先把环发大会的共识和决议迅速变为本国的具体行动,展现出一个"言必信,行必果"的东方文明古国形象。

《中国 21 世纪议程》的内容分四个部分,即可持续发展总体战略,社会可持续发展,经济可持续发展,以及资源与环境的合理利用与保护。其宗旨是从人口、资源、环境、经济、社会相互协调中推动经济建设的发展,并在发展的进程中带动人口、资源、环境问题的解决,即是把经济社会发展与人口、资源、环境结合起来,综合协调,统筹安排。1994 年 3 月 25 日,国务院第 16次常务会议通过了《中国 21 世纪议程》,并将其确定为《中国 21 世纪人口、环境与发展白皮书》,作为中国今后发展的总体战略性文件,指导全社会的发展进程,且在国民经济和社会发展中、长期计划中逐步落实。《中国 21 世纪议程》的制定和实施是中国人民和政府在解决自身存在的全球性问题征途上的一个里程碑。

《中国 21 世纪议程》庄严宣告:中国社会经济不再重蹈发达国家的覆辙,将同"高消耗、高污染和高消费"的传统的发展模式决裂;而代之以"低消耗、低污染和适度消费"的可持续发展模式。这是一个重大的观念上的突破。实行可持续发展模式是中华民族惟一的,对自己和对全人类负责的选择。

2)可持续发展的行动纲领

中国政府依据自己的国情,把中国可持续发展的基本内容浓缩为 19 个字的行动纲领:控制人口、节约资源、保护环境、实现可持续发展。它正在中国共产党的领导下卓有成效地实施。江泽民同志在《正确处理社会主义现代化建设中的若干重大关系》中精辟地指出:"在现代化建设中,必须把实现可持续发展作为一个重大战略。要把控制人口、节约资源、保护环境放到重要位置,使人口增长与社会生产力的发展相适应,使经济建设与资源、环境相协调,实现良性循环。"在党中央的高度重视下,可持续发展思想开始在我国深入人心。

作为一个人口、资源、环境大国,中国解决好自身的可持续发展,就是对全人类可持续发展的重大贡献。例如,我国正在着手解决的古中华文明发源地黄河、长江流域生态系统的恶化问题,对世界来说,正是如何保护人类文明的发源地之一的生态文明的重大课题。

第三节　环境工程学与公路环境工程

一、环境工程学

1. 环境工程学的内容

环境工程学是人类在环境污染治理,保护和改善人类生存环境过程中形成的。这是由许多老学科交叉、渗透产生的新分支学科,属环境科学的应用环境学范畴。环境工程学的内容是运用工程技术的原理和方法来控制环境污染,保护和改善环境质量,合理利用自然资源的一整套技术途径和技术措施,一般包括水污染控制工程、大气污染控制工程、噪声污染控制工程、固体废弃物处理工程、环境监测技术及环境质量评价等。

2. 环境工程学的基本任务

目前对环境工程学的研究范围有不同认识。有的认为其任务是采取工程技术措施来消除和控制环境污染,重点是治理和控制废气、废水、噪声和固体废弃物,研究环境污染综合防治的方法和措施,利用系统工程方法,从区域整体上寻求解决环境问题的方案。有的则认为还应包括环境工程经济、给水排水、供热通风和空气调节等。

二、公路环境工程

(一)公路交通环境问题的产生与发展

1769 年,法国军事工程师兼陆军炮兵大尉古诺(N·J·CUGNOT)制造出世界上第一辆蒸汽机汽车,此车以 3.5km/h 的速度行驶时,冒着浓浓的黑烟,发出隆隆的噪声;1886 年,德国工程师卡尔·本茨研制成功世界上第一辆四冲程汽油机驱动的三轮汽车;德国的另一位工程师戴姆勒也研制成功四冲程汽油机驱动的四轮汽车。由此,便产生了公路交通环境问题。20 世纪 50年代以后,世界范围内的工农业生产和科学技术得到了迅速发展,城市道路和公路的里程、车辆的保有量也得到了迅速增长,于是公路交通环境问题便成为当今主要的环境问题之一。

从 20 世纪 80 年代中期起,我国公路交通进入高速发展时期。至 2001 年底,全国公路总里程为 169.8×10^4 km,其中高速公路 19 437km。根据交通部编制的"中国公路网发展战略规划",在全国公路网中优先建设和发展以高速公路和一级公路为主的国道主干线系统。该系统包括"五纵七横"12 条干线,总里程约 3.50×10^4 km。如此大规模的公路建设,必将给公路沿线地区的自然环境、生态环境、生活环境及景观环境带来影响,并产生一系列环境问题。

据统计,1998 年底全国机动车拥有量约 1 319 多万辆,从 1990 年至 1996 年每年按 12.05%递增。由于城市交通车辆巨增,对城市环境的污染日趋严重。以交通噪声为例,1995 年全国城市公路交通噪声级(等效连续 A 声级 L_{Aeq})为 67.6 ~ 74.6dB,1996 年增至 68.0 ~ 76.3dB。1995 年城市道路中交通噪声超过国家标准的占 72.3%,1996 年增至 75.0%。

(二)道路交通的主要环境问题

1. 城市道路

城市道路交通环境问题主要是空气污染和噪声污染。

(1)空气污染

车辆排放的空气污染物主要有一氧化碳(CO)、氮氧化物(NO_x)、碳氢化合物(HC)、微粒物质(TSP)等,给城市环境空气造成污染,危及人们的身体健康。从美国 20 世纪 70 年代城市空气污染物来源和分类统计(见表 1-1)中可以看出,城市空气污染物主要来自车辆排气。据 1998年资料,北京市因汽车排气及燃煤排放等原因已成为世界上空气污染严重的十大城市之一。

(2)噪声污染

根据调查统计,1979 年至 1988 年 10 年间,我国城市环境噪声增加约 10dB,平均每年增加1dB,进入 20 世纪 90 年代以后,城市噪声增加的幅度更大。道路交通噪声是城市环境噪声的主要来源,据浙江省 1996 年的公众环境意识问卷调查结果(见图 1-2)显示,影响居民日常生活的主要环境问题是噪声干扰,其中交通噪声是主要污染源(见图 1-3)。

来 源	污染物(10^6t/年)						
	CO	SO	NO$_x$	HC	TSP	共计	百分数(%)
道路交通(主要是车辆排气)	71.2	0.4	8.0	13.8	1.2	94.6	55
燃料燃烧(火力发电厂、工厂等)	1.9	22.0	7.5	0.7	6.0	38.1	22
工业生产(化工等)	7.8	7.2	0.2	3.5	5.9	24.6	14
其他(固体废弃物燃烧等)	5.7	0.7	0.9	5.6	1.6	14.5	9
共计	86.6	30.3	16.6	23.6	14.7	171.8	100

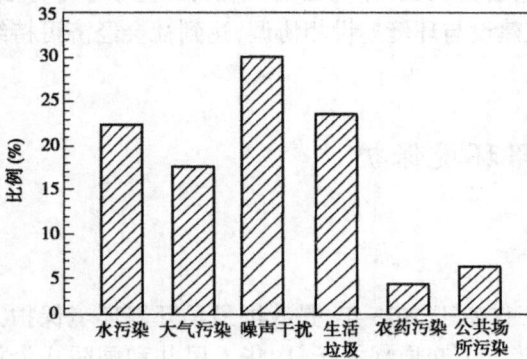

图 1-2　主要环境问题调查结果

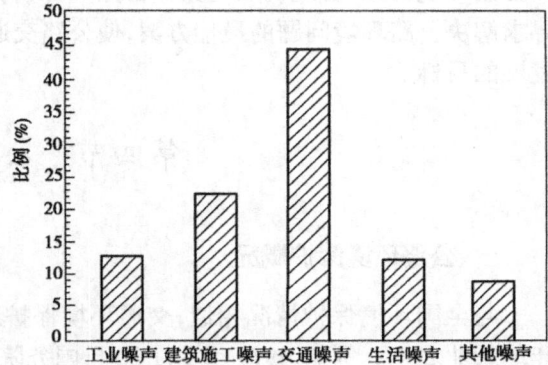

图 1-3　影响最大的噪声源调查结果

2. 公路

近 10 多年来,我国公路交通环境问题越来越严重,已引起社会公众的广泛关注。因公路交通施工期和营运期对环境的影响因素有很大差别,下面分别简述。

(1)施工期

公路施工期的环境问题主要表现为非污染型生态环境影响。与公路施工有关的生态环境影响一般为:植被破坏、局部地貌破坏(如高填、深挖、大切方等)、土壤侵蚀、自然资源(土地、水、草场、森林、野生生物等)影响、景观影响及生态敏感区(著名历史遗产、自然保护区、风景名胜区和水源保护区)影响等。每条公路涉及的具体生态问题各不相同,主要取决于所经地域的自然环境、生态环境及地貌状况等。对环境的影响程度取决于公路的等级,因高速公路及一级公路的工程技术标准较高,他们对生态环境的影响最大,普通道路的影响较小。

土地,尤其是耕地,是极其宝贵的自然资源。目前,我国各种开发区的建设、城市的不断扩大、交通运输网的建设、农村乡镇经济的发展及各种自然因素的破坏等,使耕地面积不断减少。我国现有耕地约 15 亿亩,仅为世界总耕地的 7%,而人口是世界的 25%,因此,土地问题已成为我国经济发展的严重制约因素。据统计,四车道高速公路及一级公路建设,每公里占用土地 75 亩左右,一般耕地约占 70%~90%,六车道高速公路则占地更多。由此,仅"五纵七横"国道主干线建设将占用土地约 263 万亩,其中耕地约 210 万亩。因此,在公路设计、施工等各个环节中,必须珍惜每寸土地,合理利用每寸土地。

(2)营运期

公路营运期的环境问题,主要是对沿线地区民众的生活环境造成影响,如噪声扰民,汽车排气污染空气,服务区污水及路面径流对水环境的污染等,其中噪声影响最为突出。

(三)公路环境工程

1. 公路环境工程的内容

公路环境工程是近年来人们针对公路环境污染治理、利用和保护自然资源、改善生态环境而产生的一门技术环境学科,是环境工程学的组成部分。由于该学科产生的时间较短,尚未形成成熟的学科体系。目前,一般认为公路交通环境工程研究的主要内容为:公路环境问题的特征、规律;环境污染防治技术与方法;保护和合理利用自然资源、改善生态环境的技术措施;环境影响评价等。公路环境工程的内容、技术、方法等,还有待不断研究与完善。

2. 公路环境工程的基本任务

公路环境工程的基本任务是采取工程技术措施来消除和控制交通环境问题,重点是治理和控制环境污染,合理利用与保护自然资源,利用公路工程、环境工程和系统工程等综合方法,寻求解决公路环境问题的最佳方案,使公路交通建设与环境建设相协调,达到社会经济可持续发展的目标。

第四节　公路环境保护

一、公路环境保护概况

与全国环境保护情况相似,交通环境保护工作始于1973年,是我国最早开展环境保护工作的行业之一。例如,1974年1月30日国务院转发了交通部关于《中华人民共和国防止沿海水域污染暂行规定》。

但与交通部经济工作重点相似,交通环保也一直存在"重水轻路"现象,在内部存在环境保护工作的不平衡。在1987年以前,交通部主要抓的是港口和航运的环境保护工作。从1987年交通部发布《交通建设项目环境保护管理办法(试行)》开始,公路建设项目的环境影响评价工作正式启动,以1987年和1988年开展陕西西(安)临(潼)高速公路、湖北宜(昌)黄(石)高速公路、贵州贵(阳)黄(果树)高等级公路和广东深(圳)汕(头)高速公路等项目环境影响评价为标志,公路交通环保工作步入了快车道。

十多年来,环境影响评价工作对促进公路建设与环境协调持续发展和提高包括公路管理人员、设计人员等公路从业人员的环境意识方面均起到了非常重要的作用。可以说,公路交通环境保护工作虽起步较晚,但发展得较快和较好,在我国已处于行业环保工作的前列。截止到2000年底不完全统计,由国家环境保护总局审批的公路环境评价项目近400项;进行公路环境保护专项设计的项目数十项;自1996年京津塘高速公路率先进行环境保护设施竣工验收后,已有30余条高速公路进行了该项验收工作。

除《中华人民共和国公路法》外,交通部在1990年就发布了《交通建设项目环境保护管理办法》等规章,并制定了《公路建设项目环境影响评价规范》、《公路环境保护设计规范》、《公路绿化规范》等一批技术规范,并已完成或正在进行《汽车排放对环境的有害影响及其防治对策的研究》《"十五"至2020年交通环保规划》、《公路交通噪声限值标准》、《公路交通行业"十五"至2010年环境保护规划》、《公路交通行业环境保护投资界定》、《公路环境工程概预算编制办法》、《公路环境保护设施竣工验收办法》等一大批环境保护科研、规划、规范和标准项目,为保证公路环境保护工作落实提供了技术保障。

在交通部部内设立了环境保护委员会,由一名副部长负责环委会工作,下设常务办公机构

——交通部环境保护办公室,负责交通行业的环境保护工作。交通部环保办除设立专职人员外,还由各专业职能司局派员兼职环办工作,从而保证了部内各司局在环境保护工作上的协调配合,有力地促进了交通环保事业的发展。在部分省市交通厅(局)也设立了环境保护机构,使省内各项交通环保工作的实施得到了落实。

对于什么是公路环境保护,其保护对象、保护目标是什么,目前还有争论。概括来讲,公路环境保护是以"公路工程与环境"这对矛盾为对象,以生态可持续发展的观点来调节与控制其对立统一关系的发生与发展。公路环境保护的具体行为包括公路建设项目在前期工作阶段的环境影响评价、环境保护设计、施工期的环保设施施工及环保监理和项目建成后的环境保护设施竣工验收等。公路环境保护的对象除包括了水、气、声、渣四项外,还被赋予了生态保护、社会经济文化价值等诸多内容。其保护对象是公路沿线的环境质量、水土资源、路域生态环境以及生物多样性、沿线居民的生活质量和人文景观价值。随着经济发展和公路交通事业的发展,人们对公路路域环境的要求也必将越来越高,作为公认的非污染型生态项目,在工程(建设标准和造价)与环境要求这一对矛盾中,环境将越来越成为矛盾的主要方面,或者说环境将成为人们首要考虑的因素。

对于全国公路路网布局、建设规模、建设标准等有关国家公路发展政策、发展战略、规划等,虽然它们对环境可能带来更大的直接或间接影响,但由于种种原因,目前尚未能开展这方面的工作。其中一个重要的原因就是尚缺乏开展这项工作的法律依据。国家有关部门已认识到了其重要性,《中华人民共和国环境评价法》已在制定中,该法颁布后将把国家政策、发展战略和规划的环境评价正式纳入轨道。在生态极其脆弱的西部,在公路路网规划、建设规模和建设标准上进行仔细的环境评估,避免不必要的或不受控制的生态破坏,实现公路的可持续发展是所有公路政策制定者和规划者必须承担的义务。

综上所述,公路交通环保工作起步晚、发展快,总体已发展到了较高的水平,基本建立了较完善的公路交通环保管理体系和技术保障体系。但各项环境保护工作归根到底都要靠人来推进,因此,必须加强环保宣传教育,提高全体从业人员的环境意识。同时,必须加强基础理论研究,组织科技攻关,开发和推广防治环境污染的实用技术,扶植环境保护产业的发展。

二、公路环境保护原则

公路交通环境保护应执行国家环境保护法规及有关规范。为使环境保护工作取得成效,应遵循下列原则:

1. 以防为主、防治结合

公路交通环境保护最有效的措施是路网规划和路线布设时考虑环境因素,通过全面规划和合理布局,将环境影响降至最低程度。在此基础上,采取必要的环境治理措施,实现环境保护目标。

2. 执行环境影响评价制度

编制环境影响报告书或环境影响报告表是国家对建设项目(包括新、改扩建)实行强制性环境保护管理的制度,是对建设项目从环境方面作可行性研究报告,对建设项目具有一票否决权的作用。环境影响报告书或报告表是建设项目工程设计中的环保工程设计、环境保护设计、施工期和营运期的污染防治措施及环境管理的依据。为更好地执行环境影响评价制度,1996年7月交通部颁发了《公路建设项目环境影响评价规范》(试行),但由于交通行业环境影响评价工作开展时间较短,关于道路项目环境影响评价的技术方法、工作内容及其管理等正在研究完善之中。

3. 综合治理

环境综合治理有两层含意:一是必须采取法律的、行政的、技术的、经济的综合措施来实现环境保护;二是为防治环境污染,改善环境质量应考虑多种技术措施综合治理,以达到环境保护最佳效果。

4. 技术、经济合理

实施环境保护措施时,应作多方案分析论证,以达到技术可靠、经济合理,使环境效益和社会效益最佳。此外,还应使环保措施可能产生的负面影响最小,或为防止负面影响的投资最小。

5. 实行"三同时"原则

根据国家《建设项目环境保护管理办法》的规定,经环境影响评价及有关部门审批确定的环境保护措施,如管理处、生活服务区、收费站等的污水处理设施及其他环保设施,应与主体工程同时设计、同时施工、同时投入营运。由于公路交通噪声对环境的影响与交通量有关,根据环境影响预测评价,噪声防治设施可采取分期实施方案。

6. 加强环境管理

管理工作是环境保护的关键。在我国,由于公路交通环境保护工作开展较晚,环境管理亟待加强。首先应建立和健全各级环境保护机构,明确职责;其次是制订相关环境管理法规,明确公路交通建设各环节的环境管理要求与目标,使环境保护工作切实有效。

三、公路建设与营运中的环境保护工作概况

如仅就公路建设项目管理来谈,其包括的环境保护工作项目有:

(1)项目可行性研究及初步设计阶段:项目的环境影响评价,提交项目环境影响报告书或报告表;

(2)项目初步设计及施工图设计阶段:环境保护设计;

(3)项目招投标阶段:在招标文件、工程合同及监理合同中纳入环境保护条款;

(4)项目施工期:环境保护设施的施工及环境保护监理;

(5)项目竣工和交付使用阶段:环境保护设施验收、环境后评价;

(6)公路营运期:环境保护设施的运行和维护及处理环境问题投诉。

公路项目的环境保护工作可以分为公路建设期的环境保护工作和公路营运期的环境保护工作。公路建设期的环境保护工作又可分为项目前期工作的环境保护和公路施工期的环境保护工作。

1. 公路建设期的环境保护概要

项目前期工作的环境保护主要涉及的就是环境评价和环境工程设计。公路环评的目的和意义,可概括为:一是从环保角度出发评价公路选线的合理性,对路线方案的可行性和项目的可行性提出评价意见和结论;二是提出必要的环保措施,使项目对环境的不利影响减少到可接受的程度;其三就是预测项目的环境影响程度和范围,为公路沿线社区发展规划提供环境保护依据。按国家的有关规定,建设项目的环境影响评价工作应在项目可行性研究阶段完成。但考虑到公路等项目工可阶段与初设阶段的线位可能有较大的变化,国务院在第 253 号令《建设项目环境保护管理条例》中的第九条又作了专项规定,即"……铁路、交通等建设项目,经有审批权的环境保护行政主管部门同意,可以在初步设计完成前报批环境影响报告书或者环境影响报告表。"这样做,可以提高环境敏感点的预测评价精度,提高环境保护措施的可行性,从而

进一步提高环境影响评价工作的有效性,便于落实环境保护"三同时"。

公路项目的环境保护设计贯穿于项目各阶段或主体工程设计的各个组成部分。因为,从广义而言,从公路的路线设计、路基设计、桥涵设计、沿线设施设计直至路面设计都无不与环境保护或水土保持有关系。由于公路各部分的设计已各成体系,并均有自己的设计规范,《公路环境保护设计规范》只是对相关的设计起一定的指导作用,并不是也不能取代原有的技术规范。

在此我们所谈的环境保护设计的内涵比较小,其内容或要求实际还是与项目的环境影响报告书息息相关,或者说项目的环境保护设计就是指为落实环境影响报告书提出的环境保护措施所进行的环境保护专项设计或环境保护补充设计。如果说,在环境影响报告书中提出的环境保护措施还是泛泛的或是原则性的话,环境保护设计就必须是具体的、可操作的,既要有设计图纸,还要有概预算。

在我们强调进行环境保护设计的时候,需注意的是并不是说这些设计均要作专项设计或者说都要纳入设计文件的环保篇章,关键在于落实。如服务区的污水处理设计仍宜在沿线设施的房建设计中完成,否则其设计界面就不易划分。相类似的还有公路经过敏感水体或水源保护地时,需对桥面排水或整个排水系统进行专门设计等,这些设计仍应在桥梁设计、路基设计等部分来完成。目前,一般只将绿化景观生态工程设计和声屏障设计纳入环境保护篇章。由于这两项设计有自己的专业特点,业主或工程设计总包单位往往委托相关的专业设计单位来完成。

环境影响评价要求对项目的各个阶段提出环境保护措施,并在各个阶段得到落实。特别是世行和亚行贷款项目要求在环境影响报告书的基础上编制环境保护行动计划,以指导项目的整个实施过程。即使是一般的国内项目,对环境影响报告书环境管理与监测计划的编制要求也是越来越高。随着国家对环境保护工作的不断加强,制定和落实项目环境保护行动计划是我们义不容辞的义务。

在项目施工过程中实行环保监理,是项目全过程环境保护管理不可缺少的重要环节,也完全符号国家关于环境保护"三同时"的原则。

所谓公路施工期的环境保护监理,其实质就是施工活动过程中的环境管理工作,因此必须与整个项目的施工组织管理紧密结合。要以项目的环境影响报告书、环境保护行动计划及相关的环境保护及资源保护的法律法规为依据,强化工程管理人员、监理工程师、承包商和施工人员的环境保护意识,使环境保护管理工作制度化、规范化、合理化。环境保护监理的主要工作环节有:(1)承包商编制环境保护措施报告表上报监理工程师审核批准;(2)监理工程师核查环境保护措施的实施情况,作为工程验收的考核内容;(3)对施工现场进行环境监测,以便掌握环境质量动态,及时调整环保监控力度或环境保护措施。

公路施工期环境保护除水土保持外,涉及环境污染的项目较多,一般包括空气污染、光污染、噪声污染、污水污染及固体废弃物污染等。

在公路完工后,在进行公路工程竣工验收前,业主应向批准项目环境影响报告书的环境主管部门申请进行环境保护设施专项验收。验收内容主要是核查环境影响报告书提出的环境保护措施的落实情况以及环境保护设施的完成和运行情况等。环境保护设施验收是一种行政验收,有关主管部门必须明确作出通过验收、限期整改或不通过验收的验收意见。验收不合格的项目不能投入使用。

2. 公路营运期的环保概要

公路在营运期,其对环境的影响主要在于路基可能发生的崩塌、水毁,危险品运输可能发生的泄漏,汽车营运产生的汽车尾气和噪声污染以及公路附属服务设施产生的固体废弃物和污水。

因此,营运期的环境保护工作,除继续落实项目环境保护计划和环境监测计划外,还应做好环境保护设施的维护,并根据环境监测结果和沿线居民的环境投诉适时调整环境保护措施的实施方案。

应注意提高公路养护水平,保持路面平整度,保证车辆运行不产生异常的噪声。在路面的养护中,应注意公路筑路材料的回用或再生。

引进土壤改良剂、保水剂和水土保持剂等材料用于绿化养护以节约浇水费用,提高绿化和水保效果等等。

第二章　公路生态环境影响与保护

第一节　生态学基础

生态学是研究生物与环境之间相互关系及其作用机理的科学。环境科学则以人类为中心,把人类生活与环境的相互影响作为一个整体来研究,从而和社会科学发生十分密切的联系。由此不难看出,生态学和环境科学有很多共同的地方,生态学的基本原理同样可以应用于环境科学,作为环境科学的基础理论,来研究人类生存、发展与环境的相互关系。

一、生物圈与生态环境

1. 生物圈

生物圈由大气圈下层、水圈、土壤岩石圈以及活动于其中的生物组成,其范围包括从地球表面向上 23km 的高空,向下 12km 的深处(太平洋最深的海槽)。在地表上、下 100m 左右的范围内是生物最集中、最活跃的地方。

在大气圈、水圈和土壤岩石圈之间通过气流、辐射、蒸发和降水等作用,经常不断地进行能量转换和物质循环,使生物圈在不同层次之间具有一定限度的相互补偿调节机能,因而保持了生物圈的动态平衡。在生物圈经过数百万年的长期演化过程中,逐步形成了今天多种物质的循环和能量流动。

随着人类文化和科学技术的发展,整个生物圈几乎都显示着人类活动的踪迹和结果,就连生物圈之外的宇宙空间,随着航天飞机的飞行,人类活动也会愈来愈频繁。人类的一切活动都在不断地直接和间接影响着生物圈,影响着生物圈物质和能量的输入输出、循环、转换,以及它们相互协调交织而形成的动态平衡。这种影响正随着工农业发展及对自然资源利用速度的增高而加强。

2. 生态环境

生态环境是指影响生态系统发展的环境条件的总体。环境科学所指的生态环境是人类的生态环境。它是人类生存的自然环境和社会环境的综合(见图 2-1)。

1)自然环境

自然环境是人类赖以生存和发展的所有物质、能量因素和外界条件的综合体,也就是环绕着人群的空间中可以直接、间接影响人类生产、生活的一切自然形成的物质、能量的总体。

2)社会环境

社会环境是指在自然环境的基础上,人类通过长期有意识的社会劳动,加工和改造了的自然物质,创造的物质生产体系,积累的物质文化等所形成的环境体系。所以,社会环境是人类生存及活动范围内的社会物质、精神条件的总和。广义讲,包括整个社会经济文化体系,如生产力、生产关系、社会制度、社会意识和社会文化。狭义讲,指人类生活的直接环境,如家庭、劳动组织、学习条件和其他集体性社团等。区域社会环境,一般包括社区基本特征、经济因素与

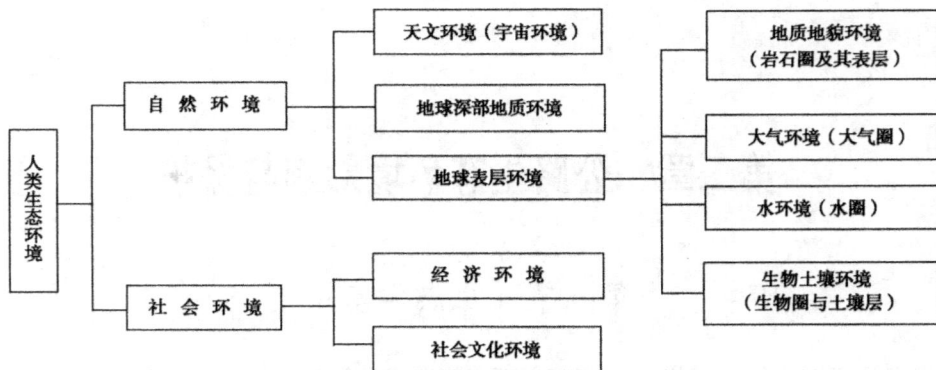

图 2-1 人类生态环境系统

社会文化因素。

二、生态系统的概念

生态系统就是指一定地域(或空间)内生存的所有生物和环境相互作用的、具有能量转换、物质循环代谢和信息传递功能的统一体。例如,森林就是一个具有统一功能的综合体。在森林中,有乔木、灌木、草本植物、地被植物,还有多种多样的动物和微生物,再加上阳光、空气、温度等各种非生物环境条件,它们之间相互作用,这样由许多的物种(生物群落)和环境组成的森林就是一个实实在在的生态系统。草原、湖泊、农田等也是这样。

生态系统的范围可大可小,大至整个生物圈、整个海洋、整个大陆;小至一个池塘、一片农田;再小如含有金鱼、金鱼藻及水的金鱼缸。任何一个系统都可以和周围环境组成一个更大的系统,成为较高一级系统的组成成分;而且它本身可以分成许多子系统。

三、生态系统的组成

任何一个生态系统,都由生物和非生物环境两大部分组成。生物部分按照它们的营养方式和在系统中所起的作用不同,又可分为生产者、消费者和分解者,这三者构成生物群落。因此,一个生态系统应包括生产者、消费者、分解者以及非生物环境等四类成分。各组成成分之间的相互关系如图2-2所示。

1. 生产者

生产者主要是指能制造有机物质的绿色植物和少数自营生活菌类。绿色植物在日光的作用下可以进行光合作用,将无机环境中的二氧化碳、水和矿物质元素合成有机物质;在合成有机物质的同时,把太阳能转变为化学能并贮存在有机物质中。这些有机物质是生态系统中其他生物生命活动的食物和能源。生产者是生态系统中营养结构的基础,它决定着生态系统中生产力的高低,是生态系统中最主要的组成部分。

2. 消费者

消费者是指直接或间接利用绿色植物所制造的有机物质作为食物和能源的异养生物,也应包括人类本身,主要是指各种动物,也包括寄生和腐生的菌类。根据食性不同或取食的先后可分为草食动物、肉食动物、寄生动物、食腐动物和食渣动物。按照其营养方式的不同,可分为不同的营养级,直接以植物为食的动物称为草食动物,是初级消费者,如牛、羊、马、兔子等;以草食动物为食的动物称为肉食动物,是二级消费者,如黄鼠狼、狐狸等;而肉食动物之间又是弱肉强食,由此还可分为三级、四级消费者。许多动、植物都是人类的取食对象,因此,人类是最高级的消费者。

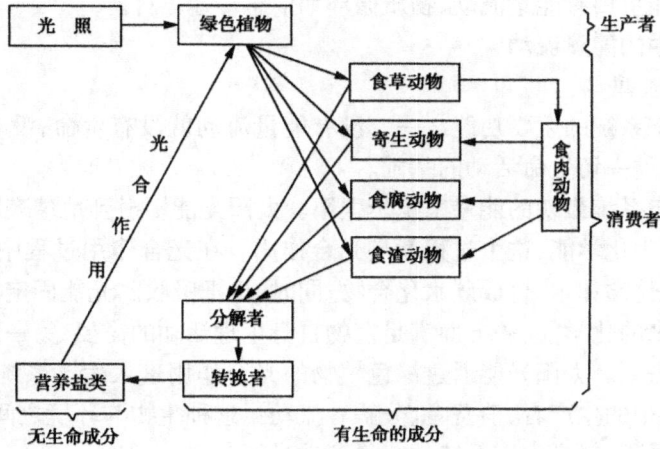

图 2-2 生态系统的组成成分及其相互关系

3．分解者

分解者又称还原者,主要指微生物,也包括某些以有机碎屑为食物的动物(如蚯蚓)和腐食动物。它们以动植物的残体和排泄物中的有机物质作为生命活动的食物和能源,并把复杂的有机物分解为简单的无机物归还无机环境,重新加入到生态系统的能量和物质流中去。分解者对环境的净化起着十分重要的作用。

4．非生物环境

非生物环境包括碳、氢、氧、无机盐类等无机物质和太阳辐射、空气、温度、水分、土壤等自然因素。它们为生物的生存提供必需的空间、物质和能量等条件,是生态系统能够正常运转的物质、能量基础。

四、生态系统的类型

根据生态系统形成的原动力和影响力可以分为自然生态系统、半自然生态系统和人工生态系统三类。自然生态系统是依靠生物和环境自身的调节能力来维持相对稳定的生态系统,如原始森林等。人工生态系统是受人类活动强烈干预的生态系统,如城市、工厂、宇宙飞船等。介于两者之间的生态系统,为半自然生态系统,如天然放牧的草原、人工森林、养殖湖泊、农田等。

还可以根据环境性质加以分类,可以划分为陆地生态系统和水生生态系统。由于地球表面生态环境极为复杂,具有不同的地形、地貌和气候等,因而形成了各种各样的生态环境。根据植被类型和地貌的不同,陆地生态系统又可分为森林生态系统、草原生态系统、荒漠生态系统等。水生生态系统按水体理化性质不同可以分为淡水生态系统和海洋生态系统。这些系统还可以再进行分类。

按主体特征分:森林、草原、荒漠、冻原、河流、湖泊、沼泽、海洋、农村、城市等生态系统。

按地域特征分:全球最大的生态系统——生物圈生态系统、陆地生态系统、海洋生态系统,还有山地、平原、岛屿等生态系统。

33

五、生态系统的功能

生态系统的功能主要有能量流动、物质循环和信息传递三种。

(一)生态系统中的能量流动

1．能量流动的规律

能量流动是生态系统的主要功能之一。没有能量流动就没有生命,没有生态系统。能量是生态系统的动力,是一切生命活动的基础。

地球上所有生态系统最初的能量来源于太阳。太阳光能辐射到地球表面被绿色植物吸收和固定,将光能转变为化学能,这个过程就是光合作用。在光合作用过程中,绿色植物在光能的作用下,吸收二氧化碳和水,合成碳水化合物;同时,也把吸收的光能固定在光合产物分子的化学键上。贮藏起来的化学能,一方面满足植物自身生理活动的需要,另一方面也供给其他异养生物生命活动的需要。太阳光能通过绿色植物的光合作用进入生态系统,并作为高效的化学能,沿着生态系统中的生产者、消费者、分解者流动。这种生物与环境之间、生物与生物之间的能量传递和转换过程,就是生态系统的能量流动过程。

生态系统中的能量流动与转换,是服从于热力学第一、第二定律的。

热力学第一定律就是能量守恒定律,即在自然界发生的所有现象中,能量既不能消灭也不能凭空产生。它只能以严格的当量比例,由一种形式转变为另一种形式。生态系统中的能量形式变换,完全符合这一定律,例如,当绿色植物吸收光能后,可将光能转化为化学能,而当绿色植物被草食动物采食后,又可将化学能转化为机械能或其他形式的能量,在转换的过程中尽管有热量的耗散,但其总量是不变的。

根据热力学第二定律,即一切过程都伴随着能量的改变,在能量的传递和转换过程中,除了一部分可以继续传递和作功的能量(自由能)外,总有一部分不能继续传递和作功,而以热的形式消散,这部分能量使熵和无序性增加。在生态系统中当能量从一种形式转换为另一种形式的时候,转换效率绝不可能是百分之百。这是因为:

(1)绿色植物在自然条件下,光能利用率很低,仅有 1% 左右,然而,绿色植物所获得的能量,也根本不可能被草食动物全部利用,因为它的根系、茎秆和果壳中的坚硬部分以及枯枝落叶都是不能被草食动物采食和利用的。

(2)即使在已经采食的食物中,也有一部分不能消化,作为粪便排出体外。由于这一系列原因,草食动物所利用的能量,一般仅仅等于绿色植物所含总量的 5%～20% 左右。同样的道理,肉食动物所利用的能量,也要小于草食动物的能量。

这就不难看出,生态系统中的能量流动,具有两个显著的特点:

一是能量在生态系统中的流动,是沿着生产者和各级消费者的顺序逐级被减少的。能量在流动过程中,一部分用于维持新陈代谢活动而被消耗,同时在呼吸中以热的形式散发到环境中去。只有一少部分作功,用于合成新的组织或作为潜能贮存起来。因此,在生态系统中能量的传递效率是较低的。所以,能流也就愈流愈细。一般来说,能量沿着绿色植物——草食动物——一级肉食动物——二级肉食动物逐级流动,如图 2-3 所示。通常,后者所获得的能量大体上等于前者所含能量的十分之一,称为"十分之一定律"。这种层层递减是生态系统中能量流动的一个显著特点。

二是能量流动是单一方向的。这是因为,能量以光能的状态进入生态系统后,就不能再以光能的形式,而是以热能的形式逸散于环境之中;被绿色植物截取的光能,决不可能再返回到太阳中去;同样,草食动物从绿色植物所获得的能量,也决不能再返回给绿色植物,所以,能量的流动是单程的,只能一次流过生态系统,因而是非循环的,能量在生态系统中的流动是不可逆的。

2.能量流动的渠道

生态系统中能量的流动,是借助于"食物链"和"食物网"来实现的。食物链和食物网便是生态系统中能量流动的渠道。

1)食物链

在我国有这样一句话"大鱼吃小鱼,小鱼吃虾

图 2-3　生态系统能量流动模式图

米,虾米吃河泥"。这就是食与被食的链索关系。在生态系统中生产者、消费者和分解者,它们之间存在着一系列食与被食的关系。绿色植物制造的有机物质可以被草食动物所食,草食动物可以被肉食动物所食,小型的肉食动物又可被大型肉食动物所食。这种以食物营养为中心的生物之间食与被食的链索关系称为食物链。食物链上的每一个环节,称为一个"营养级"。

在生态系统中,能量是通过生物成分之间的食物关系,在食物链上,从一个营养级到下一个营养级不断地逐级向前流动的。不同生态系统,食物链长短会有所不同,因而营养级数目也不一样。例如,海洋生态系统的食物链较长,营养级数目可达 6～7 级;陆地生态系统的营养级数目最多不超过 4～5 级。人类干预下的草原生态系统和农田一般只有 2～3 级,如青草→反刍家畜→人;谷类作物→家畜(禽)→人;谷类作物→人。

在植物保护,防止病虫害时采用的生物防治法,就是以鸟治虫,以虫治虫,以菌治虫,都是依据食物链的理论。了解生物体之间的营养关系,注意量的调节,对保护动、植物资源有着重要的意义。

2)食物网

生态系统中的食物链往往不是单一的,而是由许多食物链错综复杂地交错在一起的,例如,不仅家畜采食牧草,野鼠、野兔也吃牧草,同一种植物可以被不同种的动物消费掉;另外,同一种动物,也可以取食不同种食物,例如沙狐既吃野兔,又吃野鼠,还吃鸟类,还有些动物,如棕熊既吃植物,又吃动物。所以,在生态系统中,各种生物之间通过取食关系存在着错综复杂的联系,这就使生态系统内,多条食物链相互交结、互相联系,形成网络,称为食物网,如图 2-4 所示。

食物网使生态系统中各种生物成分有着直接的或间接的联系,因而增加了生态系统的稳定性。食物网中的某一条食物链发生了障碍,可以通过其他食物链来进行调节和补偿。例如,草原上的野鼠,由于流行鼠疫而大量死亡,原来以捕鼠为食的猫头鹰并不因鼠类减少而发生食物危机。这是因为鼠类减少后,草类就会大量繁殖起来,繁茂的草类可以给野兔的生长和繁育提供良好的环境,野兔的数量开始增多,猫头鹰则把捕食的目标转移到野兔身上了。

食物网是生态系统中普遍而又复杂的现象,它从本质上反映了生物之间的捕食关系,它是生态系统中的营养结构,是能量流动的主要渠道。

3)生态金字塔

人们在研究生态系统的食物链和食物网的结构时,把每个营养级有机体的个体数量、能量及生物量,按照营养级的顺序排列起来,绘制成图。由于这种图和埃及金字塔的形状相似,于是人们便把它称作"生态金字塔"。

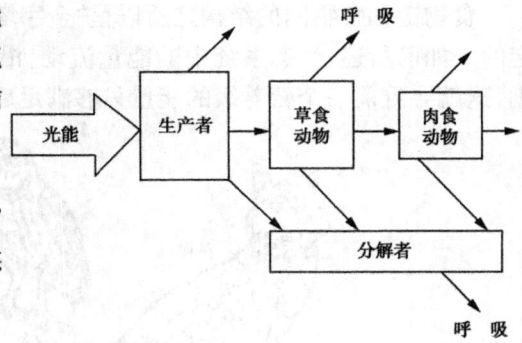

食物链和食物网的结构之所以呈"金字塔"形,是由生态系统中的能量流动的客观规律决定的。如前所述,生态系统中的能量流动,沿着营养级逐级上升,能量愈来愈少,能流愈流愈细,这就导致前一个营养级的能量只够满足后一个营养级少数生物需要。营养级愈高,生物的

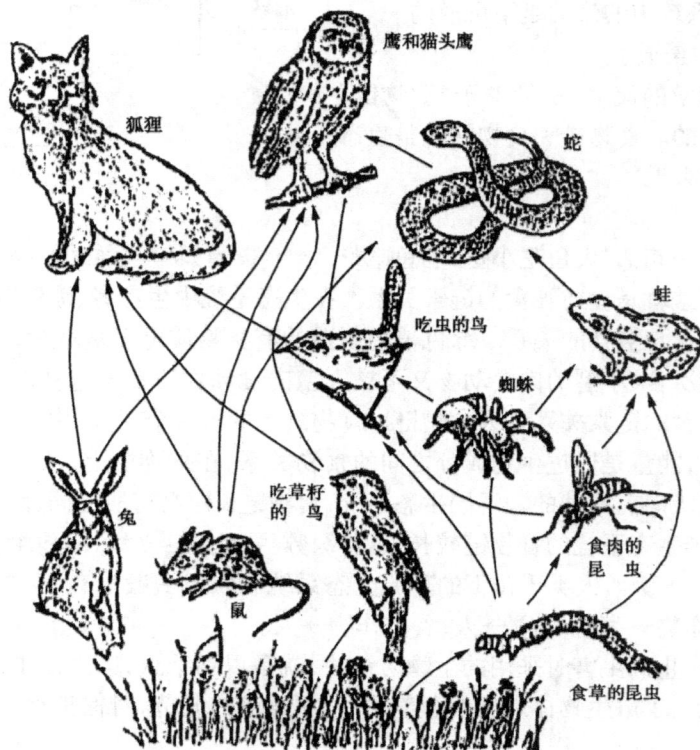

图 2-4　一个简化的草原生态系统食物网

数量必然愈少。被食者的生物量,要比捕食者的生物量大得多。例如,在一个池塘中,要有1 000kg浮游植物才能维持100kg浮游动物的生活;而100kg的浮游动物才能供10kg鱼的食料,这10kg鱼只能使18岁的青年人增加1kg体重。可见,无论从生物量看,还是从能量看,以及从生物的个体数目看,它们都是呈金字塔形递减的,这是生态系统营养结构的特点。

生态金字塔有三种类型:

(1)数量金字塔。表示各营养级之间在一定的时间和空间内生物的数量关系,用生物的个体数目来表示。

(2)生物量金字塔。表示各营养级之间生物的重量关系。

(3)能量金字塔。表示各营养级之间能量的配置关系。

在上述三种类型中,数量金字塔没有反映在同一营养级上,有机体体积大小因种类不同而产生悬殊的差异。例如,老鼠体积明显与大象不同。而且在某些情况下,如成千上万的昆虫以一株或几株树为生时,就会出现倒置的数目金字塔。

生物量金字塔与数目金字塔相比较,较少发生倒置,但在某些水生生态系统,由于生产者(浮游植物)的个体很小,生活史短,因此,根据某一时刻调查的现存生物量,常低于较高营养级的生物量,使生物量金字塔也出现了倒置。因此,以个体数目或生物量作为计量的共同尺度,显然有它的欠缺之处。

能量金字塔则始终能保持金字塔形。能量金字塔可在不同的生态系统或不同营养级之间

36

用同一能量单位加以对比,因此,是表示生态系统营养结构和能流效率的好方法。

(二)生态系统中的物质循环

在生态系统中,生物为了生存不仅需要能量,也需要物质。因为物质是化学能量的运载工具,又是有机体维持生命活动所进行的生物化学过程的结构基础。假如没有物质作为能量的载体,能量就会自由散失,不能沿着食物链转移;如果没有物质满足有机体生长发育的需要,生命就会停止。

生物有机体维持生命所必需的化学元素约有 40 多种,其中氧、碳、氢、氮被称为基本元素,占全部原生质的 97% 以上,是生物大量需要的;钙、镁、磷、钾、硫、钠等被称为大量营养元素,生物需要量相对较多;铜、锌、硼、锰、钼、钴、铁等被称为微量营养元素,在生命过程中需要量虽然很少,但却是不可缺少的。所有这些化学元素,不论生物体需要量是多是少,都是保证生命活动正常进行所必需的,它们是同等重要、不可代替的。

生物从大气圈、水圈、土壤岩石圈获得这些营养物质,而这些营养物质在生态系统中都是沿着周围环境——→生物体——→周围环境这样的途径反复运动的。这种循环过程又称为生物地球化学循环,简称生物地化循环。

在生态系统中,各种化学元素在生物与非生物成分之中的滞留,可以称为库,这些元素在库与库之间的转移,称为流。若干个库和流构成了物质循环(生物地化循环)。根据物质循环路线和周期长短的不同,可将循环分为生物小循环和地球化学大循环。

生物小循环,是在一定地域内,生物与周围环境(气、水、土)之间进行的物质周期性循环,主要是通过生物对营养元素的吸收、留存和归还来实现。其特点是:它是在一个具体的范围内进行,以生物为主体与环境之间进行迅速的交换,流速快、周期短。生物小循环为开放式循环,它受地化大循环所制约。

地球化学大循环,是指环境中的元素经生物吸收进入有机体,然后以排泄物和残体等形式返回环境,进入大气圈、水圈、土壤岩石圈及生物圈的循环。形成地化大循环的动力有地质、气象和生物三个方面。地化大循环与生物小循环相比较,有范围大、周期长、影响面广等特点。

生物小循环和地化大循环相互联系,相互制约,小循环置于大循环之中,大循环不能离开小循环,两者相辅相成,在矛盾的统一体中构成生物地球化学循环。

生物地球化学循环是地球表面自然界物质运动的一种形式,有了这种物质的循环运动,资源才能更新,生命才能维持,系统才能发展。例如生物在不停的呼吸过程中,每天都要消耗大量的氧气,可是空气中氧的含量并没有明显的改变;动物每年都要排泄大量的粪便,动植物死亡后的残体也要遗留地面,然而经过漫长的岁月后,这些粪便、残体并未堆积成山。正是由于生态系统中存在着永续不断的物质循环,人类才能有良好的生存环境。

根据循环物质形态和贮存库不同可分为两个基本类:

1. 气相循环

气相循环的贮存库主要是大气圈和水圈。氧、碳、水等都属于气相循环类型。参与循环的物质以气体形态通过大气进行扩散,弥漫于陆地或海洋,短时间可以被植物重新吸收利用。气相循环把大气和海洋紧密地联结起来,具有明显的全球性循环特点,因此是一个气相完善的循环类型。如生物圈中水、碳和氧的循环,见图2-5。

水循环对地球上的生命意义是巨大的,因为一切生命都依赖于水而存在,水又是最好的溶剂,绝大多数物质都先溶于水,然后再进行物质循环。此外,水还能起调节气候,清洗大气和净化环境的作用。

生态系统中的水循环、碳—氧循环和氮循环与人类的关系最密切,而且人类的强大活动,如燃烧、固氮工业等,已经强烈地影响着这些元素的循环,并反过来制约着人类的生存和发展。

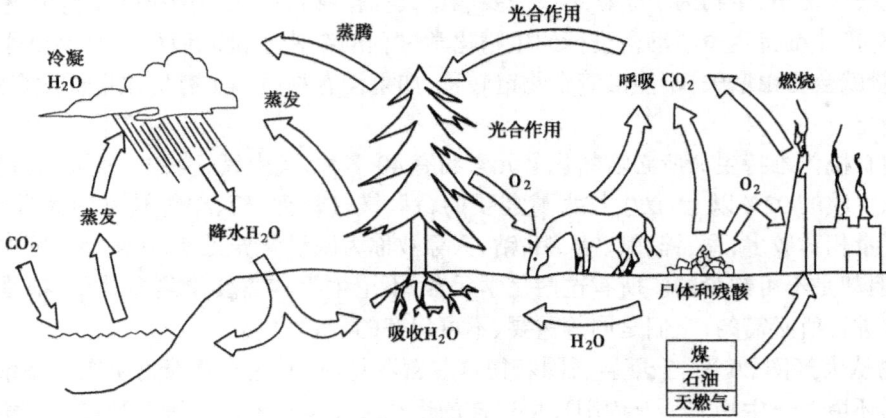

图 2-5　生物圈中水、氧气和二氧化碳的循环

2. 沉积循环

沉积循环的贮存库主要是岩石圈和土壤圈。磷、钙、钠、钾等都属于沉积循环类型。沉积循环主要是经过岩石的风化作用和沉积物本身的分解作用,将贮存库的物质转化成为生态系统的生物成分,变成可以利用的营养物质。这种转变的过程是相当缓慢的,可能在较长时期内不参与各库之间的循环。因此,它具有非全球性的循环特点,是一个不完善的循环类型。生物圈的磷循环如图 2-6 所示。

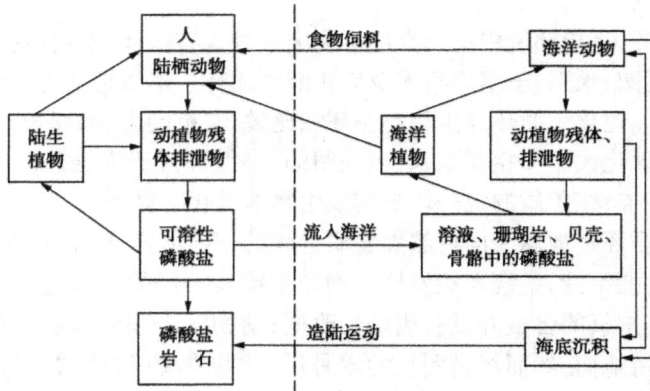

图 2-6　生物圈的磷循环

磷是生物体内能量转化不可缺少的元素,磷参与了光合作用,没有磷就不可能形成糖。磷也是生物体遗传物质——脱氧核糖核酸(DNA)的重要组成成分。所以,没有磷就没有生命,也不会有生态系统中能量的积累和流动。

值得注意的是,当环境受到污染后,某些不能降解的重金属元素或其他有毒物质却会通过食物链逐级放大,在生物体内进行富集。美国生态学家卡逊在她写的著名科普著作《寂静的春天》里,列举了大量的事实告诫人们,如果不注意保护环境,就会出现严重的恶性循环。

例如,DDT 等有机氯杀虫剂,在食物链上的富集情况,就是显著的一例。DDT 是一种难分解的脂溶性物质,当它进入生物体后,与脂肪结合,不易排出体外,并通过食物链逐级富集。虽然 DDT 在湖水中的含量只有 0.2×10^{-6}，微乎其微，但在浮游生物体内已经积聚达 77×10^{-6}，在鱼类体内便富集到 200×10^{-6}，当鹈鹕吃了这类鱼后，就聚积到 $1\,700 \times 10^{-6}$，使鹈鹕丧命。由于生物的富集作用，就大大增加了有毒物质对食物链中较高营养级的动物和人类的毒害作用。但同时，人类也可以利用生物富集毒物的能力，来降低或消除环境污染。

以上我们分别介绍了生态系统中能量流动和物质循环的特点以及规律性。能量流动和物质循环虽然具有性质上的差别，各自发挥自己的作用，然而它们之间是紧密结合，不可分割的整体，共同体现了生态系统的基本功能。

在生态系统中，能量流动与物质循环是在生物取食过程中同时发生的，二者密切相关，相互伴随，难以分开。例如，食物由各种元素组成的有机分子构成的，而能量就贮藏在食物的有机分子键内。当绿色植物进行光合作用的时候，能量和物质以光合产物的形式同时进入生态系统。在各级消费者取食的过程中，能量和营养物质又一起在食物链上逐级转移。当食物中的能量通过呼吸过程被释放出来的时候，食物中的有机化合物就被分解，并以较简单的物质形式重新释放到环境之中。如前所述，能量流是单程的，朝着一个方向进行，它一旦被生态系统利用，以热的形式消失，就一去不复返了；而物质流则是循环的，物质可以在食物链的同一营养级中，被生物多次利用。例如，绿色植物呼吸作用放出二氧化碳，可供另一些绿色植物光合作用再一次吸收利用；物流可以通过生物和非生物，甚至在不同的生态系统之间反复利用，从一个生态系统中散失，又在另一个生态系统中出现。

（三）生态系统的信息传递

生态系统的信息传递在沟通生物群落与其生存环境之间、生物群落内各种生物种群之间的关系方面起着重要作用。生态系统的信息主要有营养信息、化学信息、物理信息和行为信息。

营养信息：在某种意义上，生态系统中的食物链和食物网可以代表一种信息传递。通过营养交换把信息从一个种群传递到另一个种群。例如，英国盛产三叶草，它是牛的主要饲料，野蜂是三叶草的主要授粉者，而田鼠是野蜂的天敌，经常毁巢、吃掉蜂房和幼虫。猫又是捕鼠为食的。因此，从猫的多少可以得到牛的饲料是否丰盛的信息。

化学信息：在生态系统中，有些生物代谢产物，如维生素、生长素、性激素等均属于传递信息的化学物质。由它们进行信息传递，深深地影响着生物种内和种间的关系。有的相互制约，有的相互促进，有的相互吸引，有的相互排斥。例如，蚂蚁走过，留下的化学痕迹，是为了让其他蚂蚁跟随；许多哺乳类动物如虎、狗、猫等以尿标记它们的地域；许多种的雌性个体释放体外性激素，招引种内雄性个体进行交配。

物理信息：鸟鸣、虫叫可以传达安全、惊慌、恐吓、警告、求偶、觅食等各种信息。

行为信息：有些同种动物，两个个体相遇，时常表现出有趣的行为方式。这些方式可能是识别、威吓、挑战、优势或从属的信号，或者是配对的预兆等。这种信息表现在种内，但也可能为其他物种提供某种信息。

生态系统的生物和非生物成分之间，通过能量流动、物质循环和信息传递而联结，形成一个相互依赖、相互制约、环环相扣、相生相克的网络状复杂关系的统一体。生物在能流，物流和信息流的各个环节上都起着深远的作用，无论哪个环节上出了问题，都会发生连锁反应，致使能流、物流和信息流受阻或中断，破坏了生态系统的稳定性。要想让生态系统保持相对的稳定，最基本的一条，是从生态系统中拿走什么，那就要在适当时间归还什么，保持"等量交换"这一基本原则。否则，物质的长期短缺或过多地富集，都会使生态系统的基本功能受到损害，甚至崩溃。

六、生态平衡与失调

由于生态平衡的破坏严重地损害了人类的利益,因而生态平衡问题受到全社会的极大关注。

其实,人类破坏自然界的天然平衡并不是新现象。人类从动物界分化出来是生态系统演化的飞跃发展,人类的产生本身就是冲破了旧有的平衡。人类社会从渔猎文明发展到农业文明、工业文明和当代信息文明,就是在一步步地日益深刻地改变着地球生态系统的面貌,不断地打破旧的平衡,建立新的平衡。

当代社会,随着生产力和科学技术的飞跃发展,人口数量急剧增加,人类的需要不断增长,人类活动引起自然界更加深刻的变化,原始的自然界已不复存在,处处以半人工生态系统和人工生态系统代替自然生态系统。由于人类对自然界的巨大冲击,使自然生态平衡遭到严重的破坏。自然生态的失调已经发展成为全球性问题,直接威胁到人类的生存和发展。

生态平衡不仅是生态学上的重要理论问题,而且也是人类活动的重要实践问题。这是因为:

(1)社会经济生活只能在一定的生态平衡的条件下进行,生态平衡的破坏,将会阻碍社会经济的进一步发展。

(2)生态平衡的破坏,主要是由人类活动造成的。因此,我们对生态平衡问题的讨论不能离开人的作用,而要从人、自然、社会这一大系统的相互关系中去认识、去探索。

在一定的区域内,一般有多种类型的生态系统,如森林、草地、农田、水域等,它们代表着不同的生态环境,并相互影响构成一个有机的整体。如果在一个区域内根据不同生态条件合理配置不同生态系统,它们之间就可以相互促进,处于协调状态。否则,就会造成不利的影响。例如,在一个流域内,上游陡坡开荒,就会造成水土流失,土壤肥力减退,水库淤积,农田和道路被冲毁以及抗御水旱灾害的能力下降等后果。每一个生态系统的结构与功能的相对稳定性又是生态平衡的基础。因而,我们有必要对生态系统平衡进行简单的分析。

(一)生态的系统平衡

1. 生态平衡的概念

生态系统是一个开放系统,非生物成分、生产者有机体、消费者有机体和分解者有机体之间,不停地进行着能量交换、物质循环与信息传递(见图 2-7)。

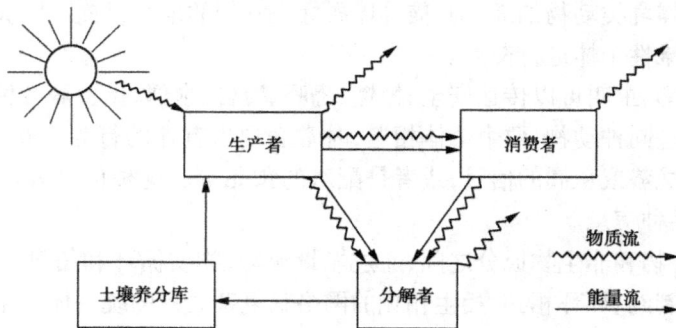

图 2-7 生态系统中的物质循环与能量流动

任何一个生态系统都需经过由低级向高级,由简单向复杂的发展过程而达到相对稳定的状态。当生态系统处于相对稳定状态时,生物之间和生物与环境之间出现高度的相互适应,其

40

动、植物数量上也相对保持稳定,生产与消费和分解之间,即能量和物质的输入与输出之间接近平衡,以及结构与功能之间相互适应并获得最优化的协调关系,这种状态就称为生态平衡。

生态系统平衡是指在一定时间内生态系统中的生物和环境之间,生物各个种群之间,通过能量流动、物质循环和信息传递,使它们相互间达到高度适应、协调和统一的状态。在生态系统中,生物与生物、生物与环境以及环境各因素之间,不停地进行着能量流动和物质的循环;生态系统不断地在发展和进化,生物量由少到多,食物链由简单到复杂,群落由一种类型演替为另一种类型等;环境也在不断地变化。因此,生态系统不是静止的,总会因系统中某一部分发生改变,引起不平衡,然后依靠生态系统的自我调节能力,使其进入新的平衡状态。正是这种从平衡到不平衡,从不平衡又到平衡,反反复复,才推动了生态系统整体和各组成成分的发展与进化。

需要指出的是,自然界的生态平衡对人类来说并不总是有利的,我们所需要的"生态平衡"是有利于人类的平衡。尽管有些自然生态系统达到了"生态平衡",但它的净生产量却很低,不能满足人类的要求和需要。因而,人类为了生存、发展,就要建立起各种各样的半人工生态系统和人工生态系统。例如,半人工的草原生态系统和人工生态系统,与自然生态系统相比较,它们是很不稳定的,它们的平衡与稳定需要靠人类来维持,但它们却能给人类提供更多的农畜产品。然而,自然界原有生态平衡的系统也是人类所需要的,一方面是改善环境和美化环境;另一方面则是保护珍贵动、植物种质资源和科学研究的需要。从满足人类多方面的需要来看,生态平衡不只是某一个系统的稳定与平衡,还意味着多种生态系统类型的配合与协调。

2. 生态平衡的标志

生态系统的平衡首先是动态的、发展的,其主要标志是:

(1)在生态系统中能量和物质的输入、输出必须相对平衡。输出多,输入也相应增多,否则能量和物质入不敷出,系统就会衰退。对于以获取不断增加生产量为目标的系统或处于发展中的生态系统,能量和物质的输入应大于输出。这样,这些生态系统才能有物质和能量的积累。人类从不同的生态系统中获取能量和物质,应相应给予补偿,只有这样,才能使环境资源保持永续的再生能力。

(2)从整体看,生产者、消费者、分解者应构成完整的营养结构。对于自然界一个完整的生态平衡系统来说,生产者、消费者、分解者是缺一不可的。没有生产者,消费者和分解者就得不到食物来源,系统就会崩溃;消费者与生产者在长期共同发展的过程中,已经形成了相互依存的关系,消费者是生态系统中能量转换和物质循环的连锁环节,没有消费者的生态系统是一个不稳定的系统,最终会导致该系统的衰退,甚至瓦解;分解者将有机物分解为简单的无机物,使之回归环境或进入再循环,如果没有分解者,物质循环就不能进行下去。同时,分解者还起到了净化环境的作用。

(3)生物种类和数目要保持相对稳定。生物之间是通过食物链维持着自然协调关系,控制着物种间的数量和比例的。如果,人类破坏了这种协调关系,就会使某些物种明显减少,而另一些物种却大量滋生,带来危害。人类通过捕猎、毁林开荒和环境污染等等,使许多有价值的生物种类锐减或灭绝。生物种类的减少不仅失去了宝贵的动、植物资源,而且还削弱了生态系统的稳定性。

应该指出,自然界物种不能任其自然存在和消亡,应该增加对人类有利的物种,减少对人类有害的物种。对于濒危物种应积极拯救,大力保护。例如,消灭老鼠、蚊、蝇和一些有害的寄生虫等以防治疾病的传播和发生;通过人工选育,创造新的品种或物种,以提高生物的生产力等。这些是人类改造自然积极而有意义的措施。

上述标志包括了生态系统中的结构和功能的协调与平衡,能量和物质输出与输入数量上的平衡。

一个开放系统,在远离平衡的条件下,由于从外部输入能量,由原来无序混乱的状态转变为一种在时间、空间和功能上有序的状态,这种有序状态需要不断地与外界进行物质和能量交换来维持,并保持一定的稳定性,不因外界的微小干扰而消失。比利时科学家普里高津把这样的有序结构称为耗散结构。生态系统就是具有耗散结构的开放系统,它有物质和能量从系统外输入,也从系统内向外输出物质和能量,只要不断有物质和能量输入与输出,便可以维持一种稳定状态。

3. 生态平衡的特点

生态平衡具有以下重要特点:

(1)达到生态平衡的生态系统,其有机体个体数目、生物量、生产力均最大。

(2)生态平衡是一种动态平衡,任何内部或外部因素的变化都可能使这种平衡发生变化。生态系统具有自动调节能力以保持平衡稳定。系统越成熟、组成种类越多、营养结构越复杂,对外界压力、冲击的抵抗能力就越大,受到某些破坏,可以自我恢复。但是,系统的这种调节能力是有限度的,其界限称阈值,稳定系统的阈值较高。当外界干扰造成的破坏超过系统的自我恢复能力或阈值时,系统平衡破坏,食物链关系失常,生物个体数变少,生物量下降,生产力衰退,系统的结构与功能失调,系统内物质循环及能量流动中断,最终导致生态系统的瓦解崩溃。

(3)人类对生态系统的影响很大。人类是生态系统中最积极活跃的因素,人类的活动对生态平衡影响很大。一方面,过度开发与环境污染,使生态系统遭到严重破坏,甚至崩溃。另一方面,人类可以按照客观规律,用更合理的人工生态系统来替代旧的自然生态系统,建立生产力更高的良性生态平衡。

(二)生态系统的自我调节能力

生态系统作为具有耗散结构的开放系统,在系统内通过一系列的反馈作用,对外界的干扰进行内部结构与功能的调整,以保持系统的稳定与平衡的能力,称为生态系统的自我调节能力。

生态系统之所以能保持动态平衡,主要是由于其内部具有自动调节的能力。生态系统的生物种类愈多,组成成分愈复杂,其能量流动和物质循环的途径就愈复杂,营养物质贮备就愈多,其调节能力也愈强。因为在一个物种的数量变动或消失,或者一部分途径发生障碍时,可以被其他部分所代替或补偿。

但是,一个生态系统的调节能力再强,也是有一定限度的,超过了这个限度,调节就不能再起作用,生态系统的平衡就会遭到破坏。即使最复杂的生态系统,其自我调节能力也是有限度的。例如,森林应有合理的采伐量,一旦采伐量超过生长量,必然引起森林的衰退;草原应有合理载畜量,超过最适宜载畜量,草原就会退化;工业的"三废"应有合理的排放标准,排放量不能超过环境的容量,否则就会造成环境污染,产生公害危及人类健康。

由于人类是大自然的主宰者,又是生态系统的一个成员,所以,人类对大自然的所有干预(这种干预的深度和广度正由于现代科学技术的发展而日益增强),必然反过来影响人类自身。人类只顾眼前利益或因不懂生态规律,而有意无意破坏了生态系统的协调与平衡(如人口激增、滥用自然资源、污染环境等),必然使人类自身失去生存和发展的物质基础。

(三)保持生态平衡,促进人类与自然的协调发展

保持生态平衡,促进人类与自然界的协调发展,已成为当代人类亟待解决的重要课题。

1．影响生态平衡的因素

影响生态平衡的因素是十分复杂的，是各种因素的综合效应。一般将这些因素分为自然原因和人为因素。自然原因主要指自然界发生的异常变化。人为的因素主要指人类对自然资源的不合理开发利用，以及当代工农业生产的发展所带来的环境污染等问题。如工业化的兴起，人类过高地追求经济增长，掠夺式地开发土地、森林、矿产、水资源、能源等自然资源；同时，工业"三废"中有毒、有害物质大量的排放，超出了自然生态系统固有的自我调节、自我修补、自我平衡能力和生产力极限，致使全球性自然生态平衡遭到严重破坏。

人类对生态平衡的破坏主要包括以下三种情况：

（1）物种改变造成生态平衡的破坏。人类在改造自然的过程中，往往为了一时一地的利益，采取一些短期行为，使生态系统中某一种物种消失或盲目向某一地区引进某一生物，结果造成整个生态系统的破坏。例如，澳大利亚本没有兔子，后来从欧洲引进了这种动物，以作肉用并生产皮毛。引进后，由于当地没有它的天敌，致使兔子大量繁殖，在很短的时间内，就遍布几千亩田野，并在草原上迅速向外蔓延。该地区原来生长的青草和灌木全被吃光，再不能放牧牛羊，田野一片光秃，土壤遭雨水侵蚀，造成生态系统的破坏。政府曾鼓励大量捕杀，但收效甚微。后来引进一种兔子传染病的病原菌，使兔群大量死亡，才制住了这场生态危机。我国20世纪50年代大量捕杀麻雀，造成有些地方出现严重虫害，因为麻雀是有些害虫的天敌。在日常生活中，人们乱捕滥杀鸟兽，收割式地砍伐森林，长此以往，势必造成某些物种的急剧减少甚至灭绝，从而导致整个生态系统平衡的破坏。

（2）环境因素改变导致生态平衡的破坏。随着当代工业生产的迅速发展和农业生产的不断进步，致使大量污染物质进入环境。这些有毒有害物质一方面会毒害甚至毁灭某些种群，导致食物链断裂，破坏系统内部的物质循环和能量流动，使生态系统的功能减弱以至丧失；另一方面则会改变生态系统的环境因素。例如，随着化学、金属冶炼等工业的发展，排放出大量二氧化硫、二氧化碳、氮氧化物、碳氢化合物，氧化物以及烟尘等有害物质，造成大气、水体的严重污染。由于制冷业的发展，制冷剂跑入环境引起臭氧层变薄。除草剂、杀虫剂和化学肥料的使用，导致了土质的恶化等。这些环境因素的恶化，都有可能改变生产者、消费者和分解者的种类和数量，从而破坏生态系统的平衡。

（3）信息系统的改变引起生态平衡的破坏。信息传递是生态系统的基本功能之一。信息通道堵塞，信息正常传递受阻，就会引起生态系统的改变，破坏生态系统的平衡。生物都有释放出某种信息的本能，以驱赶天敌，排斥异种，取得直接或间接的联系以繁衍后代等。例如，某些昆虫在交配时，雌性个体会产生一种体外激素——性激素，以引诱雄性昆虫与之交配。如果，人类排放到环境中的某些污染物与这种性激素发生化学反应，使性激素失去了引诱雄性昆虫的作用，昆虫的繁殖就会受到影响，种群数量会下降，甚至消失。总之，只要污染物质破坏了生态中的信息系统，就会有因功能而引起结构改变的效应产生，从而破坏系统结构和整个生态的平衡。

当今世界全球性自然生态平衡的破坏，主要表现为森林面积的大幅度减少、草原的退化、土地沙漠化、盐碱化，水土流失严重、动植物资源的锐减等。

2．研究生态平衡几个值得注意的问题

在研究生态平衡问题时，我们要注意以下几点：

（1）生态平衡是动态的平衡。生态系统中的生物与生物，生物与环境以及环境各因素之间，不停地在进行着能量的流动与物质循环。严格地说，生物与生物之间，生物与环境以及环境各因素之间不可能存在绝对平衡？就系统中的生物成分而言,不仅植物—动物—微生物之间存在相互制约的关系,使它们在数量上,甚至在种类之间增增减减。在植物、动物和微生物各自的群落乃至种群内部亦有竞争、排斥、共生、互助等相生相克的关系不断发生。生物通过能流、物流和信息流不断调整系统的结构与功能,使生态系统处于动态的平衡之中。

(2)生态平衡是相对的,是发展、变化着的。由于生态系统自身的不断发展,以及外部条件的变化,原有的平衡总是要被打破的,当旧的生态系统的平衡被破坏以后,在新的条件下,将建立起新的生态系统平衡。在这方面,生物进化的几个阶段给我们提供了很好的例证。生物的进化就是不断地从一个稳定状态飞跃到另一个稳定状态。

生态系统是一个耗散结构,它的有序化主要体现在生态系统的平衡上。生态系统内外各种因素的变化,特别是一些重要因素的变化,包括自然的和人为的,必然使系统的有序性发生改变,从有序状态到无序状态。在新的条件下,生物与生物,生物与环境通过自组织或人工调节,使无序状态又重新恢复到有序状态。生态系统就是从有序—无序—有序,从低层次有序发展到更高层次的有序。因此,生态平衡不是最后的平衡,是由低级到高级,由简单到复杂发展变化着的。人类正是利用这一点,不断建立更符合人类需要的各种人工、半人工生态系统。

(3)生态平衡不是保持原始状态。从人类的需求和社会的发展来看,保持原始状态的生态系统是没必要的。原始状态的生态系统所生产的物质,无论种类还是数量都不能满足现今人类社会的需要。只有遵循生态规律,按照人类自身的需要,对自然进行改造和利用,使生态系统结构更合理,功能效率更高,才能实现最佳的生态效益。这是我们所期望的,也是能够达到的。例如,人类对自然进行改造时,将荒漠变为绿洲,把荒山建成果园等,人类建设的高产田、人造森林、草原牧场等,这些都是具有很高生产力的半人工、人工生态系统。它们为人类提供了丰富的物质财富。

3. 人类与自然的协调发展

自然环境是生命存在和发展的前提条件。生物体通过与周围环境不断地进行物质和能量的交换来维持自身的生长、发育和繁衍。因此,保护自然、恢复生态系统的平衡,保持人类与自然的协调发展,便成为当今人类面临的重要任务之一。

因为,人类只能以极少数农作物和动物为食物来源,所以以人类为中心的生态系统结构简单,简单的食物网络极不稳定,容易发生大幅度波动;而人类又一味地向大自然超量索取,势必将进一步加剧自身赖以生存的生物圈的破坏。由此可知,遏制人类对自然资源的无限需求欲望,保持生态系统的平衡,实际上是保全人类自身。人类也只有在保持生态平衡的前提下,才能求得生存和发展。

人类的一切生产实践活动都必须遵循自然规律,按照生态规律办事。

(1)合理开发和利用自然资源,保持生态平衡。开发自然资源必须以保持生态平衡为前提。只要注意到生态系统结构与功能相互协调的原则,就可以保持系统的生态平衡,又可以开发自然或改造环境。只有生态系统的结构与功能相互协调,才能使自然生态系统适应外界的变化,不断发展,也才能真正实现因地制宜,发挥当地自然资源的潜力。只有重视结构与功能的适应,才能避免因结构或功能的过度损害而导致环境退化的连锁反应。例如,采伐树木必须在保持森林生态系统平衡的条件下进行。在采伐树木时不能大面积掠夺式地采伐,否则会造成森林不能恢复的严重后果。在河流上游地势陡峭的地方不应该采伐,因为会造成水土流失等一系列问题,破坏生态环境。

在利用生物资源时,必须注意保持其一定的数量和一定的年龄及性别比例。这应该成为森林采伐,草原放牧,渔业捕捞等生产活动中必须遵循的一条生态原则,以保证生物资源不断恢复和增殖。否则,就会不可避免地出现资源枯竭,使生态系统遭到破坏。

(2)改造自然,兴建大的工程项目,必须考虑生态效益。改造自然环境,兴建大型工程项目,必须从全局出发,既要考虑眼前利益,又要顾及长远影响;既要考虑经济效益,又要考虑生态平衡。由于生态平衡的破坏其后果往往是全局性的、长期的、难以消除的。

例如,兴修水利既要考虑水资源的利用,又要考虑由此引起的生态因素的变化。不然的话,一旦造成生态环境的恶化,后果将是不堪设想的。

埃及20世纪70年代初竣工的阿斯旺水坝就是这方面的例证。该水坝的兴建,给埃及带来了廉价的电力,灌溉了农田,控制了旱涝灾害,然而却破坏了尼罗河流域的生态平衡,引起了一系列未曾料到的严重后果。尼罗河流域发源于埃塞俄比亚,流经苏丹和埃及而入地中海,在埃及的入海口形成宽约100km的肥沃三角洲,埃及的农业和3 300万人口几乎都集中在这个三角洲上。千百年来,河水定期泛滥,平原上较低的河谷被淹没。它一方面冲洗了三角洲土壤中的盐分,有利于盐土改良,又把盐分和上游土壤养分带到地中海里,有利于浮游生物的繁殖,浮游生物又给海里的鱼类提供了饵料,因而地中海出产著名的沙丁鱼;另一方面,河水带着含有有机质的新土沉积起来,连续不断地使三角洲土地保持着新生肥力,有利于农业生产。水坝建成后,河水不再泛滥,结果尼罗河水中的泥沙和养分,就沉积到水坝内的水库坝底,从而尼罗河下游两岸农田就失去了肥源,三角洲土地因没有定期河水洗盐,土壤盐渍化的威胁就日趋严重。同时地中海近岸因缺乏由大陆上带来的盐分和养分,海水养分降低,浮游生物减少,鱼类缺乏食料,使近海的沙丁鱼捕获量由1965年(水坝未建成时)的15 000t降到1968年的500t。水库完工后的1971年,几乎不产沙丁鱼了。此外,自水坝建成后,原来奔流不息的尼罗河下游,就变成了静止的湖泊,为病原体中间宿主的钉螺和疟蚊的繁殖提供了生活的条件,以致水库一带居民的血吸虫病发病率达到80%~100%,疟疾患者也增多了。阿斯旺水坝的建立,固然有利于农业和工业的现代化,但也使埃及付出了沉重的代价。

我国也有类似的情况,举世瞩目的葛洲坝工程开始时的设计中忽略了鱼、蟹等的洄游生殖规律,后来经一些生态学家的建议采取人工投放鱼苗,并辅以相应的其他措施,才保证了长江流域的渔业生产。因此,对一些重大工程必须审慎从事,事前应充分考虑到可能发生的生态平衡破坏的后果,并尽可能制定相应的预防措施。

(3)大力开展综合利用,实现自然生态平衡。在自然生态系统中,输入系统的物质可以通过物质循环反复利用。在经济建设中运用这个规律,可以综合开发利用自然资源,将生产过程中排出的"三废"物质资源化、能源化和无害化。例如,铝厂生产氧化铝排出废物——赤泥(生产1t氧化铝大约排出0.6~2t赤泥),我国每年约排出100×10^4t,美国$1 000 \times 10^4$t以上,全世界约$2 000 \times 10^4$t。它不仅占用农田、污染水系、也污染大气。我国山东铝厂投资建成一座年产60×10^4t的大型水泥厂,用赤泥生产500号普通硅酸盐水泥,各项性能指标均符合国家标准,产品成本比一般水泥厂低15%,为铝工业的废弃物——赤泥的综合利用创了新路,既减少了环境污染,又节省了自然资源,从而把自然资源和自然环境的开发利用同发展保护有机地结合起来,把改造自然与保护自然统一起来,实现了自然生态平衡。

总之,人类在改造自然的活动中,只要尊重自然,爱护自然,按照生态规律办事,就一定能够保持或恢复生态平衡,实现人与自然的协调发展。

第二节　环境工程中的生态学应用

随着世界人口的迅速增长,尤其是城市人口的集中,工农业高度的发展和人类对自然改造能力的增强,在自然资源开发利用的过程中,环境遭受了严重污染并引起生态平衡的破坏,这样的结果又反过来影响社会生产的发展和人类正常的工作与生活,从而促使人们重视生态学在人类环境保护中的作用。生态学不仅是一门解释自然规律的科学,而且也是一门为国民经济服务的科学。当前,生态平衡的规律已经成为指导人类生产实践的普遍原则。要解决世界上面临的五大环境问题——人口、粮食、资源、能源和环境保护,必须以生态学的理论为指导,并按生态学的规律来办事。

对环境问题的认识和处理,必须运用生态学的观点和理论来分析,否则就不能得到正确的结论和制定恰当的对策。环境质量的保持与改善以及生态平衡的恢复和再建,都依赖于人们对生态系统结构和功能的了解,进而把生态学的原理应用在环境保护的工作中。

一、从生态学观点全面考察人类活动对环境的影响

生态学的发展表明,它不仅仅是解释自然界,而且要改造自然界,是促进经济建设和环境保护协调发展的有力工具。处于一定时空范围内的生态系统,都有其特定的能流和物流规律。只有顺从并利用这些自然规律来改造自然,人们才能持续地取得丰富而又合乎要求的资源来发展生产,而保持洁净、优美和宁静的生活环境。可惜的是,过去人类改造自然的活动往往只求获得某项成功,而不管是否违反生态学规律,以致造成了一系列不利于发展生产又影响到社会生活的恶果。

过去,以牛顿力学和技术革命为先导的工业文明使一部分人自认为能够彻底摆脱自然的束缚,成为主宰地球的精灵。以培根和笛卡尔为代表的提出的"驾驭自然、做自然的主人"的机械论思想开始影响全球,鼓舞着一代又一代的人企图征服大自然,创造新文明。在这一时代,人们把自然环境同人类社会,把客观世界同主观世界形而上学地分割开来,没有意识到人类同环境之间存在着协同发展的客观规律。直到威胁人类生存和发展的环境问题不断地在全球显现,这才引起人们的震惊与正视。而在原先那种价值取向下,人的主观能动性就会脱离人的受动性而盲目膨胀并祸及自身。早在一个多世纪之前,恩格斯就指出:"我们不要过分陶醉于我们对自然界的胜利。对于每一次这样的胜利,自然界都报复了我们。"当人类受到自然界的报复的时候,也就受到了自然界的教育。

人们总结过去的经验教训,深知必须利用生态系统的整体观念,充分考察各项活动对环境可能产生的影响,并决定对该活动应采取的对策,以防患于未然。

下面以我国长江东线南水北调对上海地区的影响为例,说明上述认识的重大意义。

这项跨流域的南水北调工程,规模宏大,竣工后极有利于解决黄、淮、海平原地区的工农业用水问题,是一件大好事,但也会对环境产生很大的影响。在研究南水北调的规划时,曾考虑西线、中线、东线等三个方案。东线调水计划分两部分,东部一条基本上沿用大运河北上,自江都起,用15个阶梯抽水,经黄河抵达天津,全长1 150km。计划总调水量为1 900m³/s,相当于6条黄浦江的径流量,或相当于长江径流量的1/5。

东线调水后,长江下游水量减少,随之产生各种可能的影响:

(1)长江口盐水入侵加剧

黄浦江是上海市的主要水源,主流全长84km,多年平均径流量为306m³/s,与长江口相连接,是一条潮汐河流。其水质受长江水质及其上游来水的影响。长江洪季(5~9月)来水丰沛,黄浦江不受盐海水倒灌的影响;但在枯水季(11月至次年4月)来水减少时就会出现盐水倒灌情况,影响到黄浦江的水质,江水中氯化物的含量和硬度都随着增加。其中以吴淞水厂受到影响最大,如1978年9月19日至1979年5月21日的245日中,累计咸期日数204日(占83%),最高氯化物含量达3 950mg/L,远远超过吴淞水厂多年平均受咸日数(100日)和氯化物的含量(100mg/L)。

如盐水侵入的加重,将可能给上海人民生活和工农业生产带来很大的危害,如使纺织、食品、医药、冶金、化工、电镀和电子等工业产品的质量下降,甚至使显像管不能进行生产。如河水的氯化物含量超过1 000mg/L时,会影响育秧;超过2 000mg/L时,则造成死秧事故,将迫使崇明县20 000亩水稻田只好改种玉米。以上分析是根据长江枯水季节的情况进行预测的影响。

(2)长江口邻近海域鱼场位置的改变

长江口邻近海域是我国重要的鱼场之一,栖息着淡水鱼类、咸淡水鱼类和咸水鱼类500余种,其中咸淡水鱼类不但产量大,而且价值高。如长江来水减少,可能造成海水倒灌,使咸淡水界线内移。结果海域内淡水浮游生物减少,高盐浮游生物增加,直接影响鱼虾种类和数量的分布;同时由于饵料减少,引起鱼类产卵场位置的改变,使回游路线变动,鱼产量下降。例如1978年长江水量较少,再加上由此而产生的长江口水中污染物浓度的增加,以致1979年银鱼产量只有1.5t,仅达高产年产量的0.3%。这说明长江水量减少后,会严重影响长江口的渔业生产。

(3)黄浦江水质污染的加重

上海的污水量为450×10⁴t/日,折合52m³/s,绝大部分未经处理即排入上海人民饮用水源黄浦江。黄浦江上游常年平均来水为2 644×10⁴t/日;来水与污水之比为6:1(枯水季节降为2:1)。1978年长江径流量少,黄浦江黑臭天数达106日。如长江径流减少,则黄浦江的污染将成为上海严重的社会问题。

以上所述是长江枯水季节对上海地区的影响。而南水北调工程竣工后,就意味着上海地区长年处在长江的枯水季节中,使本已失调的上海地区的生态平衡,发生更加严重的破坏。长江流域的环境和生态系统是由它的丰富水量经过千百万年所形成的;而且从长江中下游调水,工程巨大,牵涉到半个中国。因此,必须利用生态学原理,从整体和全局出发,考虑其对自然环境的影响,并保证流域生态系统的最佳平衡。

通过上述例子还可以得到进一步的认识,即生态学的一个中心思想是整体和全局的概念:不仅考虑现在,还要考虑将来;不仅考虑本地区,还要考虑有关的其他地区。也就是说,要在时间和空间上全面考虑,统筹兼顾。按照生态学的原则,我们对生态系统采取任何一项措施时,该措施的性质和强度不应超过生态系统的忍耐极限或调节复原的弹性范围,否则就会招致生态平衡的破坏,引起不利的环境后果。

应该指出:保持生态平衡绝不能被误解为不允许触动它,或不许改造自然界,而永远保持其原始状态状况。由于人口越来越多,为了满足生活上的要求,也越需要发展生产,因而对自然界不触动是根本不可能的。在这里,我们必须强调的是:每一个生态系统对外力都有一个忍耐限度,人类对环境所施加的压力不能超过这个限度,否则就会引起生态平衡的破坏。结果不仅自然环境和自然资源遭到摧残,而且生产也同样不可能搞上去。

二、充分利用生态系统的调节能力

1. 生态系统的调节能力

前面在论述生态系统的基本性质及特征时,曾经讲到生态系统具有不同水平的、比较复杂的调节能力。这就是指当生态系统的生产者、消费者和分解者在不断进行能量流动和物质循环过程中,受到自然因素或人类活动的影响时,系统具有保持其自身相对稳定的阻力。也就是说:当系统内一部分出现了问题或发生机能异常时,能够通过其余部分的调节而得到解决或恢复正常。结构复杂的生态系统能比较容易地保持稳定;结构简单的生态系统,其内部的这种调节能力就较差。

在环境污染的防治中,这种调节能力又称为生态系统的自净能力。被污染的生态系统依靠其本身的自净能力,可以恢复原状。我们应该尽量有目的地、广泛地利用这种自净能力来防治环境的污染。

2. 生态系统自净能力的应用实例

关于生态系统自净能力在环境保护中的应用,在国内外都已开展了大量的工作,并取得了很好的成绩,例如水体自净、植树造林、土地处理系统等,都已收到明显的经济效益和环境效益。其中利用绿色植物净化大气,就是一个很好的例证。二氧化碳是主要的大气污染物,二氧化碳含量过高时人的健康会受到危害。随着工农业生产的发展,大气中的二氧化碳逐年上升,增强了温室效应,而绿色植物就像一座制造氧气和消除二氧化碳的工厂。绿色植物的叶绿素能利用阳光的能量,通过光合作用,把水和二氧化碳合成糖类,并释放出氧气,从而起到净化作用。绿色植物还能过滤粉尘、降低风速、增加湿度等,有些绿色植物还可吸收有毒有害气体。废水的处理在生物处理时也是利用生物(主要是微生物)的生命过程对含有机物或硫、氰等污染物的废水进行转化作用,使废水得到净化。利用动物净化环境,也是一种净化环境的好方法。如利用生物的食物关系防治病虫害,用蚯蚓处理造纸厂和食品厂的污泥等,不仅效果好,而且投资省,安全而不污染。目前,根据我国的基本国情,资金少、底子薄的情况,应充分利用生态系统的自我调节能力,保护自然环境,维护生态平衡。

这里着重介绍土地处理系统的应用情况。

(1)土地处理系统

一般土壤及其中微生物和植物根系对污染物的综合净化能力,可以用来处理城市污水和一些工业废水,同时,普通污水或废水中的水分和肥分也可以利用来促进农作物、牧草或林木的生长并使其增加产量。凡能达到上述目的的工程设施,即称为土地处理系统。它由污水或废水的预处理设施、贮水湖、灌溉系统、地下排水系统等组成(见图2-8)。在该系统中,污水或一些废水经过一级处理或生物氧化塘,或二级处理后,进入沉淀塘和贮存湖,再根据具体的需要和土地系统的特性(结构与功能),采用地表漫流、灌溉或渗滤等等方式排入土地系统,进行最终的处理。此法可代替污水或一些废水的二级或三级处理,而克服正规的污水二级处理或深度处理(即三级处理)工程基本建设和维修运行费用很高的缺点,因此,很容易推广应用。特别是在处理中、小城市的污水时,更能显出其优越性。

(2)土地处理系统的净化机制

进入土地处理系统的污染物质,是依靠土地系统的调节能力进行净化的。不同的污染物质,在土地系统中的净化机理或过程各有差异,但概括起来,主要是通过下述作用去除污染物的:

①植物根系的吸收、转化、降解与合成等作用；
②土地中真菌、细菌等微生物还原的降解、转化及生物固定化等作用；
③土壤中有机和无机胶体的物理化学吸附、络合和沉淀等作用；

图 2-8　污水土地系统处理示意图

④土壤的离子交换作用；
⑤土壤的机械截留过滤作用；
⑥土壤的气体扩散或蒸发作用。

例如：当氧气充足时，土壤中需氧微生物活跃；在其氧化降解过程中，能捕食病原菌和病毒。一般在地表 1cm 厚的土壤层中，所去除病原菌和病毒达 92%～97%；而当污水经过 1m 至几米厚的土壤过滤后，则可除去全部的病菌与病毒。污水中的 BOD 大部分可在 10～15cm 厚的表层土中去除；而磷在 0.3～0.6m 厚的上层土壤中几乎可以被全部除去。

(3)土地处理系统的净化效果

设计和运行良好的土地处理系统，就不同的处理方式，对污染物的去除效率估计值见表2-1。

土地处理系统的去除效率估计值（%）　　　　　　　　　表 2-1

成　　分	灌　　溉	渗　　滤	漫　　流
BOD	>98	85～89	>95
COD	>80	>50	>80
悬浮物	>98	>98	>92
氮(总 N)	>85	0～50	70～90
磷(总 P)	80～99	60～65	40～80
金属	>95	50～95	>50
微生物	>98	>98	>98
总溶解固体	0～30	0～10	0～30

这里的去除效率取决于施用负荷、土壤、作物、气候、设计目的和运行条件等许多因素。但

是,只要进入土地系统的污染物质的数量及种类,不超出该土地系统所能忍受的限度,则该系统的自调节能力,就可完全将污染物质除去,使系统恢复原状而达到保护环境的目的。

三、综合利用资源和能源

这里所说的综合利用包括:进入工农业生产系统的资源的综合利用、循环利用、重复利用、资源转化率的提高、"三废"资源化等。这不只是环境保护部门的事,也是整个工农业生产管理部门的事。

从生态方面来看,综合利用是促进人类生态系统保持良性循环的重大措施。在人类—环境系统中,工业生产过程作为中间环节,联系着自然环境与人类消费过程,形成一个人工与自然相结合的人类生态系统,其中人类的工农业生产活动起着决定性的作用。在这个系统中,为了维持人类的基本消费水平,人类要由环境取得能源与资源进行生产。当消费水平一定时,生产过程的能耗和资源利用率越低,则需要由环境取得的越多,而向环境排放的废物也多。所以,从生态系统来看,在发展生产和提高人类消费水平的过程中,必须提高资源和能源的利用率,尽可能通过多层次、多用途的反复循环利用,使在现有的技术水平下仍需排放的废物尽量少,尽可能成为易自然降解的物质。

以往的工农业生产大多是单一的过程,既没有考虑与自然界物质循环系统的相互关系,又往往在资源和能源的耗用方面,片面强调单纯的产品最优化问题。因此,在生产过程中几乎都有大量环境容纳不了、甚至带有毒性的废弃物排出,以致造成环境的严重污染与破坏。

例如美国1971年农业和工矿业的废弃物,分别占全国该年废弃物总量的50%和40%以上。这些废弃物实际上是未加充分利用的有用之物,它们进入环境的结果,一是造成资源和能源的浪费;二是影响环境生态系统的平衡。

又如传统的发电厂工艺过程,一般都力求电力生产的最优化而忽视余热以及排气中 SO_2、烟尘中稀有元素和贵重金属等的充分利用和回收。这也是今天火力发电厂之所以产生大气污染的重要缘故。

至于农业废弃物,在我国和其他一些第三世界国家中,基本上都用作农村的燃料。从表面看来这似乎没有什么浪费,而实际上通过燃烧只能利用庄稼废弃物所固定的太阳能量的10%,其余的90%散失掉。同时由于燃烧会使这些废弃物中有机和无机的营养分不能得到充分利用,因而破坏了原来生态系统的物质循环,长此下去就有可能使土壤贫瘠,招致作物减产。

解决这个问题较理想的办法是,运用生态系统的物质循环原理,建立闭路循环工艺,实现资源和能源的综合利用,以杜绝浪费与无谓的损耗。

所谓闭路循环工艺,就是要求把两个以上的流程组合成一个闭路体系,使一个过程中产生的废料或副产品成为另一过程的原料,从而使废弃物减少到生态系统的自净能力限度以内。这种闭路循环工艺在工业和农业中的具体应用,就是生态工艺和生态农场。

1. 生态工艺

生态工艺属于无污染工艺。此种工艺不仅要求在生产过程中输入的物质和能量获得最大限度的利用,即资源和能源的浪费最少,排出的废弃物最少,而且是这些废弃物完全能被自然界的动植物所分解、吸收或利用。更重要的是,要求从整体出发来考虑问题,即注意整个系统的最优化,而不是分系统的最优化。这是与传统的生产工艺根本不同的。图2-9是造纸工业闭路循环工艺流程图。该闭路循环工艺包括火力发电、造纸和废弃物的回收利用三大部分。因此,可以把各分系统中产生的余热和高低压蒸气,排烟中的 SO_2 以及造纸废液中的无机盐类回收利用。这就体现了资源和能源的综合利用,既减少了污染,又保护了环境。

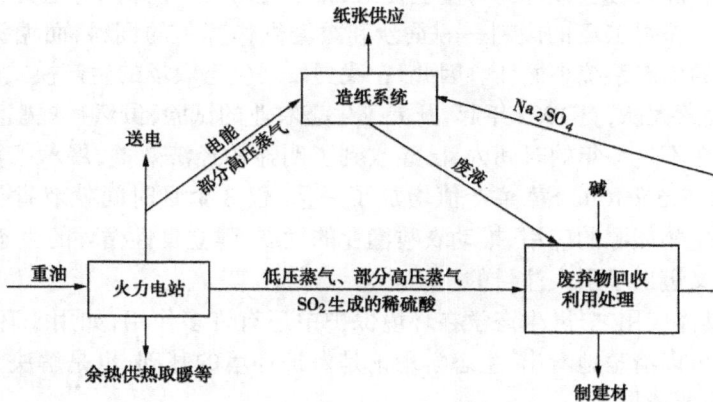

图 2-9 造纸工业闭路循环工艺流程示意图

2. 生态农场

生态农场是根据生态学原理建立起来的新型农业生产模式。它可以因地制宜地利用不同的技术,来提高太阳能的转化率、生物能的利用率和废弃物的再循环率,使农、林、牧、副、渔以及加工业、交通运输业、商业等等都获得全面的发展。

在生态农场中,由于有效地利用生态学原理,扩大和提高能流和物流在生态系统中的数量、质量及其速度水平,使太阳能变为生物能的转化率比野生植物、粮食作物或高产作物高出4~12倍,做到最大限度地把无机物转变为有机物。此外,生态农场并不把农林业的废料,如作物秸秆、树叶和杂草等用作燃料烧掉或直接还田作肥料。这样,就大大提高了生物能的利用率和废物的再循环率,并减少了因生产化肥而耗用的能源和所引起的环境污染。生态农场还可以充分利用农、林、牧产品和沼气能源,开办面粉厂以及油料、奶粉、黄油和肉类制品等加工厂,以提高农牧业产品的经济效益,增加农民的收入和满足社会的基本需要。

菲律宾的马雅农场(Maya Farms)便是一个典型的生态农场。它由庄稼地、猪场、牛场、饲料加工厂、沼气厂,以及其他农牧产品加工厂、污泥处理池和养鱼池等组成。该农场的废物循环过程见图 2-10。

马雅农场的沼气厂在 1982 年以前,每年可生产 1 200t 饲料原料和可供灌溉的肥料水以及 $66 \times 10^4 \mathrm{m}^3$ 沼气。这些沼气可满足该农场工业生产中动力能耗的 60% 和其他能耗的 100% 的需要;1983 年则可满足农场各方面能源的需求。这样,使生物能获得最充分的利用,肥料等植物营养分可以还田,控制了庄稼废弃物、人畜粪便等对大气和水体的污染,可以说是完全实现了能源的资源的综合利用,以及物质和能量的闭路循环。

我国古代流传至今的许多优良的农业生产经验,实质上也是符合生态农场的原理的。珠江三角洲地区桑基鱼塘的生产方式,便是其中的一

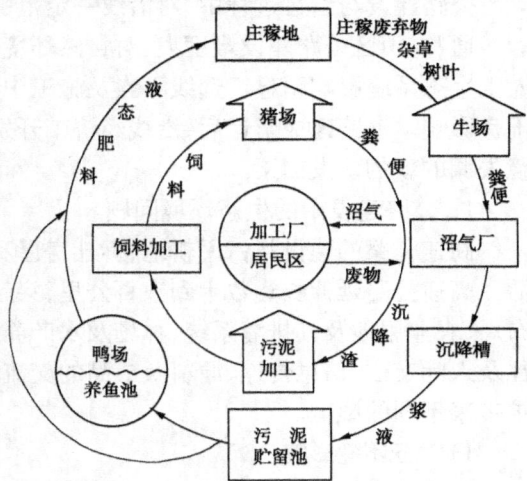

图 2-10 马雅农场的废物循环途径

个典型例子,现在又进一步发展成为桑基(果园),渔塘和农舍三结合的新型农村生态系统。农民在桑林茂密的园林内建造两层楼房,楼上住人,楼下是养蚕"工厂",旁边是池塘。池塘上有水上厕所,粪便以及养蚕工厂的废料——蚕沙和蚕渣供作养鱼的饲料,而塘泥则是桑园的肥料,构成一个完整的生态系统小循环。因此,在我国发展生态农场的生产模式,是极有基础的。北京市大兴县留民营大队,自1982年起,开展了生态农业的试验,虽然其规模和综合程度不如马雅生态农场,但在不足一年的时间内,已经收到了明显的经济效益,展示了美好的前景。全大队粮食总产增加 5.5×10^4 kg,蔬菜产值增加了一倍,仅8个月时间就节省化肥开支达1万元。总之,在扩大生物能源的应用、推动农牧渔业的发展、建立良性循环的生态系统方面,他们在前人的基础上,又迈出了引人注目的一步。

除上述一些具体应用之外,生态学在环境保护中还有许多作用,如用于环境监测、城乡建设规划等。因此,可以清楚地看出,生态学理论是保护环境的基础,也是解决人类面临的各种重大环境问题的主要依据。

第三节　公路生态环境保护

我国是一个多山国家,大部分地区生态环境脆弱,道路建设与营运对生态环境的影响较明显。所以,只有科学评价道路交通对生态环境的影响,并采取有效的防治措施,将道路交通的建设、管理与保护生态环境密切结合起来,才能使道路交通与区域环境实现可持续协调发展。

一、公路交通对生态环境的影响

在公路施工与养护过程中,有害物质进入土中,污染地下水,导致饮用水和农业用水质量下降;由于地下水位变化和土壤遭到污染,可能使农作物减产,使用消冰雪的盐对水、土壤和农作物都有不良影响;汽车尾气和盐类有害物质影响公路沿线树木花草等植物生长,公路附近的动物容易被汽车撞伤、压死;公路选线不当,会破坏地貌、休息场所、风景名胜、文化古迹和自然保护区等。

公路建设与营运过程中,对沿线一定范围内的生态环境会产生不同程度的影响。

通常,山区公路建设难度大,对自然环境的影响远比平原地区大。而平原地区公路建设对人工生态系统影响明显。选线不当及施工中引起局部自然生态失调,会对沿线生态环境产生不良影响。道路建成营运后,沿线经济带开发引起人类活动的增加,也将成为局部地区生态环境失调的新的诱发因素。

1. 公路建设中的生态环境问题

高速公路的建设将占用耕地,拆迁房屋和其他附属设施,影响沿线生物和居民的生产和生活。高速公路延伸长达数十到数百公里,穿越不同的省、市、县,路线对现有的行政区划、城镇布局、农业用地及其排灌系统、林场及水产养殖区等,会造成分割从而影响路线两侧的生物交往及人际交往、信息传递、原料及成品的交流等社会活动。还有的会给一些文物、古迹地的保护带来不利的影响。

1)生态环境影响

公路建设会使沿线地区的生态环境发生变化,一些有特殊要求的生物和种群向偏僻地方或其他地区迁移。另外,使动物的活动区域缩小,领地被重新划分,导致种群变小和种群间的交流减少。

2)水土流失

修建公路需取土填筑路堤,开挖山丘形成路堑,必将破坏原有植被,干扰动物栖息环境,破坏土体的自然平衡,引起边坡失稳、水土流失。在施工期取土、弃土场及暴露的工作面成为水土流失的主要发生源,山区坡面弃土可带来长时间的水土流失,给自然生态环境造成一定的影响。

3)对自然环境的影响

(1)路基对自然环境的破坏

通常情况下,公路路基工程特别是高速公路路基较高,土方量较大。施工期间路堑的开挖、路基的填方对地表的扰动较大,路线两侧局部范围已有的植被易遭到破坏,土壤疏松,这种微地貌的改变,对降雨集中季节在雨水的冲刷作用下,不可避免地造成一定程度上的水土流失。另外,路基的取土、弃土,施工前临时占地,使路线所经过地区耕地及植被面积减少,路线两侧20~30m范围天然植被破坏,对农业生产发展有不利影响。施工期临时用地由于施工机械的碾压、人员的踩踏,使土壤结构发生改变,耕地复耕后一定时期内肥沃度难以恢复,影响作物生长,非耕地植被的自我恢复能力减弱。

(2)桥隧对自然环境的破坏

由于桥梁的修建,使河床过水断面受到压缩形成桥前局部壅水,水流速度减缓,泥沙下沉。桥下水流速度加快,造成局部冲刷。此外,施工期间基坑开挖、筑岛钻孔、打桩,使河床受到扰动,泥沙上浮以及泥浆废碴排放,致使下游局部河段水质变差。

隧道的修建虽对洞身所处地段扰动不大,但隧道进出口两端,仰坡面的开挖使天然的植被破坏,对局部山体的稳定不利,另外,隧道废碴若处置不当,碴土可能随汛期暴雨流失,淤塞沟渠、河道,破坏良田等。

4)环境污染

公路施工过程中,产生的噪声、振动及排放的废气、废水、废渣,必将污染大气、土壤、水体及周围环境。特别是一些穿越居民稠密区和生态敏感区域的高速公路的路段,施工中由于大型施工机械的作业,每日产生的噪声、振动、废气会对周围生态环境造成影响。

公路建设项目施工期间对大气的污染,主要是施工扬尘和运输车辆及施工机械所产生的扬尘,沥青路面施工过程中沥青所散发出来的气味等,尤其是碎石加工厂石料的破碎过程,粉尘很大,对周围环境影响大;同时,沥青混合料拌和场的拌和设备在生产过程中粉尘也较大。近年来采用除尘设备,达到了一定效果,但仍然不能根本解决问题。

施工期间的噪声污染,主要是由于施工机械,如打桩机、钻孔机、挖掘机、推土机、平地机、稳定土拌和机、路面材料拌和机、压路机及各种运输车辆等所产生。这些机械的噪声源强,一般为80~100dB(A),对施工人员影响较为严重,尤其是直接操作人员。另外对500m以内的区域有一定的影响。

2. 社会生态环境问题

道路改善的目的,一般是通过较低的运输费,能较方便地到达市场、工作地点、购物处及诸如健康和教育设施而给周围社会带来效益。在一些主干公路和高速公路项目中,受益者往往是长途运输,而当地的效益可能极小。公路建设与公路改建项目总会改变一些公路周围社区或社会环境,影响生活方式、行程方式、社会和经济活动等多个方面。

当公路或其他基础设施截断已有的道路时,就产生了社区隔离现象。在新建的高等级公路和高速公路,设计车速较快,又进行了出入口控制和隔离措施,当地出行的路线加长,直接影响企业业务、行人和非机动车交通,对当地群众的生产、生活产生极大的影响。连接线的修建可解决公路与社区之间的冲突,减少交通对社区的影响,有时也会给当地商业业务带来繁荣,同时社区也会担心由于交通分流而损失业务,有时社区活动就会朝连接线迁移,潜在地改变了现有土地的使用方式。公路建设项目也可能引起地方道路网络上车流量的变化,如果地方交通增加会产生公害。

当农田被一条新建公路分割时,农业活动也会受到影响,可能干扰现有的耕种方式、农田灌溉和排涝以及田块之间的连接。另外旅游业也会因公路建设受到影响,公路交通改善,交通方便与快速会对旅游业有利;而如果管理不当,旅游点商业活动增加,会影响旅游的吸引力。

当比较孤立的社区与外部世界的接触联系日益增加时,会产生"文化振荡",对当地居民的生活产生重大影响。由于公路建设,加强了当地与外界的联系,开放程度加大,当地让其他人来开发与居住,从而扰乱了人类与土地之间的脆弱的生态平衡,更重要的是人口迁移与当地人口的减少。对于大部分当地居民来说,土地是其本身、其生活方式和其生计中一个珍贵和不可摆脱的部分。植物与动物被认为是受尊重的生命,是自然界的重要组成部分,是一个完整的生态系统,而公路建设太容易破坏这种平衡了。新建公路使得当地与外界联系加强,外界人员有的会占有土地种田,有的开发诸如矿藏、森林或野生生物等其他资源。对现有资源的日益增加的竞争,尤其是当居住者引进一种生态上不合适而又未被证实的生产系统时,将使当地人口处于不利地位。当地公路交通改善而提高了其土地价值,但公路建设也有可能会损害当地一些人的利益。公路建设必然造成住宅、地产、企业及其他生产资源的被征用,必将引起社会干扰及使受影响的居民遭受损失。征地影响不仅仅是经济方面的,而且还是社会和心理方面的。经济影响包括房屋或一个企业的损失、业务收入的暂时或永久性损失,这些都是可以估计和作价的,但是,对这些损失的具体计价却往往是一个相当困难和持久的过程;社会和心理费用更加复杂,有时更加具有破坏性。社区或村庄被分割和破坏,居民之间的交往也因公路的分割而减少,甚至失去联系,商业也会因此而发生变化,这类问题往往在居民个人的身体健康问题上及不同程度的心理压抑中表现出来。

公路建设对自然和社会环境的影响主要是主体工程占用和分隔土地,移民拆迁;路堑的开挖,路堤的填筑对地形、地貌的植被的破坏,以及施工过程中对环境和水系的影响等。

二、公路生态环境保护

公路环境保护设计所称的生态环境是指公路中心线两侧各 200m 范围内的自然保护区、水源保护地、森林、草原、湿地和野生生物及其栖息地等。

公路应绕避生态环境中所列的保护对象。公路对生态环境中的保护对象产生干扰时,应结合受保护对象的特性提出保护方案,将不利影响减少到最低的限度。有条件时,宜进行环境补偿。

1. 生物及其栖境的保护

公路中心线距省级以上自然保护区边缘宜不小于 100m。当公路必须进入自然保护区时,应遵照国家有关规定执行。公路通过林地时,应严格控制林木的砍伐数量,严禁砍伐公路用地范围之外不影响视线的林木。公路用地范围内,应按绿化设计要求进行栽植。有条件时,填方边坡的植被覆盖率在秦岭、淮河以南地区应达到 70% 以上;秦岭、淮河以北地区应达到 50% 以上。

公路经过草原时,应注意保护草原植被。取、弃土场地应选择在牧草生长差的地方。公路进入法定保护的湿地时,工程方案应避免造成生态环境的重大改变。施工废料应弃于湿地之外。

在有国家级保护的野生动物出没路段,应设置预告、禁止鸣笛等标志,并为动物横向过路设置兽道。

2. 水资源、自然水流形态的保护

应调查和搜集公路中心线两侧各 200m 范围内的地表水资源分布、容量以及水体的主要功能。路面径流不得直接排入饮用水体和养殖水体。不得占用居民集中地区的饮用水体。当路基边缘距饮用水体小于 100m、距养殖水体小于 20m 时,应采取绿化带或者其他隔离防护措施。公路在湖泊、水库等地表径流汇水区通过时,应采取措施防止公路对地表径流的阻隔。公路经过瀑布上游、温泉区等特殊水体时,应符合国家现行的有关规定,确定避让距离。在作饮用水的地下水水源保护区设置的排、渗水构造物可能造成地下水水质污染时,应采取措施隔离地表污水。应注意保护自然水流形态,做到不淤、不堵、不留工程隐患。跨越溪、河、沟的桥涵的过水断面,应保证泄洪能力。公路跨越山谷时,应根据山谷宽、深及汇水面积等选择通过方式,有条件时宜优先采用桥梁跨越。工程废方弃置应作出设计,避免阻塞河道水流或造成水土流失。

3. 水土保持

应充分调查沿线的工程地质、地形地貌、气候条件、植被种类及覆盖率、水土流失现状等,综合采用生物防护和工程防护措施,做好水土保持工作。在山区公路地质病害地段,当采取生物防护措施进行水土保持时,应考虑当地区域水土保持规划。山区、丘陵区公路应尽可能与原有地形、地貌相配合,减少开挖面、开挖量,注意填挖平衡。弃土场应做好排水防护设计,以避免成为新的水土流失源。取土点宜选择荒山、荒地。暴雨强度较大、岩体风化严重、节理发育的石质挖方边坡或松散碎(砾)石土填挖方边坡地段,宜采用植物与工程综合防护措施。做好公路综合排水设计,应充分利用地形和天然水系将路界范围内地表径流引入自然沟中。各种排水沟渠的水流不应直接排放到水源、农田、园林等地。应注重高速公路绿化设计,选用适合当地生长的花草、灌木、乔木等植物,对路堤边坡、弃土等进行绿化,防止水土流失。

三、公路交通与生物多样性保护

(一)生物多样性的基本概念

1. 生物多样性

《联合国生物多样性公约》中指出,生物多样性是指所有来源的形形色色生物体。这些来源除包括陆地、海洋和其他水生生态系统及其所构成的生态综合体外,还包括物种内部、物种之间和生态系统的多样性。

具体讲,生物多样性包括生态系统的多样性、生物种的多样性和生物遗传的多样性三个层次的多样性。

1)生态系统的多样性

陆地生态系统主要有农田、森林、灌丛、草甸、沼泽、草原、荒漠、冻原、高山垫状植被、高山流石滩植被等生态系统。

水生生态系统主要有河流、湖泊、水库、海洋等生态系统。

2)生物种的多样性

陆地生物包括野生植物、栽培植物、微生物、野生动物、驯化动物、昆虫等。

海洋生物包括海洋植物、海洋微生物、海洋动物、海洋养殖生物等。

据估计,现今地球上生存着500万～5 000万种生物,这只是地球上曾经生存过的生物种的极小一部分。被人类认识的生物种也只是现存生物种中极少的一部分。

3)生物遗传的多样性

由于专业所限,关于生物遗传的多样性,请参阅有关资料。

2．我国重点保护的生物

对经济、科学、文化等方面具有重要意义,而现存数量稀少或分布范围相当有限的生物称珍贵稀有生物,包括珍贵稀有植物和珍贵稀有动物。

1)国家重点保护植物

根据是否生存与受威胁状况,将珍贵稀有植物分为绝灭种、濒危种(临危种)、渐危种(受威胁种)和稀有种四类。1984年国务院环境保护委员会公布了《国家重点保护植物名录》,共列出保护植物389种(包括1个亚种、24个变种),其中国家一级保护植物8种、国家二级保护植物159种、国家三级保护植物222种。

2)国家重点保护动物

珍贵稀有动物分为绝灭种、濒危种、渐危种、稀有种和未定种。1988年国务院批准了《国家重点保护野生动物名录》,共列出257种野生动物,其中国家一级保护动物96种、国家二级保护动物161种。

除国家重点保护植物、野生动物外,各地还公布了属于省(市)、自治区级保护的动、植物名录。另外,一些国际协定,如《中日候鸟保护协定》中所列出的鸟类等,都应受到保护。

(二)生物多样性的保护

1．生物多样性的保护方式

生物多样性的保护一般有三种方式:就地保护、迁地保护和离体保护。

建立自然保护区和国家公园,是国际上保护生物多样性所采取的最重要的就地保护形式。迁地保护主要是建立动物园、野生动物繁育中心、植物园、植物繁育中心等,通过保护和繁育珍稀生物,然后放回大自然。离体保护主要是利用现代科技将生物体的一部分或繁殖细胞保存下来,以便保护和发展珍稀生物种群,有效地拯救濒危物种。

目前,我国就地自然保护设施的分类见图2-11。

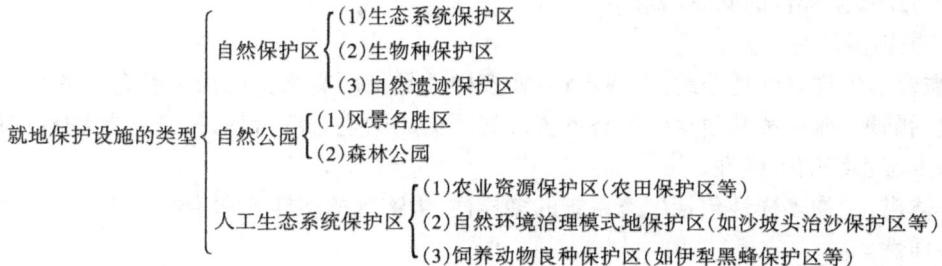

就地保护设施的类型
- 自然保护区
  - (1)生态系统保护区
  - (2)生物种保护区
  - (3)自然遗迹保护区
- 自然公园
  - (1)风景名胜区
  - (2)森林公园
- 人工生态系统保护区
  - (1)农业资源保护区(农田保护区等)
  - (2)自然环境治理模式地保护区(如沙坡头治沙保护区等)
  - (3)饲养动物良种保护区(如伊犁黑蜂保护区等)

图2-11 我国就地自然保护设施分类系统

2．自然保护区

自然保护区是指有代表性的自然生态系统,珍稀濒危野生动植物物种的天然集中分布区,有特殊意义的自然遗迹等保护对象所在的陆地、陆地水体或海域,依法划出一定面积予以特殊保护和管理的区域。国际上,就保护自然资源与保护自然环境而言,国家公园和自然保护区具有同样重要的功能。

美国在1872年建立了世界上第一个国家公园——黄石公园,标志着近代自然保护区建设事业的开始。我国于1956年建立了第一个自然保护区——广东鼎湖山自然保护区。20世纪80年代以来,我国的自然保护区建设事业得到了稳定发展。自然保护区和国家公园的数量、类型、面积和管理状况,已成为衡量一个国家自然保护事业和经济、文化发展水平的一项重要标志。

1)自然保护区的保护对象

(1)典型的自然地理区域,有代表性的自然生态系统区域以及已经遭受破坏但经保护能够恢复的自然生态系统区域。

(2)珍稀、濒危野生动植物物种的天然集中分布区域。

(3)具有特殊保护价值的海域、海岸、岛屿、湿地、内陆水域、森林、草原和荒漠。

湿地是重要的、最具生物多样性的生态系统之一。1992年我国加入了《国际重要湿地特别是水禽栖息地公约》,简称《湿地公约》或《拉姆萨尔公约》。《湿地公约》中指出"湿地系指不问其为天然或人工、常久或暂时之沼泽地、湿原、泥炭地或水域地带,带有静止或流动、或为淡水、半咸水或咸水水体者,包括低潮时水深不超过6m的水域"。

(4)具有重大科学文化价值的地质构造、著名溶洞、化石分布区及冰川、火山、温泉等自然遗迹。

(5)需要予以特殊保护的其他自然区域。

2)自然保护区的功能分区

自然保护区内部,一般分为核心区、缓冲区和实验区。

(1)核心区。是保护区的精华所在,是保护对象最集中、特点最明显的地段,需要严格保护,属于绝对保护区。

(2)缓冲区。在核心区的外围,是为保护核心区而设置的缓冲地带,一般只允许进行科研观测活动。

(3)实验区。在缓冲区的外围,可以在不破坏生态环境与自然资源的前提下,进行科研、教学实习,生态旅游与优势动植物资源的开发工作。

3)自然保护区的分级

根据自然保护区的重要价值及其在国内外的影响,将自然保护区分为国家级自然保护区和地方级自然保护区。

至1996年底,我国已建各类自然保护区800余处,总面积占国土面积的7.19%以上,其中国家级自然保护区106处。自然保护区在保护自然资源和自然环境,促进区域可持续发展等方面,正在发挥越来越重要的作用。目前,我国已有12个自然保护区被批准加入世界生物圈保护区网,它们是鼎湖山(广东)、长白山(吉林)、卧龙(四川)、梵净山(贵州)、武夷山(福建)、锡林郭勒(内蒙古)、神农架(湖北)、博格达(新疆)、盐城(江苏)、西双版纳(云南)、茂兰(贵州)、天日山(浙江)等自然保护区。我国还有6个自然保护区被列入《国际重要湿地名录》,它们是扎龙(黑龙江)、向海(吉林)、东洞庭湖(湖南)、鄱阳湖(江西)、青海鸟岛(青海)、东寨港(海南)等自然保护区。

(三)道路交通与保护生物多样性

1.道路交通对生物多样性的影响

道路建设和营运对地区局部生态环境的影响往往是永久性的。路基、路面、采石取土区、工程施工区以及永久性建筑等,可能在不同路段对森林、草地、湿地、荒漠等生态系统产生一定程度的破坏。道路建设和营运还会干扰沿线野生动物的正常活动,有可能对某些珍稀濒危动植物产生一定的伤害。另外,不合理的道路布局,有可能对自然保护区、风景名胜区、森林公园等产生不利影响。因此,道路建设和营运必须重视保护生物多样性,采取积极措施,尽可能消除和减少对生物多样性的不利影响。

2. 保护生物多样性的主要措施

道路建设和营运,必须遵守国家保护生物多样性的有关法规。

1)实行环境影响评价

《野生动物保护法》指出,"建设项目对国家或者地方重点保护野生动物的生存环境产生不利影响的,建设单位应当提交环境影响报告书"。《野生植物保护条例》规定,"建设项目对国家重点保护野生植物和地方重点保护野生植物的生长环境产生不利影响的,建设单位提交的环境影响报告书中必须对此作出评价"。在环境影响报告书中,应明确保护措施,并经主管部门审批。

2)保护自然保护区

《自然保护区条例》明确规定,"禁止在自然保护区内进行砍伐、放牧、狩猎、捕捞、采药、开垦、烧荒、开矿、采石、挖沙等活动,但是,法律、行政法规另有规定的除外"。《条例》还规定,"在自然保护区的核心区和缓冲区内,不得建设任何生产设施。在自然保护区的实验区内不得建设污染环境、破坏资源或者景观的生产设施;建设其他项目,其污染物排放不得超过国家和地方规定的污染物排放标准"。

3)合理选线

道路选线,通常应避开珍稀濒危野生动植物及古树名木集中分布区、重要自然遗迹分布区、具有旅游价值的自然景观区、自然保护区、风景名胜区和森林公园等地区。

4)采取保护措施

如果道路必须通过上述特殊区域时,应建有效的保护设施,如保护网栏、兽类通道及桥涵等。严格管理措施,如限制车辆运行速度,限制噪声,减少尾气污染等。必要时,可以对某些受直接影响的珍稀濒危植物迁地保护。

第三章 公路沿线自然资源的利用与保护

高等级公路的兴建促进了沿线物资、信息交流,有利于通过地区的经济发展,有利于改善沿线居民的社会生活质量,具有良好的发展前景。然而在另一方面,兴建公路要占用土地,影响天然的植被、地形、水系等,特别是在公路营运期间车辆排放的尾气、扬尘、废水以及产生的噪声、振动,将会给环境带来长期的不利影响。

因此,路线设计不能局限于满足交通运输功能及经济发展的要求,还要重视保护沿线的生态环境,即根据该公路在路网中的作用以及城镇规划、工矿企业布局状况,结合地形、地质、水文、自产筑路材料等自然条件,正确运用公路工程技术标准、规范,慎重确定路线走向和主要技术指标。

第一节 土地资源利用与保护

公路建设需占用土地资源,路线通过地段多为水稻、棉花、油菜等农业产区。修路将占用大量农田,影响沿线地区的农业生产和居民生活,还要占用满足灌溉或养殖水产品的水域,影响农副业生产及自然环境。

土地是人类生存的基地,是所有生活活动和生产活动必不可少的一种自然资源。一般说来,似乎广阔的自然界蕴藏着无穷无尽的自然资源,人们可以随心所欲地开发利用。其实,实际情况并非如此。不但不可更新的自然资源,它们被耗用多少就减少多少,即便是可更新的自然资源,不仅由于采用过度,不能恢复而用尽或灭绝,更由于可更新资源间是彼此联系相互制约的,就是说一种可更新资源受破坏,另一种可更新资源也会受损,例如砍伐森林可能造成水土流失。因此,自然资源的盲目开发和随意滥用,必然会引起自然环境的破坏和危机。

目前世界上土地资源的破坏和丧失是很严重的,其中与人类关系最大的是可耕土地。全世界适于农业生产用的耕地约占陆地面积的十分之一,而且各个国家、地区间分配极不成比例。例如,丹麦的耕地面积占全国的65%,英国占30%,美国占20%,中国占10.4%,有些国家只有5%~6%。沙漠化、风蚀和水的冲刷是丧失耕地和破坏农田的主要原因。据联合国沙漠化会议估计,世界上由于沙漠化而损失的农田每年约有7 500万~10 500万亩。至于因风和水的侵蚀而受到破坏的土地,据称在过去100年内达到了总耕地面积的27%左右。这些数字是很惊人的,至于工业城市的发展和地下资源的开采等也是造成土地面积缩小的另一重要因素。

一、土地资源的侵蚀

1. 沙漠化的侵吞

地球陆地上约有三分之一是干旱的荒漠地区,其中以沙漠质的荒漠,即沙漠为主,这种地区雨水稀少而多风,土壤沙质,缺少有机物质而盐分含量高,因此大多数未被利用,一片荒凉。其边缘地带如果开发得不适当,最容易引起沙漠化,造成流沙的外侵,使更多的土地良田被它吞噬进去。据报导，非洲北部撒哈拉沙漠扩展的速度每年达 30 ~ 50km, 南部流沙前沿的总长达 3 500km 以上，周围国家的牧场和耕地的损失小者每年 30 万 ~ 50 万亩，大者每年 150 多万亩。印度半岛的塔尔沙漠是由于植被受破坏而形成的，它每年以 8km 的速度扩张已有半世纪之久，每年约侵吞近 20 万亩的土地。我国西北和华北地区也有许多沙漠，如内蒙古和陕西的毛乌素沙漠，新疆的塔克拉玛干沙漠等，以前都曾经是水草丰盛的地区，现在都在流沙的覆盖之下，而解放后，发生在我国北方万里风沙线上的沙体面积达 4.9 亿亩。近年来每年仍以 1 000 万亩的速度向外扩展。大片的农田和牧场被沙漠吞噬了。表 3-1 列出了造成北方地区沙漠化土地的原因。由表可见，其中约 99% 是由于滥伐、滥牧、滥垦造成的。而由水资源过度开采引起的土地沙漠化，目前更应引起足够重视。例如华北地区，如按目前状况继续抽取地下水，30 年后要变成不毛之地。此外，全国还有约 1 亿亩的农田和草场面临沙化的威胁。在这些地区固沙造林，防止流沙外侵，保护草原不使发生沙化，是当前保护土地资源的重要措施之一。

我国北方地区沙漠化土地成因类型　　　　　　　　　　　表 3-1

成　　因	比　例　（%）	成　　因	比　例　（%）
草原过度农垦	23.3	工矿交通建设破坏植被	0.8
过度放牧	29.4	水资源过度利用	8.6
樵柴	32.4	其他	5.5

治沙首先要固沙。固沙的方法有机械的、化学的和生物的三种。机械固沙是利用干枯植物做沙障；化学固沙是利用沥青乳剂或其他高分子粘合物质，喷撒在沙丘之上，以防止沙丘的移动。这两种方法都不适于大面积采用，目前应用最广泛的是生物固沙法。生物固沙是利用抗旱、适沙的乔木、灌木或草本植物，使其在流沙上生长，将沙漠固定下来，其他如开渠引水冲削沙丘以改造良田，营造防护林以抵御风沙侵蚀等等，也是治沙和防沙的有效措施。

2. 水和风的侵蚀

首先应该指出，在自然状态下，纯粹由自然因素引起的地表侵蚀过程，速度非常缓慢，表现很不显著，常和自然土壤形成过程处于相对稳定的平衡状态。但是，由于人类的活动，特别是破坏了坡地上的植被，就会加速和扩大自然因素（如风和水）的作用，使土壤受到严重的侵蚀。由此而丧失的农田面积也是惊人的。对于世界范围的土壤侵蚀的估计是很粗略的，据估计每年因土壤侵蚀而丧失的耕地为 $(600 ~ 700) \times 10^4$ ha, 其速度为过去 300 多年来的 2 倍多。

在美国，由于水的冲刷，农田每年损失土壤约 30×10^8 t, 有些地方一亩裸露坡地上的雨水，一年就能从表土冲走 10 卡车土壤。仅密西西比河每年就带走磷 65×10^4 t、钾 163×10^4 t、钙 $2 250 \times 10^4$ t 和镁 250×10^4 t。

前苏联在 20 世纪 60 年代受水侵蚀的耕地和饲料地，都在 15 亿亩以上，每年被水冲刷的土壤达 $(5 ~ 6) \times 10^8$ t, 氮和磷损失约 700×10^4 t。据调查，目前全国耕地有 2/3 处于受水蚀的地区。风蚀给土壤带来更大的损失。美国 1933 年、1934 年和 1937 年发生了三次黑风暴，如 1934 年的一次黑风暴以每小时 100km 以上的速度，从西海岸一直刮到东海岸，形成东西长 2 400km, 南北宽 1 400km, 高达 3km 的灰黄色尘土带。此次风暴刮走尘土 3×10^8 t, 相当于 200 万亩耕地的耕层土壤，实际受害的土地达数千万亩以上。风暴过处昏天暗日，纽约市区白天不得不开电灯。此次风灾前后持续三天。美国历史上出现三次黑风暴的根本原因是美国 30 年代在西部进行滥垦、滥牧的结果。

前苏联 1960 年刮了两次黑风暴,受灾面积达 6 000 万亩以上,1963 年的黑风暴影响更大,受害的耕地达 30 亿亩,以后又多次发生过这种风暴,损失极大。

南美一些国家的土地风蚀损失也极严重。如委内瑞拉经常受灾的土地达 4 350 万亩,占可耕地总面积的 64%,又如智利,受风蚀的面积为 5 400 万亩,占总可耕地的 55%。

我国水土流失的面积也很大。据估计全国水土流失的面积已达 $150 \times 10^4 km^2$,占全国总面积的 1/6 左右。每年损失的土壤达 $50 \times 10^8 t$ 以上,被水冲走的氮、磷、钾 $4 000 \times 10^4 t$ 以上。其中以黄河中游的黄土高原最为严重,这是众所周知的。长江则不然,江水中的含砂量过去一直远低于黄河,就是说长江流域的水土流失较轻,可是近年来情况已发生明显变化,特别是 1981 年四川连续发生两次特大水灾,它波及全省 135 个县、市(四川省共 182 个县),1 180 多万人口,其中 53 个县以上的城市,580 个村镇,2 600 多个工厂企业和 1 250 多万亩农作物受淹,房屋倒塌 160 万间,人畜伤亡较大,直接经济损失在 20 亿元以上。造成四川 1981 年洪灾的原因是多方面的,但主要的是二条:首先,也是最重要的原因,是近几年来长江上游乱砍滥伐森林,自然生态平衡遭到严重破坏,失去保持水土的能力。回顾 50 年代初期,四川是全国森林较多的一个省,覆盖率占全省总面积的 19% 以上,但是 1955 年以后,全省森林覆盖率降到只有 9%,而川中农业地区的 53 个县,几乎近半数县覆盖率不到 3%,有的甚至不到 1%。第二个原因是河道淤塞、宣泄能力下降。这是由于近年来在"向江河要粮"、"改河造田"、"绿化河滩"的错误思想指导下,在江中任意垦殖,拦江造田,甚至发展了许多桑园、村庄,严重堵塞河道造成的。我们应该从四川的惨痛教训中,充分认识到绿化造林,保持水土的重要性和紧迫性。

3. 工业和城市的蚕食

国外由于工业迅速发展和城市不断扩大,工矿企业、交通运输、旅游业、军用设施等等建设占用大量的土地。在美国,工业和城市发展每年占地约 600 多万亩,1976 年以前,靶场和军用设施占地约 1 亿亩,到 1980 年止,由于采矿损坏的土地面积达 3 亿亩。英国和前苏联等每年因开采地下资源而破坏的地表,都在 30 万~45 万亩之间。意大利农业用地每年被工业、城市建筑和新的公路等吞食的,相当于罗马市区的面积,约 70 万亩。

我国耕地的利用情况又如何呢?全国土地面积 $960 \times 10^4 km^2$,2/3 为山地,其余为 1/3(相当于 48 亿亩)。1949 年我国原有耕地 14.6 亿亩,30 年采开垦荒地 4.8 亿亩,二者合计 19.4 亿亩,可是有些地区由于生态平衡遭到破坏,沙漠扩大,反而损失了 2 亿多亩。居住环境的扩大以及公路、工业用地又占去了 2 亿多亩,现在实有耕地面积只有 15 亿亩,占全国总面积的 10.4%,较解放初所增无几。而由于人口的增加,人均耕地则由 20 世纪 50 年代的 2.7 亩减少到 80 年代的 1.5 亩。由表 3-2 可见,除非冒破坏生态平衡而引起土地沙漠化的风险,扩大耕地面积的潜力实已甚微。但是,城市人口却迅速增长。

据估计,到 2000 年,我国人口为 13 亿,其中城市人口占 40%,即 5 亿人。目前我国城市人口只有 2.1 亿,用于居住环境(包括工交、城镇)的土地面积约 10 亿亩,占总面积的 6.9%。城市人口的增加,势必占用耕地,而且势必占用那些离城较近、水源较丰富、已为人们长期耕种、土地比较平整、土壤肥沃、比较利于耕作的好地。

因此,对于那种不合理地使用土地和错误地发展工业城市的政策,目前已为越来越多的人所认识,引起了人们的重视,并正在寻求解决的措施。例如 1983 年底竣工的京秦铁路,通过架设旱桥等措施,尽量做到不占耕地或少占耕地,特别是不占好地,共节约耕地 1 000 多亩,并设法保存原有的农田和灌溉系统,是发展交通运输业与保存耕地互相兼顾的一个例子。

土地利用情况	面积(× 10⁴km²)	所占百分率(%)
森林	122	12.7
耕地	100	10.4
草原	356	37.2
居住环境(公交、城镇)	67	6.9
沙漠、荒原	153	15.9
高原荒漠、高山雪原	19	2.0
水面	27	2.8
沼泽	11	1.2
其他	104	10.9

二、土壤的污染与净化

1. 什么是土壤和土壤污染

土壤就是位于陆地表面具有肥力的疏松层。它具有独特的组成、结构和功能。土壤的组成包括矿物质、有机质(活有机质、土壤生物等)、水分和空气,并且固态、液态和气态三个相共存而形成有一定层次的结构。因此,土壤的功能也不同于其他自然系统。第一,土壤具有肥力,也就是具有供应和协调植物生长所需要的营养条件(水分和养分)和环境条件(温度和空气)的能力。第二,土壤具有同化和代谢外界输入物质的能力,输入的物质在土壤中经过复杂的迁移转化,再向外界输出。土壤的这两个功能是相辅相成的。土壤的功能,使它成为一种宝贵的资源。

所谓土壤污染,就是人类在生产和生活活动中产生的"三废"物质直接或通过大气、水体和生物间接地向土壤系统排放,当排入土壤系统的"三废"物质数量,破坏了土壤系统原来的平衡,引起土壤系统成分、结构和功能的变化,即发生土壤污染。这里,值得注意的是,受污染的土壤还可以通过生物的新陈代谢,或以植物的果实、根、茎和叶给动物提供食物的途径向环境输出污染物,又使大气、水体和生物进一步受到污染。

2. 土壤受污染的途径和主要的土壤污染物

1)土壤受污染的途径:由于土壤是农业生产的对象和生产的手段,所以土壤污染是与其特殊的地位和功能相联系的。首先,施用化肥和农药就是污染土壤的主要途径;其次,垃圾、废渣、污水都以土壤作为处理场所,这里包括不合理的污灌,也会造成土壤污染;最后,污染物还可以通过大气、水体的迁移转化而进入土壤,例如大气中的 SO_2、重金属,可以经"干降"和"湿降"而进入土壤、使土壤"酸化"造成重金属污染。

2)主要的土壤污染物:我们一般认为大气、水体中的一切污染物,最后都回归土壤,且其种类是基本相同的,即包括下述几类:

(1)有机物质,其中主要是农药、除莠剂等,其次是一般有机物、如酚、苯并芘、油类等。

(2)氮、磷化肥。

(3)重金属,如砷、镉、汞、铬、铜、锌、铅、镍等。

(4)放射性元素,铯 – 137、锶 – 90 等。

(5)污泥、矿渣、粉煤灰。

(6)有害的微生物,如肠细菌、肠寄生虫、结核杆菌等。

3．土壤污染量指标

是否一旦有污染物进入土壤,就算是土壤污染呢? 显然不是,那么,什么样的土壤才算被污染了? 污染到什么程度? 要回答这些问题,就得有一些衡量土壤污染的指标。目前采用的指标,主要有三种:

(1)土壤的背景值(或本底值)。这里有两种不同的概念。其一是按地区考虑,一个国家或一个地区土壤中某元素的平均含量称为本底值,并与污染区同一元素含量作比较,超过本底值者即为污染。超过越多,污染越重。此概念的缺点在于,同一地区不同类型土壤中某元素的含量可能极不相同,用平均值表示,与实际情况往往出入较大。第二种土壤本底值概念是根据土壤类型考虑的。它规定未被污染的某一类型土壤中某元素的平均含量定为本底值,并与受污染的同一类型土壤中相同元素的平均含量相比,即可得出该土壤受污染程度的结论。

(2)植物中污染物的含量。根据质量作用定律,植物中某有害元素或污染物的量与土壤中相应毒害物的量成正比,所以只要测定植物中污染物的含量,便可作为土壤污染的指标。例如铀工厂周围的稻米、蔬菜都有较高的铀含量,说明该区域内的土壤受到某种程度的铀污染。不过,必须注意,同一土壤中的不同植物,对同一毒害物的吸收量是不同的,即使是同一植物的不同器官(或部位),对不同毒物的积储量也是不同的。例如北京东南郊小麦中的镉含量为 $0.019mg/kg$ 干重,而白菜则只有 $0.005mg/kg$ 干重,又在同一地区内,水稻中的有机汞几乎全部集中在根和茎中,而叶中有机汞含量极微。所以,对什么样的土壤,用什么植物的什么器官作为土壤污染的指标,必须作具体的研究。

(3)生物指标。即根据生物对土壤污染物的反应,例如植物生长发育受到抑制或促长;或生态发生明显变异;或土壤微生物区系(种类和数量)发生改变;或人食受污染植物后,危害人体健康的程度,都可判断土壤受污染的程度。例如一个世纪前,日本明治中期的足屋铜山事件,就是因为铜矿山废水排入农田,使土壤含铜量增高,在这种受污染的土壤上种植水稻,株高仅 10cm,生长得像"小老头",以致稻米大幅度减产;这就是从生物的反应判断土壤受污染的事例。但是,由于影响生物生长的因素十分复杂,而且进行毒理试验难度很大,所以采用生物指标衡量土壤污染,难度较大。

经验证明,量度土壤污染时,最好将上述三种指标结合起来考虑。而把土壤的本底值一般作为土壤污染的起始值指标使用。

4．受污染土壤的净化

污染物质进入土壤以后,如何排出土壤之外而使其恢复原来的状态呢? 显然主要不是靠外力(人)的作用,而是靠土壤本身,也包括生长在其上的植物或土壤生物等的功能,才能使土壤污染物迁出土壤。也就是说,污染物质进入土壤后,与土壤的固相、液相和气相物质之间发生一系列物理、化学、物理化学和生物化学反应,在土壤中进行迁移转化的结果,土壤六种净化作用,都可以包括在这过程中。现对这四个过程的作用原理和条件作进一步的介绍:

(1)物理过程:就是利用土壤具有多相、疏松多孔的特点,通过挥发、稀释、扩散等物理过程,使污染物移出土壤体外。其净化效果取决于土壤的温度(温度高挥发量大)、湿度和土壤的质地、结构,同时也与污染物的性质有关。

(2)化学过程:主要包括溶解、氧化还原、化学降解和化学沉降作用,使污染物迁出土壤之外或变成难溶物不被植物吸收,而不改变土壤的结构和功能。

因溶解而使污染物迁移的作用,与土壤体系的 pH 值、配位体存在与否以及污染物自身的性质有关。当土壤体系的 pH < 6 时,可溶解迁移的元素有:铜、锌、镍、锰、铬、镉;当 pH 值大于或高于 7 时,可溶解迁移的元素是:钒、钼、砷、铬等;在广泛 pH 值范围内可溶解迁移的元素则是:锂、铷、铯等。如果土壤体系中存在各种有机或无机配位体,而且数量较大,则污染物可通过络合、螯合作用而溶解迁移。例如羟基可与 Hg^{2+}、Cd^{2+}、Pb^{2+}、Zn^{2+} 等离子发生络合作用;腐殖质可与铁、铝、钛、钒、铀等元素生成可溶于中性、弱酸性、弱碱性土壤溶液中的螯合物。

由于土壤中常常含有自由氧气、高价金属离子和少量硝酸根等氧化剂,以及有机物质、低价金属离子等还原剂,而能使可变价的污染物质如铁、锰、硫、砷、汞、铬、钒、铀等因变价发生氧化还原反应,并配合络合、螯合作用而溶解迁移。

因化学降解而消除污染的土壤污染物,主要是农药。农药会固化降解而被破坏、失去原来的危害性。

(3)物理化学过程:主要是通过胶体的吸附和解吸作用,使污染物在土壤中迁移转化。胶体吸附能力的大小,与胶体自身的性质和金属离子的性质以及土壤的性质都有关。例如粘土胶体吸附金属离子的顺序是 $Cu^{2+} > Pb^{2+} > Ni^{2+} > CO^{2+} > Zn^{2+} > Ba^{2+} > Rb^{2+} > Sr^{2+} > Ca^{2+} > Mg^{2+} > Na^+ > Li^+$;有机胶体对金属离子的吸附顺序是 $Pb^{2+} > Cu^{2+} > Cd^{2+} > Zn^{2+} > Ca^{2+} > Hg^{2+}$;不同土壤对污染物吸附能力的差别,可参看我国土壤对砷的吸附顺序:红壤 > 砖红壤 > 黄棕壤 > 黑土 > 碱土 > 黄土。

(4)生物化学过程:主要依靠土壤生物的主体,即土壤微生物使土壤中的有机污染物质发生分解或化合作用而转化的过程。其中农药的微生物降解就是最重要的转化作用。例如性质稳定的农药 DDT,长期残存于土壤中,也会因微生物的降解作用而脱氯,生成 DDD;甚至还会脱氢而生成 DDE。不过 DDE 具有慢性毒性,不等于污染物已实现完全的转化。

通过上述物理的、化学的、物理化学的和生物化学的过程,使土壤中污染物的含量下降的作用,就是土壤的自净能力。这种自净能力与土壤的性质、组成及污染物的种类和性质有关。

三、公路建设与营运对土地资源的侵占与污染

我国交通基础设施建设已进入快速发展阶段,尤其是高等级公路的建设取得了可喜的成绩。同时公路建设的用地加大,对土地资源的侵占也加剧,公路营运所产生的公路污水也对土地造成污染,因此,正确认识公路建设与运营对土地资源的侵占与污染,采取必须的措施利用与保护好土地资源。

1. 公路建设对土地资源的侵占与影响

公路建设是用地大户,通常情况下,公路路基工程特别是高等级公路路基较宽,一般四车道高速公路路基宽度为 26 ~ 28m,同时路基较高,边坡坡脚范围内所占用的宽度一般可达 40m 左右,需要侵占大量的土地资源。高速公路和一级公路平均每公里占用土地约 80 亩。就"五纵七横"12 条国道主干线而言,总里程约 3.5×10^4km,约占土地 280 万亩,其中耕地将占 80% 左右。当然公路建设占地是必然的,问题是如何少占耕地,保护良田。

此外,公路路基的取土、弃土用地,施工前临时占地征用,都需要侵占土地资源。这些用地使路线所经地区耕地及植被面积减少,线路两侧 20 ~ 30m 范围内天然植被破坏,对农业生产发展有不利影响。施工期临时占用的土地,由于机械的碾压、人员的踩踏,使土壤结构发生改变,耕地复耕后一定时期内肥沃度难以恢复,影响作物生长,非耕地植被自然恢复缓慢。

2. 公路污水对土壤的污染

道路路面径流水对土壤环境污染,是指道路营运期,货物运输过程中在路面上的抛撒,汽

车尾气中微粒在路面上的降落,汽车燃油在路面上的滴漏及轮胎与路面的磨损物等,当降水形成路面层径流就挟带这些有害物质排入水体或农田而污染土壤。

大型洗车场和加油站的污水也会对土壤造成污染,其常含有泥沙和油类物质。油类不溶于水,在水中的形态为浮油或乳化油。乳化油的油滴微细,且带有负电荷,需破乳混凝后形成大的油滴才能除去,洗车场和加油站的含油污水以浮油为主。

对于公路边的服务区,其生活污水也会污染周围环境和土壤。因此,应尽量靠近城镇,使其污水尽可能排入当地城镇的污水管网,如不能排入当地污水管网,需经过净化处理后才能排放。

四、公路建设中的土地资源利用与保护

土地通常指由地形、土壤、植被以及水文、气候等自然要素组成的自然综合体,土地种类主要指:耕地、荒地、草地、林地、滩涂、湿地。土地是农业生产最基本的生产资料,是人类生产、建设和生活不可缺少的物质条件,必须珍惜它、保护它。随着交通事业的发展,公路建设占用一定数量的土地,应该遵照《中华人民共和国土地管理法》的有关规定进行办理,加强土地管理,合理使用、保护土地资源。

1. 土地资源的利用与保护

1)公路选线应全面调查沿线土地利用情况,按不同种类分别统计,遵照节约用地的原则,结合当地基本农田保护区及国土规划,进行充分比选,确定路线位置。公路用地应少占耕地、果园,多利用荒坡、荒地、滩涂等荒芜土地。

2)取土与弃土场地的选择

我国目前可耕种地区面临着日益减少,而高速公路高填方的格局在平原地区越难改变。因此,应合理地选择取土地点,尽量在荒地和低产田集中取土,并注意取土坑的后期综合利用,如宽浅式取土复耕还田,或改造为水产养殖区以发展地方经济,同时减少对自然景观的破坏,采取多种措施降低填土高度,及考虑粉煤灰等工业废渣的利用,以减少土方的用量,从而有效地保护农田。取土场设计时,应结合土地利用规划选择取土场位置及其取土方式。当采用集中取土方式时,宜结合平整土地选取较高地势的土丘取土,或结合河道整治选取滩槽取土;当采用宽挖浅取方式时,应保留表土回填复耕。

在山区,高等级公路要达到技术标准的要求,虽然注意到纵向土石方平衡,但挖掘工程仍较大,会产生较多的废方。施工的弃方应尽量减少毁坏植被、侵占农田,并不得阻塞原有的排水系统或污染水体。应对弃土堆及时整平复垦或绿化,以提高其使用价值。

3)路基设计

农田地区的路基应尽可能降低其高度,并通过技术经济比较,设置支挡结构、护坡或高架桥等结构,减少占地,节省土地资源。

4)临时用地

施工临时用地应结合公路永久用地统筹安排。占用耕地的施工临时用地,工程竣工后应尽快清场复垦。

2. 农田水利设施的保护

应调查公路通过地带的农田水利排灌系统、人工蓄防洪设施的布局与发展规划,使公路设计尽可能与其相协调。路线不宜压占干渠、支渠,不得已而压占时,应按原过水断面改移或采取其他工程措施。跨越干渠、支渠的桥涵不宜压缩渠道过水断面。在对排灌设施进行合并、调

整或改移设计时,不得影响其原有排灌功能与要求。

第二节　森林资源利用与保护

一、森林资源

1. 概述

由乔木或灌木树种为主体组成的绿色植物群体,就是森林。森林与森林中的动物、微生物等生物因子和它所处空间的土壤、水分、大气、日光、温度等非生物因子相互联系、相互依存、相互作用构成森林生态系统,它占有巨大的生态空间,地上林冠可高达 10m 甚至百米,地下根系可入土数米。这个巨大地生态空间为各种生物提供了广阔的生长、栖息环境。森林植物的枝叶繁茂,太阳光利用率极高,再加之根系发达,能充分利用气候和土壤条件,生产巨大的生物量,它约占陆地总生物量的 72%(见表 3-3),为系统中的动植物区系提供丰富的食物资源。

陆地和海洋生态系统的净初级产量＊估算值的比较(按干物质量计算)　　　表 3-3

生 态 系 统	面 积 ($\times 10^6 km^2$)	占地球总面积 (%)	净初级产量 ($\times 10^9 t$/年)	占净初级总产量 (%)
森林	59.57	11.1	77.2	48.6
荒漠	44.03	8.2	1.4	0.8
草原和稀树草原	25.9	4.7	15.0	9.5
农田	15.4	2.7	9.1	5.7
冻原和高山	10.36	1.6	1.1	0.7
沼泽、湖泊、江河	2.59	0.8	5.0	3.1
合计	157.85	29.1	108.8	68.4
大洋	336.7	63.3	40.8	25.8
沿海带	36.26	6.9	9.0	5.7
上涌水流区	2.59	0.7	0.1	0.1
全球总计	533.4	100.0	158.7	100.0

＊净初级产量是指生态系统中的绿色植物通过光合作用生成的有机物质量。

森林生态系统无论在生态结构或营养结构方面都十分复杂。具有明显的分层结构是它的重要特征,地上和地下各层形成特殊的生态环境以支持不同的生态区系。也就是说,各层中动、植物的习性和适应性各不相同,构成许多小型甚至微型的生态系统。在森林生态系统中,各层次和各小型生态系统之间纵横交错、相互影响,表明其物质循环和能量流动的多渠道和多环节特性。

森林生态系统演替到成熟阶段,即到了顶极生态系统时,系统中的生产者、消费者和分解者的营养层次最多,组成和结构也最复杂,物质循环和能量流动则形成动态平衡。

从生态学观点看,森林是世界上较复杂的一种自然生态系统,对地球生物圈的物质循环和能量流动有巨大的影响。目前,世界上密闭林覆盖面为 28×10^8ha,占地球陆地表面的 21%。另有 13×10^8ha 为稀疏林,若再加上休耕地上重新长出的林木,天然灌木林和退化的森林林地,则全世界森林总数约 52×10^8ha,占世界总土地面积的 40%。

2. 森林资源的作用

森林在净化城市空气方面的作用,如吸收二氧化碳并制造氧气、过滤灰尘和防止风沙、杀死病菌、减弱噪声等等。森林又是木材和木材产品的来源,对发展工农业生产也具有重要的作用,同时据国外报道,目前世界上仍有 1/3 的人类是以木材为做饭的燃料。就柴火这一项用途来说,到 2000 年,人类就需要种植 30 亿亩的树木。但是,目前这方面的造林速度仅达 3 亿亩,如果不加以保护,任意砍伐,势必造成森林资源的减少以至于消失。此外,森林还可使风速减低 60%,叶面可蒸腾大量水分,根部能提高土壤的湿度。因此,对于调节气候、增加降水、保持水土等等方面都有一定的作用。更不用说森林会使环境优美,而成为娱乐和有益于健康的场所了。

3. 森林资源的状况

但是,人们为了发展农业或其他目的而砍伐森林,已造成了世界森林量的迅速减少。根据联合国粮农组织和环境规划署 1981 年的估计,每年约有 $1\,110 \times 10^4 ha$ 热带森林和林地被毁,每年约有 $730 \times 10^4 ha$ 热带密闭林被开垦作农田,其中 $610 \times 10^4 ha$ 为热带潮湿林,每年另有 $380 \times 10^4 ha$ 稀疏林被用作耕地或作为薪柴砍伐。如果照目前的毁林速度,热带潮湿森林将在 177 年后全部被毁。而在有的国家,毁林问题还要更严重,如科特迪瓦和尼日利亚每年损失其森林的 5.2%。按照这种速度,这些国家有可能在 2007~2017 年间丧失其全部森林。据联合国粮农组织估计,世界热带稀疏林砍伐量中非洲占 62%,而森林损失的一半以上(55%)则发生在西非象牙海岸、尼日利亚、利比里亚、几内亚和加纳等国,其森林损失速度为世界平均速度的 7 倍。亚洲森林砍伐最快的是尼泊尔(3.9%)和泰国(2.4%)。在拉丁美洲,巴西每年对密闭林的砍伐占拉丁美洲总砍伐量的 35%。

我国森林资源原来也十分丰富,但也由于长期的破坏,到解放前夕,全国的森林植被仅占全部陆地面积的 5%。结果,使许多地区的气候发生变化,以致经常遭到洪水和旱灾以及土壤侵蚀的危害。解放后全国大规模的植树造林,到目前全国森林植被的覆盖率已增加到12.7%,使自然环境的面貌有了显著改善。但是,应该看到,我国的森林植被覆盖率仍然低于世界的平均值 21%,占第 120 位,按人口平均,每人占有森林面积不足 2 亩。再加上十年动乱中,由于受极左路线的影响,乱砍滥伐森林和毁林开荒等,对森林的破坏十分严重。例如新疆塔里木盆地的天然胡杨林的面积,比 1958 年缩小了 45%。目前国家对保护现有森林、绿化植树十分重视,除严禁乱砍滥伐、毁林开荒外,还大力动员全体人民植树造林。

二、公路沿线森林资源的利用与保护

公路通过林地时,应严格控制林木的砍伐数量,严禁砍伐公路用地范围之外不影响视线的林木。公路用地范围内,应按绿化设计要求进行栽植。有条件时,填方边坡的植被覆盖率在秦岭、淮河以南地区应达到 70% 以上;秦岭、淮河以北地区应达到 50% 以上。公路经过草原时,应注意保护草原植被。取、弃土场地应选择在牧草生长差的地方。

第三节 矿产资源利用与保护

一、矿产资源

矿物是一种不可更新的资源,长期利用或过度开采势必使其储量降低过快,出现供应困难,而且还会污染环境。因此,矿产资源的合理利用和妥善保护也是一个很重要的环境问题。

1. 目前各种矿物的利用和供应情况

矿物资源一般可分为能源、金属矿物和非金属矿物等三大类。它是近代工业的基础，没有它，工业就没有原料，也没有动力。非金属矿物的种类极多，其中按吨位讲，最多的是建筑材料，如砂石、粘土、灰泥等等，幸好这类物资供应无虑，问题不大。只有在肥料方面如氮、磷、钾矿物资源对农业增产意义重大，有时引起人们的注意：氮肥来自硝酸盐矿，主要产地是智利，目前已可由空气中固定氮来合成，故来源丰富，也不成为问题；磷矿的世界储量虽多，但分布很不平均，绝大部分产于北非、前苏联和美国；钾矿情况也相似，约有一半集中在加拿大。看来，问题较大的在于金属矿物，包括铁和铁合金元素，非铁或有色金属和贵金属等三类。

在用铁炼钢的同时，为改进普通碳钢的使用性能，需加入各种合金元素以制得种种合金钢和特殊钢。表3-4列举了数种主要铁合金元素的功能和可能的代用品，其中以锰、钴、钨最为重要，镍、铬、钼为次，钛、钒、锆、钽、铌又次之。

主要铁合金元素的功用和可能的代用品 表3-4

矿　产	功　　　用	可能的代用品
锰	主要用作炼钢的脱硫剂，改进合金的辗轧和锻造性能并增加其强度、韧度、耐腐蚀性、硬度和硬化性能，用于蓄电池和化工原料	无满意的代用品
铬	用于炼制不锈钢、工具钢和合金钢，可以防锈，用于耐火材料和化工原料	作不锈钢时无代用品。用于耐腐蚀时可以钛代，用于装饰时可以铝代
镍	用于各种合金，主要是不锈钢，提高韧度、刚度、强度和延展性能，用于镍—镉电池	大多数用途可以钴代，近来有以氮代用的
钼	用于不锈钢和工具钢中，极能耐腐蚀，高温下强度也好	虽有代用品，但都不满意
钨	提高钢的硬度和韧度，用于高速切削工具和点灯丝	极重要的合金元素，虽有代用品如钼和钛等，但均不大满意
钴	钴合金钢是永磁的主要原料，也用于高温高强度工具钢	用于永磁时无代用品，其它用途可以钒、钽、镍代替

有色金属主要有铝、铜、锌、铅、锡、汞等，其中以铝的需求量增长得最快，许多应用铜和锡的地方部可以由铝代替（如电线和包装用料）。图3-1列出全世界16种重要金属资源耗去80％的估计时间。由图可见，金、汞、银、锌、铅、铜、钨、锡即使其储量增加5倍其耗竭时间也不可能延长多少。

2. 开发矿业对环境的影响

开采矿产时，不论是露天开采或地下开采，都要剥离或挖掘出大量的废石，例如露天开采矿时，每采1t矿石要同时剥离5～10t废石。美国有84％的金属矿山是露天采矿，加拿大有96％的铁矿用露天开采。因此，开发矿山不仅大规模地破坏地表，而且还占用大量的土地来堆存废石。

贫铁矿、稀有金属和有色金属矿，以及炼焦煤，在送去冶炼之前，几乎都要经过选矿而排出大量的废弃尾矿。以生铁和铜为例，每炼制1t金属分别需3～5t和200t左右的贫矿石，同时排出几十吨和400t左右的废石和尾矿。据报道，美国某著名的露天磁铁矿，全部储量采完之后将排出 350×10^8t尾矿。如果这些尾矿不加以妥善处理或处置，则可能有使该地区变成一个新的撒哈拉沙漠的危险。

废石堆还会发生自然爆炸，甚至发生严重的滑坡事故。美国有一座240m以上的煤矸石堆场发生滑坡,使邻近城区中居民死亡 800 余人。同样,尾矿堆场或尾矿坝也会发生坝基坍塌和尾矿流失事故,从而造成对生命财产的严重危害。1972 年美国西弗吉尼亚洲的布法罗溪(Creek Buffa-jo)煤矿的尾矿坝失事,冲垮 39 座桥梁和一段公路,造成 106 人死亡,4 000 人无家可归。

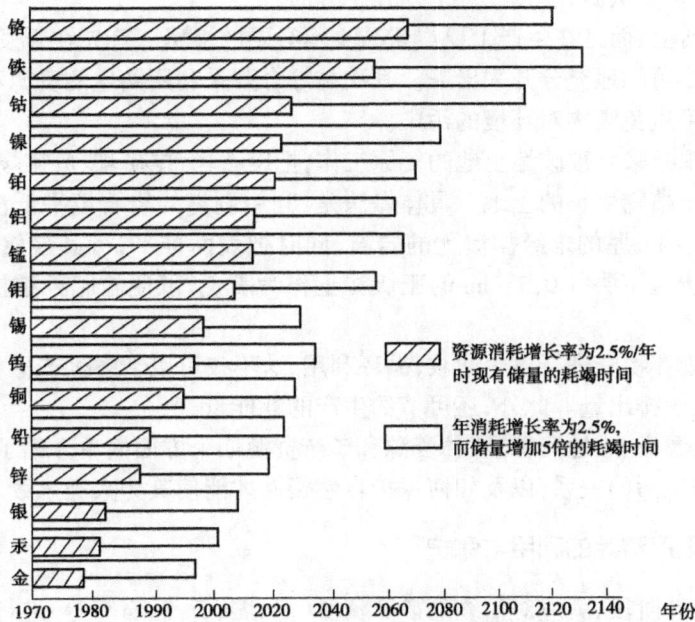

图 3-1　全世界 16 种重要的金属资源耗去 80% 的估计时间
(注意:2000 年后时间坐标的改变)

　　矿业固体废物堆存时,长期受风雨侵蚀,使其中有毒害的物质渗入地下,会引起地下水和附近河流被污染。此外,开采矿山破坏地面的森林植被后,会使水土流失加剧,并可能引起当地气候的变化。其他如酸性矿坑水和有色金属冶炼尾气等都会使环境的污染问题更加严重,甚至连海洋环境也受到矿物开采的威胁。近几十年来发现并开采的深海锰结核矿,将来也可能造成海洋的严重污染。

　　3. 矿产资源的合理利用

　　开发矿业时对环境造成的不良影响,仅仅说明问题的一个方面,另一重要的方面是资源利用的不合理和浪费。例如美国每人年平均钢耗用量为一般发展中国家和地区的 37 倍,铝耗用量为 85 倍,总的能耗用量为 30 倍,与一般发达国家相比大致也多一倍左右。总的讲来,约占全世界人口 30% 的国家和地区每年所耗用的矿物资源,却占世界总耗量的 90% 左右(见表 3-5)。

1966～1969 年间主要矿物每人年平均耗用量　　　　　　　　　　表 3-5

国家和地区	人口 (百万)	粗钢 (kg/人)	精钢 (kg/人)	初级铝 (kg/人)	锌 (kg/人)	总能量 (kg 煤/人)
美国	203	660	9.3	16.9	6.0	10 000
其他发达国家和地区	885	366	4.8	7.3	3.3	3 500
发展中国家	2445	18	0.15	0.2	0.17	330

注:其他发达国家和地区包括前苏联、日本、加拿大、澳大利亚、新西兰、以色列和南非等。

69

据计算,如果全世界人民都按美国的水平耗用矿物资源,则图 3-1 所列 16 种主要矿物中,有 7 种将于十年内耗尽(如金、银、汞、锡、钨、锌、铅)。除铁和铝外,其余矿物都在 200 年内用完。

为了合理利用矿物资源,应该注意下列几个方面:

(1)不仅在生活上,而且在生产上要尽量减少不必要的浪费。首先在开发矿山时要努力提高回采率,把矿石尽可能地充分开采出来。其次是综合开采利用共生的资源和矿物,做到既能充分利用资源,又可避免废物对环境的污染。

(2)要做好资源开采后被破坏土地的复原工作,把废石场,尾矿坝、废矿场等加以妥善的处理,使其恢复为适于植物生长的土地。具体做法是,利用剥离的岩石填平低洼地段,然后平整表面并覆盖一层 2~4m 厚的未经盐渍化的岩石,同时把表面推平,待其自然沉实后再进行第二次平整,最后再覆盖一层厚 0.5~1m 的肥沃泥土作为表土,以便施肥种植植物,复田的工作即告完成。

(3)尽可能对废弃物资进行再生回收,循环利用,这不仅可以节省生产原料的耗用量,而且还可减少生产废物的排出量。此外,还可节约生产的耗能量。

以上从物种资源库、土地资源、森林资源和矿产资源四个方面简单介绍了自然资源的现状及其与人类生产和生活的关系,以及如何保护自然资源才能使其为人类永续利用。

二、公路沿线矿产资源的利用与保护

在公路规划设计阶段,就应对沿线的矿产资源(铜、煤、石油、石料等)进行深入细致的调查研究。由于矿产一般埋藏于地下深处,调查研究的难度较大。路线要注意避开储量大、品位高、经济价值高的优质成矿带,以便于开发利用。当必须穿过矿区时,应选择开采价值低的贫矿带,并缩短穿越范围。另一方面,还要了解废弃的矿井及采空区的分布范围,查清其对公路工程的影响,以免当路线通过时产生路基沉陷、构造物变形等工程病害。

第四节　公路沿线的水土保持

一、概述

1. 我国水土流失概况

我国是世界上水土流失较为严重的国家之一。20 世纪 80 年代末期遥感调查显示,全国轻度以上水力侵蚀面积 $179 \times 10^4 km^2$,轻度以上风力侵蚀面积 $188 \times 10^4 km^2$。公布水土流失面积就达 $367 \times 10^4 km^2$,占国土总面积的 38%。

水力侵蚀主要分布在山区、丘陵区,风力侵蚀主要分布在"三北"地区长城内外、黄泛平原沙土及滨海地带,此外,在我国高寒山区还分布有 $125 \times 10^4 km^2$ 的冻融侵蚀。

1)流域分布

水土流失在我国黄河、长江、海河、淮河、松花江和辽河、珠江、太湖等七大流域均有分布,其中长江 $62 \times 10^4 km^2$、黄河 $46 \times 10^4 km^2$、松辽河 $28 \times 10^4 km^2$、海河 $12 \times 10^4 km^2$。

2)省区分布

全国 31 个省区除上海外均有水土流失的分布。从各省的分布面积看(以 $\times 10^4 km^2$ 为单位),新疆 95.02、内蒙古 79.86,二者占全国水土流失面积的 47.7%;甘肃 23.62、青海 18.27、四川 18.42、云南 14.45、黑龙江 12.02、西藏 11.26、山西 10.79,这 7 省区的水土流失面积占全国的 29.6%。从各省水土流失所占比例看,水土流失面积占本省区总面积 50% 以上的有 6 个省区(山西、内蒙古、陕西、甘肃、宁夏、新疆),占 30%～50% 的有 9 个省区(北京、河北、辽宁、山东、河南、湖北、四川、贵州、云南)。

2. 水土流失概念

1)学术界定义

《中国大百科全书·水利卷》、《中国水利百科全书》,将水土流失定义为:在水力、风力、重力等外营力作用下,水土资源和土地生产的破坏和损失。它包括土地表层侵蚀及水的损失,也称水土流失。在我国"水土流失"也称"土壤侵蚀"。

土地表层侵蚀指在水力、风力、冻融、重力以及其他外营力作用下,土壤、土壤母质及其他地面组成物质如岩屑、松软岩层被损坏、剥蚀、转运和沉积的全过程。水土流失的形式除雨滴溅蚀、细沟侵蚀、浅沟侵蚀、切沟侵蚀等典型的土壤侵蚀形式外,还包括河岸侵蚀、山洪侵蚀、泥石流侵蚀以及滑坡等侵蚀形式。水的损失在中国主要指坡地径流损失。

外营力也包括人为活动,如开发建设项目人为扰动地面及地层,堆置固体废弃物而形成的水土流失。

2)公路建设项目水土流失与水土保持的概念

公路建设项目水土流失是在区域自然地理因素即水土流失类型区的支配和制约下,由于各种自然因素包括气候、地质、地形地貌、土壤植被等的潜在影响,通过人为生产建设活动的诱发、引发、触发作用而产生的一种特殊的水土流失类型,它既具有水土流失的共性,也具有自身的特性。因为公路建设是线性项目,对地面的扰动特点表现为多种多样,因此施工过程中对水资源和土地资源的破坏是多方面的,公路施工过程中要开挖山体、削坡、修隧道,架桥,高处要削低、低处要填高,因此其对土地资源的破坏不仅仅是表层土壤,往往破坏至深层土壤,深者可达几十米。水土流失形式表现为岩石、土壤、固体废弃物的混合搬运。从这一点看,公路建设水土保持和其他一般性的人为水土流失是有区别的。公路建设水土流失应根据其自身的特点确定水土流失防治范围。

水土保持(Water and soil conservation)是防治水土流失,保持、改良与合理利用山区、丘陵区和风沙区水土资源,维护和提高土地生产力,以利于充分发挥水土资源的经济效益和社会效益,建立良好生态环境的综合性科学技术。而公路建设项目水土保持则是在公路施工过程中公路主体工程、取弃土场、临时工程等范围内预防和治理水土流失的综合性技术。公路建设工程量大,引起的水土流失也较为严重,这不仅影响公路自身的安全运行和周边环境、沿线城镇、村庄、农田及公共设施,而且会影响水土资源和生态环境。

公路建设水土保持主要是在工程措施和生物措施等方面把水土保持和公路建设充分考虑进来,处理好局部治理和全线治理、单项治理措施和综合治理措施的关系,相互协调,使施工及运营过程中造成的水土流失减小到最低限度,从而保证工程建设的顺利进行,促进项目区的社会、经济和环境协调统一发展。它涉及公路防护工程、绿化工程、土地复垦、排水工程、固沙工程等多种水土保持技术,是一门与土壤、地质、生态、环保、土地复垦等多学科密切相关的交叉学科。因此公路建设水土保持总体上看是环境恢复和整治问题,属于公路建设与区域环境保护和水土保持的交叉范畴。

3. 水土流失分级标准

中华人民共和国行业标准《土壤侵蚀分类分级标准》(SL 190—96)对我国土壤侵蚀类型的

区划、土壤侵蚀强度分级、侵蚀土壤程度等作了规定。

1)全国土壤侵蚀类型区划

我国土壤侵蚀面积大,各地自然条件和人为活动不同,土壤侵蚀的特点不同,按土壤侵蚀外营力可将全国分为不同的土壤侵蚀类型区。将全国土壤侵蚀区划分为3个一级区(水力侵蚀为主区、风力侵蚀为主区、冻融侵蚀为主区),该划分大致和中国综合自然区域中的三大自然区,东部季风区、西北干旱区和青藏高原区相对应。根据地质、地貌、土壤等形态将3个一级区又分别划分为5个、2个、2个二级区。区划的类型区为:

(1)水力侵蚀为主的类型区

①西北黄土高原区:主要在黄河上中游;

②东北黑土区(低山丘陵和漫岗丘陵区):主要在松花江流域;

③北方土石山区:主要在淮河流域以北黄河中下游、海河流域;

④南方红壤丘陵区:主要在长江中游及汉水流域、洞庭湖水系、鄱阳湖水系、珠江中下游,包括江苏、浙江等沿海侵蚀区;

⑤西南土石山区:主要在长江上中游及珠江上游。

(2)风力侵蚀为主的类型区

①三北戈壁沙漠及沙地风沙区:包括青海、新疆、甘肃、宁夏、内蒙古、陕西、黑龙江等省区的沙漠戈壁和沙地;

②沿河环湖滨海平原风沙区:主要在山东黄泛平原、鄱阳湖滨湖沙地及福建、海南滨海区。

(3)冻融侵蚀为主的类型区

①北方冻融土壤侵蚀区:主要在东北大兴安岭山地及新疆的天山山地;

②青藏高原冰川侵蚀区:在青藏高原和高山雪线以上。

2)土壤侵蚀强度分级

土壤侵蚀强度地壳表层土壤在自然营力和人类活动综合作用下,单位面积和单位时段内被剥蚀并发生位移的土壤侵蚀量,以土壤侵蚀模数表示,通常为 t/(km²·年)。

(1)土壤侵蚀容许量标准

土壤容许流失量是指在长时期内能保持土壤的肥力和维持土地生产力基本稳定的最大土壤流失量。根据我国地域辽阔,自然条件千差万别,各地区的成土速度也不相同的实际,该标准规定了我国主要侵蚀类型区的土壤容许流失量,见表3-6。

各侵蚀类型区土壤容许流失量表 表3-6

侵蚀区类型	土壤容许流失量 [t/(km²·年)]	侵蚀区类型	土壤容许流失量 [t/(km²·年)]
西北黄土高原区	1 000	南方红壤丘陵区	500
东北黑土区	200	西南土石山区	500
北方土石山区	200		

(2)土壤水力侵蚀的强度分级

土壤侵蚀强度分级,必须以年平均侵蚀模数为判别指标。目前,我国土壤侵蚀强度的分级,采用水利部门1984年颁发的土壤侵蚀强度分级指标(见表3-7)和不同水力侵蚀类型强度分级参考指标(见表3-8)。

土壤侵蚀强度分级指标 表 3-7

	级 别	年平均侵蚀模数[t/(km²·年)]	年平均流失厚度(mm)
1	微度侵蚀(无明显侵蚀)	< 200,500,1 000	< 0.16,0.4,0.8
2	轻度侵蚀	(200,500,1 000)~2 500	(0.16,0.4,0.8)~2
3	中度侵蚀	2 500~5 000	2~4
4	强度侵蚀	5 000~8 000	4~6
5	极强度侵蚀	8 000~15 000	6~12
6	剧烈侵蚀	> 15 000	> 12

不同水力侵蚀类型强度分级参考指标 表 3-8

级 别	面 蚀		沟 蚀	重力侵蚀	
	坡度(坡耕地)	植被覆盖率(%)(林地、草坡)	沟壑密度(km/km²)	沟蚀面积占总面积的比例(%)	滑坡、崩塌面积占坡面面积的比例(%)
1 微度侵蚀(无明显侵蚀)	< 3°	> 90			
2 轻度侵蚀	3°~5°	70~90	< 1	< 10	< 10
3 中度侵蚀	5°~8°	50~70	1~2	10~15	10~25
4 强度侵蚀	8°~15°	30~50	2~3	15~20	25~35
5 极强度侵蚀	15°~25°	10~30	3~5	20~30	35~50
6 剧烈侵蚀	> 25°	< 10	> 5	> 30	> 50

需说明的是,微度侵蚀(无明显侵蚀)的地区不计算在水土流失面积以内,其允许流失量根据各流域具体情况确定,一般在 200t/(km²·年)至 1000t/(km²·年)范围内。

(3)风蚀强度分级

风力侵蚀的强度分级按植被覆盖度、年风蚀厚度、侵蚀模数三项指标划分,见表 3-9。

风蚀强度分级表 表 3-9

强度分级	植被覆盖度(%)(非流砂面积)	年风蚀厚度(mm)	侵蚀模数[t/(km²·年)]
微度	> 70	< 2	< 200
轻度	70~50	2~10	200~2 500
中度	50~30	10~25	2 500~5 000
强度	30~10	25~50	5 000~8 000
极强度	< 10	50~100	8 000~15 000
剧烈	< 10	> 100	> 15 000

4. 土壤侵蚀类型

一般认为,土壤侵蚀是地球陆面上的土壤、成土母质和岩屑,受水力、风力、冻融、重力等营力作用,发生磨损、结构破坏、分散、移动和沉积等的过程与后果。目前,世界上多采用土壤侵蚀(Soil erosion)这一术语。水土流失(Soil and water)是我国对土壤侵蚀笼统的习惯叫法。严格地讲,土壤侵蚀与水土流失这两个概念的科学含义是有区别的。

根据侵蚀营力,可将土壤侵蚀分为水力侵蚀(水蚀)、风力侵蚀(风蚀)、重力侵蚀和泥石流等类型。

按照侵蚀方式,水力侵蚀又可分为:①面蚀,包括溅蚀、片蚀、细沟状面蚀等;②沟蚀,是最重要的侵蚀方式,可形成浅沟、切沟、冲沟及河沟等(它们是沟谷发育的不同阶段);③潜蚀等。

考虑人类的影响,还可将土壤侵蚀分为自然侵蚀与加速侵蚀。自然侵蚀,是由自然因素引起的不断进行土壤更新作用,即因侵蚀而消失的表土层同时由风化产生的新土层所补偿,消失和补偿基本维持平衡,因而土壤侵蚀速度缓慢,一般危害不大,故又将此称为正常侵蚀。加速侵蚀,是由人类活动引起的,可使正常侵蚀条件下需千百年才能损失的表土,在极短时间内流失殆尽,其危害严重。在我国,现代侵蚀就是加速侵蚀。

5. 土壤侵蚀的危害

1)破坏土地资源

一方面,土壤侵蚀可使土壤中的有机物质和无机养分大量流失,导致土壤肥力降低,质量变差,土地生产力下降;另一方面,土壤侵蚀使大量耕地遭到蚕食,可利用土地面积减少。据水利部门统计,至 1992 年,全国水土流失面积共计 $367 \times 10^4 km^2$,占全国总面积的 38.2%。40 多年来,全国因水土流失平均每年损失耕地约 $6.7 \times 10^4 ha$。长江上游部分山区因水土流失导致土地"石漠化",其后果相当严重。

2)淤积水库河道、加剧洪水灾害

土壤侵蚀所产生的大量泥沙淤积水库、渠道、河流,是破坏水利设施,加剧洪水灾害的根源之一。

黄土高原是世界上水土流失最严重的地区之一。黄河是世界上泥沙含量最高的河流之一。水土流失不仅使黄土高原地区的生态环境遭到严重破坏,而且对黄河下游地区构成巨大威胁。目前,黄河下游河床因泥沙淤积每年升高 10 ~ 20cm,下游大堤不得不逐年加高,已处于"越险越加高,越加高越险"的恶性循环处境,决堤的威胁有逐年加重的趋势。黄河之所以难治,关键在泥沙,"泥沙不治,河无宁日"。

泥沙的长期淤积,已使洞庭湖基本丧失了调节长江水量的功能,导致长江中下游地区洪水灾害加重。

3)生态环境恶化

由于人类不合理的经济活动加剧了土壤侵蚀,出现了"越垦越穷,越穷越垦"的恶性循环。水土流失严重地区,生态环境恶化,自然灾害增多,直接影响着区域社会经济的发展。目前,全国多数贫困地区位于水土流失和荒漠化严重地区。

二、土壤侵蚀的因素与规律

(一)影响土壤侵蚀的因素

土壤侵蚀是多种因素综合作用的产物。影响土壤侵蚀的因素可分为自然因素和人为因素两大类。

1. 自然因素

自然因素主要包括地质、地貌、气候、植被等。

(1)地质

一般情况下,新构造运动活跃,地表物质较疏松的地区,水蚀、风蚀、重力侵蚀等均较强烈。例如黄土高原地区,地表广覆厚层黄土。由于黄土是一种未被充分胶结的粘土粉砂岩,其结构疏松,垂直节理发育,因此,极易遭受侵蚀。

(2)地貌

它是土壤侵蚀产生的空间条件，其中坡度和坡长对土壤侵蚀的影响最大。有关研究表明，在黄土地区，坡度在0°～25°(或28°)之间，土壤侵蚀量随坡度变大而增大；当坡度超过25°(或28°)时，土壤侵蚀量反而减小。坡长对土壤侵蚀的影响比较复杂，在一些条件下，土壤侵蚀量随坡长的增加而增加。

(3)气候

气候条件是土壤侵蚀的主要外动力条件。降雨，特别是暴雨对土壤侵蚀影响很大。一些地区，一年或几年中，少数几次暴雨所产生的侵蚀量，往往占总侵蚀量的主要部分。1956年8月8日，绥德县韭园沟一带，150min降雨49.3mm，当时一试验区内的侵蚀量占当年总侵蚀量的81.2%。另外，暴雨还是崩塌、滑坡、泥石流等地质灾害的触发因素。风蚀主要发生在多风季节，是导致沙质荒漠化的主要原因之一。

(4)植被

植被有保护地面免受雨滴直接打击，削减地表径流，减缓流速，提高土壤抗蚀力和改良生态环境等综合作用。所以，植被永远是防治水土流失的积极因素。植被覆盖率越大，保持水土的功能就越显著。在黄土高原地区，灌丛的防蚀效果最好，草地次之，再次之是林地。土壤侵蚀往往从地表植被破坏开始。

2. 人为因素

人类活动对土壤侵蚀的影响具有两重性。一方面，人类不合理地利用土地资源，特别是掠夺式利用土地资源，超过于其承载能力，破坏了自然生态平衡，使侵蚀过程由自然侵蚀逐渐成为强烈的加速侵蚀。另一方面，人类合理利用和保护土地资源，使土壤侵蚀速度减慢，即通过人为努力防治土壤侵蚀。近几十年来，加速侵蚀日益强烈的主要原因是：

(1)陡坡耕种面积扩大。这在短期内很难大幅减少。

(2)林地面积减小。据1995年统计，全国森林覆盖率仅13.9%，远低于世界平均水平。

(3)过度放牧与滥伐。

(4)工矿、交通、水利和基本农用建设等工程，不注重水土保持措施。

近年来，一些重点水土流失区，边治理边破坏的现象严重，有的地区破坏的速度甚至大于治理的速度。所以，减少人为破坏和加强水土保持，任重而道远。

(二)土壤侵蚀的规律

1. 土壤侵蚀的分带性

同一地区，不同的地貌部位，其土壤侵蚀方式往往不同。较平缓的高原面、山梁及缓坡多以水力侵蚀为主，面蚀、浅沟侵蚀较普遍，一般侵蚀较轻微。较陡的山坡不仅水力侵蚀活跃，而且重力侵蚀强烈。沟谷的扩张(侵蚀)包括溯源侵蚀(使沟谷延长)、侧蚀(使沟谷展宽)、下切(使沟谷变深)，所以，沟谷是多种侵蚀作用的叠加区。

黄土地貌一般分为沟间地和沟谷地两大部分，又分别称正地貌和负地貌。沟间地包括谷缘线以上的黄土塬面、梁峁顶部，以面蚀、浅沟侵蚀为主。沟谷地指谷缘线以下的谷地部分，这里是沟蚀、重力侵蚀、潜蚀等的综合作用区，土壤侵蚀最强烈。

2. 土壤侵蚀量的计算

1)土壤侵蚀量

道路建设影响范围内水土流失的侵蚀量，采用下式估算：

水土流失侵蚀量＝土壤侵蚀模数×水土流失面积

对土壤侵蚀模数的确定主要通过两种途径：一是采用路线经过的市、县级水利主管部门提供的当地资料;二是在具有监测资料的情况下,采用公式计算。

2)土壤侵蚀模数

目前,我国对以水蚀为主的土壤侵蚀模数,采用通用土壤流失方程估算。即:

$$A = R \cdot K \cdot L \cdot S \cdot C \cdot P$$

式中:A——表示某一地面或坡面,在特定的降雨、作物管理方法及所采用的水保措施条件下,单位面积上产生的土壤流失量,t/km^3;

R——降雨和径流因子,表示在标准状态下,降雨对土壤的侵蚀潜能,也称降雨侵蚀指数;

K——土壤可蚀性因子,对于特定土壤,等于单位及在标准状态下,单位面积上的土壤流失量,t/km^3;在其他因素不变时,K值反映了不同土壤类型的侵蚀速度,它是方程式右边惟一有量纲的因子;

L——坡长因子,等于实际坡长产生的土壤流失量与相同条件下特定坡长(22.1m)上产生的土壤流失量之比值;

S——坡度因子,等于实际坡度下产生的土壤流失量与相同条件下特定坡度(9%)下产生的土壤流失量之比值;

LS——地形因子;

C——植被与经营管理因子,等于实际植被状态和经营管理条件下,坡地上产生的土壤流失量与裸露连续休闲土地上的土壤流失量的比值;

P——水土保持措施因子,也称保土措施因子,等于采取等高耕作、条播或修梯田等水土保持措施下的农耕地上的土壤流失量与顺坡耕作、连续休闲土地上的土壤流失量之比值。

在方程式右边的六个因子中,R 和 K 对于特定地区和特定土壤是个常量;L、S、C、P 可通过人为措施加以改变。

采用上式计算土壤侵蚀模数时应注意:

(1)多年来,水土保持部门以通用土壤流失方程为基础,针对不同环境条件,研制出一些计算不同地区土壤侵蚀量(或土壤侵蚀模数)的经验公式,可供计算用。

(2)路线跨越不同自然区域时,土壤侵蚀量应分段计算,然后相加。

(3)方程式中有关因子的确定,需参考水保部门提供的方法和数据。

(4)应考虑人为因素的影响。结合道路施工时对地表植被的破坏程度,填、挖路段状况,以及采石、取土与弃土堆放情况等,分析由于人为因素可能增加的土壤侵蚀量。

计算出水土流失区不同路段的土壤侵蚀量后,可对土壤侵蚀强度进行并研究相应的防治措施。

对以风蚀为主地区(如西北干旱地区)的土壤侵蚀模数,应参阅有关资料确定。

三、公路建设项目的水土流失

1. 公路建设与土壤侵蚀

公路施工过程中的路基施工区,采石、取土及弃土堆放区是最易产生土壤侵蚀的地段。公路施工,主要从四个方面影响土壤侵蚀。

(1)改造局部地貌,为土壤侵蚀提供了有利的地貌条件。特别是边坡改造,会加剧水土流失,还有可能引起崩塌、滑坡等。

(2)废碴、弃土处理不当会加剧水土流失,有时还会为泥石流的产生提供固体碎屑。

(3)破坏植被,加剧土壤侵蚀。

(4)路面排水处理不当,也将影响土壤侵蚀。

2.公路建设项目水土流失特点

(1)破坏公路用地范围内的地表植被,产生新的裸露坡面,诱发新增水土流失量

公路建设是一条线,公路建设对地面扰动、破坏类型多。公路建设中路基工程将对公路征地范围内的原地面进行填筑或挖方,由于施工造成了地表的植被破坏,使土壤表层裸露,原地表坡度、坡长改变,从而使它的抗蚀能力降低,诱发新的水土流失。

(2)取土、弃土弃渣产生的水土流失

工程建设过程中所产生的大量取土或弃土、弃渣,尤其是弃土、弃渣。由于受地形及运输条件的限制,可能被就近倾倒于沟谷、河坎岸坡上。这些松散的岩土,孔隙大、结构疏松,若不采取有效的防治措施,就会导致新的水土流失及生态环境的恶化,并可能影响高速公路的安全运营。

(3)临时占地及土石渣料的水土流失

在公路施工过程中,施工区内的临时施工便道以及土石渣料,缺少必要的水土保持措施,一遇暴雨或大风将不可避免地产生水土流失。

公路建设过程中各环节对水土流失的影响见图3-2。

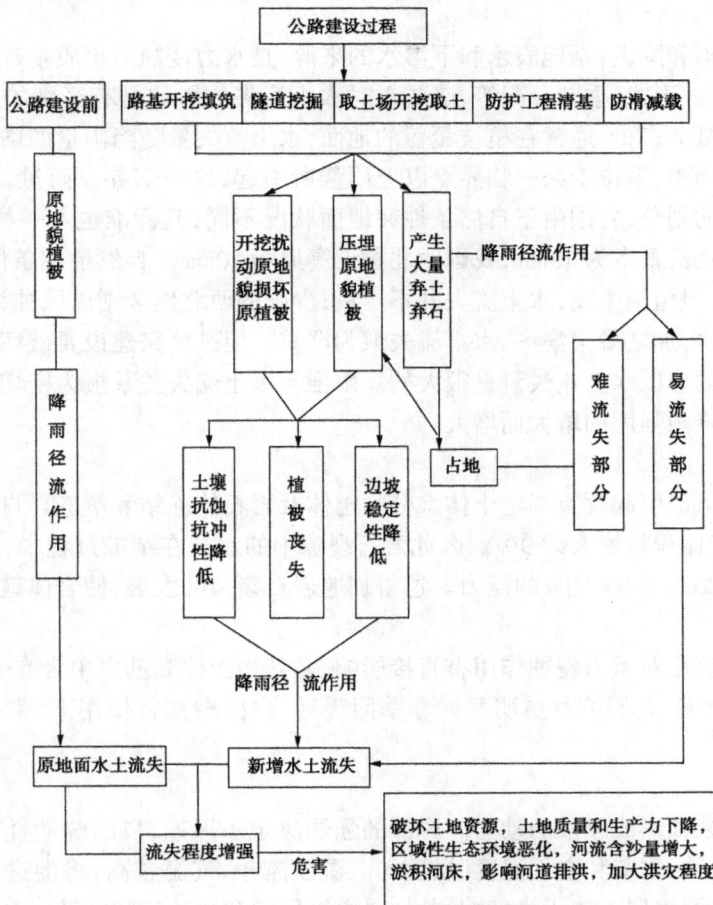

图3-2 公路建设过程产生水土流失环节示意图

3. 影响公路建设水土流失的因素

水土流失的各种形式是在不同的条件下,当外应力的破坏大于地表土体抵抗力时造成的,其成因及发展规律是极其复杂的,影响因素也是多方面的,概括起来主要为自然因素及人为因素。

公路建设离不开土石方作业,因施工取土、放坡和对不良地质路段的处理改变了沿线的地貌,对工程范围内的植被、土壤和地形等均有不同程度的影响。施工前的场地清理工作,需将公路用地及借土范围内的植被进行清理。工程初期,工程范围内的植被会遭到破坏,从而使该地区的土壤失去保护,增大水土流失的可能性。公路施工特别是土石方工程必然出现大量挖方、填方,使裸露坡面的土壤结构发生较大改变,加之有机质含量小,抵抗侵蚀的能力大为减弱。总之,影响公路建设水土流失的因素概括起来主要有三方面:首先是自然因素,包括区域自然地理因素、一般自然因素和公路建设区特殊的自然因素(主要是地质因素);其次是人为因素;第三是区域社会经济因素。

1) 自然因素

(1) 气候因素

所有的气候因素都对水土流失有相应的影响,其中降水的关系最为密切,其次是风、温度、光照等。

① 降水

降水包括降雨和降雪,是地表水和下渗水的来源,是水力侵蚀的物质基础。降雨包括降雨的总量、强度、过程、形式、季节分配等,诸要素对水土流失的影响是有区别的。降雨量大小决定着地面接受数量的多少,通常在植被覆盖的地面,水土流失量随降雨量的增大而增大。能够引起土壤侵蚀的降雨,系位于某一临界点以上雨量所引起,这一临界点雨量,称为侵蚀性降雨的标准。各地区的划分,各国由于自然条件和地面状况不同,其标准也不一样,如美国侵性性降雨标准为 12.7mm,日本为 13mm,我国西北黄土高原为 10mm。自然地貌条件下,一般认为南方雨量虽然很大,但植被丰茂,水土流失并不严重;少雨的西北地区则以风蚀为主;半干旱半湿润区由于植被稀少,加之暴雨集中,水土流失最为严重。但是公路建设要破坏植被、土体,此种条件下降雨量大的地区水土流失量是很大的。雨强与水土流失关系极为密切,无论南方、北方水土流失量都随降雨强度的增大而增大。

② 温度

温度的变化可以引起含有一定土体水分的土体及岩石体冻结和解冻。自于液态水分在结冻变为固态时,其体积将增大约 9%。因此岩石裂隙中的水分在结冻过程中,可对其裂隙两侧的岩石体发生 2 000 ~ 6 000MPa 的压力。这将加速岩石裂隙的发展,使岩体破碎导致重力侵蚀发生。

温度的激烈变化对重力侵蚀作用有直接影响,尤其当土体和基岩中含有一定水分,温度反复在 0℃ 附近变化时,其影响就更明显。春季回暖后,在冻融交替作用下,常形成泻溜、滑塌、崩塌等重力侵蚀。

③ 风

风是土壤风蚀和形成风沙的动力。风蚀的强弱决定于风速,风的脉动性和阵性及其持续时间,起风沙的次数,季节和空气湿度、温度等。湿度越小,气温越高,将促进土体的蒸发和植物的生理蒸腾,加剧表层土体干燥影响,并加强土壤风蚀和风沙流的活动。高山雪线附近也常有由于温度激烈变化引起重力侵蚀活跃的地段。

(2)地形地貌因素

影响水土流失的地形地貌因素主要有地貌类型、坡度、坡长、坡型、坡向等,它们之间相互制约、相互影响,综合影响着水土流失的发生和发展。

①地貌类型

地貌类型是地形形态、地面组成物质、现代侵蚀作用及成因年代的综合反映,它对水土流失产生一系列的影响。从大地貌尺度分,有山地、高原、丘陵、盆地、平原;从中小地貌尺度分,有河床、河漫滩、低阶地、高阶地、浅丘、中丘、高丘、低山、中山等;从小地貌尺度分有沟底(谷底)、沟(谷)坡、沟间地(梁峁顶、梁峁坡、塬边、塬面、分水岭地带)等。不同地貌类型,水土流失的分布规律、侵蚀方式和强度不同。分布在高、中山植被覆盖度高的地区,水蚀较轻微,地层扰动可能引起重力侵蚀。

②坡度、坡长和坡形

坡度、坡长和坡型对斜坡面上的水土流失起着十分重要的作用。地面坡度是决定径流冲刷能力的基本因素之一,在一定范围内,地面的坡度愈大,径流速度越大,水流冲刷能力愈强,水土流失就越严重。地面坡度对雨滴的溅蚀也有一定影响。当其他条件相同时,水力侵蚀强度依坡面的长度来决定。坡面越长,径流速度越大,汇聚的流量也越大,因而其侵蚀力就越强。

坡形对水力侵蚀的影响,实际上是坡度、坡长两个因素综合作用的结果。一般说来,直线形坡上下坡度一致,下部集中径流最多,流速最大,所以土壤冲刷较上部强烈。凸形坡上部缓,下部陡而长,土壤冲刷较直线形坡下部更强烈,常以浅沟、切沟等为其主要侵蚀形式;凹形坡上部陡,下部缓,中部土壤侵蚀强烈,下部侵蚀减小,常有堆积发生;凸凹形坡,上冲下淤都很严重;台阶形坡是凸形坡和凹形坡通过一段平地结合起来的复合形式,台阶部分侵蚀轻微,上下具有凸形和凹形的侵蚀特点,台阶边缘处容易发生沟蚀。此外坡形对风蚀也有一定影响。在土壤裸露情况下,坡度愈小,地表愈光滑,则地面风速愈大,风蚀愈严重。迎风坡的坡度愈大,土壤吹蚀愈剧烈。背风坡上,因坡度大小不同,风速减缓程度亦不同,有时形成无风带,出现沙土堆积。

(3)地质因素

地质因素中主要是岩性和构造运动对土壤侵蚀影响较大。

岩性就是岩石的基本特性,对风化过程、风化产物、土壤类型及其抗蚀能力都有重要影响。对于沟蚀的发生和发展以及崩塌、滑坡、泻溜、泥石流等侵蚀活动也有密切关系。所以一个地区的侵蚀状况常受到岩性制约。岩性主要包括以下三个方面:

①岩石的抗侵蚀能力

当外应力一定时,水土流失的状况,很大程度上决定于岩石、土体的抵抗性能,主要是岩石的坚硬性。岩体松软的黄土和红土,沟道下切很深,沟坡扩张和沟头前进很快,全部急流区可被分割得支离破碎。黄土具有明显的垂直节理,沟道下切、扩张时,常以崩塌为主。红土由于质地比较粘重紧实,沟道的下切较黄土慢。沟壁扩张以泻溜、滑坡为主,不能形成陡砍、陡崖,沟坡亦较平缓。

②岩石的风化性

容易风化的岩石常常遭受强烈侵蚀,花岗岩和花岗片麻岩等结晶岩类,我国南方花岗岩风化壳一般厚 10~20cm,有的甚至厚达 40cm 以上。这种风化壳主要含石英沙,粘粒较少,结构松散,抗蚀能力很弱,沟蚀和崩岗普遍发育,引起水库和河道的严重淤塞。紫色页岩、泥岩等岩石多分布于丘陵区,常被垦殖,风化较快,也易受侵蚀。

③岩石的透水性和蓄水能力

由于岩石具有一定的空隙率、渗透系数和吸水率,因而表现出不同的透水和蓄水能力。透水性强的岩石(如卵石、砂等)在暴雨时能大大降低径流量,弱透水性岩石(如粘土、泥岩、页岩)等,则径流系数高,暴雨时易出现洪灾。若上覆强透水性岩层,下伏弱透水性岩层,在一定条件下,就会产生滑坡。

我国水土流失以西北黄土高原和南方的红土丘陵最为严重。西北黄土高原以粘土、亚粘土、砂土、粉砂土为主,土体疏松,垂直节理发育、孔隙度高、透水性强、具有湿陷性、易遭受侵蚀,面蚀、沟蚀、洞穴侵蚀、风蚀和重力侵蚀都十分发育,能够形成庞大的侵蚀沟系;南方红土丘陵主要岩石有红色岩系、碳酸类岩石、花岗岩和变质岩系等,以花岗岩为主构造的丘陵山地,因花岗岩结晶颗粒粗大,节理发育,物理风化严重,易崩解破碎形成较厚的风化壳,水土流失最严重;以碳酸类岩、页岩、泥岩、红色粘土、千枚岩、片岩构造的地区次之。

(4)土壤

土壤是侵蚀作用的主要对象,因此它的特性,尤其是透水性、抗蚀性、抗冲性对土壤侵蚀有很大影响。

①土壤的透水性

地表径流是水力侵蚀的主要外动力。在其他条件相同时,径流对土壤的破坏能力,除流速外主要取决于径流量。而径流量的大小,与土壤的透水性能关系密切。所以土壤对于水分的渗透能力是影响土壤侵蚀的重要因子。土壤的透水性能主要决定于土壤的机械组成、结构性、孔隙度、土壤特性以及土壤剖面的构造、土壤湿度等因素。

②土壤的抗蚀性

土壤抗蚀性是指土壤抵抗雨滴打击和径流对其分散、悬浮的能力,其大小取决于土粒和水的亲和力及水稳性团粒结构的数量。土壤抗蚀性差,遇水易分散、悬浮,并通过地表径流被冲刷和搬运。

③土壤的抗冲性

土壤的抗冲性是指土壤抵抗流水和风等侵蚀力的机械破坏作用的能力。土体在静水中的崩解情况可以作为土壤抗冲性的指标之一。因为当土体吸水和水分进入土壤空隙后,倘若很快崩散破碎成细小的土块,那么很容易为地表径流推动下移,产生流失现象。对西北黄土地区一些土壤的研究表明,土壤膨胀系数愈大,崩解愈快,抗冲性愈弱。如有根系缠绕将土壤固结,可使抗冲性增强。

(5)植被

当具备水、土、坡三方面的因素时,能否形成水土流失,特别是水蚀和风蚀,关键是植被条件。这是因为植被特别是森林能够截留降水,削弱降雨能量;植被和枯枝败叶能够防止雨滴击溅,分散和滞缓地表径流,拦截和过滤泥沙,植被能够改善土壤结构,增强土壤的透水和蓄水性能;根系还具有固持网络土体,增强土壤抗冲性和抗剪性的作用。因此,几乎任何条件下植被都具有阻滞水蚀的能力,并且对浅层滑坡也有较强防滑功能。江西省农业科学研究所实验资料表明,植被覆盖度提高,径流系数减低,径流量和土壤侵蚀量减少。至于植被降低风速、削弱地表风力、保护土壤、减轻风力侵蚀的功能,固定流沙和控制土地沙化的能力是被实验和实践所证实的。

公路建设离不开土石方作业,因路基施工的填、挖方作业会改变沿线的局部地貌,在一段时间内,对工程范围内的植被有很大的破坏,使其损坏了水土保持功能,合理地恢复植被覆盖度是减轻水土流失的重要手段。

2)人为因素

土壤侵蚀的发生和发展是外应力的侵蚀作用大于土体抗蚀力的结果。侵蚀力和抗蚀力的大小受多种自然因素和人为因素的影响和制约。自然因素是土壤侵蚀发生、发展的潜在条件,人类活动才是土壤侵蚀发生、发展以及得到防治的主导因素。人类活动可以通过改变某些自然因素来改变侵蚀力和抗蚀力的大小和对比关系,得到使土壤侵蚀加剧或者使水土得到保持两种截然不同的结果。公路建设不可避免地会对植被、土壤和地形等产生不同程度的影响,加剧项目区水土流失的程度,为了科学及时地将公路建设造成的水土流失减小到最低限度,工程建设者和管理着应采取一定的防治和保护措施,通过人类的积极作用使项目区的水土资源得到良好的保护,使人类赖以生存的生态系统处于良性循环状态。

3)区域社会经济因素

区域社会经济的发展使其交通、能源、开发区、采矿、垦荒等生产建设活动不断增多,这必然对项目区水土流失状况产生一定的影响,使其水土流失模数增大,同时,土地的不合理利用,导致土壤侵蚀、沙化,使土壤向坏的方向发展。

区域社会经济发展和技术水平提高,对该区内水土流失的影响是一个复杂的社会经济效应,为了使人类活动和自然生态系统能够和谐统一的发展,人类有必要提高水土保持意识,加大水土流失防治力度,使项目区的社会、经济和环境协调统一发展。

4.水土流失的形成机制及形式

由于公路建设区地质、植被、地形、植物覆盖度以及土地利用等因素的不同,使公路建设所引起的水土流失表现出不同的外部形式、发展程度和不同的潜在危险性,概括起来主要包括以下几种:

1)水力侵蚀

公路建设施工工作面、料场及施工过程中产生的渣、土等松散堆积物,因其结构疏松,孔隙度大,在雨滴的打击和水流的冲刷下造成流失。公路在施工过程中大量的取土、石或弃土、弃渣所产生的裸露坡面,以及路基修筑中产生的填、挖方裸露坡面等,其水力侵蚀的动力主要为雨滴击溅、坡面径流、沟槽冲刷三种外力,雨滴击溅引起溅蚀,后者引起面蚀和沟蚀。

(1)溅蚀(splash erosion)

溅蚀是指裸露的坡面受雨滴的击溅而引起的土壤侵蚀现象,它是在一次降雨中最先导致的土壤侵蚀。溅蚀破坏土壤表层结构,堵塞土壤孔隙,阻止雨水下渗,为产生坡面径流和层状侵蚀创造了条件。

(2)面蚀(surface erosion)

面蚀是指由于分散的地表径流冲走坡面表层土粒的一种侵蚀现象,它是土壤侵蚀中最常见的一种形式。凡是裸露的坡面,都有不同程度的面蚀存在。面蚀是在雨滴冲溅击和雨水形成的片状地表径流的冲刷下,表土被冲走,土粒随着径流流走,由于地表径流时分时合,冲刷力不一致,故侵蚀时间长,侵蚀作用加强时,变会出现细沟。

(3)沟蚀(gully erosion)

沟蚀是指由汇集在一起的地表径流冲刷破坏土壤及其母质,形成切入地表以下沟壑的土壤侵蚀形式。面蚀产生的细沟,在集中的地表径流侵蚀下继续加深、加宽、加长,当沟壑发展到不能为耕作所平复时,即变成沟蚀。

2)重力侵蚀

重力侵蚀是地表土石物质在自重力作用下失去平衡,产生破坏、迁移和堆积的一种自然现象。严格地说,纯粹由重力作用引起的侵蚀现象并不多见。重力侵蚀其实是在其他外应力,特别是水力侵蚀的共同作用下,以重力为其直接原因所引起的地表物质移动的形式。这种现象常见于山地、丘陵、河谷、沟谷坡地以及人工开挖、堆置废弃物形成的边坡上。重力侵蚀包括泻溜、陷穴、崩塌、滑坡等多种形式,由于移动物质多呈块体形式,故又称为块体移动。

在公路建设过程中,由于线路开挖和土方开采,改变了原有地形地貌,使原有地表土石结构平衡遭到破坏,形成了新的陡峭的山坡土体和高边坡弃渣堆积,这些都为崩塌、滑坡、泻流等重力侵蚀创造了条件,在温度、暴雨、水分下渗、振动及人为活动的触发下,有可能产生坍塌、滑坡等重力侵蚀,产生新的水土流失。

3)泥石流侵蚀(debris flow erosion)

泥石流侵蚀是由于降水(暴雨、融雪、冰川等)形成的一种特殊洪流,也是水力和重力混合作用的结果,因此也称为混合或复合侵蚀。严格地说,它是"界于水流和滑坡之间的一系列过程,是包括有重力作用下的松散物质、水体和空气的块体运动。"

公路建设过程中剥离、搬运和堆置弃土弃渣为泥石流的产生提供了各种有利条件,特别是剥离地表和深层物质加速改变地面状况和地形条件(如植被、表土、坡度、坡面物质的松散性等),使尚处于准平衡状态的山坡向不稳定状态转变,使泥石流易于形成;公路建设过程中产生的废渣堆置在斜坡或冲沟上,因其质地疏松,孔隙度大,在吸饱雨水后,易造成滑坡、泥石流等危害,危及下游的村庄、农田和道路等。

4)风力侵蚀(wind erosion)

风力侵蚀是在气流冲击作用(风力)下,土粒、沙粒脱离地表,被搬运和堆积的现象和过程。风是空气的流动,它具有动能,作用于物体时能够作功。当风力大于地面土粒和沙粒的抵抗时,即发生风蚀。风蚀的强度受风力强弱、地表状况、粒径和密度大小等综合因子的影响。分布在我国北方干旱半干旱风沙区的地方普遍存在严重的风蚀。在风蚀水蚀交错带,公路建设不仅加剧水蚀,而且加剧风蚀。

公路建设项目所经地区如若多风,在施工过程中及工程结束后的几年内,由于地表植被尚未完全恢复,使得局部地表裸露,在风力作用下产生剥蚀使表土流失,产生风蚀。

四、公路建设的水土保持

1. 公路建设水土保持的原则和目标

高速公路水土保持的工作重点是针对施工过程中人为造成的水土流失进行预防和综合治理,提出水土流失防治的对策和措施,最大限度地控制施工区及其周围影响区域范围内的水土流失,使公路建设与生态环境建设协调统一发展,以取得最佳的生态效益、经济效益和社会效益,满足可持续发展的需求。

1)水土保持的指导方针

《中华人民共和国水土保持法》确定了以"预防为主"的水土流失治理方针。根据有关规定,结合公路建设特点,提出公路建设过程中水土保持的指导方针:以预防为主,开发建设与防治并重,边开发边防治,以防治保开发,采取必要的工程及生物措施,因地制宜,因害设防,达到恢复水土保持设施,改善公路沿线水土保持能力,保证主体工程安全运行的目的。

2)水土保持坚持的原则

公路建设水土保持必须按照经济规律和生态规律来进行,以保护生态环境为基点来建立水土保持目标,促进经济的发展。公路建设水土保持的原则应当遵守水土保持法规、水土保持技术标准和环境保护总体要求的共同原则,同时还要根据主体工程设计及施工的特点,遵守以下基本原则:

(1)坚持"预防为主、防治结合"的水土保持方针。公路建设中应以预防为主,防患于未然,避免乱挖滥采,最大限度地控制弃土弃渣和对地表植被的破坏,在此基础上,搞好管理,减少水土流失造成的危害。

(2)水土保持与公路建设相结合。水土保持是公路建设的一个组成部分,它和工程建设之间的关系是相互联系、相互渗透、相互促进的。因此,应对工程的设计进行全面的评价,在充分肯定工程防护、生物措施以及绿化美化等水土保持设施的同时,突出对取土场、弃土场的重点防治,补充完善加强具有潜在隐患水土流失区的防护措施,使方案的实施更为安全可靠。

(3)加强水土保持设施的布设。水土保持设施的布设本着"因地制宜、因害设防"、"重点治理与一般防护相结合"的原则,做到以生物措施为主,生物措施和工程措施相结合,在保证水土保持目标的前提下,尽量增加公路沿线绿化里程。

(4)公路水土保持管理与地方水土保持管理相结合。公路建设中造成的水土流失会直接危害当地的河道行洪及生态环境等,合理地防治水土流失会促进当地生产生活条件的改善。因此,公路建设要与地方水土保持管理互通信息,使公路建设水土保持与地方水土保持相协调。

3)公路建设水土保持的预期目标

公路施工及营运过程中,通过布设水土保持工程和生物措施,使新增水土流失得到有效控制,项目区原有的水土流失得到有效治理,减少水土流失造成的危害。恢复和保护公路沿线水土保持设施,加大公路绿化里程,改善项目区现状生态环境。具体目标如下:

(1)通过采取有效的水土保持措施使边坡稳定,岩石、表土不裸露,为公路安全运行服务,避免水土流失对工程本身的危害。

(2)取土场全部做防护处理,使开挖坡面不裸露,并覆土加以利用。

(3)通过对弃土场进行综合治理,使工程施工过程中产生的弃土、石渣总量的80%以上得到有效拦挡或利用。

(4)工程与生物措施相结合,使泥沙不进入下游河道,不影响河流正常行洪能力。

(5)做好公路绿化美化工程的养护,使生态环境明显改善。

4)水土保持防治的责任范围

根据水土保持法律法规规定的"谁开发谁保护,谁造成水土流失谁治理"的原则,按照国家行业标准《开发建设项目水土保持方案技术规范》(SL 204—98)规定,公路建设水土流失防治责任范围包括公路建设主体工程区、取土场、弃土弃渣场以及临时工程占地等。

2.公路建设中水土保持的主要内容

1)公路建设水土保持的必要性

随着经济的快速发展,公路建设项目不断增多。由于公路沿线所经地形多种多样,施工期间不可避免地扰动大量岩土、改变局部地貌和破坏原有植被、损坏水土保持设施,造成项目区新的水土流失现象日益增多。特别是公路建设项目地处山区、丘陵区和风沙区,在工程施工过程中,其引起的水土流失现象更为严重。为了保证公路施工及运行的安全,应科学及时地处置弃土,恢复植被,保护项目区水土资源及自然环境。《中华人民共和国水土保持法》和国家计委、国家环保局、水利部关于《开发建设项目水土保持方案管理办法》对公路建设水土保持做了明确的指示。根据"谁开发、谁保护、谁造成水土流失、谁负责治理"的原则,在公路建设中造成水土流失的,都必须采取措施对水土流失进行治理。

2)公路建设中水土保持的主要内容

(1)公路建设项目概况及其项目区自然环境概况调查

公路建设项目由于其建设规模和主要经济技术指标不同,其造成的水土流失程度也不相同,因此,公路建设水土保持应根据建设项目的情况确定水土流失防治责任范围和水土保持方案设计深度。公路建设项目概况主要包括建设项目名称、性质、规模、主要技术指标、投资、公路施工年限等。公路建设引起的水土流失与项目区的地形、地貌、地面组成物质、降水、气温、风力、水文、泥沙、地面植被、所处流域概况、周边地区土地利用状况、经济发展状况以及发展方向等有直接的关系,因此应对项目区自然概况、社会经济、水土流失现状等进行调查了解,为水土流失预测及防治技术打下良好的基础。

(2)公路建设项目区水土流失调查

由于项目所在区历年来的经济发展,必然造成一定程度的自然水土流失和人为水土流失,公路建设项目区水土流失调查主要是对项目区水土流失背景值、水土流失形式、发生发展的原因、分布规律、水土流失面积、强度、发展状况、造成和可能造成的危害,以及水土流失治理状况进行全面调查。公路建设区水土流失调查,是一项重要的基础工作,是公路建设水土保持方案编制、技术施工、综合治理、监督管理的前提,同时也是项目区水土流失预测的必要条件。因此,要确保公路建设区水土流失调查的详实、准确。通过收集资料、访问调查和现场调查掌握水土流失的动态变化规律,做好底子清、情况明,以保证水土保持措施的合理、有效。

(3)公路建设项目区水土流失预测分析

公路建设离不开土石方作业,因施工取土、放坡和对不良地质路段的处理改变了沿线的地貌,对工程范围内的植被、土壤和地形等均有不同程度的影响,不可避免地造成一些新的水土流失,所以客观地对建设过程中的水土流失形式、原因、程度、危害和水土流失量进行预估和推测,对高速公路的建设和制定水土保持方案以及保护生态环境具有重要意义。

3．道路建设的水土保持方案

1)法律依据

《中华人民共和国水土保持法》规定:"在山区、丘陵区、风沙区修建铁路、公路、水工程......在建设项目环境影响报告书中,必须有水行政主管部门同意的水土保持方案"。"建设项目中的水土保持设施,必须与主体工程同时设计、同时施工、同时投产使用。建设工程竣工验收时,应当同时验收水土保持设施,并有水行政主管部门参加"。

国务院和有关部委还发布了一些文件,进一步对水上保持方案的编制内容、审批、管理等作了具体规定。

2)水土保持方案防治范围

合理划定道路建设项目水土保持方案的防治范围,对保证道路建设的安全施工,道路的安全营运和保护沿线生态环境均具有重要意义。方案的防治范围可划分为施工区、影响区和预防保护区。

(1)道路施工区

指道路主体工程及配套设施工程占地涉及的范围。包括工程基建开挖区、采石取土开挖区、工程扰动的地表及堆积弃土石渣的场地等。该区是引起人为水土流失及风蚀沙质荒漠化的主要物质源地。

(2)影响区

指道路施工直接影响和可能造成损坏或灾害的地区。包括地表松散物、沟坡及弃土石渣在暴雨径流、洪水、风力作用下可能危及的范围,可能导致崩塌、滑坡、泥石流等灾害的地段。

(3)预防保护区

指道路影响区以外,可能对施工或道路营运构成严重威胁的主要分布区。如威胁道路的流动沙丘、危险河段等的所在地。

3)水土保持方案的主要内容

(1)水土保持方案防治目标

①人为新增水土流失得到基本控制。除工程占地、生活区占地外,土地复垦及恢复植被面积必须占破坏地表面积的90%以上。采用各类设施阻拦的弃土石渣量要占弃土石渣总量的80%以上。

②原有地面水土流失应得到有效治理。使防治范围的植被覆盖率达40%以上,治理程度达50%以上,原有水土流失量减少60%以上。

③道路施工和营运安全应得到保证。

④方案实施为沿线地区实现可持续发展创造有利条件。

(2)水土保持方案的防治重点及对策

防治人为新增水土流失及土地沙质荒漠化为方案的防治重点。总的防治对策为:控制影响道路施工与营运的洪水、风口动力源;固定施工区的物质源,实现新增水土流失和自然水土流失二者兼治。

①道路施工区为重点设防、重点监督区。工程基建开挖和采石取土场开挖,应尽量减少破坏植被。废弃土石渣不许向河道、水库、行洪滩地或农田倾倒,应选择适宜地方作为固定弃渣场,并布设拦渣、护渣及导流设施。对崩塌、滑坡多发区的高陡边坡,要采取削坡开级、砌护、导流等措施进行边坡治理。施工中被破坏、扰动的地面,应逐步恢复植被或复垦。在道路沿线还应布设必要的绿化,起到美化和生物防护功能。

②直接影响区为重点治理区。在道路沿线,根据需要布设护路、护河(湖)、护田、护村(镇)等工程措施,还应造林种草,修建梯地、坝地。达到保护土地资源,减少水土流失,提高防洪、防风沙能力,减少向大江大河输送泥沙。

③预防保护区以控制原来地面水土流失及风蚀沙化为主,开展综合治理。

4.公路建设水土流失防治措施

1)水土流失防治分区

公路建设水土保持根据其工程建设特点采取分区分期防治,工程建设前期以水土保持工程措施为主,因地制宜,辅以生物措施相结合,快速有效地遏制水土流失,后期主要以植物措施为主,防止水土流失,改善生态环境。公路建设水土流失可分为三个区域,分别为:主体工程防治区、取土场、弃土场。

(1)主体工程防治区。公路沿线征地范围划为主体工程防治区,该区域主要根据挖方、填方情况采取护坡工程、排水工程和植物绿化美化工程,保护路基路面稳定,排除路面水,保证路面行车安全,美化公路运行环境。

(2)取土场防治区。根据取土场所处的地理位置及地形条件,采取植物防护与工程防护,防止水土流失。

（3）弃土场防治区。该区采取工程防护及植物防护等水土保持措施，防止弃渣下泄，稳定堆砌弃渣形成的边坡，防止水土流失对河道及农田的影响。

2）水土流失防治措施

水土流失防治措施包括公路主体工程、取土场、弃土场以及临时工程等项目，主要是通过植物措施和工程措施，使公路建设引起的水土流失减小到最低限度，使经济效益、社会效益和环境效益相统一。

（1）主体工程水土保持措施

主体工程水土保持措施主要包括路基排水、路面排水、路基防护、公路绿化美化工程以及桥涵所跨河道的防洪工程等。

①路基路面排水

路基应设置完善的排水设施，以排除路基、路面范围内的地表水和地下水，保证路基和路面的稳定，防止路面积水影响行车安全。路基地表排水可采用边沟、截水沟、排水沟、跌水及急流槽、拦水带、蒸发池等设施。

挖方路段及高度小于边沟深度的填方路段应设置边沟。边沟横断面一般采用梯形，梯形边沟内侧边坡为 1:1.0～1:1.5，外侧边坡坡度与挖方边坡坡度相同。为汇集并排除路基挖方边坡上侧的地表径流，应设置截水沟。挖方路基的截水沟应设置在坡顶 5m 以外。

填方路基上侧的截水沟距填方坡脚的距离不应小于 2m。截水沟横断面可采用梯形，边坡视土质而定，一般采用 1:1.0～1:1.5，深度及底宽不宜小于 0.5m，沟底纵坡不应小于 0.5%。

将边沟、截水沟、边坡和路基附近积水，引排至桥涵或路基以外时，应采用排水沟。排水沟横断面一般为梯形，边坡可采用 1:1.0～1:1.5，横断面尺寸根据设计流量确定，深度与底宽不宜小于 0.5m，沟底纵坡宜大于 0.5%，在特殊情况下可采用 0.3%。水流通过陡坡地段时可设置跌水或急流槽。跌水和急流槽应采用浆砌片石或水泥混凝土预制块砌筑。各部位尺寸应根据水文、地形、地质及当地气候条件确定。

当路基范围内出露地下水或地下水位较高时，影响路基、路面强度或边坡稳定时，应设置暗沟（管）、渗沟、检查井等地下排水设施。高速公路、一级公路应设置路面排水设施。路面排水设施由路肩排水和中央分隔带排水设施组成。

②路基防护

路基防护工程是保证路基稳定，防止水土流失，改善环境景观和保护生态平衡的重要设施。边坡防护工程应在稳定的边坡上设置，在适宜于植物生长的土质边坡上，应优先采用种草、铺草皮、植树等植物防护措施。岩体风化严重、节理发育、软质岩石等的挖方边坡以及受水侵蚀、植物不生长的填方边坡可采用护面墙、砌石（混凝土块）等工程防护措施。沿河路基，在受水浸掩和冲刷的路段，可采用挡土墙、砌石护坡、石笼、抛石等直接防护措施。为改变水流方向，减低设防部位水流速度，可设置导流构造物，如丁坝、顺坝等间接防护措施。必要时也可以改移河道。对高速公路、一级公路的路基边坡，应根据不同地质情况及边坡高度，分别采取植物、框格、护坡等防护；对石质挖方边坡可采用护坡、护面墙及锚喷混凝土等防护形式。各种防护措施可配合使用，并注意相互衔接。

③绿化工程

为了改善公路两侧景观生态环境及防止水土流失，全线路堑边坡、路堤边坡、分车带、中央分隔带范围、土路肩、碎落台、反压车道、隔离栅、互通立交区、隧道进出口处、特殊位置、收费站、生活服务区以及挡土护坡，取、弃土场地等都应进行绿化美化工程。

④桥涵工程

公路设计中应对路线所跨的大、中、小河流作洪水调查、分析及计算。大中桥的设计水位应在分析计算的基础上,根据水利部门提供的数据及桥位附近已建桥梁的有关调查数据文件分析确定。在现场水文调查时,还应调查沿河既有桥梁的状况及营运情况以及河道防洪规划情况。如若有弃土弃渣及其他工程项目影响到河道行洪时,必须进行泄洪河道整治。

(2)取土场水土保持措施

取土场在取土过程中破坏了原有的地表植被,改变了原来的自然坡度,形成了裸露坡面,容易产生水土流失,因此应对其进行治理改造、覆土造田、植树种草,实现水土流失防治由被动控制到治理开发的根本转变,确保工程建设及营运期不发生大的水土流失。

取土场根据取土位置及地形条件可分为以下几种类型:农田取土、靠河边取土、靠山坡取土、切岗地取土和梁峁取土。由于取土破坏了梯田、林地等水土保持设施,使小区域内面临着水土流失的威胁,并且由于取土使原来的山坡变陡,增加了滑坡、坍塌等大量水土流失的可能,因此在取土完毕后必须对其进行综合治理。

①防护措施

护坡工程是为了稳定开挖形成的不稳定边坡,常用的护坡工程有削坡开级措施、植物防护措施以及工程护坡措施等。

削坡是削掉非稳定边坡的部分土体,以减缓坡度,从而保持坡体稳定的一种护坡措施;开级则是通过开挖边坡,修筑阶梯或平台,维持边坡稳定目的的护坡措施。当取土场高度大于4m,坡比大于1:1.5时,应采取削坡开级措施。

对于取土场形成的裸露边坡,在工程防护的基础上,尽可能创造条件恢复植被,这不仅能控制水土流失、维护坡面稳定、保护工程,而且对生态环境改善具有重要意义。植物护坡主要是对取土场所处的地理位置、坡向、坡高、坡比、土质、土层厚度、气候及水文等情况进行详细调查,选择适宜的植物种,并对草种、树种的混交方式、植密度等进行分析论证,以达到水土保持要求。

对取土场坡脚易遭受水流冲刷的地方,应采取工程护坡。工程护坡措施主要有干砌片石护坡、浆砌片石护坡、混凝土块护坡等多种形式。

②排水措施

为防止取土场裸露坡面受到上游来水冲刷,在取土场坡顶以外应设挡水土埝,拦蓄来水。在取土场中间平台和坡脚设排水沟,排除坡面径流,中间平台排水沟内的水通过边坡急流槽排至坡脚排水沟,最后排入河道。为减少坡面集水冲刷土场,根据地形在距最终开采边界线以外设截流沟,将坡顶以上来水引至两侧自然沟道内或排水沟。

③取土场整治

为充分利用土地资源、恢复植被,在取土场结束后,应在土地整治后,进行覆土造地。取土场土地整治工程包括土地整平和整治后的利用方向。取土前,先将离底层以上25cm熟化土集中起来,堆放在取土场旁,取土结束后,整平取土场,在将表土平铺于表面。整治后的土地根据其土地质量、生产功能等,确定其利用方向。土地利用方向主要是农业用地、林业用地和牧业用地,根据水土保持土地整治措施要求,农业用地一般覆土 80~100cm、林业用地 50~80cm、牧业用地 30~50cm。

(3)弃土场水土保持措施

弃土弃渣水土流失主要发生在坡面上,经常发生的水土流失形式有沟蚀、滑坡和坍塌。影响弃土弃渣流失系数的因素较多,主要与弃土弃渣堆放的地理位置、地形条件、汇流区径流的动力条件、弃渣的粒径组成等物理特征以及防治措施状况等因素有关。弃土场水土流失防治措施主要包括以下三个方面:

①拦渣及护坡措施

弃土场护坡工程有削坡开级措施、植物防护措施以及拦渣工程护坡措施等。弃土场采用削坡开级防护措施,边坡及采用植物防护,一方面固土保水,另一方面起到恢复地力的作用。在地形坡度较大的弃土场,应修筑拦土坎或拦渣坝,以防止弃土场底部水土流失。对弃土场形成的不稳定边坡可采用工程防护,一般采用干砌片石护坡或浆砌片石护坡。

②排水措施

为防止顶雨直接冲刷弃土坡面,坡面设坡度向放坡导流。为汇集山涧水,弃土场设置排水沟、急流槽及消力池,将流水引入坡底排水沟中。弃土场横坡上设梯形边沟,将山坡水截入沟中。急流槽砌筑在弃土场坡面上,按原阶梯状用浆砌片石砌筑槽底部,并利用其阶梯状坡面消能。消力池部分接天然沟,池底坡度按实际情况设置。

③弃土场改造

在弃土场堆置达到设计标高后,为充分利用土地资源,恢复和改善土地生产力,应对其进行整治利用。整治后的土地可通过种植树木和播草籽,改良土壤。复垦后可作为农业用地、林业用地和牧业用地。根据水土保持土地整治措施要求,农业用地一般覆土 80 ~ 100cm、林业用地 50 ~ 80cm、牧业用地 30 ~ 50cm。

(4)各类临时工程的水土保持措施

在施工时的临时占地,应将原有的地表有肥力土壤推至一旁堆放,待施工完毕后,再将这些熟土推至恢复原有表层,以利于今后耕作。拟建公路临时用地待施工结束后应进行植被恢复,根据当地的自然情况,主要应种植适合项目所在地区的长绿植物,如乔木、灌木及草皮等。若土质较好,应考虑复耕或交由当地政府处理。

第四章　公路水环境污染防治

第一节　水环境基础

一、水圈与水资源

水是人类和一切生物赖以生存且不可替代的物质基础。水是自然资源的重要组成部分，它能通过自己的循环过程不断地复原和更新。地球上海洋、河流、湖泊、冰川融化水、地下水、土壤水、生物水和大气含水，在地球周围形成了一个密切联系、相互作用、又相互不断交换的水圈。水圈就是地球表面不连续的水壳。

地球总储水量估计为 $13.9 \times 10^8 km^3$，其中海洋水体约占 97.41%。但这些水体中淡水总量仅为 $0.36 \times 10^8 km^3$。除冰川和冰帽外，可利用的淡水总量不足全球总储水量的1%。这部分淡水与人类的关系最密切，具有极其重要的经济和社会价值。虽然淡水在较长时间内可以保持平衡，但在一定时间、空间范围内，它的数量却是有限的，并不像人们所想像的那样可以取之不尽，用之不竭。地球上水量分布如表4-1所示。

地球上水量分布 　　　　　　　　　　　　　　　　　　　　　表4-1

水的类型	水量 ($10^4 km^3$)	比例%	分布面积 ($10^4 km^2$)	水的类型	水量 ($10^4 km^3$)	比例%	分布面积 ($10^4 km^2$)
淡水湖	12.5	0.009	86	土壤水	6.5	0.005	—
河水	0.13	0.000 1	—	地下水	800.0	0.589	—
冰川	20.0	0.015	—	大气水	1.3	0.001	—
冰帽	2 880.0	2.121	1 800	海水	132 000.0	97.0	36 956
咸水湖	10.0	0.007	70				

在水圈中的水，包括气态、液态和固态三种。由于太阳照射使海洋和陆地水蒸发，水蒸气在大气中凝结变成雨、雪、雹又落到地球表面。地面上的水渗入底下形成地下水，积存在陆地形成湖泊，大部分流入河流汇入海洋。

目前，人类可以直接利用的只有地下淡水、湖泊淡水、河床水，这三项加在一起，仅占总储量的 0.77%。地下水只有浅层地下水可供利用，如除去目前不能开采的深层地下水，则上述三项之和仅占总储量的 0.2%，由此可见，能供人类目前使用的水资源的比例是很小的，即目前世界上总水量的 99.8% 还不能被人类直接利用。

广义上的水资源，指地球水圈中各个环节和各种形态的水都称为水资源，因为他们之间是密切相关的，对人类有直接的或间接的使用价值。狭义上的水资源，指直接可供人们经常取用的水称为通常意义上讲的水资源，即在大陆上由大气降水补给的各种地表水、浅层地下淡水等。

水资源指的是淡水资源，它是自然资源的组成部分。当今世界面临的人口、资源、环境、生态等四大问题，水资源和他们有着密切的关系，因此，水资源已成为世界各国关心的一个重要问题。随着人口的增长,经济的发展,以及人类生活水平的提高,人类社会对水的需求量日益增长,不少国家和地区已经发生了不同程度的水资源危机,水资源已成为不亚于能源和粮食的严重问题。

衡量一个国家淡水资源多少的标准是,淡水消耗量占全国可用淡水的 20%～40% 为中高度缺水,超过 40% 的为高度缺水。

水资源分为地表水资源和地下水资源两部分。地表水资源包括河川径流、冰川雪融水、湖泊沼泽水等地球表面上的水体,其中河川径流占 90% 以上。地下水资源是指埋藏在地表以下岩层中的水。通常,由于地下水在流动过程中被岩层吸附、过滤和微生物的净化,其水质多数比地表水好。我国的河川径流量为 $2.7 \times 10^{12} m^3$,地下水约 $8\,300 \times 10^{11} m^3$,水资源绝对量居世界前列,但人均占有量约 $2\,600 m^3$,低于世界平均水平。

地球表面的海洋、河流、湖泊、沼泽、冰川以及地下水统称为水体。水体中不仅包括水(H_2O),而且也包括悬浮物、溶解性物质、水生生物和底泥等。图 4-1 列出了天然水中含有的各种物质。在陆地的天然水中,组成的主要阴离子为碳酸根、重碳酸根、硫酸根和硅酸根等;而海水中最多的是氯离子,硫酸根只有氯离子的百分之一。在淡水中,重要的阳离子为钙离子、镁离子;在海水中大量阳离子是钠离子。淡水中溶解盐只有海水的二千分之一。内陆湖泊盐度较高,以钠离子和氯离子占优势,钙离子和硫酸根离子亦占一定的比例。

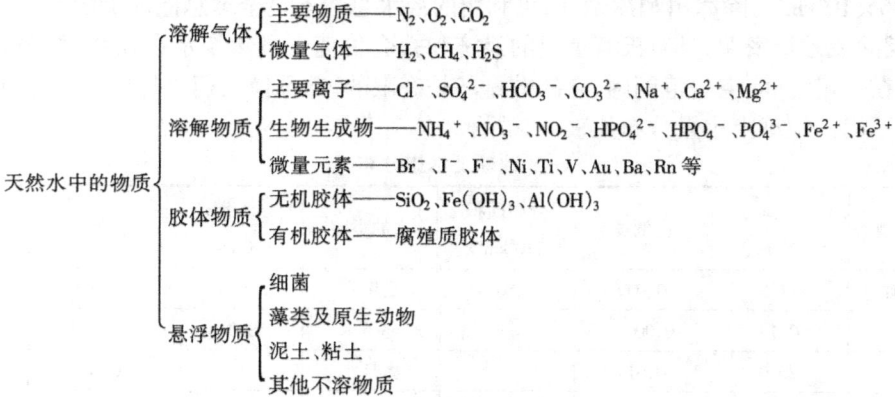

图 4-1　天然水中的主要物质

二、我国的水资源状况

1. 我国水资源人均和亩均水量少

我国水资源总量为 $28\,124 \times 10^8 m^3$,其中河川径流量为 $27\,115 \times 10^8 m^3$,居世界第六位。但我国人均水资源量只有 $2\,710 m^3$,约为世界人均水资源量的四分之一,列世界第 88 位。亩均水资源量也只有 $1\,770 m^3$,相当于世界平均数的三分之二左右。因此,虽然我国水资源总量并不少,但人均和亩均水量并不丰富。

2. 水资源在地区上分布很不均匀,水土资源组合不平衡

我国水资源的地区(空间)分布很不均匀,与耕地、人口的地区分布也不相适应。我国南方四区水资源总量占全国总量的 81%,人口占全国的 54.7%,耕地面积只占全国 35.9%;而北方四区水资源总量只占全国总量 14.4%,耕地面积却占全国的 58.3%。

3. 水量年内及年际变化大,水旱灾害频繁

我国位于东亚季风区,降水和径流的年内分配很不均匀,年际变化大,少水年和多水年持

续出现,平均约每三年发生一次较严重的水旱灾害。

4. 水土流失严重,许多河流含沙量大

由于自然条件的限制和长期人类活动的结果,中国森林覆盖率只有 12%,居世界第 120 位。水土流失严重,全国水土流失面积约 $150 \times 10^4 km^2$,占国土面积六分之一左右。结果造成许多河流的含沙量大,如黄河年平均含沙量为 $37.7 kg/m^3$,年输沙总量 $160\,000 \times 10^4 t$,居世界大河之首。

5. 我国水资源开发利用各地很不平衡

在南方多水地区,水的利用率较低,如长江只有 16%,珠江 15%,浙闽地区河流不到 4%,西南地区河流不到 1%。但在北方少水地区,地表水开发利用程度比较高,如海河流域利用率达到 67%,辽河流域达到 68%,淮河达到 73%,黄河为 39%,内陆河的开发利用达到 32%。地下水的开发利用也是北方高于南方,目前海河平原浅层地下水利用率已达 83%,黄河流域为 49%。

三、水资源保护

随着人口的增长,城市化、工业化以及灌溉对水需求的日益增加,到 21 世纪将出现许多用水紧缺问题。在可供淡水有限的情况下,应积极采取措施保护宝贵的水资源。一般采取以下几种措施。

1. 提高水的利用效率,开辟第二水源

这是目前解决水资源紧张的重要途径,主要方法有:

(1)降低工业用水量,提高水的重复利用率

降低工业用水量的主要途径是改革生产用水工艺,争取少用水,提高循环用水率。如炼钢厂用氧气转炉代替老式平炉,不但提高了钢的质量,而且降低用水量 86% ~ 90%。提高工业用水重复利用率,不仅是合理利用水资源的重要措施,而且减少了工业废水量,减轻了废水处理量和对水体的污染。

(2)减少农业用水,实行科学灌溉

全世界用水的 70% 为农业灌溉用水,因此,改革灌溉方法是提高用水效率的最大潜力所在,据估计,全世界只有 37% 的灌溉水用于作物生长,其余 63% 都被浪费掉了。渠道渗漏是世界各国在发展灌溉事业时遇到的共同问题。通过对输水渠道加砌衬层即可提高用水效率。

改进灌溉方式,也可以节约大量农业用水。目前应用较多的有重力流动系统、中轴喷灌系统和滴灌系统。20 世纪 60 年代在以色列发展起来的滴灌系统,可将水直接送到紧靠植物根部的地方,以使蒸发和渗漏水量减到最小。试验表明,每公顷作物的产量,滴灌也比喷灌高。当前,国外灌溉节水技术的发展趋向是采用完整的地面灌溉排水管道系统,它具有能源消耗少,输水快,配水均匀、水量损失小,不影响机耕等优点。此外,一些国家还研究了新的灌溉技术,如涌流灌溉、水平畦田灌溉、采用自动升降竖管等。

(3)回收利用城市污水、开辟第二水源

回收和重新使用废水,使其变为可用的资源是另一种提高水使用效率的方法。在东京,城市水回收中心通过三级水处理厂慢沙过滤回收废水,氯化消毒后用于冲洗高层建筑的厕所。北京也曾修建过类似的"中水道"系统。

2. 调节水源流量,增加可靠供水

前述水资源紧张的第一个原因是自然条件的影响,如气候、地理位置,淡水分布不均匀等

问题。人们试图通过调节水源流量、开发新水源的方式加以解决。

（1）建造水库

建造水库调节流量，可以将丰水期多余水量储存在库内，补充枯水期的流量不足。不仅可以提高水源供水能力，还可以为防洪、发电、发展水产等多种用途服务。目前，各国在江河上建造的库容超过 $1 \times 10^8 \mathrm{m}^3$ 的水库共有 1 350 个，总蓄水量达到 4 100km³。

（2）跨流域调水

跨流域调水是一项耗资昂贵的增加供水工程，是从丰水流域向缺水流域调水。由于其耗资大、对环境破坏严重，许多国家已不再进行大规模的流域间调水。

在国外，已完成的有巴基斯坦的西水东调工程和澳大利亚的雪山河调水工程。中国近年来相继完成了引黄济青、引滦入津和引滦入唐等工程，南水北调工程也已动工。

（3）地下蓄水

目前，已有 20 多个国家在积极筹划人工补充地下水。在美国，加利福尼亚的地方水利机构每年将 $25 \times 10^8 \mathrm{m}^3$ 左右的水贮存在地下。到 1980 年，该州已有 $3 450 \times 10^4 \mathrm{m}^3$ 的水贮存在两个水利工程项目的示范区内，其单位成本平均至少比新建地表水水库低 35% ~ 40%。美国国会于 1984 年秋季通过立法，批准西部 17 个州兴建蓄水层回灌示范工程。在荷兰，实现人工补给地下水后，解决了枯水季节的供水问题，每年增加含水层储量 $(200 ~ 300) \times 10^4 \mathrm{m}^3$。

（4）海水淡化

海水淡化可解决海滨城市的淡水紧缺问题。目前，世界海水淡化的总能力为 $2.7 \mathrm{km}^3/$ 年，不到全球用水量的 0.1%。沙特阿拉伯、伊朗等国家海水淡化设备能力占世界的 60%，在沙特阿拉伯还建造了世界上最大的淡化海水管道引水工程。

（5）拖移冰山

此工程在近期内还不可能实现，仍处于计划阶段。据估计，南极的一小块浮冰就可获得 $10 \times 10^8 \mathrm{m}^3$ 的淡水，可供 400 万人一年的用量。

（6）恢复河、湖水质

采用综合防治水污染的方法恢复河湖水质。即采用系统分析的方法，研究水体自净、污水处理规模、污水处理效率与水质目标及其费用之间的相互关系，应用水质模拟预测及评价技术，寻求优化治理方案，制订水污染控制规划。采用这种方法治理的河流，如美国的特拉华河、英国的泰晤士河、加拿大的圣约翰河等水质都得到了恢复，增加了淡水供应。

（7）合理利用地下水

地下水是极重要的水资源之一，其储量仅次于极地冰川，比河水、湖水和大气水分的总和还多。但由于其补给速度慢，过量开采将引起许多问题。在开发利用地下水资源时，应采取以下保护措施：

①加强地下水源勘察工作，掌握水文地质资料，以便对资源作出正确的评价和合理使用计划，避免过量开采和滥用水源。

②全面规划，合理布局，统一考虑地表水和地下水的综合利用。

③采取人工补给的方法，但必须注意防止地下水的污染。

④设立监测网，随时了解地下水的动态和水质变化情况，以便及时采取防治措施。

3. 加强水资源管理

为加强水资源管理，通常需要建立水资源管理机构，制定合理利用水资源和防止污染的法规；另外，还应当包括实行新的用水经济政策。当前，用水浪费严重和效率低，很多是由于推行不合理的经济政策造成的。水很少以其实际成本来定价,政府常常要为用水进行大量补贴。许多国家正试图改变这一状况,我国国家科委在 1988 年,同檀香山东西方中心共同提出几点建议和措施,以减少水的需求,如提高水价、堵塞渗漏、加强保护等。

4．增加下水道建设,发展城市污水处理厂

欧美等国从长期的水系治理中认识到普及城市下水道,大规模兴建城市污水处理厂,普遍采用二级以上的污水处理技术,是水系保护的重要措施。

第二节　水环境污染与水体自净

一、水环境污染

作为环境介质的水通常不是纯净的,其中含有各种物理的、化学的和生物的成分。水的感官性状(色、嗅、味、浑浊度等)、物理化学性质(温度、pH、电导率、氧化还原电位、放射性等)、化学成分、生物组成和水体底泥状况等,均因污染程度不同而有很大差别。每一种水体都是由水及水中的悬浮物、溶解物、底质和水生生物所组成的整体。

水污染是指水体所受纳的污染物量超过水体对其的自净能力,破坏了水体原有的功能,造成对人和其他生物有害影响。水体中的污染物是在水—底泥—水生物之间迁移转化的。我国绝大部分水体都已受到不同程度的污染。

早期的水体污染主要由人口稠密的城市生活污水造成。工业革命以后,工业排放的废水和废物成为水体污染物的主要来源。20 世纪 50 年代以后,一些水域和地区由于水体严重污染而危及人类的生产和生活。70 年代以来,人们采取了一些防治污染措施,部分水体的污染程度虽有所减轻,但全球性的水污染状况还在发展,尤其是工业废弃物对水体的污染还具有潜在的危险性。水源因受到污染而降低或丧失了使用价值,使水资源更加短缺。

海洋约占地球总面积 71%,是地球上最大的水体。目前受污染最严重的是在工业发达地区附近海域。海洋污染除了由海洋上航行的船只漏油和油井喷油造成大面积污染外,沿海和内陆地区的城市、工矿企业、农业排放的污染物都进入海洋。由于海洋是各地区水污染物的最终受体,污染物进入海洋中就积累起来。据估计,在 20 世纪 70 年代前进入海洋的 DDT 已达 100×10^4 t 以上,在海水中多氯联苯已在一些水生物体内蓄积。

河流是陆地上最重要的水体,受纳大量生活污水和工业废水、农田排水。我国的大部分废水不经处理就排入河中,几乎所有河流都受到不同程度的污染。从污染对水生生物的生活习性(如鱼类回游)的影响来看,一段河流受污染可以影响整个河道的水生生态系统。河流是沿岸城乡生活饮用水、农业灌溉和渔业水源,河水受污染不但直接危害周围人群健康,而且通过农作物和水产品影响更多的人。

湖泊和水库是陆地上水流交换缓慢的水体,流速慢,某些污染物会长期停留于湖中。湖泊污染的主要现象是富营养化。我国的五大湖和滇池等水体都存在较严重的富营养化现象。

地下水与地表水有密切的互相补给关系。地下水水体是我国北部和西北部地区的主要水源。据我国 80 个大中城市统计,60% 以上的城市以地下水作为水源,如北京、西安、沈阳等。近 30 多年来,地下水受到工业和生活废水的严重污染,许多城市地下水水源中检出酚、氮氧化物(NO_3^-)、汞(Hg)、铬(Cr)、砷(As)、氰(CN^-)等污染物。

二、水体污染物及其危害

我国水体的主要污染物是：耗氧有机污染物，营养物，有机毒物，重金属，非金属无机毒物，病原微生物，酸碱污染，石油类和难降解有机物污染，热污染和放射性污染。

1. 耗氧有机污染物

包括碳水化合物、蛋白质、氨基酸、酚、醇、醛等类化学物质。生活废水和许多工业废水中含大量耗氧有机物，如造纸、制革、印染、酿造和食品、石油加工、焦化工业废水。由非点源的地表径流也带来大量耗氧有机物。我国的水体普遍受到耗氧有机物的污染。

耗氧有机物能为水体中微生物分解，在分解的同时消耗水中溶解氧(DO)。当 DO 浓度过低时，鱼类死亡，正常的水生生态系统受到破坏；当水体中的 DO 和 NO_3 以及 NO_2 等氧化物被耗尽时，便出现"黑奥"现象。

水体中耗氧有机物的浓度常用单位体积水中耗氧物质的化学或生物化学分解过程所需消耗的氧量表示。常用的指标(参数)有化学需氧量(COD)、生化需氧量(BOD)、高锰酸盐指数等。

2. 营养物

它是由生活废水、工业废水、农田径流、畜牧业、水产业和旅游业等废水排入湖泊、水库和近海水域带来的。这些废水中含较高浓度的有机氮化合物、氨氮、硝酸盐、磷酸盐和有机磷化合物等。这些营养物造成水体富营养化，促进水体中蓝、绿藻和某些浮游生物大量繁殖，由于其生长周期短，死亡的藻类和浮游生物在被微生物分解过程中消耗水中的溶解氧，并产生 H_2S 等气体，其后果是使原有水体中的硅藻和绿藻消失，水生维管植物逐渐绝迹，水体发臭，水中硝酸盐和磷酸盐浓度增加，对人、畜饮用有害。原有的水生生态系统遭破坏，水体群落中的生物物种数较少。

3. 水中有机毒物

主要有酚类、多氯联苯(PCB)和农药等类有机物。水中酚主要来自焦化厂、煤气厂和某些化工厂。水生生物对酚的毒性反应不同，酚质量浓度达 0.1～0.2mg/L 时，鱼肉出现异味；地面水中酚高于 0.01mg/L，如用作饮用水源，用氯消毒时水中会带有令人厌恶的异味。酚类易为水中的微生物所降解。多氯联苯(PCB)是一种全球性污染物，广泛用作防燃添加剂、介电液体和液压流体等。PCB 为难降解污染物，可以在水体中长期保留，故又称持久性污染物，在水生物体内蓄积并通过食物链被浓缩放大。PCB 在人体脂肪内蓄积，会引起肝功能受损、肌肉疼痛等疾病。

4. 重金属

一般指密度大于 $5g/cm^3$ 的金属元素。重金属对人的毒性范围很大，如汞(Hg)和镉(Cd)毒性大，铜(Cu)和锌(Zn)毒性较小。微生物不能降解重金属，但重金属在微生物作用下能转化为有机的金属化合物，如甲基汞；微生物也能富集重金属，达到 10～1 000 倍；重金属还可通过食物链逐级富集起来；重金属进入人体后往往蓄积在某些器官中，造成慢性累积中毒。水中的重金属主要来自金属矿开采、冶金、电镀等工业排放的废水和废渣。

5. 非金属无机毒物

主要有氰化物、氟化物、硫化氢等。水体中氰化物来自电镀、矿石浮选、化工、炼焦及高炉煤气等工业排放的生产废水。氰化物在水体中浓度下降较快。CN^- 可以被生化氧化为 CO_3^{2-} 和 NH_4^+。氰化物对鱼类毒性很大，水体中其浓度高于 0.005mg/L 时即会影响敏感鱼类的生长繁殖。

氟（F）是地壳中分布较广的元素，天然水中含氟0.2～50mg/L。水体中氟的浓度高于0.5mg/L会对人体健康造成损害，如破坏钙、磷代谢，引发斑釉齿，但氟的浓度低于0.5mg/L，则对儿童生长发育和预防龋齿不利。电镀、金属加工、显像管生产排放的废水以及洗涤法处理含氟废气的废水是水体中氟的重要污染源。

6. 病原微生物

包括致病菌、病毒和寄生虫卵，它们常与其他细菌和大肠杆菌共存，因此水质标准中常以"细菌总数"和"总大肠菌群"作为病原微生物污染的指标。

未受污染的天然水中含细菌数很少，不含病原菌。人类排放的生活污水、粪便、禽畜饲养场废水、来自施用未经堆肥处理的粪肥的农田径流、未经消毒处理的医院废水和未经污水生物处理厂处理的排水是水体中病原微生物的主要来源。

水中的病原微生物常导致各种由水传播的传染病，如肠道传染的伤寒、痢疾、霍乱，寄生虫病的蛔虫、肝吸虫病，还有病毒性痢疾与肝炎等。

7. 酸碱污染

系指酸性和碱性废水排入水体使水的pH值发生变化(超出正常值6.5～8.5的范围)。水体pH过高或过低都能影响水生物的正常生长繁殖，妨碍水体自净作用。

酸碱污染来源工业生产。碱性废水主要来自造纸、制革、炼油、化纤、制碱和金属加工等工业，酸性废水来自硫酸和硝酸制造及矿山排水。酸雨是水体酸化的重要原因。

8. 油污染

这是我国地表水中的常见污染物。油污染中主要是石油类污染。因人类活动每年排入海洋的石油及其制品达$1\,000\times10^4$t以上，其中通过江河入海的油类在500×10^4t以上。石油污染源主要是石油的开采、炼制、贮运和使用过程中的溢漏和排放废水。各种使用石油制品（如汽油、润滑油）的工业排放大量含油废水，油品运输，特别是油船事故漏油造成大面积油污染。水体中石油类浓度超过0.05mg/L，鱼肉会出现油臭，至0.1mg/L时会使孵化的鱼苗畸形。食品工业、餐饮业排放含油脂的废水对水体也造成污染。

9. 难降解有机物

也称持久性污染物。近40年来，人工合成的化学品大量生产和使用，造成危害性很大的大量难以生物降解的化学品排入水体。如有机氯农药、多氯联苯、染料和高分子聚合物，等等。难降解污染物进入水体后，会保留在水中，长期危害水环境，并且通过食物链危害人类。如DDT、666、狄氏剂、艾氏剂与五氯苯酚等作为杀虫剂施用于农田、森林和家庭中，通过各种途径进入水体，为水生生物摄取后蓄积于体内，其浓度可以比水中高$10^3\sim10^6$倍，人体食用这类水生物就会受害或中毒。

10. 热污染

主要来自电力、冶金、化工、机械工业排放温度高的冷却用水(也称"混排水")。混排水使水体温度升高，使水中的有毒化合物、重金属离子的毒性增大，使氧在水中溶解度降低，使微生物代谢速度加快，耗氧量增加，水中DO浓度降低，影响鱼类等水生生物生长和繁殖，影响适于低温孵化鱼类的繁殖，促进藻类生长，加速水质恶化。

11. 放射性污染

来自使用同位素的工厂和实验室、核反应堆、生产核燃料的工厂等排放的废水。放射性污染的危害主要是诱发癌症，引起胚胎早期死亡，破坏人体免疫机能，加速人体衰老和死亡。放射性污染物通过放射α射线（质子流）、β射线（高速电子流）和γ射线（光子流），对生物产生伤害。

三、水体自净作用

自然环境包括水环境对污染物质都具有一定的承受能力,即所谓环境容量。水体能够在其环境容量的范围以内,经过水体的物理、化学和生物的作用,使排入的污染物质的浓度和毒性随着时间的推移在向下游流动的过程中自然降低,称之为水体的自净作用。也可简单地说,水体受到废水污染后,逐渐从不洁变清的过程称为水体自净。

水体自净的过程很复杂,按其机理可分为:

1. 物理过程

其中包括稀释、混合、扩散、挥发、沉淀等过程,水体中的污染物质在这一系列的作用下,其浓度得以降低,稀释和混合作用是水环境中极普遍的现象,又是比较复杂的一项过程,它在水体自净中起着重要的作用。

2. 化学及物理化学过程

污染物质通过氧化、还原、吸附、凝聚、中和等反应使其浓度降低。

3. 生物化学过程

污染物质中的有机物,由于水体中微生物的代谢活动而被分解、氧化并转化为无害、稳定的无机物,从而使其浓度降低。

由此看来,水体自净作用包含着十分广泛的内容,任何水体的自净作用又常是相互交织在一起的,物理过程、化学和物化过程及生物化学三个过程常是同时、同地产生,相互影响,其中常以生物自净过程为主,生物体在水体自净作用中是最活跃、最积极的因素。

四、河流对污染物的稀释和自净作用

(一)河流的稀释作用

污水排入河流与水流逐渐混合,水的成分也逐渐均匀。若污染物以浓度 C_1 和流量 q 进入河流,河流的流量为 Q,河水中污染物的原有浓度为 C_0。由于河水对污染物的浓度有稀释作用,污水排入河流并完全混合后的平均浓度 C_2 可由下式计算:

$$C_2 = \frac{QC_0 + qC_1}{Q + q}$$

上式是工程上常用的一种近似计算方法。为了精确计算某一断面的污染物浓度,需要考虑河流的流体动力学与污染物的关系。

(二)河流的自净作用

污水的最终出路是受纳水体(河、湖、海等),当污水排入水体后,污水中的有机物质被微生物降解,污水排放点下游的水质会发生一系列的变化。由于需氧性降解而消耗水中的溶解氧,称为耗氧。空气中的氧气溶于水中,称为复氧。

1. 河水中有机物质的耗氧速率

生化氧化过程可以分为两个阶段,第一阶段主要为含碳有机物的氧化,这个过程将随水温和有机物的浓度不同而持续数日。第二阶段是含氮有机物的氧化,也称硝化过程,硝化过程持续的时间可长达 40~50 天。我们关心的是在微生物的参与下有机物的第一阶段氧化,污水经过氧化以后就不会再腐败。有机物的生化氧化速度与有机物的浓度成正比,而与用于氧化的氧数量无关。

能被生化氧化的有机物质浓度,以氧化时所消耗的氧的数量来表示,称为生化需氧量(BOD),单位为 mg/L。有机物质的耗氧速率由下式表示:

$$-\frac{\mathrm{d}L}{\mathrm{d}t} = K_1 L; \qquad L_t = L_0 \exp(-K_1 t)$$

式中:K_1——有机物耗氧常数,1/d;

$\quad\quad L_t$——时间为 t 时,单位体积废水中的生化需氧量(BOD_t),mg/L;

$\quad\quad L_0$——时间为零时,也就是起始点(排放口处)的有机物浓度,以第一阶段完全生化需氧量(BOD_u)表示,mg/L。

对于不同的废水,常数 K_1 具有不同的数值,可由试验方法求得。K_1 与温度有关,温度不变时被视为常数。若已知 20℃时的 K_1 值,可用下式计算其他温度下的 $K_{1(T)}$ 值:

$$K_{1(T)} = K_{1(20)} \theta^{T-20}$$

式中:θ——温度系数。当 $T = 4 \sim 20$℃时,$\theta = 1.135$;$T = 20 \sim 30$℃时,$\theta = 1.056$。

2. 河流的复氧速率

水体的自净必须从空气中不断得到氧气补充才能进行。复氧过程与水中的亏氧量(饱和溶解氧和实测溶解氧的差值)成正比。河流的复氧速率以下式表示:

$$\frac{\mathrm{d}D}{\mathrm{d}t} = -K_2 D$$

式中:D——亏氧量,$D = C_s - C$;

$\quad\quad C_s$——饱和溶解氧浓度,mg/L;

$\quad\quad C$——河流中实际溶解氧浓度,mg/L;

$\quad\quad K_2$——复氧常数,1/d。

水体的复氧常数 K_2 可实测,也可按表 4-2 估计。其他温度的 K_2 值可由下式估算:

$$K_{2(T)} = K_{2(20)} \times 1.024^{T-20}$$

复氧常数 K_2 的值   表 4-2

水体类型	20℃时的 K_2 值	水体类型	20℃时的 K_2 值
水池塘和受阻回流的水	0.043 ~ 0.1	正常流速的大河	0.2 ~ 0.3
迟缓的河流和大湖	0.1 ~ 0.152	流动快的河流	0.3 ~ 0.5
低流速的大河	0.152 ~ 0.2	急流和瀑布	> 0.5

3. 氧垂曲线模式

当污水排入受纳河流后,污水中的有机物因生物作用而消耗河水中的溶解氧,同时大气中的氧不断地溶入河水中。污水排放口下游河水中的溶解氧浓度(C)随流行距离而不断变化。河水中溶解氧在耗氧和复氧共同作用下的变化速率由下式表示:

$$\frac{\mathrm{d}c}{\mathrm{d}t} = -K_1 L + K_2(C_s - C)$$

开始时由于有机物浓度 BOD_u 较高,耗氧速率大于复氧速率,河水中的溶解氧不断减少。随着有机物被微生物不断降解,因而 BOD_u 不断减小,耗氧速率也随之减小。在某一点耗氧速率等于复氧速率,该点称为临界点。从起点到临界点的流行距离称为临界距离,流行所需的时间称临界时间。河水流过临界点后,耗氧速率小于复氧速率,此后河水中的溶解氧会不断增加。假如没有新的污染,溶解氧会恢复到未受污染前的状态。以纵坐标表示溶解氧,横坐标表示流行距离,所绘制的曲线称为氧垂曲线(见图 4-2)。

经推导,污水排放点下游任—时间(t)的亏氧量以氧垂方程表示为:

$$D = \frac{K_1 L_0}{K_2 - K_1}\big[\exp(-K_1 t) - \exp(-K_2 t)\big] + D_a\exp(-K_2 t)$$

式中:D——时间为 t 时的亏氧量,mg/L;

　　D_a——在污水排放点处时间 $t=0$ 时的亏氧量,mg/L。临界时间 t_c 由下式求得:

$$t_c = \frac{1}{K_2 - K_1}\ln\frac{K_2}{K_1}\Big[1 - \frac{D_a(K_2 - K_1)}{K_1 L_0}\Big]$$

临界点处的亏氧量 Dc 为:

$$D_c = \frac{K_1}{K_2}L_0\exp(-Kt_c)$$

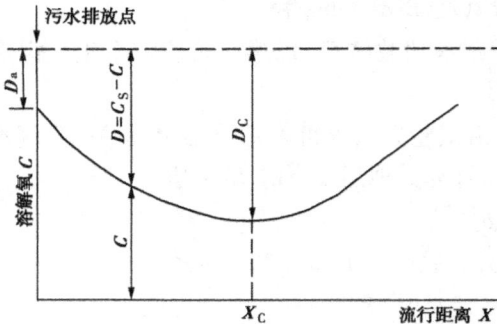

图 4-2　氧垂曲线图

以上公式只考虑了污水排入河流后,生物降解耗氧与空气复氧两种因素对河水中溶解氧的影响,没有考虑藻类光合作用的产氧及其呼吸耗氧、污泥沉淀和水流的离散作用等影响。该方法为工程上常用的一种粗略的计算方法。

五、污水的土地净化

生活污水和某些工业废水可通过多种途径应用于农业。实践证明,利用污水灌溉农田,有利于植物营养素的循环,有利于污水中水肥资源的利用和提高农作物的产量,并能获得腐殖质,改良土壤结构。因此,利用污水灌溉农田,其经济效益十分显著。

实践还证明,利用污水灌溉农田,若使用不当会造成农作物减产,恶化土壤结构,农作物遭受污染而品质下降,传播疾病危害人体健康,污染环境和破坏自然生态系统的平衡。因此,必须充分认识污水灌溉可能带来的不良后果。关键在于控制用于农灌污水的水质,使之符合农作物正常生长,保护农田土壤,保护地下水源和保证产品质量的要求,从而达到保护农业生态环境和人体健康,合理使用水肥资源等多方面综合目标。

(一)污水土地净化的机理

土壤对污水的净化作用是一个十分复杂的综合过程,包含了物理过滤、化学反应和生物降解等。

1. 物理过滤

土壤颗粒间的孔隙能截留和滤除污水中的悬浮颗粒。土壤颗粒的大小,颗粒间孔隙的形状、大小和分布,水流通道的性质等,都会影响土壤过滤的效率。悬浮物颗粒过大过多和溶解性有机物的生物代谢,能引起土壤过滤堵塞。控制灌水(湿期)与休田(干期)的交替周期,能消除堵塞,恢复土壤截污过滤能力。

2. 物理吸附与物理沉积

土壤中的粘土矿物等能吸附土壤中的中性分子。污水中的部分重金属离子在土壤胶体表面因阳离子交换作用而被置换吸附,并生成难溶物被固定于矿物的晶格中。

3. 物理化学吸附

金属离子与土壤中的无机胶体和有机胶体由于螯合作用,形成螯合物而被固定于土壤矿物的晶格中。

4. 化学反应与沉淀

重金属离子与土壤中的某些组分进行化学反应,生成难溶化合物而沉积在土壤中。

5．微生物的代谢和有机物的分解

土壤中含有大量异养性微生物,能对土壤颗粒中的悬浮有机固体和溶解性有机物进行生物降解。厌氧状态时,厌氧菌能对有机物进行发酵分解,对亚硝酸和硝酸盐进行反硝化脱氮。

(二)污水土地处理系统

近年来,国际上污水土地处理系统发展迅速,建成一批新型的污水土地处理系统,如慢速渗滤(污水灌溉)、快速渗滤、地表漫流、湿地系统和地下灌溉等。采用何种系统主要取决于土壤种类和处理规模等。

1．慢速渗滤系统(污水灌溉农田系统)

该系统适用于渗水性能良好的壤土和砂质壤土及蒸发量小、气候湿润的地区。污水经布水后垂直向下缓慢渗滤,依靠土壤—微生物—农作物系统对污水进行净化,农作物可充分利用污水中的水肥营养素。该系统被认为是土地处理系统中最适宜的方法。其控制因素是场地、灌溉方法、灌水率、管理、耕作情况及污水所需的预处理等。

2．快速渗滤系统

快速渗滤系统适用于透水性非常良好的土壤,污水灌至土壤表面很快渗入地下。灌水和休灌反复循环进行,主要依靠土壤—生物系统的净化机能。该系统以补给地下水和污水再生回用作为主要目的,良好的管理对处理效果起重要作用。

3．地表漫流系统

地表漫流系统,适用于透水性差的土壤(粘土和亚粘土)且地面有坡度(2%～8%)的地区。污水以喷灌或漫灌等方式有控制地灌至地面,形成薄层均匀地流向下游集水渠。尾水收集后若排入水体,其水质必须符合排放标准。地面上可种植草或其他植物,供微生物栖息并防止土壤被冲刷流失。

4．湿地系统和地下灌溉系统

湿地系统是一种利用低洼湿地和沼泽地对污水进行处理的方法,同时具有改善水生生态环境的作用。污水进入低洼地、沼泽地或池塘,通过土壤的渗滤作用及水生生物系统对悬浮物、有机污染物及植物营养素等进行净化,并形成平衡的水生生态系统。经净化的水通过底部土壤的渗滤慢慢渗入地下,或者集流于尾部集水渠流入下游的地表水体。

地下灌溉系统,一般仅限于小流量污水的处理。

六、水污染指标

污水和受纳水体的物理、化学、生物等方面的特征是通过水污染指标来表示的。水污染指标又是控制和掌握污水处理设备的处理效果和运行状态的重要依据。

水污染指标的检测方法,国家已有明确的规定,检测时应按国家规定的方法或公认的通用方法进行。由于水污染指标数目繁多,在水污染控制工程的应用中,应根据具体情况选定。

现就一些主要的水污染指标分别简述如下。

1．生化需氧量(BOD)

生化需氧量(BOD)表示在有氧条件下,好氧微生物氧化分解单位体积水中有机物所消耗的游离氧的数量,常用单位为 mg/L,这是一种间接表示水被有机污染物污染程度的指标。

在 20℃和在 BOD 的测定条件(氧充足,不搅动)下,以五日作为测定 BOD 的标准时间,称之为五日生化需氧量，以 BOD_5 表示。

2．化学需氧量（COD）

用强氧化剂——重铬酸钾，在酸性条件下能够将有机物氧化为 H_2O 和 CO_2，此时所测出的耗氧量称为化学需氧量（COD）。COD 能够比较精确地表示有机物含量，而且测定需时较短，不受水质限制，因此多作为工业废水的污染指标。

用另一种氧化剂——高锰酸钾，也能够将有机物加以氧化，测出的耗氧量较 COD 低，称为耗氧量，以 OC 表示。

3．总需氧量（TOD）

有机物主要是由碳（C）、氢（H）、氮（N）、硫（S）等元素所组成。当有机物完全被氧化时，C、H、N、S 分别被氧化为 CO_2、H_2O、NO 和 SO_2，此时的需氧量称为总需氧量（TOD）。

4．总有机碳（TOC）

总有机碳（TOC）表示的是污水中有机污染物的总含碳量。其测定结果以 C 含量表示，单位为 mg/L。

5．悬浮物

悬浮物是通过过滤法测定的，滤后滤膜或滤纸上截留下来的物质即为悬浮固体，它包括部分的胶体物质，单位为 mg/L。

6．有毒物质

有毒物质是指其达到一定浓度后，对人体健康、水生生物的生长造成危害的物质。有毒物质种类繁多，要检测哪些项目，应视具体情况而定。其中，非重金属的氰化物和砷化物及重金属中的汞、镉、铬、铅等，是国际上公认的六大毒物（砷有时与重金放在一起进行研究）。

7．pH 值

pH 值是反映水的酸碱性强弱的重要指标。

8．大肠菌群数

大肠菌群数是指单位体积水中所含的大肠菌群的数目，单位为"个/L"，它是常用的细菌学指标。

第三节　水环境污染防治

一、水环境的防护法规

水体的自净能力是有一定限度的，自净过程也是缓慢的。随着城市化和工业的发展，污水量不断增加，往往上游河段受到的污染尚未恢复，又再次受到下游城市或工厂污水的污染，以致整条河流处于不洁净状态，影响水体的利用。

为保护水体而制定的一系列法规，是作为向水体排放污水时确定其处理程度的依据。法规既要有保护天然水体的功能，又要使天然水体的自净能力得以充分利用，以降低污水处理的费用。水体防护法有两个方面，一是直接控制水体的污染，二是规定各种用途天然水体的水质标准。

1．水环境污染防治法规

1）海洋污染防治法规

海洋是一种特殊的环境要素，是人类生命系统的基本支柱。海洋调节着全球气候，创造了人类生存的自然环境。它拥有丰富的生物资源和各种矿产资源、药物资源、动力资源,是社会物质生产的原料基地。为了保护海洋环境,防治海洋污染,我国自20世纪70年代起,先后颁布了多项海水保护专门法规。

(1)海水水质标准

1997年颁布的国家标准《海水水质标准》(GB 3097—1997),根据海水的用途,将海水水质分为四类:第一类适用于保护海洋渔业水域、海上自然保护区和珍稀濒危海洋生物保护区;第二类适用于水产养殖区、海水浴场、人体直接接触海水的海上运动或娱乐区,以及与人类食用直接有关的工业用水区;第三类适用于一般工业用水区、海滨风景旅游区;第四类适用于港口水域和海洋开发作业区。该标准对各类水质分别规定了不同的要求和海水中有害物质的最高允许浓度,并规定了防护措施。

(2)海洋环境保护法

1982年我国颁布了海洋环境保护的综合性法律《海洋环境保护法》。为了贯彻该法,又颁布了保护海洋环境的一系列条例,如《中华人民共和国防止船舶污染海域管理条例》、《中华人民共和国海洋倾废管理条例》、《中华人民共和国防治陆源污染物污染损害海洋环境管理条例》和《中华人民共和国防治海岸工程建设项目污染损害海洋环境管理条例》等。该一系列法规和条例,对保护我国海洋环境提供了法律依据。

2)陆地水污染防治法规

陆地水包括江河、湖泊、渠道、水库等地表水体和地下水体。我国是水资源缺乏且时空分布极不均衡的国家。目前不但水源紧缺,且现有水体已受到严重污染。据国家环保总局《1993年中国环境状况公报》称,1993年全国废水排放总量约为$355 \times 10^8 t$,其中相当大的部分未经任何处理直接排入江河湖海,每年约有$1\ 000 \times 10^4 t$固体废物直接倾入水体。河流污染日益突出,长江、黄河、淮河等七大水系近一半河流有严重污染,86%的城市河段水质超标。湖泊普遍受重金属污染,富营养现象明显增加。缺水和水体污染已成为制约国民经济发展和人民生活水平提高的重要因素。保护水资源和防治水污染是国民经济和社会发展中的一项重要任务。为了保护水资源,防治陆地水体污染,国家颁布了一系列法规。

(1)水污染防治法

1984年颁布的《水污染防治法》,是陆地水污染防治方面比较全面的综合性法律,1989年国务院又颁布了该法的实施细则。依据该法,国家有关部门先后发布了《水污染物排放许可证管理暂行办法》、《饮用水水源保护区污染防治管理规定》等专项行政规章。

(2)地表水环境质量标准

国家地表水质标准主要有《地表水环境质量标准》(GH ZB1—1999)《污水综合排放标准》(GB 8978—1996)、《农田灌溉水质标准》(GB 5084—92)和《渔业水质标准》(GB 11607—89)等。这些国家标准为保护地表水环境提供了技术和法律依据。

2.水资源保护法规

我国由于各种因素造成水源破坏,天然水面不断缩小,水体受污染,用水浪费及过量开采地下水,再加上水资源分布不均衡等原因,我国水源短缺问题十分突出。国家非常重视对水资源保护的立法,1988年第六届全国人民代表大会第二十四次常务委员会议通过了《水法》,标志着我国开始进入依法用水、保护水和治水的新阶段。除国家立法外,各地还针对本地区的水资源问题颁布了地方性水资源保护法则和规定。如《天津市境内海河水系水源保护暂行条例》、《江苏省太湖水源保护条例》、《上海市黄浦江上游水源保护条例》、《北京市密云水库、怀柔水库和京密引水渠水源保护管理暂行办法》等。

《水法》规定,开发利用水资源应当全面规划、统筹兼顾、综合利用、讲求效益,发挥水资源的各种功能。采取有效措施保护自然植被,种树种草,涵养水源。实行计划用水,厉行节约用水。国家对水资源实行统一管理与分级分部门管理相结合的制度。《水法》还对保护江河湖泊、地下水、饮用水源、农业灌溉水源等作了明确的法律规定。

二、污水处理方法

污水处理方法很多,方法的选取于:①要求污水处理的程度;②污水的水量和水质情况;③受纳水体的具体条件;④投资条件等。通常污水处理的内容包括:固液分离;有机质和其他可氧化物的氧化;酸碱中和;去除有害物质;回收有用物质等。一般可归纳为物理法、化学法、物理化学法和生物处理法四大类。

1．物理法

物理法是污水处理中的基本方法,通过物理作用,以分离、回收污水中不溶解的呈悬浮状的污染物质(包括油膜和油珠),在处理过程中不改变其化学性质。物理法操作简单、经济,处理构筑物较简单,造价经济,但处理效果较差。该方法一般用于污水的预处理,又称一级处理或机械处理。

1)处理流程

以城市污水为例,单独采用物理法处理时其一般流程如图 4-3 所示。由格栅、沉砂池、沉淀池等具有不同功能的构筑物组成。

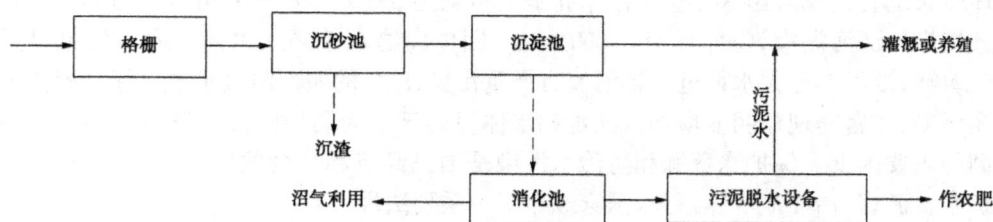

图 4-3　污水物理法处理流程

污水先经格栅截留较大的污物,再进入沉砂池去除砂粒等较重的无机物,然后进入沉淀池去除大部分较轻的悬浮有机物,出水可用于灌溉或养殖。沉淀池沉下的污泥,经消化池厌氧发酵后可作农肥,产生的沼气可用作能源。

2)处理构筑物

(1)格栅

格栅的作用是截留污水中较大的漂浮物质和悬浮固体。格栅由一组平行的金属栅条组成,栅条与水面成 60°～70°角,栅条间隙一般为 16～25mm(见图 4-4)。格栅可分为人工清除格栅和机械清除格栅两类。格栅设计主要控制流速及其水头损失。一般流速取 0.8～1.0m/s,水头损失采用 0.05～0.15m。

(2)沉砂池

沉砂池的作用是去除污水中砂粒等无机物,以减少后续有机污泥处理构筑物的容积,并利于污泥的处理和利用。沉砂池可分为平流式、竖流式、旋流式(曝气沉砂池)三种。通常采用平流式沉砂池(见图 4-5)。

平流式沉砂池采取控制流速的办法,使较重的砂粒下沉,而较轻的有机颗粒又不致下沉。一般控制流速在 0.3 ~ 0.15m/s 之间,水力停留时间取 30 ~ 60s,有效水深在 0.25 ~ 1.0m 之间。沉砂池每格的宽度不宜小于 0.6m,池体至少设两格。

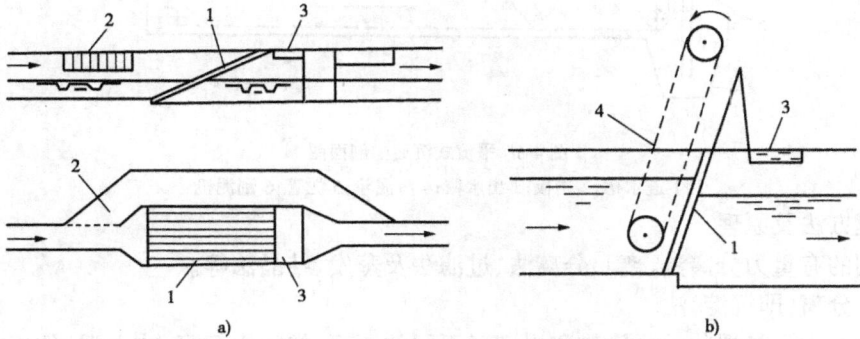

图 4-4　格栅构筑示意图
a)人工清除;b)机械清除
1-格栅;2-溢流道;3-平台;4-除渣机

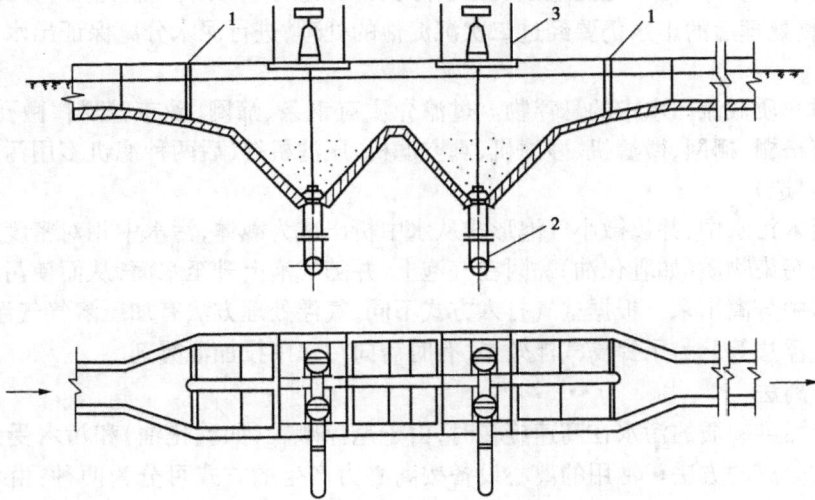

图 4-5　平流式沉砂池示意图
1-闸槽;2-排砂管;3-护栏

(3)沉淀池

沉淀池是利用重力沉降原理去除污水中相对密度大于 1 的悬浮物。水力停留时间一般为 1.0 ~ 1.5h。沉淀效率因污水性质而异,对于生活污水,要求悬浮物去除 50% ~ 55%,5 日生化需氧量(BOD$_5$)去除 25% ~ 30%。沉淀池按池内水流方向的不同可分为平流式、竖流式和辐流式三种。每种沉淀池均由水流部分、污泥部分和缓冲层三部分组成。图 4-6 为平流式沉淀池的剖面图。

平流式沉淀池的最大水平流速不大于 5 ~ 7mm/s,沉降区的深度通常为 1.0 ~ 2.5m。为了使池中的水流较为稳定,池子澄清区长度(进水挡板和出水挡板之间的距离)与宽度的比值不少于 4。在沉淀池前端池底设有泥斗,池底上的污泥在刮泥机刮板的缓缓推动下进入泥斗,由污泥管排出池外。若不采用机械刮泥设备时,池底须做成多斗排泥。

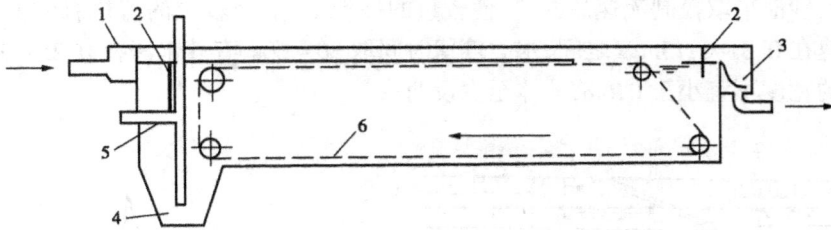

图 4-6 平流式沉淀池剖面图

1-进水槽;2-挡板;3-出水槽;4-污泥斗;5-泥管;6-刮泥机

3)处理方法及原理

常采用的有重力分离法、离心分离法、过滤法及蒸发、结晶法等。

1)重力分离(即沉淀)法

利用污水中呈悬浮状的污染物和水密度不同的原理,借重力沉降(或上浮)作用,使水中悬浮物分离出来。沉淀(或上浮)处理设备有沉砂池、沉淀池和隔油池。

在污水处理与利用方法中,沉淀与上浮法常常作为其他处理方法前的预处理。如用生物处理法处理污水时,一般需事先经过预沉池去除大部分悬浮物质减少生化处理构筑物的处理负荷,而经生物处理后的出水仍要经过二次沉淀池的处理,进行泥水分离保证出水水质。

2)过滤法

利用过滤介质截流污水中的悬浮物。过滤介质有钢条、筛网、砂布、塑料、微孔管等,常用的过滤设备有格栅、栅网、微滤机、砂滤机、真空滤机、压滤机等(后两种滤机多用污泥脱水)。

3)气浮(浮选)

将空气通入污水中,并以微小气泡形式从水中析出成为载体,污水中相对密度接近于水的微小颗粒状的污染物质(如乳化油)黏附在气泡上,并随气泡上升至水面,从而使污水中污染物质得以从污水中分离出来。根据空气打入方式不同,气浮处理方法有加压溶气气浮法、叶轮气浮法和射流气浮法等。为了提高气浮效果,有时需向污水中投加混凝剂。

4)离心分离法

含有悬浮污染物质的污水在高速旋转时,由于悬浮颗粒(如乳化油)和污水受到的离心力大小不同而被分离的方法。常用的离心设备按离心力产生的方式可分为两种:由水流本身旋转产生离心力的为旋流分离器,由设备旋转同时也带动液体旋转产生离心力的为离心分离机。

旋流分离器分为压力式和重力式两种。因它具有体积小、单位容积处理能力高的优点,近几十年来广泛用于轧钢污水处理及高浊度河水的预处理。离心机的种类很多,按分离因素分有常速离心机和高速离心机。常速离心机用于分离低浆废水效果可达 60% ~ 70%,还用于沉淀池的沉渣脱水等。高速离心机适用于乳状液的分离,如用于分离羊毛废水,可回收 30% ~ 40% 的羊毛脂。

2. 化学法

向污水中投加某种化学物质,利用化学反应来分离、回收污水中的某些污染物质,或使其转化为无害的物质。常用的方法有化学沉淀法、混凝法、中和法、氧化还原(包括电解)法等。

1)化学沉淀法

向污水中投加某种化学物质,使它与污水中的溶解性物质发生互换反应,生成难溶于水的沉淀物,以降低污水中溶解物质的方法。这种处理法常用于含重金属、氰化物等工业生产污水的处理。按使用沉淀剂的不同,化学沉淀法可分为石灰法(又称氢氧化物沉淀法)、硫化物法和

104

钡盐法。

　　2)混凝法

　　向水中投加混凝剂,可使污水中的胶体颗粒失去稳定性,凝聚成大颗粒而下沉。通过混凝法可去除污水中细分散固体颗粒、乳状油及胶体物质等。该法可用于降低污水的浊度和色度,去除多种高分子物质、有机物、某种重金属毒物(汞、镉、铅)和放射性物质等,也可以去除能够导致富营养化物质如磷等可溶性无机物,此外还能够改善污泥的脱水性能。因此混凝法在工业污水处理中使用得非常广泛,既可作为独立处理工艺,又可与其他处理法配合使用,作为预处理、中间处理或最终处理。目前常采用的混凝剂有硫酸铝、碱式氯化铝、铁盐(主要指硫酸亚铁、三氯化铁及硫酸铁)等。

　　当单独使用混凝剂不能达到应有净水效果时,为加强混凝过程、节约混凝剂用量,常可同时投加助凝剂。

　　3)中和法

　　用于处理酸性废水和碱性废水。向酸性废水中投加碱性物质,如石灰、氢氧化钠、石灰石等,使废水变为中性。对碱性废水可吹入含有 CO_2 的烟道气进行中和,也可用其他的酸性物质进行中和。

　　4)氧化还原法

　　利用液氯、臭氧、高锰酸钾等强氧化剂或利用电解时的阳极反应,将废水中的有害物氧化分解为无害物质;利用还原剂或电解时的阴极反应,将废水中的有害物还原为无害物质,以上方法统称为氧化还原法。

　　氧化还原方法在污水处理中的应用实例有:空气氧化法处理含硫污水;碱性氯化法处理含氰污水;臭氧氧化法在进行污水的除臭、脱色、杀菌及除酚、氰、铁、锰,降低污水的 BOD 与 COD等均有显著效果。还原法目前主要用于含铬污水处理。

　　3. 物理化学法

　　物理化学法是利用物理作用或化学反应,利用萃取、吸附、离子交换、膜分离技术、气提等操作过程,处理(或回收)污水中的溶解物质(或胶体物质)的方法。物理化学法的特点是处理效果较好,较稳定。但有时药剂的消耗或动力消耗较大,设备成本高,处理费用大。

　　物理化学法处理的具体方法很多,归纳起来大体可分为两类:一是投药法,向污水中投加某些化学药剂,与污水中的污染物发生物理作用(如混凝),或发生化学反应(如中和、氧化还原和生成沉淀等),其生成物应是无毒(或微毒),或是不溶于水的物质;二是传质法,如萃取、汽提、吸附、离子交换、反渗透、超滤等方法。这些方法的一个共同特点是在一定的物理条件和设备中,污染物由水相转移成其他物相,从而使污水得到净化。

　　工业废水在应用物理化学法进行处理或回收利用之前,一般均需先经过预处理,尽量去除废水中的悬浮物、油类、有害气体等杂质,或调整废水的 pH 值,以便提高回收效率及减少损耗。常采用的物理化学法有以下几种。

　　1)萃取(液—液)法

　　将不溶于水的溶剂投入污水之中,使污水中的溶质溶于溶剂中,然后利用溶剂与水的密度重差,将溶剂分离出来。再利用溶剂与溶质的沸点差,将溶质蒸馏回收,再生后的溶剂可循环使用。常采用的萃取设备有脉冲筛板塔、离心萃取机等。

　　2)吸附法

　　利用多孔性的固体物质,使污水中的一种或多种物质被吸附在固体表面而去除的方法。

常用的吸附剂有活性炭。此法可用于吸附污水中的酚、汞、铬、氰等有毒物质,且还有除色、脱臭等作用。吸附法目前多用于污水的深度处理。吸附操作可分为静态和动态两种。静态吸附,在污水不流动的条件下进行的操作。动态吸附则是在污水流动条件下进行的吸附操作。污水处理中多采用动态吸附操作,常用的吸附设备有固定床、移动床和流动床三种方式。

3)离子交换法

用固体物质去除污水中的某些物质,即利用离子交换剂的离子交换作用来置换污水中的离子化物质。随着离子交换树脂的生产和使用技术的发展,近年来在回收和处理工业污水的有毒物质方面,由于效果良好,操作方便而得到一定的应用。

在污水处理中使用的离子交换剂有无机离子交换剂和有机离子交换剂两大类。采用离子交换法处理污水时必须考虑树脂的选择性。树脂对各种离子的交换能力是不同的。交换能力的大小主要取决于各种离子对该种树脂亲和力(又称选择性)的大小。目前离子交换法广泛用于去除污水中的杂质,例如去除(回收)污水中的铜、镍、镉、锌、汞、金、银、铂、磷酸、有机物和放射性物质等。

4)电渗析法(膜分离技术的一种)

电渗析法是在离子交换技术基础上发展起来的一项新技术。它与普通离子交换法不同,省去了用再生剂再生树脂的过程,因此具有设备简单、操作方便等优点。电渗析是在外加直流电场作用下,利用阴、阳离子交换膜对水中离子的选择透过性,使一部分溶液中的离子迁移到另一部分溶液中去,以达到浓缩、纯化、合成、分离的目的。另用于海水、苦咸水除盐,制取去离子水等。

5)反渗透(膜分离技术的一种)

利用一种特殊的半渗透膜,在一定的压力下,将水分子压过去,溶解于水中的污染物质则被膜所截留,污水被浓缩,而被压透过膜的水就是处理过的水。目前该处理方法已用于海水淡化、含重金属的废水处理及污水的深度处理等方面。制作半透膜的材料有醋酸纤维素、磺化聚苯醚等有机高分子物质。为降低操作压力以节省设备和运转费用,目前对于膜的材料和性能正在深入试验研究。

反渗透处理工艺流程由三部分组成:预处理、膜分离及后处理。

6)超过滤法

也是利用特殊半渗透膜的一种膜分离技术。以压力为推动力,使水溶液中大分子物质与水分离,膜表面孔隙大小是主要控制因素。用于电泳涂漆废液等工业废水处理。

4.生物法

1)基本原理

污水的生物处理法就是利用微生物新陈代谢功能,使污水中呈溶解和胶体状态的有机污染物被降解并转化为无害的物质,使污水得以净化。属于生物处理法的工艺,又可以根据参与作用的微生物种类和供氧情况分为两大类,即好氧生物处理及厌氧生物处理。

(1)好氧生物处理法

在有氧的条件下,借助于好氧微生物(主要是好氧菌)的作用来进行的。微生物具有很强的吸附能力,当污水中的有机物与好氧微生物接触后,在短时间内吸附了污水中的有机物。那些分子量小或溶于水的有机物直接被微生物吸收;而一些分子量大且不溶于水的有机物,经微生物分泌的外酶作用,先分解为分子量小或溶解性的有机物,然后被微生物吸收。在内酶的作用下,微生物通过自身的生命活动——氧化、还原、合成等过程,将部分有机物氧化为简单的无机物,同时释放出微生物生长活动所需要的能量。而另一部分有机物被分解后则转化为生物肌体,组成新的微生物。图 4-7 表示了这一生化反应过程。

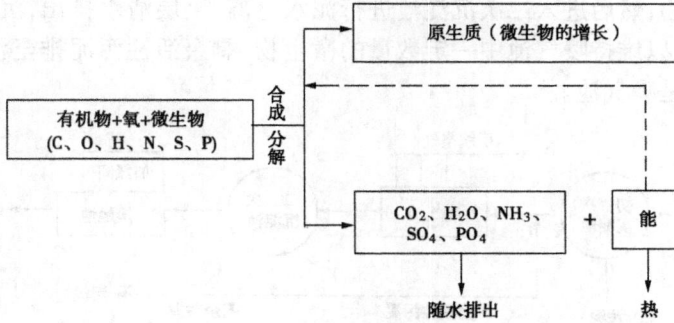

图 4-7 好氧微生物生化过程示意图

(2)厌氧处理

高浓度有机物和污泥的消化通常采用厌氧处理。厌氧处理是在无氧条件下,依靠厌氧、兼氧微生物对有机物进行分解。在无氧的条件下,利用厌氧微生物的作用分解污水中的有机物,达到净化水的目的。在分解初期,有机物在胞外酶作用下先进行水解,再经过产酸细菌的作用分解为各种有机酸、醇等,在这个过程中 pH 值下降,故称酸性发酵过程。在分解后期,由于含氮化合物的分解产生氨的中和作用,使 pH 值逐渐上升,在一群统称为甲烷菌族微生物的作用下分解有机酸和醇,生成甲烷和二氧化碳等物质,这个过程称为碱性发酵过程。整个过程如图 4-8 所示。

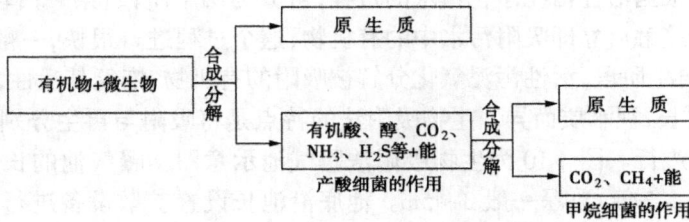

图 4-8 厌氧微生物处理过程示意图

2)处理方法

污水的生物处理方法较多,好氧处理中依据好氧微生物在处理系统中所呈的状态不同,又可分为活性污泥法和生物膜法两大类。厌氧处理中有普通消化池法、厌氧生物滤池法和上流式厌氧污泥床法等。

(1)活性污泥法

这是当前使用最广泛的一种生物处理法。该法是将空气连续鼓入曝气池的污水中,经过一段时间,水中即形成繁殖有巨量好氧性微生物的絮凝体——活性污泥,它能够吸附水中的有机物,生活在活性污泥上的微生物以有机物为食料,获得能量并不断生长繁殖。从曝气池流出并含有大量活性污泥的污水——混合液,进入沉淀池经沉淀分离后,澄清的水被排放,沉淀分离出的污泥作为种泥,部分地回流进入曝气池,剩余的(增殖)部分从沉淀池排放。活性污泥法有多种池型及运行方式,常用的有普通活性污泥法、完全混合式表面曝气法、吸附再生法等。废水在曝气池内停留一般为 4~6h,能去除废水中的有机物(BOD$_5$)90% 左右。

①处理流程。活性污泥法的基本流程如图4-9所示。污水先经初次沉淀池,去除大部分悬浮物;再进入曝气池,使污水与池中混合液混和接触,同时充入空气,微生物在此吸附、氧化分解污水中的有机物;然后进入二次沉淀池进行泥水分离,上层清水排出,沉淀的活性污泥一部分回流至曝气池,以维持曝气池中一定数量的微生物,剩余活性污泥排至污泥池进行消化。活性污泥法的关键是曝气池。

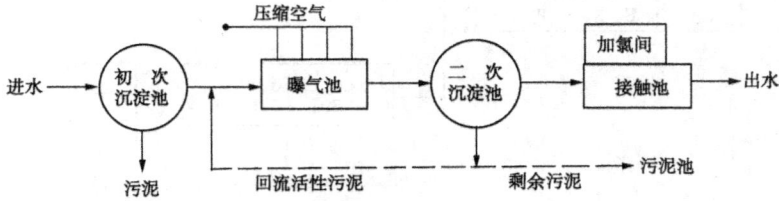

图 4-9　活性污泥法基本流程示意图

②曝气池。它是活性污泥法的主体构筑物,池内容纳活性污泥。所谓活性污泥,可以认为是由活性微生物、活细胞代谢残留物、吸附在活性污泥表面的不能生物降解的有机悬浮固体和惰性的无机悬浮固体四部分组成。当污水不断进入和流出时,回流活性污泥不断地补充到池中,同时对池中混合液进行供氧与搅拌,以创造微生物生长活动的良好条件使污水得到净化。所以曝气池的构造设计是否合理,运行管理是否正常,是污水生物处理效果好坏的关键。曝气池的平面形式有方形、圆形和矩形。曝气池的容积按活性污泥负荷计算。

③活性污泥法的形式。活性污泥法的形式较多,常用的有生物吸附法和完全混合法两种。

生物吸附法。根据活性污泥净化污水的过程,可分为两个阶段:第一阶段是吸附阶段,活性污泥与污水混合接触后立即吸附污水中的有机物,这个过程进行很快,一般 15 ~ 60min 即可完成;第二阶段为再生阶段,活性污泥氧化分解被吸附的有机物,恢复其活性,这一阶段一般需2~3h 以上,甚至更长,视水质而异。生物吸附法的特点是将吸附与再生分别在两个池子或一个池子的两个部分进行。图 4-10 为生物吸附法曝气池示意图。曝气池的长宽比一般不小于10,池宽为池深的 1 ~ 2 倍,池深一般 3 ~ 5m。池底沿池长设置扩散设备进行充氧与搅拌。按混合液的前进方向,池的前部为再生池,后部为吸附池。沿池长方向设置不少于 4 个进水口,以调节不同池长的吸附和再生比例。污水处理的流程是:污水从吸附段进入与再生后的活性污泥混合,沿池长呈推流状前进,然后进入二次沉淀池,泥水分离,清液排出,污泥回流至再生段,回流量一般为污水量的 50% ~ 100%。

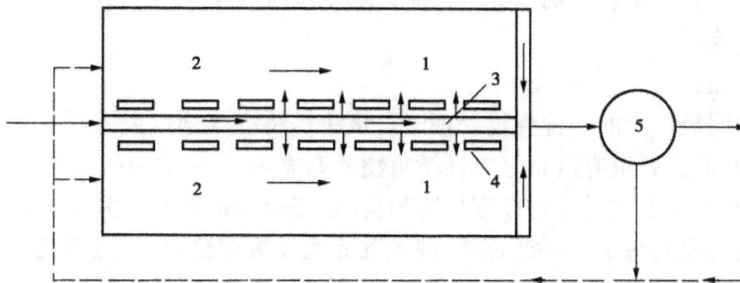

图 4-10　生物吸附法曝气池示意图
1-再生池;2-吸附池;3-进水渠;4-空气扩散板;5-二次沉淀池

108

完全混合法。这是一种较新型的活性污泥法,要求污水与回流的活性污泥在进入曝气池后与池内混合液迅速达到"完全混合"状态。其特点是曝气池内各点的污泥负荷与需氧量在理论上是均匀的,全池基本上处于同一工作状况,这就有可能把曝气池的工作点控制在最有利的条件下进行。同时由于进池的污水与池内混合液很快完全混合,能较大限度地适应污水水质的变化。图 4-11 为合建式完全混合曝气沉淀池示意图,池内分曝气区、导流区、沉淀区和污泥区。曝气区深度一般为 3～5m,水面设曝气叶轮,污水进入曝气池后,靠叶轮的作用将污水及回流污泥与池内混合液充分搅拌,并提升至曝气区表面进行充氧。经曝气后的混合液从导流窗口入导流区,经气水分离后进入沉淀区进行泥水分离,澄清后的水从出水槽排出。污泥区沉淀下的活性污泥经回流缝重返曝气区,多余的活性污泥排出池外。

(2)上流式厌氧污泥床法

这项工艺是荷兰 Wageningen 农业大学的 C·kettinga 等人在 1971～1978 年间研制并发展起来的。图 4-12 为上流式厌氧污泥床反应器(UASB 反应器)的示意图。其主体是一个无填料的空容器,内装一定数量的厌氧污泥,装置的最大特点是在反应器的上部设置了一个专用的气、固、液三相分离器。在反应器的底部,由浓度很高且具有良好沉淀和凝聚性能的厌氧污泥形成的污泥床。污水从反应器下部进入污泥床,并与污泥床的污泥混合,污泥中的微生物分解其中的有机物,并转化为沼气以微小气泡形式释放。微小沼气泡在上升过程中不断合并逐渐形成较大的气泡,在沼气的搅动下,污泥床反应区的上部形成了一个浓度较小的污泥悬浮层。泥水混合液在沉淀区被分离,污泥下滑返回反应器,处理后的污水在沉淀澄清后外排。

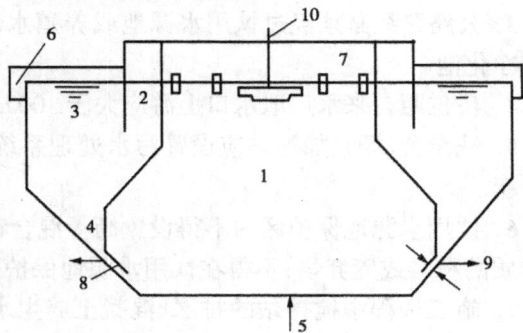

图 4-11 完全混合曝气沉淀池示意图
1-曝气区;2-导流区;3-沉淀区;4-污泥区;5-进水;6-出水水槽;
7-导流窗口;8-回流缝;9-排泥;10-叶轮

在厌氧处理中,由于有机氮转化为氨氮,有机硫转化为硫化氢,使处理后的污水具有一定的臭味。因此,高浓度有机污水经厌氧生物法处理后,往往需要补充处理,以好氧处理法为宜。

(3)生物膜法

使污水连续流经固体填料(碎石、煤渣或塑料填料),在填料上大量繁殖生长微生物形成污泥状的生物膜。生物膜上的微生物能够起到与活性污泥同样的净化作用,吸附和降解水中的有机污染物,从填料上脱落下来的衰老生物膜随处理后的污水流入沉淀池,经沉淀泥水分离,污水得以净化而排放。

生物膜法多采用的处理构筑物有生物滤池、生物转盘、生物接触氧化池及生物流化床等。除此之外,土地处理系统(污水灌溉)和氧化塘皆属于生物处理法中的自然生物处理范畴。

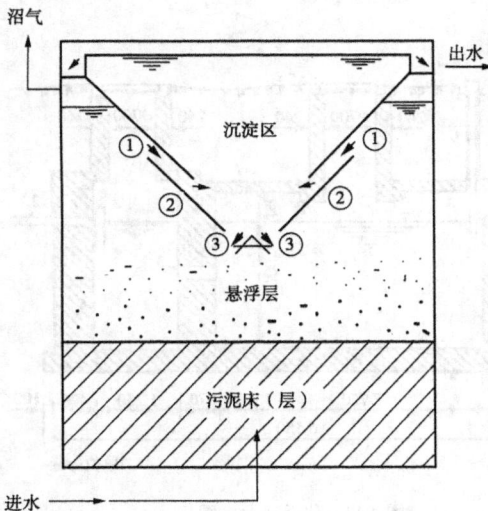

图 4-12 UASB 反应器示意图
1-污泥-水混合物入口;2-气体隔板;3-沉淀污泥回流孔

上述各种污水处理方法,各有特点和适用条件。可以单独使用,更多的是组合使用。

第四节 公路水环境污染防治

一、公路水环境污染防治的要求

1. 公路沿线设施排放的污水和施工期间排放的废水应符合《污水综合排放标准》(GB 8978—88)的规定。

2. 公路沿线设施的管理区、养护工区、服务区等的生活污水应经处理达标后排放。

3. 公路路线必须经过饮用水源地或养殖水体附近时,应设边沟或排水沟,必要时可设置小型净化池。

4. 桥位距自来水厂取水口上游应大于1000m,距下游应不小于100m。

5. 洗车台(场)、加油站应设置污水处理系统,经过处理达标后的污水可排入当地污水受纳系统。

6. 饮用水源地保护区内不得设置沥青混合料及混凝土搅拌站;不得堆放或倾倒任何含有害物质的材料或废弃物;不得在饮用水源地保护区内取土、弃土,破坏土壤植被。

7. 施工过程中搅拌站的排水、混凝土养生水等含有害物质的废水不得排入地表水 I～III 类水源地保护区。

8. 公路必须经过饮用水源地、水产养殖区域时,在该路段前后应设标志牌予以提示。

二、公路服务设施污水处理

公路建成投入营运后,其服务设施将排放一定数量的污水,如服务区的生活污水、洗车台(场)的污水、加油站的地面冲洗水、路段管理处及收费站的生活污水等。若这些设施的所在地远离城镇不能直接排入污水系统时,排放的污水必须经处理达标后排放。

1. 生活污水处理

1)化粪池

化粪池是污水沉淀与污泥消化同在一个池子内完成的处理构筑物,其结构简单,类似平流式沉淀池(见图 4-13)。污水在池中缓慢流动,停留时间为 12～24h,污泥沉淀于池底进行厌氧分解。污泥的储存容积较大,停留时间为 3～12 个月。由于污泥消化过程完全在自然条件下进行,所以效率低,历时长,有机物分解不彻底,且上部流动的污水易受到下部发酵污泥的污染。通常化粪池作为初步处理,以减轻污水对环境的污染。

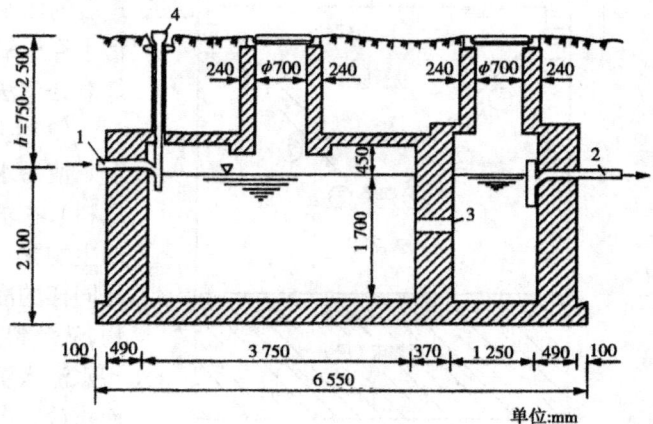

图 4-13 化粪池示意图
1-进水管;2-出水管;3-连通管;4-清扫口

2)双层沉淀池

双层沉淀池又称隐化池。它具有使污水沉淀,并将沉淀的污泥同时进行厌氧消化的功能

（见图 4-14）。污水从上部的沉淀槽中流过,沉淀物从槽底缝隙滑入下部污泥室进行消化。在沉淀槽底部的缝隙处设阻流板,使污泥室中产生的沼气和随沼气上浮的污泥不能进入沉淀槽内,以免影响沉淀槽的沉淀效果和污水受到污染。双层沉淀池的污泥消化仍在自然条件下进行,当污水冬季平均温度在 10～15℃时,污泥的消化时间约需 60～120d,因此,消化室的容积较大。

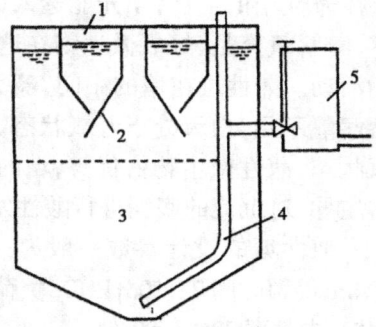

图 4-14　双层沉淀池示意图
1-沉淀槽;2-阻流板;3-消化室;4-排泥管;5-窨井

双层沉淀池的沉淀槽设计与前述平流式沉淀池相同,排泥静水压头应不小于 1.5m,沉淀槽的宽度不大于 2.0m,其斜底与水平夹角不小于 50°,其斜底与水平夹角不小于 50°,底部缝宽一般为 0.15m,阻流板宽度一般取 0.15～0.35m。沉淀槽底部到消化室污泥表面应有缓冲层,其高度一般为 0.5m。消化室的容积根据当地年平均气温,按表 4-3 确定。

消化室溶剂确定 表 4-3

年平均气温 (℃)	每人所需消化室 容积(L)	年平均气温 (℃)	每人所需消化室 容积(L)	年平均气温 (℃)	每人所需消化室 容积(L)
4～7	45	7～10	35	＞10	30

3）生物塘

当道路服务设施附近有取土坑(或洼地)可以利用时,可将取土坑(或洼地)适当整修作为生物塘。生物塘是一种构造简单、管护容易、处理效果稳定可靠的污水处理方法。生物塘可以作为化粪池或双层沉淀池的后续处理,也可单独使用。

污水在塘内经较长时间的停留和贮存,通过微生物(细菌、真菌、藻类、原生动物等)的代谢活动与分解作用,对污水中的有机污染物进行生物降解,最后达到稳定。因此,生物塘又称为生物稳定塘。生物塘可分为好氧塘、兼性塘、厌氧塘和曝气塘四种。

(1)好氧塘

好氧塘的深度较浅,有效水深一般小于 1m,通常采用 0.5m,阳光可以透入池底。塘内存在着藻—菌—原生动物生态系统(见图 4-15)。在阳光照射的时间内,藻类光合作用而释放大量氧,塘表面由于风力的搅动而进行自然复氧,使塘内保持着良好的"好氧"条件。好氧异养性微生物通过生化代谢活动,对有机污染物进行氧化分解,代谢产物 CO_2 供作藻类光合作用所需要的碳源。藻类利用 CO_2、H_2O、无机盐及光能合成其细胞质,并释放出氧气。

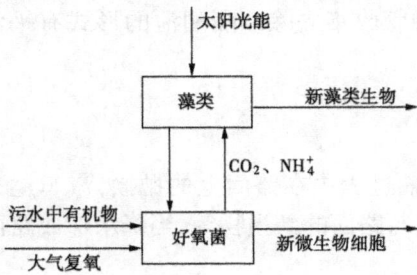

图 4-15　好氧塘内藻菌共生关系

好氧塘的设计参数应根据当地气候等具体条件而定。可参考下列数据:有效水深不大于 0.5m,停留时间 2～6d;BOD_5 负荷 10～22g/(m²·d),BOD_5 去除率 80%～95%。

(2)兼性塘

兼性塘的水深较好氧塘深,因而塘内的污水有较长的停留时间,对于污水流量和浓度的波动有较好的缓冲能力。兼性塘内存在着好氧层、兼性层和厌氧层三个区域(见图 4-16)。好氧

111

层在兼性塘的上层,阳光能透入,藻类光合作用旺盛,溶解氧充足,好氧微生物在这个区域内生化代谢活动。兼性层在塘的中间,藻类光合作用减弱,溶解氧不足,白天处于好氧状态,而夜间则处于厌氧状态,兼性微生物占优势,塘的底部厌氧微生物占主导,对沉淀的底泥进行酸性发酵和甲烷发酵。

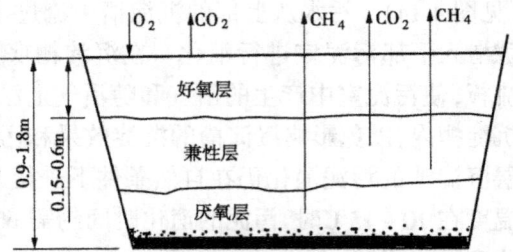

图 4-16　兼性塘的三个区域示意图

兼性塘的设计参数一般为:有效水深 0.6 ~ 2.4m,停留时间 7 ~ 50d;BOD_5 负荷 2 ~ 69g/($m^2 \cdot d$),BOD_5 去除率 70% ~ 80%。

(3)厌氧塘

当塘内的有机负荷超过了光合作用产生的氧量时,生物塘便处于厌氧状态。减小塘的表面积和加大塘的水深,都能降低光合作用的强度,塘内呈厌氧状态。有机物在厌氧微生物的代谢作用下缓慢降解,最后转化为甲烷,并释放出 H_2S 及其他致臭物,如乙硫醇、硫甘醇酸、粪臭素等。

厌氧塘的设计参数为:有效水深2.4 ~ 4.0m,停留时间30 ~ 50d;BOD_5负荷20 ~ 60g/($m^2 \cdot d$),BOD_5 去除率 50% ~ 70%。

(4)曝气塘

采用人工曝气(多采用曝气机)在水面进行曝气充氧,以维持良好的充氧状态。由于曝气具有搅拌和充氧双重功能,当曝气机的动力足以维持塘内全部固体处于悬浮状态,并向污水提供足够的溶解氧时,这种塘称为好氧曝气塘。当曝气机的动力仅能供应污水必要的溶解氧,并使部分固体处于悬浮状态,而另一部分固体沉积塘底并发生厌氧分解,这种塘称为兼性曝气塘。

曝气塘的设计参数为:有效水深1.8 ~ 4.5m,停留时间2 ~ 10d,BOD_5负荷30 ~ 60g/($m^2 \cdot d$),BOD_5 去除率80% ~ 90%。

2. 含油污水的处理

大型洗车场和加油站的污水,常含有泥沙和油类物质。油类不溶于水,在水中的形态为浮油或乳化油。乳化油的油滴微细,且带有负电荷,需破乳混凝后形成大的油滴才能除去。洗车场和加油站的含油污水以浮油为主,通常采用隔油池进行处理。当污水进入隔油池后,泥砂沉淀于池的底部,浮油漂浮于水面,利用设置在水面的集油管收集去除。隔油池的形式有平流式、波纹板式、斜板式等。

三、公路路面径流水环境污染防治

公路路面径流水环境污染,是指道路营运期,货物运输过程中在路面上的抛撒,汽车尾气中微粒在路面上的降落,汽车燃油在路面上的滴漏及轮胎与路面的磨损物等,当降水形成路面层径流就挟带这些有害物质排入水体或农田。

对于这种污染及其污染程度,国内至今研究甚少,根据国外研究结果,对公路路面径流污染去除较为有效的方法可分为以下四类。

1. 植被控制

公路两侧的植被通常是为美化公路景观或防止路基侵蚀而设计的,然而,植被却同时具有减小地表径流速度、提高固体物的沉淀效率、过滤悬浮固体、增加渗透性能的作用。因此,其被用于路面径流污染的控制中。植被控制包括植草渠道和漫流两种。

植草渠道是表面覆盖着草的沟、渠或洼地,目的是防止侵蚀和增强悬浮固体的沉淀。

漫流是植被过滤带理论的应用,其使路面径流呈面流流过窄长带状草皮,以过滤污染物质、提高地表渗透能力。

实践证明,植被控制法在去除路面径流中的污染物质方面是非常有效的,而且,对于大多数路面径流都是行之有效的前期处理方法。植被控制法适用于各种不同的地理环境,设计和实施过程中具有极大的灵活性,而且费用很低,并可与其他后续处理方法结合使用(如滞留池、渗滤系统和湿地等)。草是植被控制中最常用到的植物,而且在污染物的去除方面,草比其他植物(如灌木、树等)的去除率高。

污染物被地表植被去除的机理被认为是:吸附、沉淀、过滤、共沉淀及生物吸收过程,金属、氮、磷的去除则主要与渗透损失、地表贮留有关。影响去除效率的因素包括:草的种类、密度、叶片的尺寸、形状、柔韧性、结构等。被植被覆盖的地表的面积大小影响污染物去除的效率及下渗量。

植被控制方面需要进一步考虑的问题是污染物的去除和稳定以及草皮的种植和维护。采用植被控制方法常考虑的因素有:地形、土壤、空间、气候、侵蚀。

2. 湿式滞留池

在不适宜采用植被控制(如植草边沟)的场合,湿式滞留池(见图 4-17)是去除路面径流污染方面最实用有效的方法。如果滞留时间充足,那么滞留池是路面径流质量控制方面非常有效的方法。滞留池的效率取决于滞留池的规模、流域面积、暴雨特征等。滞留池去除颗粒状污染物的最基本机理是沉淀,但一些滞留池对一些可溶营养物质也有很好的去除效率,如可溶性磷、硝酸盐及亚硝酸盐氮,其机理可能是由于永久的湿式池中的生物作用。

干式滞留池(见图 4-17)主要是用于暴雨径流量控制,可消减洪峰流量,由于其滞留时间通常为几个小时,一般不足于使细小的悬浮物沉淀下来(已证明地表径流中的污染物主要与细小颗粒有关),且前一次地表径流的沉积物有可能在后一次的降雨中被冲出,使后一次的处理效果变差,所以,长期的总的效果不如湿式滞留池好。

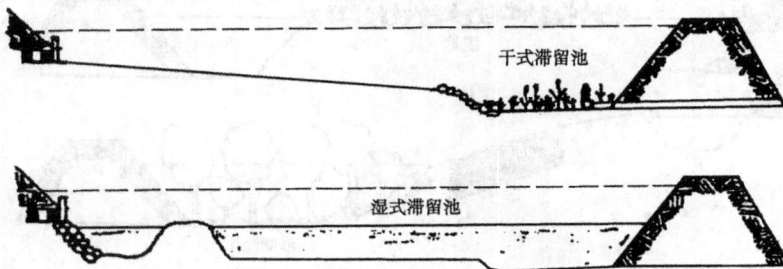

图 4-17　干式滞留池、湿式滞留池示意图

3. 渗滤系统

渗滤系统是使地表径流雨水暂时存储起来,并渗透到地下的一种暴雨径流管理方法。渗滤系统在美国的许多地方都作为一种处理暴雨径流的可选方案。其可单独使用,也可与其他常规方法结合使用。渗滤系统通常包括敞开式渗坑、渗渠及渗井。设计良好的渗滤系统可对路面径流中的污染物有很好的去除作用,渗滤系统适宜用于:

(1)土壤或下层土壤有很好的可渗透性;

（2）地下水位低于渗滤系统最低点最少 3m；

（3）入流中的悬浮固体含量小；

（4）渗滤过程中有足够的存储空间存储地表径流。

在我国，渗滤系统的设计实施主要是用于暴雨径流量的控制及地下水的补充，对径流水中污染物的去除只是一附带的功效。如西安至宝鸡高速公路沿线设置了几十座渗坑，其主要作用是控制路面暴雨径流，即路基排水，但其同时可为西安市补充越来越少的地下水，并控制污染。

渗滤不同于过滤系统。过滤广泛用于公路施工期或植被形成期对泥沙颗粒物的临时截留。常用的过滤系统有稻草捆、沙袋、滤布栏、砾石、沙滤器。其可使上游来水得到沉淀，去除大的悬浮颗粒。由于对细小颗粒效果差，所以对路面径流的污染控制效果不佳。

4．湿地

地下水位在地表或接近地表，或土地被一层潜水淹没或种植水生植物的土地均称之为湿地。饱和浸润是湿地演化过程的主导因素。湿地是一种复杂的生态系统，通常出现在陆地与水体的交界处，其特征通常是：植物生长茂盛、对营养的需求量大，分解速率高，沉积物及生化基质的氧含量低，生化基质具有大的吸附表面。

湿地是一种高效的控制地表径流污染的措施，它可以同化入流中大量的悬浮物或溶解态物质。然而，湿地处理系统的开发是一项复杂的工作，尚未得到一致的认识。不同的地理位置、气候、水力参数、湿地类型都会大大影响污染物的去除效率，在很多地方，湿地处理系统并不可行。

湿地处理系统去除地表径流污染物的主要机理是沉淀截留和植物吸附。湿地不同于滞留系统的特征有：水层浅、利用植物作为污染物去除的机制，强调水流缓慢，强调面流。

湿地系统可分为人工湿地及天然湿地。地下水位位于地表或接近地表的滞留池，或有充足空间形成一浅水层的洼地，都可以人工建筑成湿地系统。

渗滤池及湿地的示意图见图 4-18。

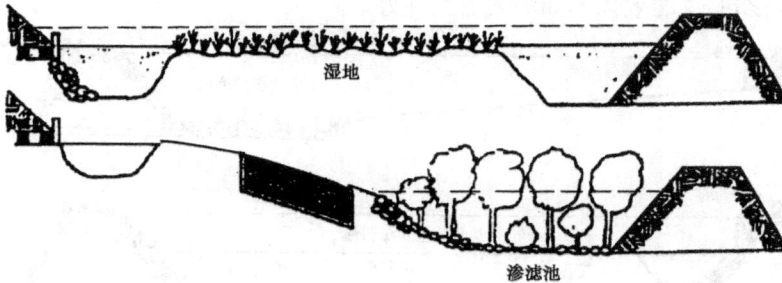

图 4-18　湿地、渗滤池示意图

四、公路施工期的水环境污染防治

道路施工期间无论是施工废水，还是施工营地的生活污水，都是暂时性的，随着工程的建成其污染源也将消失。通常道路施工期的污水对水环境不会有大的影响，可采用简单的、经济的处理方法。如施工营地的生活污水采用化粪池处理，施工废水设小型蒸发池收集，施工结束将这些池清理掩埋。

第五章　公路空气环境污染防治

第一节　空气及其污染的成因

一、大气组成

地球周围有一层很厚的大气圈。大气和空气两词,在自然科学中常作为同义词。但在环境科学中,对于室内和特指某个地方(如车间、厂区等)供动植物生存的气体,习惯上称为空气;在大气物理、大气气象和自然地理的研究中,是以大区域或全球性的气流作为研究对象,因此常用大气一词。因此,对空气污染和大气污染就规定相应的不同的质量标准和评价方法。有时,上述两类污染,也可统称为大气污染。

近代卫星探测资料表明,大气上界约在高空 $2\,000 \sim 3\,000km$ 处。其中我们赖以生存的空气主要是地面 $10 \sim 12km$ 范围内的那一部分,与人类关系最为密切。大气的总质量约为 $6 \times 10^{15}t$,相当于地球质量的百万分之一。

近地层的大气常称为空气,环境空气是指室外的空气。空气由干洁空气、水蒸气和杂质三部分组成。空气是最宝贵的资源之一,它是生命物质。不含有水蒸气和杂质的空气称为干洁空气,它是混合气体,主要气体组分是氮、氧、氩,次要组分是二氧化碳、氖、氦、氪、氙、臭氧等。空气中的水蒸气含量是不稳定的,它随着时间、地点、气象条件的不同而有较大的变化,变化范围在 $0 \sim 4\%$ 之间,且沿垂直方向和水平方向的分布也是不均匀的;水蒸气能演变成云、雾、雨、雪等复杂的天气现象。空气中的二氧化碳主要来源于燃料的燃烧、动植物的呼吸和有机物的腐烂;二氧化碳吸收短波辐射的能力弱,吸收长波辐射的能力很强,当大气中二氧化碳含量增多时,地球向宇宙空间辐射热量减弱,气温变暖,由此将导致冰川溶化,海洋水平面上升,沿海城市将被淹没。近地层空气中臭氧含量极少,随距地面(称下垫面)高度增加其含量增加,约在 $20 \sim 30km$ 高度处臭氧含量达到最大值,再向上臭氧含量又逐渐减少,到 $55 \sim 60km$ 高空处臭氧含量就极少了。距地面 $12 \sim 35km$ 高度的一层大气称臭氧层,臭氧能吸收波长短于 $0.29\ \mu m$ 的紫外线,这就保护了动植物有机体免受过量紫外线照射的危害。空气中的杂质可分为固态杂质和液态杂质。固态杂质主要有烟尘、粉尘、扬尘等,多集中在空气的低层。液态杂质主要指水汽凝结物,如云、雾滴,杂质以气溶胶分散体存在于空气中。

大气是多种气体的混合物,就其组成可以分为恒定的、可变的和不定的三种组分。其中氮 78.09%、氧 20.95%、氩 0.93%,这三者共占空气总体积的 99.97%,加上微量的氖、氦、氪、氙、氢等稀有气体,就是空气中的恒定组分,这一组分的比例,在地球表面上任何地方几乎是可以看作不变的。可变的组分系指空气中的二氧化碳和水蒸气。在通常情况下二氧化碳的含量为 $0.02\% \sim 0.04\%$,水蒸气的含量为 4% 以下,这些组分在空气中的含量是随季节和气象的变化以及人们的生产和生活活动的影响而发生变化的。大气中不定组分的来源有两种:(1)自然界的火山爆发、森林火灾、海啸、地震等暂时性的灾难所引起的。由此形成的污染物有尘埃、硫、硫化物、硫氧化物、氮氧化物、盐类及恶臭气体。一般说来,这些不定组分进入大气中,可造成局部和暂时性的污染。(2)由于人类社会生产的发展,使得大气中增加或增多了某些不定组分,如煤烟、尘、硫氧化物、氮氧化物等,这是空气中不定组分的最主要来源,也是造成空气污染的主要根源。

二、空气污染及其成因

1. 空气污染及其成因

1)空气污染

空气污染是指由于人类的活动或自然的作用,使某些物质进入空气,当这些物质在空气中达到足够的浓度,并持续足够的时间,危害了人体的舒适、健康和福利,或危害了生物界及环境。人类的活动包括生产活动和生活活动。自然的作用主要有火山喷发、森林火灾、岩石风化、土壤扬尘等。

所谓危害了人体的舒适和健康,是指对人体生活环境和生理机能的影响,引起急、慢性疾病,以至死亡等。所谓福利,是指人类为更好地生活而创造的各种物质条件,如建筑物、器物等。

自人类学会用火就对空气质量产生了干扰,当人类用煤作为燃料以后这种干扰加剧,并出现了空气污染现象。早期的空气污染主要是煤烟型空气污染(燃煤产生的烟尘和二氧化硫污染)。二次大战以后,工业国家燃料消耗量迅速增加,虽然用石油代替煤成为主要燃料,烟尘污染有所减轻,但二氧化硫污染仍在继续发展。

当今世界的空气污染主要是燃烧煤和石油造成的。当然,人类的其他活动排放的空气污染物,也使空气受到不同性质和不同程度的污染。

我国是世界上空气污染严重的国家之一。我国的空气污染属煤烟型污染,以颗粒物和酸雨危害最大。污染程度在加剧,特别是城市环境空气污染呈加重趋势。我国的酸雨主要分布在长江以南、青藏高原以东地区及四川盆地,其中华中地区酸雨污染尤为严重。

如果被污染的空气不断地被吸入肺部,通过血液而遍及全身,对人的健康直接产生危害。此外,大气污染对人的影响不同于水污染和土壤污染,它不仅时间长,而且范围广。全球性的大气污染问题,更是如此。在迄今为止的 11 次世界上重大污染事件中,就有 7 件是由大气污染造成的,如马斯河谷烟雾事件、多诺拉烟雾事件、伦敦烟雾事件、洛杉矶光化学烟雾事件、四日市哮喘事件、博帕尔农药厂泄漏事件和切尔诺贝利核电站事故等,这些污染事件均造成大量人口的中毒与死亡。

大气污染所引起的强烈效应引起了人们对大气污染的极大重视和关注,大气污染已成为人类当前面临的重要环境污染问题之一。由于大气污染的作用,可是使某个或多个环境要素发生变化,使生态环境受到冲击或失去平衡,环境系统的结构和功能发展变化。这种因大气污染而引起环境变化的现象,成为大气污染效应。

2)空气污染的原因

大气污染的形成,有自然原因和人为原因。前者如火山爆发、森林火灾、岩石风化等;后者如各类燃烧物释放的废气和工业排放的废气等。目前,世界上各地的大气污染主要是人为因素造成的。随着人类社会经济活动和生产的迅速发展,正大量消耗着各类能源,其中化石燃料在燃烧过程中向大气释放大量的烟尘、硫、氮等物质,这些物质影响了大气环境的质量,对人和

116

物都可造成危害,尤其是在人口稠密的城市和工业区域,这种影响更大,而造成各种形式的大气环境污染。

形成大气污染有三大要素:污染源、大气状态和受体。大气污染的三个过程是:污染物排放、大气运动的作用、相对受体的影响。因此,大气污染的程度与污染物的性质、污染源的排放、气象条件和体力条件等有关。污染源按其性质和排放方式可分为生活污染源、工业污染源、交通污染源。污染源有害物质对大气的污染程度,与污染源性质如排放方式、污染物的理化性质、污染物的排放量等内在因素有关,还与受体的性质如环境敏感度、受体距污染源的距离有关,也与气象因素,如风和大气湍流、温度层结情况以及云、雾等有关。

2. 大气污染源

大气污染源的主要原因是对能源的利用和城市人口的增加。空气污染始于取暖和煮食,到 14 世纪,燃煤释放的烟气已成为主要问题。18 世纪产业革命后,工业用的燃料更多,燃煤对空气的污染更加严重了。空气污染的危害,主要取决于污染物在空气中的浓度,而不仅是它的数量。由于城市人口集中,使局部空气中污染物在空气中的浓度提高,而且不容易稀释和分散到广大地区去。如美国,全部空中排出物的 50% 以上是从不到 1.5% 的陆上排放出去的,而美国约有 1/4 以上的人口集中在 10 个大城市中。

根据不同的研究目的和污染源的特点,污染源的类型有四种划分方法。

(1)按污染产生的类型分

①工业污染源。这里包括燃料燃烧排放的污染物,生产过程中的排气(如炼焦厂向大气排放 H_2S、酚、苯、烃类等有害物质;各类化工厂向大气排放具有刺激性、腐蚀性、异味性或恶臭的有机和无机气体;化纤厂排放的 H_2S、氨、二硫化碳、甲醇、丙酮等等)以及生产过程中排放的各类矿物和金属粉尘。

②生活污染源(主要为家庭炉灶排气)。在我国这是一种排放量大、分布广、排放高度低、危害性不容忽视的空气污染源。

③汽车尾气。在一些发达国家,汽车尾气已构成大气污染的主要污染源。目前全世界的汽车已超过 2 亿辆。一年内排除一氧化碳近 2×10^8 t,铅 40×10^4 t。

(2)按污染源存在的形式划分

①固定污染源。位置固定,如工厂的排烟或排气。

②移动污染源。位置可以移动,在移动过程中排放大量废气,如汽车等。

这种分类方法适用于进行大气质量评价时满足绘制污染源分析图的需要。

(3)按污染物排放的方式分

①高架源。污染物通过高烟囱排放。一般情况下,这是排放量比较大的污染源。

②面源。许多低矮烟囱集合起来而构成的一个区域性的污染源。

③线源。移动污染源在一定街道上造成的污染。

这种分类方法适用于大气扩散计算。

(4)按污染物排放的时间分

①连续源。污染物连续排放,如化工厂的排气筒等。

②间断源。排出源时断时续,如取暖锅炉的烟囱。

③瞬间源。排放时间短暂,如某些工厂的事故排放。

这种分类方法适用于分析污染物排放的时间规律。

第二节　空气污染物及其危害与扩散

一、几种主要的空气污染物及其危害

目前对环境和人类产生危害的大气污染物约有 100 种左右。其中影响范围广、具有普遍性的污染物有颗粒物、二氧化硫、氮氧化物、碳氧化物、碳氢化合物等。

1. 颗粒物

颗粒物是指除气体之外的包含于大气中的物质,包括各种各样的固体、液体和气溶胶。其中有固体的灰尘、烟尘、烟雾,以及液体的云雾和雾滴,其粒径范围主要在 200 ~ 0.1μm 之间。按粒径的差异,可以分为降尘和飘尘两种。

(1)降尘

指粒径大于 10μm,在重力作用下可以降落的颗粒状物质。其多产生于固体破碎、燃烧残余物的结块及研磨粉碎的细碎物质。自然界刮风及沙暴也可以产生降尘。

(2)飘尘

指粒径小于 10μm 的煤烟、烟气和雾在内的颗粒状物质。由于这些物质粒径小、质量轻,在大气中呈悬浮状态,且分布极为广泛。

飘尘容易在人体呼吸时吸入呼吸道。颗粒物对呼吸道的粘膜可产生机械性刺激作用。长期刺激可以发生毛细血管扩张,腺体分泌亢进,粘膜红肿,抵抗力下降。当气候变化时就容易发生急性上呼吸道感染。2μm 以下的飘尘容易吸入肺部,易导致肺泡破裂、肺泡数目减少;肺泡壁毛细血管破裂、包绕肺泡的毛细血管数量减少等危害。

据统计,20 世纪 80 年代全世界每年大约有 23×10^8 t 颗粒物排入大气,其中 20×10^8 t 是自然排放的,3×10^8 t 是人为排放的。因此,颗粒物主要来自自然污染源,如海水蒸发的盐分、土壤侵蚀吹扬、火山爆发等。人为排放的,主要产生于燃料的燃烧过程。

颗粒物自污染源排出后,常因空气动力条件的不同、气象条件的差异而发生不同程度的迁移。降尘受重力作用可以很快降落到地面;而飘尘可在大气中保留很久。颗粒物还可以作为水汽等的凝结核,参与形成降水过程。

2. 硫化物

硫常以二氧化硫和硫化氢的形状进入大气,也有一部分以亚硫酸及硫酸(盐)的形式进入大气。大气中的硫约 2/3 来自天然源,其中以细菌活动产生的硫化氢最为重要。人为源产生的硫排放的主要形式是 SO_2,主要来自含硫煤和石油的燃烧、石油炼制以及有色金属冶炼和硫酸制造等。在 20 世纪 80 年代,每年约有 1.5×10^8 t 的 SO_2 被人为排入大气中,其中 2/3 来自煤的燃烧,而电厂的排放量约占所有 SO_2 排放量的一半。

SO_2 是一种无色、具有刺激性气味的不可燃气体,是一种分布广、危害大的主要大气污染物。SO_2 和飘尘具有协同效应,两者结合起来对人体危害更大。而 SO_2 在大气中极不稳定,最多只能存在 1 ~ 2 天。在相对湿度比较大,以及有催化剂存在时,可发生催化氧化反应,生成 SO_3,进而生成 H_2SO_4 或硫酸盐,所以,SO_2 是形成酸雨的主要因素。硫酸盐在大气中可存留 1 周以上,能漂移至 1 000km 以外,造成远离污染源以外的区域性污染。SO_2 也可以在太阳紫外光的照射下,发生光化学反应,生成 SO_3 和硫酸雾,从而降低大气的能见度。

由天然源排入大气的硫化氢,会被氧化为 SO_2,这是大气中 SO_2 的另一主要来源。

3. 碳氧化物

碳氧化物主要有两种物质,即 CO 和 CO_2。CO 主要是由含碳物质不完全燃烧产生的,而天然源较少。1970 年全世界排入发起中的 CO 约为 $3.59 \times 10^8 t$,而由汽车等交通车辆产生的 CO 占总排放量的 70%。

CO 是无色、无刺激的有毒气体,其化学性质稳定,在大气中不易与其他物质发生化学反应,可以在大气中停留较长时间。CO 在一定条件下,可以转变为 CO_2,然而其转变速率很低。人为排放大量的 CO,对植物等会造成危害;高浓度的 CO 可以被血液中的血红蛋白吸收,而对人体造成致命伤害。

CO_2 是大气中一种"正常"成分,参与地球上的碳平衡,它主要来源于生物的呼吸作用和化石燃料等的燃烧。然而,由于化石燃料的大量使用,使大气中的 CO_2 浓度逐渐增高,这将对整个地—气系统中的长波辐射收支平衡产生影响,并可能导致温室效应。

4. 氮氧化物

氮氧化物(NO_x)种类很多,主要是一氧化氮(NO)和二氧化氮(NO_2),另外还有一氧化二氮(N_2O)、三氧化二氮(N_2O_3)和五氧化二氮(N_2O_5)等多种化合物。

天然排放的 NO_x,主要来自土壤和海洋中有机物的分解,属于自然界的氮循环过程。人为活动排放的 NO_x 大部分来自化石燃料的燃烧过程,如汽车、飞机、内燃机及工业窑炉的燃烧过程;也来自生产、使用硝酸的过程,如氮肥厂、有机中间体厂、有色及黑色金属冶炼厂等。据 20 世纪 80 年代初估计,全世界每年由人类活动向大气排放的 NO_x 约 $53 \times 10^6 t$。NO_x 对环境的损害作用极大,它既是形成酸雨的主要物质之一,也是形成大气中光化学烟雾的重要物质和消耗臭氧的一个重要因子。

在高温燃烧条件下,NO_x 主要以 NO 的形式存在,最初排放的 NO_x 中 NO 约占 95%。但是,NO 在大气中极易与空气中的氧发生反应,生成 NO_2,故大气中 NO_x 普遍以 NO_2 的形式存在。空气中的 NO 和 NO_2 通过光化学反应,相互转化达到平衡。在温度较大或有云雾存在时,NO_2 进一步与水分子作用形成酸雨中的第二重要酸——硝酸。在有催化剂存在时,如遇上合适的气象条件,NO_2 转变成硝酸的速度加快。特别是当 NO_2 与 SO_2 同时存在时,可以相互催化,形成硝酸的速度更快。

此外,NO_x 还可以因飞行器在平流层中排放废气,逐渐积累,而使其浓度增大。NO_x 再与平流层内的臭氧发生反应生成 NO_2 与 O_2,NO_2 与 O 进一步反应生成 NO 和 O_2,从而打破臭氧平衡,使臭氧浓度降低,导致臭氧层的耗损。

5. 碳氢化合物

碳氢化合物包括烷烃、烯烃和芳烃等复杂多样的物质组成。大气中大部分的碳氢化合物来源于植物的分解,人类排放的量虽然小,却非常重要。

碳氢化合物的人为来源主要是石油燃料的不充分燃烧和石油类的蒸发过程。在石油炼制、石油化工生产中也产生多种碳氢化合物。燃油的机动车亦是主要的碳氢化合物污染源,交通线上的碳氢化合物浓度与交通密度密切相关。

碳氢化合物是形成光化学烟雾的主要成分。在活泼的氧化物如原子氧、臭氧、氢氧基等自由基的作用下,碳氢化合物将发生一系列链式反应,生成一系列的化合物,如醛、酮、烷、烯以及重要的中间产物——自由基。自由基进一步促进 NO 向 NO_2 转化,造成光化学烟雾的重要二次污染物——臭氧、醛、过氧乙酰硝酸脂(PAN)。

二、一次污染物和二次污染物

从污染源排入大气中的污染物质,在与空气混合过程中会发生种种物理、化学变化。依其形成过程的不同,通常可以将其分为一次污染物和二次污染物,如表 5-1 所示。

大气污染物的分类
表 5-1

项目	一次污染物	二次污染物	项目	一次污染物	二次污染物
含硫化合物	SO_2、H_2S	SO_3、H_2SO_4、MSO_4	碳氧化合物	CO、CO_2	
含氮化合物	NO、NH_3	NO_2、HNO_3、MNO_3	卤素化合物	HF、HCl	
碳氢化合物	C_1-C_5 化合物	醛、过氧乙硝酸脂			

1. 一次污染物

一次污染物是指从各类污染源排出的物质,包括直接从各种排放源进入大气的各种气体、蒸气和颗粒物,如前述的 SO_2、碳氧化物、氮氧化物、碳氢化合物和颗粒物等都是主要的一次污染物。一次污染物又可分为反应物质和非反应物质两类。

(1)反应性污染物的性质不稳定,在大气中常与某些其他物质产生化学反应,或作为催化剂促进其他污染物产生化学反应,如 SO_2 和 NO_2 等。

(2)非反应性污染物,其性质较为稳定,它不发生化学反应,或反应速率很缓慢,如 CO 等。

一次污染物在大气中的物理作用或化学反应可分为以下几种。

(1)气体污染物之间的化学反应(可在有催化剂或无催化剂作用下发生)。例如,常温下有催化剂存在时,硫化氢和二氧化硫气体污染物之间反应生成单质硫。

(2)空气中粒状污染物对气体污染物的吸附作用,或粒状污染物表面上的化学物质与气体污染物之间的化学反应。例如,尘粒中的某些金属氧化物与二氧化硫直接反应,生成硫酸盐。

(3)气体污染物在气溶胶中的溶解作用。

(4)气体污染物在太阳光作用下的光化学反应。

2. 二次污染物

由上述各种化学反应的结果所生成的一系列新的污染物称为二次污染物。例如,大气中的碳氢化合物和 NO_x 等一次污染物,在阳光作用下发生光化学反应,生成臭氧、醛、酮、过氧乙酰硝酸脂(PAN)等二次污染物。常见的二次污染物有:臭氧、过氧乙酰硝酸脂(PAN)硫酸及硫酸盐气溶胶、硝酸及硝酸盐气溶胶,以及一些活性中间产物,如过氧化氢基(HO_2)、氢氧基(HO)、过氧化氮基(NO_3)和氧原子等。

SO_2 在干燥空气中,其含量达 800×10^{-6}(800ppm)时,人还可以忍受。一旦在形成硫酸气溶胶后,其含量仅 0.8×10^{-6}(0.8ppm)人即不可忍受。足见大气中的二次污染物对环境的危害很大。

光化学烟雾(Photochemical Smog)是光化学反应的反应物(一次污染物)与生成物(二次污染物)形成特殊混合物,主要大气中的碳氢化合物和 NO_x 等一次污染物,在阳光作用下发生光化学反应,生成臭氧、醛、过氧乙酰硝酸脂(PAN)等二次污染物所引起。光化学烟雾的形成是一个复杂的链式反应,它以 NO_2 光解生成氧原子反应为引发而导致臭氧的生成,又由于碳氢化合物的存在又加速 NO 向 NO_2 转化,使臭氧浓度增大,进而形成一系列具有氧化性、刺激性的最终产物:醛类、PAN、O_3 等。

光化学烟雾,早在1946年首先在美国洛杉矶被发现。光化学烟雾具有以下危害性。

(1)刺激眼睛,这是由具有刺激性的二次污染物甲醛、过氧化苯甲酰硝酸脂(PBzN)、PAN和丙烯醛引起的;

(2)臭氧会引起胸部压缩、刺激黏膜、头痛、咳嗽、疲倦等症状;

(3)臭氧能损害有机物质,如橡胶、棉布、尼龙和聚酯等;

(4)目前哮喘病的增多与氧化剂的增多有关,还会引起植物毁坏。

三、空气污染物的扩散

(一)有关的气象知识

气象要素是决定大气污染物浓度最重要的因素。与大气污染有关的气象要素很多,通常把与大气扩散密切相关的称为污染气象要素或扩散气象要素。污染物在大气中的扩散模拟是采用适当的扩散模型、在一定气象要素条件下进行的。

1. 气象要素

大气的物理状态和在其中发生的一切物理现象可以用一些物理量加以描述。对大气状态和物理现象给予定量或定性描述的物理量称为气象要素。常用的气象要素有:气温、气压、气湿、风向、风速、云况、云量、能见度、降水、蒸发量、日照时数、太阳辐射、地面及大气辐射等。这些气象要素的数值,都可通过观测获得。

(1)气温

地面气温一般是指离地面1.5m高处在百叶箱中观测到的空气温度。气温一般用摄氏温度(℃)表示,理论计算常用热力学温度(K)表示。

(2)气压

气压是指大气作用在某面积上的作用力与其面积的比值。大气压力的单位为kPa。

(3)气湿

空气湿度简称气湿,它是反映空气中水汽含量多少和空气潮湿程度的一个物理量,常用相对湿度和露点表示。

(4)风

气象上把空气质点的水平运动称为风,空气质点的垂直运动称为升、降气流。风是一个矢量,用风向和风速描述其特征。风向常用16个方位表示。

(5)云

云是由飘浮在空中的大量小水滴或小冰晶或两者的混合物构成的。

云量是指云的多少。我国将视野能见的天空分为10等分,其中云遮蔽了几分,云量就是几;国外将天空分为8等分,其中云遮蔽了几分,云量就是几。

(6)能见度

在当时的天气条件下,正常人的眼睛所能见到的最大水平距离,称为能见度(即水平能见度)。能见度的大小反映了大气的混浊程度。

2. 大气温度、压力和密度的垂直分布

1)大气温度垂直分布和对流层

根据大气温度在垂直于下垫面(地球表面)方向上的分布状况,可以把大气分为五层,即对流层、平流层、中间层、暖层和散逸层。

对流层是指由下垫面算起,到平均高度为12km的一层大气,空气污染主要发生在这一层。对流层的上界高度是随纬度和季节而变化的,在热带平均为 17~18km,温带平均为 10~12km,高纬度和两极地区为 8~9km,夏季对流层的上界高度大于冬季的。对流层具有下述四个主要特点:

(1)气温随高度的增加而降低,由下垫面至高空每高差 100m,气温约平均降低 0.65℃。

(2)有强烈的对流运动。一般是低纬度的对流运动较强,高纬度地区的对流运动较弱。对流运动的存在,使高低层之间发生空气质量交换及热量交换,使大气趋于均匀。

(3)对流层的空气密度最大,虽然该层很薄,但却集中了全部大气质量的 3/4。大气的全部水汽、云、雾、雨、雪等天气现象都发生在这层。

(4)对流层又可分摩擦层(或称行星边界层)和自由大气两层。自下垫面垂直向上的 1~2km 这一层为摩擦层。这一层受地面影响最大。

气象要素水平分布不均匀,特别是冷、暖气团的过渡带,即所谓锋区。在这里往往有复杂的天气现象发生,如寒潮、梅雨、暴雨、大风、冰雹等。

2)大气压力、密度和组分的垂直分布

对任一地点来说,气压总是随着高度的增加而降低的。据实测,在近地层中高度每升高 100m,气压平均降低约 1 240Pa,在高层则小于这个数值。

观测表明,大气密度随高度的变化几乎和大气压力随高度的变化规律相同。

大气中任一高度的各种气体组分比例,主要由分子扩散和湍流扩散作用决定的。在 100km 以下的气层中以湍流扩散为主,100km 以上的气层中以分子扩散为主。低层大气的组分较均匀,高层大气组分不均匀。

3. 气温层结与风俗廓线

1)气温层结

在大气边界层中电器的温度随着高度而变化,气温随高度的边可以用气温沿铅直高度分布曲线来表示,该曲线称为气温层结曲线,简称气温层结或层结。

气温随高度变化的快慢用气温递减率来表示。气温递减率的数学定义式 $\gamma = -\partial T/\partial Z$,是指单位高差(通常取 100m)气温变化的负值。

干空气在绝热升降过程中,每升降 100m 气温变化的负值称为干空气温度绝热递减率,以 γ_d 表示。经计算,$\gamma_d \approx 0.98k/100m$(取 1.0k/100m),这表示干空气在做绝热上升(或下降)运动时,每升高(或下降)100m 气温降低(或升高)1K。

大气边界中气温层结有四种典型情况:

(1)气温随高度增加而递减,即 $\gamma > 0$,称为正常分布层结或递减层结。气温随高度的分布多数是这种分布。

(2)气温递减率等于或近似等于干绝热递减率,即 $\gamma = \gamma_d$,称为中性层结。

(3)气温随高度增加而增加,即 $\gamma < 0$,称为气温逆转,简称逆温。

(4)气温随高度增加而不变化,即 $\gamma = 0$,称为等温层结。

2)风速廓线

大气的水平运动是作用在大气上的各种力的总效应。作用在大气上的水平力有:

(1)水平气压梯度力,是空气水平运动的原动力;

(2)地转偏向力,又称柯里奥利力,简称柯氏力;

(3)惯性离心力,是作曲线运动的大气所受的力。

(4)摩擦力,是阻碍运动的力。

由于这些力在不同高度上的组合不同,产生了风速随高度的变化。表示风速随高度变化的曲线称为风速廓线,风速廓线的数学表达式称为风速廓线模式。常用的风速廓线模式有对数律模式和幂函数模式两种。

①对数律风速廓线模式

对数律风速廓线模式用于近地层(100m 以下)中性层结条件下,精度较高。其模式为:

$$\bar{u} = \frac{u^*}{k} \ln \frac{z}{z_0} \tag{5-1}$$

式中:$\bar{u}$ ——计算高度 z 处的平均风速,m/s;

u^*——摩擦速度,m/s;

k ——卡门常数,$k = 0.4$;

z_0——地面粗糙度,m。

②幂函数风俗廓线模式

幂函数风俗廓线模式适用范围较广,其模式为:

$$\bar{u} = \bar{u}_1 \left(\frac{z}{z_1}\right)^m \tag{5-2}$$

式中:$\bar{u}$ ——计算高度 z 处的平均风速,m/s;

$\bar{u}_1$——已知高度 z_1 处的已知平均风速,m/s;

m ——幂函数,一般是地面粗糙度和期望问层结的函数。

4. 大气稳定度及其判别

如果大气中一空气块受到外力作用,产生了向上或向下运动,当外力去除后可能发生三种情况:

(1)气块逐渐减速并有返回原来位置的趋势,称这种大气是稳定的;

(2)气块加速上升或下降,称这种大气是不稳定的;

(3)气块立即停止运动或作等速直线运动,称这种大气是中性的。

大气静止稳定度(简称稳定度)是表示大气抗干扰能力的物理量。大气扩散中,大气稳定度表征了大气的扩散能力。不稳定的大气扩散能力强,中性的大气扩散能力次之,稳定的大气扩散能力弱。

判断大气稳定度的方法较多,在此仅介绍其中一种,用气温递减率(γ)与干绝热递减率(γ_d)之差来判断。当 $\gamma - \gamma_d > 0$ 时,大气是不稳定的;当 $\gamma - \gamma_d = 0$ 时,大气是中性的;当 $\gamma - \gamma_d < 0$ 时大气是稳定的。

(二)点源空气污染物扩散的高斯模式

1. 高斯模式坐标系及其假设

1)坐标系

高斯模式的坐标系规定为:排放源点在地面上的投影点为坐标原点;平均风向为 x 轴,下风方向为 x 轴的正向;y 轴在水平面内垂直于 x 轴,y 轴的正向在 x 轴的左侧;z 轴垂直于水平面,向上为正向。即该坐标系为右手坐标系。

2)四点假设

高斯模式的四点假设为:

(1)污染物在空中按高斯分布(正态分布);

(2)在整个空中风速是均匀的、稳定的,且风速大于 1m/s;

（3）源强是连续均匀的；

（4）在扩散过程中污染物质量是守恒的。

2．点源扩散高斯模式

1）无限空间连续点源的高斯模式

由污染物正态分布的假设，下风向任一点的污染物平均浓度分布函数为：

$$C(x,y,z) = A(x)\exp(-ay^2) \cdot \exp(-bz^2) \tag{5-3}$$

由概率统计理论，其方差的表达式为：

$$\sigma_y^2 = \frac{\int_0^\infty y^2 c \, dy}{\int_0^\infty c \, dy}; \qquad \sigma_z^2 = \frac{\int_0^\infty z^2 c \, dz}{\int_0^\infty c \, dz} \tag{5-4}$$

由假设④可写出污染物的源强为：

$$Q = \int_{-\infty}^\infty \int_{-\infty}^\infty \bar{u} c \, dy \, dz \tag{5-5}$$

上述四个方程组成一个方程组。其中，源强 Q、平均风速 $\bar{u}$、标准差 σ_y 和 σ_z 为已知量，浓度 $C(x,y,z)$、函数 $A(x)$、系数 a 和 b 为未知量。经推导计算，便得到无限空间连续点源污染物扩散的高斯模式为：

$$C = \frac{Q}{2\pi u \sigma_y \sigma_z} \exp\left[-\left(\frac{y^2}{2\sigma_y^2} + \frac{z^2}{2\sigma_z^2}\right)\right] \tag{5-6}$$

式中：σ_y、σ_z——污染物在 y、z 方向的标准差，m；

$\bar{u}$——平均风速，m/s；

Q——污染物源强，g/s。

2）高架连续点源高斯模式

高架连续点源的扩散问题，必须考虑地面对扩散的影响。它的坐标系和假设条件同前所述，所不同的是认为地面像镜面那样对污染物起到全反射的作用。按全反射原理，可以用"像源法"来处理这类问题。如图 5-1 所示，P 点的污染物浓度可看成是由位置 $(0,0,H)$ 的实源和位置 $(0,0,-H)$ 的像源在 P 点所构成的污染物浓度之和。

（1）实源的作用。P 点在以实源排放点（有效源高处）为原点的坐标系中，它的垂直坐标（距烟流中心线的垂直距离）为 $z-H$。当不考虑地面影响时，实源在 P 点所造成的污染物浓度为：

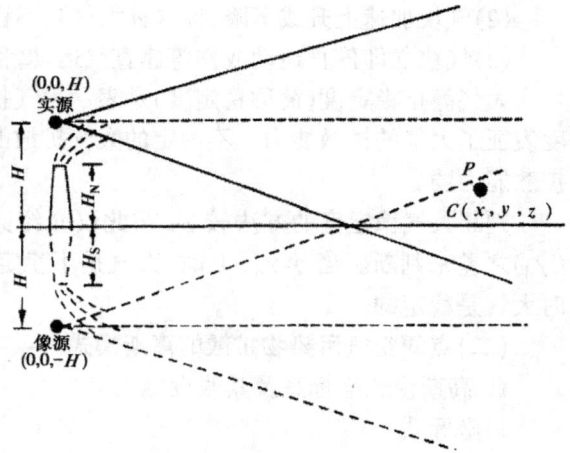

图 5-1 高架点源扩散模式示意图

$$C_1 = \frac{Q}{2\pi u \sigma_y \sigma_z} \exp\left[-\left(\frac{y^2}{2\sigma_y^2} + \frac{(z-H)^2}{2\sigma_z^2}\right)\right] \tag{5-7}$$

（2）像源的作用。P 点在以像源排放点（负的有效源高处）为原点的坐标系中，它的垂直坐标为 $z+H$。像源在 P 点所产生的污染物浓度为：

$$C_2 = \frac{Q}{2\pi u \sigma_y{}^2 \sigma_z{}^2} \exp\left[-\left(\frac{y^2}{2\sigma_y{}^2} + \frac{(z+H)^2}{2\sigma_z{}^2}\right)\right] \tag{5-8}$$

P 点的实际浓度为实源和像源的作用之和($C = C_1 + C_2$)。即

$$C = \frac{Q}{2\pi u \sigma_y \sigma_z} \exp\left(\frac{-y^2}{2\sigma_y{}^2}\right) \left\{\exp\left[\frac{-(z-H)^2}{2\sigma_z{}^2}\right] + \exp\left[\frac{-(z+H)^2}{2\sigma_z{}^2}\right]\right\} \tag{5-9}$$

式中 H 为高架点源排放点有效高度,单位为 m。所谓排放点有效高度是指点源实际高度与排放抬升高度之和(见图 5-1)。其余符号的物理意义与式(5-6)相同。

式(5-9)为高架连续点源污染物的扩散模式。由这一模式可求出下风向任一点的污染物浓度。

①地面浓度扩散模式

地面浓度扩散模式可由式(5-9)在 $z = 0$ 的情况下得到。即:

$$C = \frac{Q}{\pi u \sigma_y \sigma_z} \exp\left(\frac{-y^2}{2\sigma_z{}^2}\right) \exp\left(\frac{-H}{2\sigma_z{}^2}\right) \tag{5-10}$$

②地面轴线浓度扩散模式

地面浓度是以 x 轴为对成的, x 轴上具有最大值,向两侧(y 方向)逐渐减小。地面轴线浓度模式可由式(5-10)在 $y = 0$ 的情况下得到。即:

$$C = \frac{Q}{\pi u \sigma_y \sigma_z} \exp\left(\frac{-H^2}{2\sigma_z{}^2}\right) \tag{5-11}$$

③地面连续点源扩散模式

地面连续点源扩散模式可由式(5-9),令其有效源高 $H = 0$ 时得到,即:

$$C = \frac{Q}{\pi u \sigma_y \sigma_z} \exp\left[-\left(\frac{y^2}{2\sigma_y{}^2} + \frac{z^2}{2\sigma_z{}^2}\right)\right] \tag{5-12}$$

第三节　公路空气污染的防治

一、我国公路环境空气污染现状

1. 汽车排气污染情况

空气污染源可分为两类:一类是固定污染源,如火电厂、水泥厂、冶炼厂、炼油厂、化工厂、采暖锅炉、家庭炉坑等;另一类是移动污染源,如汽车、拖拉机、火车、飞机、轮船等。在移动污染源中,汽车数量最大,排放污染物最多,是主要污染源。

发达国家的汽车社会保有量十分巨大,如美国平均两人拥有一辆汽车,汽车排气已成为主要空气污染源。据美、日两国所作的研究与推测,汽车排放的污染物在空气污染物总量中所占的分担率为:一氧化碳(CO)达 80% ~ 90%,碳氢化合物(HC)达 50% 以上。

我国随着公路交通的不断发展,汽车保有量的迅速增加,汽车向空气中排放的 CO、NO_X(氮氧化合物)和 HC 的排放量也逐年增加。汽车排气已是我国大城市空气污染的重要来源。因此,控制汽车排气对改善我国城市环境空气质量势在必行。

2. 公路空气环境污染的特点

公路空气污染是由机动车(主要为汽车)排出的空气起污染物引起的。据统计,机动车尾气排放的分担率约占煤烟尘和工业几大污染源的 40%,因为是低空排放,其危害性实际达到

了 60%。其中各大城市中 90%以上的 CO、20%的 CO_2 是由汽车排放的。随着汽车工业的发展,公路空气污染还在不断地增长。表 5-2 列出了机动车排气中的主要污染物含量。公路空气污染具有不同于工业项目污染的特点,其污染源具有的流动性,且其污染扩散的形式是线源扩散而不是点源扩散。

机动车辆排气中污染物含量 表 5-2

污 染 物	汽油燃料	柴油燃料	
		载重汽车	机车
铅化合物	2.1	1.56	3.0
二氧化碳	0.295	3.24	7.9
一氧化碳	169	27	8.4
氮氧化物	21.1	44.4	9
碳氢化合物	33.3	4.44	6

3．公路交通空气污染危害

(1)一氧化碳(CO)

CO 是无色、无刺激的有毒气体,CO 经呼吸道进入肺部被血液吸收后,能与血液中的血红蛋白结合合成 CO-COHb(血红蛋白)。CO 与 COHb 的亲和力比氧大 250 倍,一经形成离解很慢,使血液失去传送氧的功能,发生低氧血症,因而导致人体内各组织却氧。当人体血液中 CO-COHb 含量为 20%左右时就会引起中毒,当含量达 60%时可因窒息而死亡。

(2)碳氢化合物(HC)

机动车辆排气中所含的碳氢化合物有百余种,其中大部分对人体健康的直接影响并不明显,但它是发生光化学烟雾的重要物质。排气中对人体健康危害较大的碳氢化合物主要是醛类(甲醛、丙烯醛)和多环芳烃(苯并[a]芘等)。甲醛和丙烯醛对鼻、眼和呼吸道粘膜有刺激性作用,可引起结膜炎、鼻炎、支气管炎等症状,它们还有难闻的臭味。甲醛刺激阀的主观指标为 $2.4mg/m^3$,当空气中甲醛浓度为 $5mg/m^3$ 时,接触的人立即出现血压降低倾向。甲醛还有致敏作用,使人发生变态反应疾病。苯并[a]芘是一种强致癌物质。

(3)氮氧化合物(NO_x)

氮的氧化物较多,机动车排出的氮氧化物主要是 NO 和 NO_2,统称氮氧化合物(NO_x)。

NO 是一种无色、无臭、无味的气体。它和血红蛋白的亲和力要比氧高 30 万倍,如果 CO 侵入人体与血红蛋白相结合,就会造成体内缺氧,严重时可引起意识丧失,甚至死亡。NO 本身对呼吸道亦有影响。因此,NO 对健康的影响是不容忽视的。

NO_2 是棕色气体,有特殊的刺激性臭味。NO_2 被吸人肺部后,能与肺部的水分结合生成可溶性硝酸,严重时会引起肺气肿。

空气中 NO_x 和 HC 同时存在时,在太阳紫外线的照射下,存在着潜在的光化学烟雾污染。

(4)光化学烟雾

光化学烟雾,是空气中具有一定浓度的 HC 和 NO_x 在阳光紫外线作用下,进行一系列的光化学反应形成一种毒性较大的浅蓝色烟雾。光化学烟雾是臭氧(O_3)、NO_2、过氧化酰基硝酸盐(PAN)、硫酸盐、颗粒物及还原剂等的混合物。

实验证明,对眼睛有刺激作用时氧化剂(以 O_3 表示)的浓度为 $0.10 \sim 0.90mg/m^3$。引起人体有下列症状的 1h 氧化剂浓度为:头痛 $0.10mg/m^3$;咳嗽 $0.53mg/m^3$;胸部不适 $0.58mg/m^3$。

(5)二氧化硫(SO_2)

SO_2 是一种无色气体。空气中 SO_2 浓度达 $1 \sim 3mg/m^3$ 时,大多数人都会有感觉,当浓度再高一些时便感觉有刺鼻的气味。由于 SO_2 的高度可溶性,大部分可被鼻腔和上呼吸道吸收,很少达到肺部。

SO_2 对植物有危害,如温州蜜桔开花期受浓度 $8.58mg/m^3$ 的 SO_2 影响 6h 便产生伤害症状,在果实成熟期受浓度 $14.3mg/m^3$ 的 SO_2 影响 24h 便产生症状。

(6)颗粒物

机动车排气中的颗粒物主要有铅化物微粒和燃料不完全燃烧而生成的碳烟粒等。铅进入人体后主要损害骨髓造血系统和神经系统,对男性的生殖腺也有一定的损害,如果采用无铅油,铅化物微粒影响便可基本消失。碳烟主要是危害人体的呼吸系统。

二、公路环境空气质量标准

为控制和改善空气质量,保护人体健康和自然生态环境,我国在 1982 年制定了《大气环境质量标准》,1996 年又颁布了新的《环境空气质量标准》(GB 3095—1996)。

《环境空气质量标准》中规定,按环境空气功能区划分为三类:一类区为自然保护区、风景名胜区和其他需要特殊保护的地区;二类区为城镇居住区、商业交通混合区、文化区、一般工业区和农村地区;三类区为特定工业区。环境空气质量标准分为三级:一类区执行一级标准;二类区执行二级标准;三类区执行三级标准。各级标准的各种污染物的浓度限值如表 5-3 所示。

各项污染物的浓度限值(GB 3095—1996)　　　　　　　　　　　　　表 5-3

污染物名称	取值时间	浓度限值			浓度单位
		一级标准	二级标准	三级标准	
二氧化硫 SO_2	年平均	0.02	0.06	0.10	mg/m³（标准状态）
	日平均	0.05	0.15	0.25	
	1 小时平均	0.15	0.50	0.70	
总悬浮颗粒物 TSP	年平均	0.08	0.20	0.30	
	日平均	0.12	0.30	0.50	
可吸入颗粒物 PM_{10}	年平均	0.04	0.10	0.15	
	日平均	0.05	0.15	0.25	
氮氧化物 NO_x	年平均	0.05	0.05	0.10	
	日平均	0.10	0.10	0.15	
	1 小时平均	0.15	0.15	0.30	
二氧化氮 NO_2	年平均	0.04	0.04	0.08	
	日平均	0.08	0.08	0.12	
	1 小时平均	0.12	0.12	0.24	
一氧化碳 CO	日平均	4.00	4.00	6.00	
	1 小时平均	10.00	10.00	20.00	
臭氧 O_3	1 小时平均	0.12	0.16	0.20	
铅 Pb	季平均	1.50			
	年平均	1.00			
苯并[a]芘 B[a]P	日平均	0.01			

污染物名称	取值时间	浓度限值			浓度单位
		一级标准	二级标准	三级标准	
氟化物 F	日平均	7			$\mu g/(dm^2 \cdot D)$
	1小时平均	20			
	月平均	1.8		3.0	
	植物生长季平均	1.2		2.0	

标准中的年平均是指任何一年的日平均浓度的算术均值,日平均是指任何1日的平均浓度,1小时平均是指任何1小时的平均浓度,季平均是指任何1季的日平均浓度的算术均值。植物生长季平均是指任何一个生长季的算术均值。标准中规定环境空气监测采样按《环境监测技术规范》(大气部分)执行,还规定了各种污染物的分析方法及其数据统计方法。

三、公路空气环境污染防治

(一)公路空气环境污染防治要求

1. 距公路中心线 200m 范围内的一般环境空气敏感点应符合《环境空气质量标准》(GB 3095—96)二级标准的规定;有特殊要求的地区应符合国家现行有关标准的规定。

2. 应对《公路建设项目环境影响报告书》中列出的环境空气质量超标的敏感点作补充工程调查,提出综合防治方案。

3. 环境空气污染防治应结合景观绿化设计,选择有吸附或净化能力,适合当地气候、土壤条件的草木、灌木和乔木。在用地许可时,宜种植多层次的绿化林带。

4. 沥青混合料应集中场站搅拌,其设备污染物排放应符合《沥青工业污染物排放标准》(GB 4916—85)中的一级标准的规定。搅拌场站距敏感点距离不宜小于 300m,并应设在当地主导风向的下风向一侧。

5. 石灰、粉煤灰等路用粉状材料运输和堆放应有遮盖,有条件时其混合料应集中拌和,减轻对空气、农田的污染。

6. 施工组织设计中应考虑对施工路段及便道适时洒水,减轻扬尘污染。

(二)公路空气污染防治措施

公路空气环境污染,主要由机动车辆行驶中排放有毒有害物质及在道路上产生的扬尘所致。当前,国际上通常是依靠采用先进的发动机控制技术,辅之以完善的后处理系统来达到削减汽车污染物排放的目的。源头削减无疑是控制污染的最佳方法,在设计阶段就考虑将机动车设计为低排放车,是非常有效的控制手段。在此基础上,辅之以末端治理为目的的后处理器,可将机动车污染物排放量控制在极低的水平。因此,排放控制技术和装置是机动车污染控制的基础和主要手段,失去了技术依托,机动车排放控制也就无从谈起。一般来说,先进的排放控制技术与无控车辆相比,可去除尾气中 95% 以上的 HC 和 CO 排放,NO_x 的去除率也达 80% 以上。

公路空气环境污染防治主要有七种途径:①采用新的汽车能源;②采用新燃料;③对现有燃料改进及前处理;④改进发动机结构及有关系统;⑤在发动机外安装废气净化装置;⑥控制油料蒸发排放;⑦加强和改进道路交通管理。

1. 采用新的汽车能源

为防治汽车空气污染,世界各国汽车行业都在寻找不产生空气污染物的汽车新能源。现已获得试验成功的新能源有太阳能和电能。欧、美、日的太阳能汽车和电力汽车已试验成功,但距商品化还有一定距离。我国也在积极研制新能源汽车,清华大学研制的太阳能汽车已试运行成功,标志着我国汽车新能源研究已跻身于世界先进之列。

2.采用新燃料

液化石油气、甲醇、氢气已被列为汽车的新燃料而进行研究,在今后还会有新的发现。

1)天然气

天然气作为机动车用燃料可直接使用,也可以压缩后使用。天然气的主要成分是甲烷（CH_4）,其含量在 81% ~ 98% 之间,甲烷不易着火,抗爆性好,甲烷的氢原子和碳原子比例高达 4,是汽油和柴油的 2 倍左右。产生同样的热能,甲烷燃烧产生的 CO_2 比柴油和汽油少 30% 左右。根据对使用汽油和天然气的车辆实测,使用天然气的 CO 排放减少 60% 以上,NO_x 排放降低 80%以上,HC 的总量虽略有增加,但能导致产生臭氧的非甲烷碳氢化合物却减少了 90% 以上。

2)液化石油气

液化石油气发动机是比较成熟的机型,许多国家都有定型产品。

液化石油气在发动机的工作温度下以气态存在,它可以和空气混合得十分均匀,从而获得完全燃烧。燃烧液化石油气排放的空气污染物数量比燃烧汽油有所减少。它的缺点是汽车需携带沉重的贮气罐,在运行和更换时有爆炸的危险存在,是难以解决的隐患。因此,液化石油气只能在特殊运输工作中使用,如定线行驶的公交车等。

3)甲醇

甲醇是一种高辛烷值的燃烧,在常温下呈液态,沸点为 64.7℃,在发动机工作温度下易于汽化。由于其汽化热比汽油高两倍多,使其和空气混合及汽车起动造成困难。燃用甲醇汽油混合燃料与燃用汽油相比,HC 和 CO 的排放明显减少,NOx 的排放量也有一定的减少。其缺点是甲醇具有毒性,需要防止蒸发。另外,甲醇能溶解塑料零件和使金属腐蚀,这些都需研究克服。

4)氢气燃料

氢气是一种理想的清洁燃料,以氢气为燃料的氢气发动机只排放 NO_x。氢燃料的特点是:氢与空气混合气的着火界限很宽,氢的含量在 4% ~ 75% 的范围内均可燃烧;氢的点火能量较低,与其他燃料相比,约差一个数量级;氢火焰的传播速度很快,约为普通燃料的 7 ~ 9 倍;氢完全燃烧后,其容积有所缩小。这些特点要求氢在稀混合气条件下工作,以减少 NO_x 的产生量。不过实验表明,当空气系数近于 1 时,NO_x 的排放量也不多。研究还发现,用 1% 的氢和 99%的汽油混合燃烧,可以节油,并减少 CO 和 HC 的排放量。

目前,许多国家都在致力于氢发动机的研究,并取得了不少成果。由于氢气的制取和储存问题还有待于进一步研究解决,目前氢发动机还停留在实验阶段。

替代能源就是能代替传统石油燃料(汽油、柴油)作为汽车动力的能源。现阶段常用的燃料包括:电能、氢气、天然气、液化石油气、醇类燃料(甲醇、乙醇)等等。以上述能源作为动力的汽车统称为替代能源汽车。替代能源汽车的优缺点和应用情况见表 5-4。

替代能源汽车的比较

表 5-4

替代能源汽车	优　　点	缺　　点	现状及前景
电动汽车	电能来源方式多 直接污染及噪声小 结构简单,维修方便	蓄电池能量密度小,汽车续驶里程短,动力性差 电池重量大,寿命短,价格高 蓄电池充电时间长 电池制造和处理存在污染	从总体看仍处于试验研究阶段,推广使用还需一定时间,但有希望成为未来汽车主体

替代能源汽车	优　点	缺　点	现状及前景
氢气汽车	不产生有害气体 氢的热值高	氢气生产成本高 气态氢能量密度小且储运不便， 液态氢技术难度大，成本高 需要开发专用的发动机	仍处于基础研究阶段，但有希望成为未来汽车的重要组成部分，前景难以预料
甲醇(乙醇)汽车	甲醇、乙醇可以利用生物、煤炭制取，来源有长期保障 储运方便 辛烷值较高	甲醇毒性较大，而且对金属和橡胶件有腐蚀 污染较大，与汽油相当 成本较高	目前世界上有相当数量的汽车燃烧甲醇(乙醇)和汽油的混合燃料，发展缓慢 可以作为能源的补充，在某些国家和地区可保持较大的比例
天然气汽车	天然资源丰富，在今后相当长的时间内有充足的保障 污染量很小 天然气辛烷值高 天然气价格低 技术成熟	天然气是非再生能源，不能作为根本性的替代能源 天然气储运不方便 新建加气站网络投资大 气态天然气能量密度小 汽车采用天然气会降低动力性 单烧天然气时须设计专门发动机	在许多国家已获得广泛使用并被大力推广，世界上已有约150万辆燃用天然气汽车，在21世纪将成为汽车燃料的主流之一
液化石油气汽车	污染小 储运方便 技术成熟 液化石油气辛烷值较高	液化石油气是非再生能源且资源没有天然气丰富 汽车动力性有所下降 单烧液化石油气时最好设计专门的发动机	目前世界上液化石油气汽车的保有量达350万辆，是21世纪汽车的主流之一

3．对现有燃料的改进及前处理

1)燃油掺水

燃油掺水后在气缸中燃烧时，由于水具有较高的比热，尤其是水蒸气的生成要吸收大量潜热，使燃烧最高温度下降。同时水蒸气稀释燃气降低了氧浓度，因而使 NO_X 的产生量减少。燃油掺水的缺点是机件易锈蚀，冬季有结冰现象发生，乳化油贮存时易发生水油分离，特别是喷水量随负荷变化的控制难以实现，因而该方法的应用受到限制。

2)采用无铅汽油

采用无铅汽油，可以杜绝汽车排气的铅污染。

3)汽油裂化为可燃气体

使汽油裂化为可燃气体的方法也称汽油裂化前处理方法。该方法是将液体燃料(例如无铅汽油或柴油)经裂化汽化器转变为可燃气体后，送入气体发动机工作。由于可燃气体与空气形成的混合气较均匀，燃烧完全，使空气污染物的排放量减少。目前该项技术尚处于试验研究阶段，有待完善。

4．改进发动机结构及有关系统

1)分层燃烧系统

汽油发动机基本上是均匀混合气的燃烧，空燃比的变化范围较窄，通常是 10～18 范围内变化。所谓空燃比是指混合气中空气与燃料的质量之比。在分层燃烧系统中，使进入气缸的混合气浓度依次分层，在火花塞周围充有易于点燃的浓混合气(空燃比为 12～13.5)以保证可靠的点火，在燃烧室的大部分区域充有稀的混合气。这样，燃烧室内总的空燃比平均在 18∶1

以上,以减少 CO 和 NO_X 的排放量。

2)均质稀燃技术

均质稀燃技术是对现有发动机稍作修改,如改进燃烧室的形状、结构,以改善混合气的形成与分配。实现该技术的实例有丰田的扰流发生罐,三菱的喷流控制阀系统及火球型燃烧室等。这些实例的共同特点是在实现稀混合气稳定燃烧的同时,力求增大燃烧速度,以实现快速燃烧,获得高的热效率和降低排污量。

3)汽油直接喷射技术

发动机采用汽油喷射系统的最大优点是使各缸的喷油量非常均匀,并且能按照发动机的使用状况和不同工况,精确地供给发动机所需的最佳混合气空燃比。它可以在较稀的混合气条件下工作,从而减少 HC 和 CO 的排放量。试验结果表明,该技术还可以提高功率约 10%,节省燃料约 5% ~ 10%,因此,它得到了实用性的发展。特别是电子控制式汽油喷射系统的采用,每缸的喷油量控制得更精确,混合气空燃比控制得更严格,使 CO 和 HC 的排放量达到最少,但 NO_X 的排放量接近最大值。再采用消除 NO_X 的机外技术,可以获得减少 CO、HC、NO_X 排放量的效果。

4)电子控制发动机

电子控制发动机系统主要控制的参数是混合气的空燃比和点火准时,也可以控制二次空气喷射及废气循环等,从而减少 CO、NO_X 的排放量。

5)化油器的净化措施

化油器对混合气的空燃比有直接影响,改进化油器的结构及使用调整,对减少排气中的CO、HC 和 NO_X 有重要作用。关于这方面的技术已发展了许多种,如控制阻风门的开度、热急速补偿装置、急速转数调整及减速时的空燃比等。

5. 发动机外安装废气净化装置

当对发动机本体进行改进,尚不能符合汽车排气标准时,可加装机外净化装置,使其符合汽车排气标准要求。机外废气净化装置有多种,下面对主要的几种简单作介绍。

1)二次空气喷射

空气喷射又称为二次燃烧,其工作原理是用空气泵向排气管喷入二次空气,借助于排气的高温使喷射空气中的氧和废气中的 HC、CO 相混合后再燃烧,使排气中的有害成分 HC、CO 在排气高温下继续燃烧进行氧化反应生成 CO_2 和 H_2O,以减少 HC 和 CO 的排放量,达到排气净化的目的。当温度在 700℃ 以上时,这些氧化反应的效率较高,因此,应尽可能将空气喷射在排气门附近的高温区。

空气喷射的时机是有控制的。汽车正常行驶时,空气喷射装置喷射空气;当汽车减速时,空气喷射应停止,防止因化油器的节气门突然关闭,燃油惯性继续流入造成混合气过浓不能完全燃烧,过多的不完全燃烧物在排气管中遇空气将引起排气管放炮,一般在减速 1 ~ 3s 后恢复空气喷射。空气喷射适用于汽油发动机的排气净化,在混合气偏浓时效果尤其明显。

2)热反应器

热反应器是一种降低 HC 和 CO 排放的后处理装置,它是基于高排气温度、足够的氧气及增加排气停留时间能促使 HC 和 CO 在排气系统中高度氧化的原理设计的,安装在发动机排气道的出口处,一般与空气喷射一起使用。热反应器是由壳体、外筒和内筒三层壁构成,壳体与外筒之间填有绝热材料,使热反应器内保持高温,以利于 HC 和 CO 的再燃烧。由喷管向排气门喷射的二次空气与排气相混合后进入热反应器的内筒及热反应器的心部,利用热反应器和排气的高温,使 HC 和 CO 燃烧变为无害物质。热反应器要求有良好的隔热性,防止热量向外扩散;有较大的容积空间,增加排气在排气管内停留的时间,从而改善空气喷射对 HC 和 CO 氧化效果,并可降低空气喷射量。一般在发动机浓混合气的情况下,喷入二次空气的热反应器效率最高。

3)催化净化装置

催化净化装置是一种内部装有催化剂的装置,装在发动机的排气管中。催化剂能使发动机排气中的有害成分加速变成无害成分。催化净化方法有两种,一种是催化氧化法,它以铂、钯、黄金、钴、镍等金属及其氧化物作为催化剂,使 CO、HC 氧化为 CO_2 和 H_2O;另一种是催化还原法,它以铂、碱金属、钴铬合金作为催化剂,使 NO_X 还原为 N_2 和 O_2。

目前催化净化装置有氧化催化反应装置和三元催化反应装置。氧化催化反应器是具有很大表面并具有催化剂的载体。当汽车排气经过反应器时,排气中的 HC 和 CO 在催化剂的作用下可以在较低的温度下与 O_2 反应,生成无害的 H_2O 和 CO_2,从而使排气得以净化。氧化催化反应装置仅依靠氧化反应降低 CO 和 HC,汽油机和柴油机都适用。由于所用催化剂为贵重金属铂和钯,使该方法的应用受到了限制。在 20 世纪 70 年代,发现用稀土金属作催化剂也可收到良好的效果,给氧化催化反应器的实际应用带来了希望。

三元催化反应器是一种能使 CO、HC 和 NO_X 三种有害成分同时得净化的处理装置。三元催化反应装置内则氧化与还原反应同时进行,能使 CO、HC 和 NO_X 三种有害成分同时得到净化处理,它要求发动机的空燃比精确地控制在理论空燃比附近的最佳范围内,以保证同时对三种有害成分高效净化,因此,三元催化反应装置一般与燃油电子喷射发动机一起使用,用氧传感器检测排气中的氧浓度,反馈控制发动机的空燃比范围。为做到这一点,将三元催化反应器与电子计算机控制系统结合使用。由于柴油机排气中残余的氧量较多,使氧传感器的控制不灵敏,故三元催化反应装置一般不用于柴油机,而只用于汽油机。该反应器净化效率高,但成本费用大。

对于装有催化净化装置的汽油机,必须使用无铅汽油;对于柴油机汽车,在运行时应尽量避免小负荷或变工况工作时的燃烧恶化。

4)废气再循环系统

从发动机排气管中引出一部分废气回流到进气管再进入燃烧室的方法叫做废气再循环,简称 EGR,是降低混合气最高燃烧温度,减少 NO_X 排放的有效措施。

废气再循环降低 NO_X 的基本原理是由于发动机排气中含有大量的惰性气体,它回流到进气管稀释了混合气,一方面使混合气的燃烧速度减慢,另一方面使燃烧过程中工质的热容量增加,从而使混合气最高燃烧温度下降,排气中 NO_X 的浓度大为下降。

对于废气再循环的时机要有所限制。在发动机预热、怠速和小负荷时,排气中的 NO_X 浓度不高,为防止废气回流破坏发动机燃烧的稳定性,不应进行废气再循环;当发动机全负荷或高速运转时,为保证汽车的动力性,这时也不应进行废气再循环。

废气再循环同样对于降低柴油发动机排放的 NO_X 浓度也有很明显的效果,但在相同排气再循环量的情况下,预燃室柴油机比直喷式柴油机的效果要差一些。

6. 控制油料蒸发排放

油料蒸发排放的有害气体主要是 HC,蒸发排放的部件主要有曲轴箱、油箱、化油器。

1)曲轴箱油料蒸发控制

曲轴箱油料蒸发是指从气缸窜入曲轴箱的混合气体和箱内润滑油蒸气,经通风管直接排到大气中,是目前防止曲轴箱内废气溢出的最有效的办法。其实质是采用强制通风系统把窜气引入气缸内燃烧。美国首先对曲轴箱的窜气加以控制,采用强制通风系统把窜气引入气缸内燃烧。目前,该系统有开式的和闭式的两种,闭式的是对开式的改进。

2)油箱和化油器油料蒸发控制

汽油发动机汽车的汽油蒸发污染物主要来自化油器和汽油箱两部分。据有关资料介绍,化油器浮子室蒸发污染物约占整个蒸发污染物的 54%,汽油箱蒸发污染物约占 46%。

油箱和化油器油料蒸发主要是在汽车行驶和受热时引起排放 HC 蒸气对大气污染。控制油箱和化油器油料蒸发的方法较多,它们的基本思路如下:

(1)消除和减少周围热源对油箱和化油器的影响,减少油料蒸发污染。措施是对油箱和化油器采取防热和隔热措施。

(2)对油箱和化油器中的油料蒸气直接引入发动机的进气系统,在气缸内烧掉。

(3)把油箱和化油器产生的油料蒸气输送到曲轴箱内,靠曲轴箱设置的强制通风系统把蒸气送入气缸内烧掉。

(4)将油箱和化油器产生的油料蒸气送入进气系统的贮存器内,随滤清的空气进入气缸燃烧。

7. 加强和改进公路交通管理

为减少公路交通对环境空气的污染,应从以下几方面加强和改进对公路交通的管理:

(1)加强对公路的养护,使道路保持平整,保证汽车在良好的路况下行驶,减少排放有害气体。

(2)加强汽车保养管理,以保证汽车安全和减少有害气体的排放量。

(3)制定各种机动车辆的废气排放标准,控制机动车辆的废气排放量。

(4)限制拖拉机、载重柴油机车在城市市区道路上行驶。

(5)取消公路上各种关卡和收费站(以其他收费方式取代),减少车辆的怠速状态。

(6)改善城市交叉口的通行条件和交通干道的通行条件,以减少有害物质的排放。

(7)加强油料质量管理,防止产生严重污染的劣质油料上市。

(8)加强公路两侧绿化,种植能吸收(或吸附)CO、HC 和 NO_X 等有害气体的树种,以减小公路交通大气污染的范围。

四、沥青烟的危害与防治

1. 沥青烟的危害

沥青烟是由 100 多种有机化合物组成的混合气体,其中大部分是多环芳烃,尤以苯并[a]芘对动植物及人体危害最大。

沥青烟尘降落在植物叶片上,会堵塞叶片呼吸孔,使叶片变色、萎缩、卷曲、甚至落叶。动物试验证明,沥青烟可使动物致癌。

沥青烟对人体造成伤害的主要成分有苯并[a]芘、酚类、吡啶类、蒽萘类等。长期处于沥青烟污染的环境中可引起人体的急、慢性伤害。易受伤害的部位是呼吸道和皮肤。皮肤受害以面颊、手背、前臂、颈部等裸露部分最明显,常见症状有日光性皮炎、痤疮型皮炎、毛囊炎、疣状赘生物等。沥青烟还会引起人体头晕、乏力、咳嗽、畏光、流泪等中毒症状,严重的可发生皮肤癌、呼吸道系统的癌症等。因此,必须重视对沥青烟的防治。

2. 沥青烟的防治

在道路建设中散发沥青烟的主要有两道工序。一是沥青路面施工现场,沥青混合料由车辆倾倒时散发大量沥青烟,随后摊铺、碾压过程中也散发沥青烟,施工现场散发沥青烟的治理难度较大,至今尚未见有治理实例报导。另一是沥青混合料的生产场(站)在熬油、搅拌、装车等工序中产生、散发沥青烟。对于沥青混合料生产场(站)的沥青烟散发可用下列方法防治:

(1)吸附法

吸附法是利用吸附原理,采用比表面积大的吸附剂吸附沥青烟的技术。吸附法的关键是选择合适的吸附剂,常见的吸附剂有焦炭粉、氧化铝、白云石粉、滑石粉等。吸附法是防治沥青烟的一种很好的方法。

(2)洗涤法

洗涤法是利用液体吸收原理,在洗涤塔中采用液相洗涤剂吸收沥青烟的技术。工艺流程通常是使沥青烟先进入捕雾器捕集,而后进入洗涤塔洗涤。洗涤塔的形式以喷淋塔居多,洗液由泵送至塔顶,沥青烟则由塔底部进入,烟尘与洗液在塔内相向接触,经洗涤后的烟气由塔顶排入大气,洗液落到塔的底部重复使用。洗涤液可用清水、甲基萘、溶剂油等。

(3)静电捕集器

静电捕集器是由放电极和捕集极组成的捕集装置。其基本原理是,当沥青烟进入电场后,由放电极放电使沥青烟中微粒带电驱向捕集极,达到清除沥青烟微粒的目的。静电捕集器的运行电压一般在 40 000 ~ 60 000V 之间。静电捕集器的捕集效率较高,一般大于 90%。

(4)焚烧法

由于沥青烟是由一百多种有机化合物组成的混合气体,在一定温度和供氧的条件下是可以燃烧的,因此,可以用焚烧法处理沥青烟气。沥青烟的燃烧温度在大于 790 ~ 900℃时才能燃烧完全。沥青烟的浓度越高越便于燃烧。为了在较低的温度下使沥青烟能完全燃烧,可用催化燃烧方法。

目前,道路施工中已普遍采用沥青拌和设备,该设备设有上述两种以上沥青烟消除装置,能较好的防治沥青烟对周围环境空气的污染。

第六章 公路噪声污染控制

第一节 声学的基本知识

一、噪声与噪声源

噪声是一种声波,具有一切声波运动的特点和性质。噪声就是使人烦躁的、讨厌的、不需要的声音,并希望利用一定的噪声控制措施消除掉的声音总称。它不仅包括杂乱无章不协调的声音,而且也包括影响旁人工作、休息、睡眠、谈话和思考的音乐等声音。因此,对噪声判断不仅仅是根据物理学上的定义,而且往往与人们所处的环境和主观感觉有关。

声音来源于物体的振动。通常把正在发出声音的振动物体称为声源,发出噪声的振动物体称为噪声源。

二、噪声在空气中的传播

声源振动辐射的声波在媒质中传播时,在某一时刻声波到达的各点所形成的包迹面称为波阵面。根据波阵面的形状,可以将声波分为平面波、球面波和柱面波。由点声源辐射的声波为球面波,如当一辆汽车的尺度远小于其到观察点的距离时,可视作点声源。线声源辐射的声波为柱面波,如一列火车或公路上的车流,可看成线声源。

媒质中有声波传播的区域叫做声场,声波传播无边界影响或边界影响可以忽略的区域称为自由声场。

(一)声波的声速、波长与频率

声波在媒体中传播的速度称为声速,习惯用符号 C 表示,单位是 m/s。声速与声源的性质无关,而与媒质的弹性、密度及温度有关。

波声传播路径上,两相邻同相位质点之间的距离称为波长,记作 λ,单位为 m。声波传播一个波长所需的时间称为周期,记作 T,单位是 s。周期的倒数称为声波的频率,记作 f,单位为 Hz。

人耳能感觉到的声波频率(称音频)范围在 20~20 000Hz 之间,其对应的波长范围为 0.017~17.0m 之间。低于 20Hz 的声波称为次声,高于 20 000Hz 的称为超声,次声和超声不能使人耳产生听觉。

(二)噪声在空气中传播

噪声在空气中传播时,由于声波的作用,使空气中质点获得声能量。所以,噪声从声源传播到受声点,因传播发散、空气吸收、阻挡物的反射与屏障等因素的影响,会使其产生衰减。声波的传播过程实质上是声源辐射声能量的传递过程。噪声的强度随着传播距离的增加而衰减,其原因,主要是声能量随声波波阵面的扩张而衰减,其次是空气对声能量的吸收及近地面传播时的附加吸收衰减。气象条件如风速、温度、雨、雾等对噪声传播也有相当大的影响。为了保证噪声影响预测和评价的准确性,对于由上述各因素所引起的衰减值需认真考虑,不能任意忽略。

1. 噪声随传播距离的衰减

噪声在传播过程中由于距离增加而引起的发散衰减与噪声固有频率无关。随距离增加引起其衰减值为：

$$\Delta L_1 = \begin{cases} 20 \ \lg \dfrac{r_0}{r} (\text{点声源}) \\[2mm] 10 \ \lg \dfrac{r_0}{r} (\text{线声源}) \end{cases} \tag{6-1}$$

式中：ΔL_1——距离增加产生衰减值，dB；由式可见，点声源辐射的声波传播距离加倍时，声压级衰减 6dB；线声源辐射的声波传播距离加倍，声压级衰减 3dB；

　　　r_0——参照点距噪声源的距离，m；

　　　r——接受点距噪声源的距离，m。

2. 空气对声波的吸收

空气对声波的吸收由两部分组成：一是空气的粘滞性、热传导及空气分子转动弛豫等因素产生的声能量损耗，称为经典吸收，一般可忽略不计；二是由空气中氧分子和氮分子振动弛豫产生的声能量损耗，称为分子吸收，分子吸收与空气的温度、湿度及声波的频率有关。因此，空气吸收声波而引起声衰减与声波频率、大气压、温度、湿度有关，其衰减值为：

$$\Delta L_2 = \alpha_0 (r - r_0) \tag{6-2}$$

式中：α_0——空气的声压级衰减系数，dB/m；

　　　r_0——参照点距噪声源的距离，m；

　　　r——接受点距噪声源的距离，m。

空气吸收产生的声压级衰减系数的实验值请参阅有关资料。在噪声控制中，当声波的频率不太高(低于 2000Hz)时，空气吸收衰减可忽略不计。

3. 地面吸收的附加衰减

地面吸收对噪声的附加衰减量，取决于地表性质、植被类型等。对于灌木丛和草地的衰减量可用下式估算：

$$\Delta L_2 = (0.18 \ \lg f - 0.31) r \tag{6-3}$$

式中：ΔL_2——地面吸收对噪声的附加衰减量，dB；

　　　f——噪声的频率，Hz；

　　　r——噪声在草地或灌木丛上传播的距离，m。

由于公路两侧的地表情况较复杂，对于公路交通噪声，可用下列经验公式估算其地面吸收的附加衰减量：

$$\Delta L_2 = \alpha \cdot 10 \ \lg r \tag{6-4}$$

式中：r——噪声传播的距离，m；

　　　α——与地面覆盖物有关的衰减因子。经资料介绍，当接受点距地面 1.2m 时，各种地面的平均衰减因子取 $\alpha = 0.5 \sim 0.7$。接受点距地面高度增加时，值随高度减少。

由上面讨论可见，在自由声场条件下如距噪声源 r_0(参照点)处的声压级为 L_0，则距离 r(接受点)处的声压级 L_p 为：

$$L_p = L_0 + 10 \ \lg \left(\frac{r_0}{r}\right)^\alpha - \alpha(r - r_0) + \begin{cases} 20 \ \lg \dfrac{r_0}{r} (\text{点声源}) \\[2mm] 10 \ \lg \dfrac{r_0}{r} (\text{线声源}) \end{cases} \tag{6-5}$$

4．风速和温度梯度对噪声传播的影响

声波从声速大的媒质进入声速小的媒质时,折射声波的传播方向将靠拢法线,反之,折射声波的传播方向将背离法线。

当声波顺风向传播时,声速应叠加上风速。由于地面对空气运动的阻力,风速随着离地面高度增大,即声速随高度增大,从而使声波传播方向向下弯曲。当声波逆风向传播时,声速应减去风速,即声速随高度减小,从而使声波传播方向向上弯曲(见图6-1)。该现象就是声波顺风往往比逆风传得更远的道理。

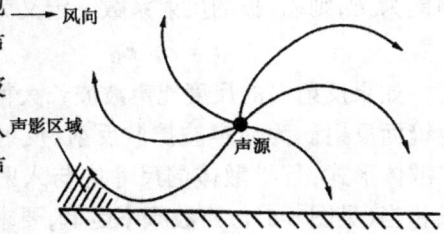

空气中的声速与湿度成正比。当空气温度随高度增大时(温度梯度为正),声速亦随高度增大,因而使声波传播方向向下弯曲(见图6-2a),例如,在晴天的夜间,地面由于热辐射和热传导迅速冷却,靠近地面的空气温度下降,而离地较高处仍保持较高的温度,即所谓逆温现象,这时地面上声源辐射的噪声就可以传播得较远。相反,当温度随高度减小时(温度梯度负),声速传播方向向上弯曲(见图6-2b),例如,在晴天,空气温度随高度下降,地面上声源辐射的噪声就传播得较近。

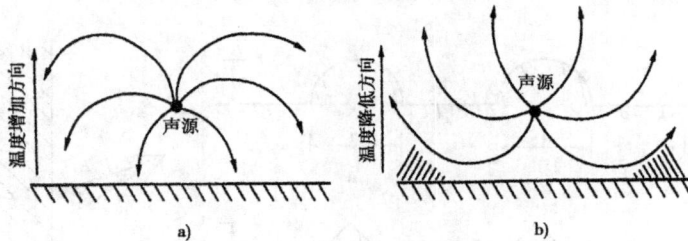

图 6-1　风速对声波传播的影响

图 6-2　温度梯度对声波传播的影响
a)温度梯度为正;b)温度梯度为负

三、声波的绕射、反射、吸收和透射

1．声波的绕射

当声波遇有孔洞(或缝隙)的障板时,由于声波的绕射特性,可以通过孔洞传到障板的背后。如果孔洞的直径(d)比入射声波的波长(λ)小得多时(即$d \ll \lambda$),小孔可近似看作一新波源,它的子波是以小孔为中心的球面波(见图6-3)。在噪声控制工程中,应防止障板(如声屏障)上有孔洞(或缝隙),避免漏声而造成"声短路"现象。

当声波遇一障板时,因声波的绕射在障板边缘处将改变其原来传播方向而"绕"到障板的背后(见图6-4)。如果障板的尺度比声波的波长大得多时,绕射的范围有限,板后将产生明显的声影区,如果声波的频率很低,绕射范围就将扩大。

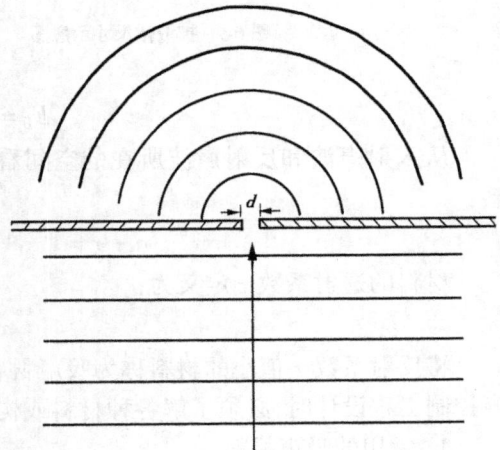

图 6-3　声波通过小孔绕射示意图

2. 声波的反射

当声波入射到墙、板等表面时,声能的一部分将被反射。若单位时间内的入射声能为 E_0,反射声能为 E,则墙、板的反射系数 r 定义为:

$$r = E_r / E_0 \qquad (6\text{-}6)$$

如果反射面的尺度比声波波长大得多时将产生镜面反射。为使声波扩散反射,反射面需做成扩散体形式,且扩散体的尺寸应与入射声波的波长相当(见图 6-5)。声波频率越低,要求扩散体的尺度越大。

3. 声波的吸收和透射

声波入射到墙、板等构件时,除一部分声能被反射外,其余部分将透过构件和被构件材料吸收。根据能量守恒定律,单位时间的入射声能 E_0、反射声能 E_r、透射声能 E_τ 和吸收声能 E_α 有如下关系(见图 6-6):

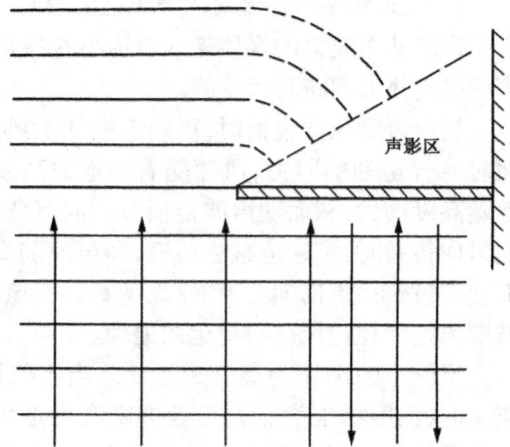

图 6-4 声波在障板边缘绕射示意图

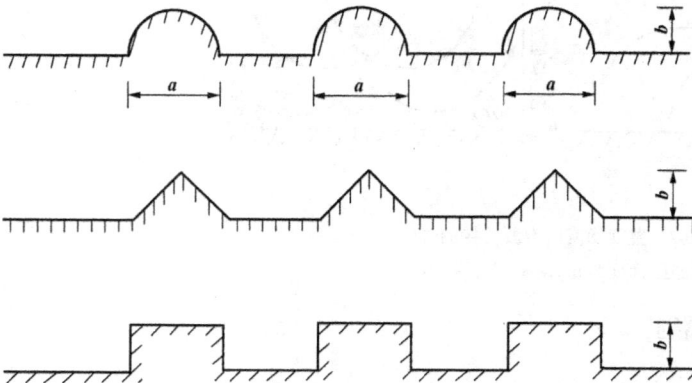

图 6-5 扩散体尺寸示意图

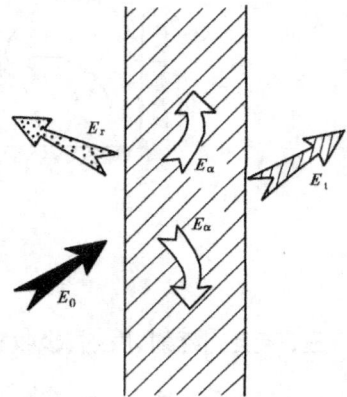

图 6-6 声波的反射、透射与吸收

$$E_0 = E_r + E_\tau + E_\alpha \qquad (6\text{-}7)$$

从入射声波和反射声波所在的空间看,材料的吸声系数 α 与反射系数 r 之间有如下关系:

$$\alpha + r = 1 \qquad 且 \ \alpha = (E_\tau + E_\alpha)/E_0 \qquad (6\text{-}8)$$

材料的透射系数 τ 定义为:

$$\tau = E_\tau / E_0 \qquad (6\text{-}9)$$

将反射系数 r 值小的材料称为吸声材料,把透射系数 τ 值小的材料称为隔声材料。在噪声控制工程设计时,必须了解各种材料或构件的吸声、隔声性能,从而合理选用材料。

4. 常用的吸声材料

常用的吸声材料和吸声结构及其吸声特性列于表 6-1,需说明的是,表 6-1 对于噪声控制工程设计(如吸声型声屏障设计)是远远不够的,应参阅有关资料或手册。

138

名称	示 意 图	例 子	主 要 吸 声 特 性
多孔材料		矿棉、玻璃棉、泡沫塑料、毛毡	本身具有良好的中高频吸收，背后留有空气层时还能吸收低频
板状材料		胶合板、石棉水泥板、石膏板、硬质板	吸收低频比较有效（吸声系数 0.2 ~ 0.5）
穿孔板		穿孔胶合板、穿孔石棉水泥板、穿孔石膏板、穿孔金属板、微穿孔板	一般吸收中频，与多孔材料结合使用吸收中高频，背后大空腔还能吸收低频。微穿孔板吸声频率向低频偏移，吸声系数显著提高
空腔共振吸声结构		石膏、粘土等制成的单个空腔	在共振频率处吸声系数大，吸收频率较低，且范围较窄
膜状材料		塑料薄膜、帆布、人造革	视空气层的厚薄而吸收低中频
柔性材料		海绵、乳胶块	内部气泡不连通，与多孔材料不同，主要靠共振有选择地吸收中频

5. 构件对空气声的隔绝

由式(6-9)知，构件的透射系数越小，构件的隔声性能越好。在工程中习惯用隔声量来表示构件的隔声能力，用符号 R 表示，单位 dB。隔声量与透射系数有如下关系：

$$R = 10 \lg \frac{1}{\tau} \qquad \tau = 10^{-R/10} \tag{6-10}$$

因本书侧重于工程应用，这里直接给出构件的隔声量计算式。

1) 单层匀质密实墙体的隔声量

当声波垂直入射墙体时，墙体的隔声量用 R_0 表示，其计算式如下：

$$R_0 = 20 \lg M + 20 \lg f - 42.2 \tag{6-11}$$

式中：R_0——声波垂直入射时墙体的隔声量，dB；

　　　M——墙体的单位面积质量（密度与墙厚的乘积），kg/m²；

　　　f——声波频率，Hz。

当声波无规入射墙体时，其隔声量比垂直入射时降低约 5dB，即：

$$R \approx R_0 - 5 \qquad 或 \quad R = 20 \lg(M \cdot f) - 47.2 \tag{6-12}$$

由上式表明，墙体的单位面积质量越大隔声量也越大，质量增加一倍隔声量增加 6dB，这一规律称为"质量定律"。上式还表明，声波频率增加一倍隔声量也增加 6dB，即高频声比低频声容易隔绝，频率越低隔声越困难。另外，如墙体上有孔洞或缝隙，隔声量将大为降低。

2) 双层墙的隔声量

为提高轻型墙体的隔声量，经济的办法是采用有空气间层的双层或多层墙。因空气间层的"弹簧"作用，使双层墙的隔声量比相同质量的单层墙增加了一个附加隔声量。

在双层墙完全分开时的附加隔声量见图 6-7。在实际工程中，两层墙之间常有刚性连接物，这些连接物称为"声桥"，使附加隔声量减小。在刚性连接物不多时其附加隔声量如图中虚线所示，如声桥过多，将使空气间层完全失去作用。如在空气间层内填充多孔吸声材料，可使双层墙的隔声量明显提高。

设计双层隔声墙时,应使其共振频率 $f_0 \leqslant 100\sqrt{2}H_2$,即保证对 100Hz 以上的声音有足够的隔声量。应说明的是在工程设计时,构件的实际隔声量应按设计要求在专用隔声试验室作隔声测试。关于测试方法及隔声性能评价等请参阅有关资料。

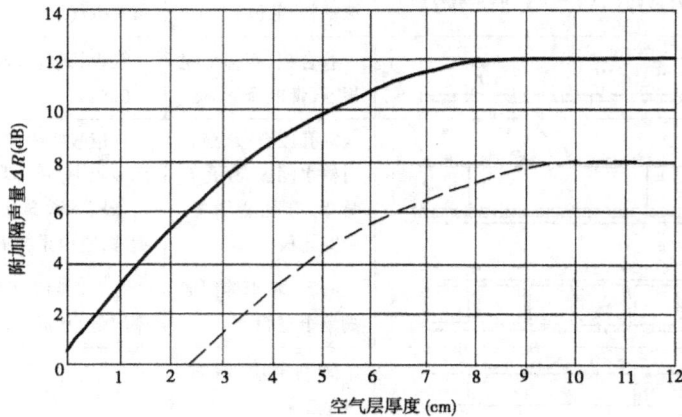

图 6-7 空气间层的附加隔声量

四、噪声的主观评价

噪声对人产生的影响不但与声压、声强等客观物理量有关,而且与人的心理、生理等主观因素有关,还与噪声的频率、起伏变化程度有关。要正确地反映噪声对人的影响,应把反映噪声的客观量与人的主观因素联系起来研究。这就是噪声主观评价的任务。

1. 人耳听觉特性

人耳是一个非常复杂和精密的声音传输机构。在频率为 1000Hz 时,人耳可以听到 $10^{-2}W/m^2$ 的声音,这时鼓膜振动的位移稍小于 $10^{-12}m$(这是一个分子直径的十分之一),很难想象它为何能做如此超微观的位移。

人耳对声音有的听起来较轻,有的听起来则较响,这是人耳对声音响度的判断。响度是人耳鼓膜接受到入射声后的主观感觉量。经研究表明,声音的响度不但与其声压级大小有关,而且与其频率的高低有着密切的联系。如果两个噪声源具有相同的声压级,但频率高低不同,给人的感受会有很大差异。中、高频的声音听起来比低频的响得多,即人耳对高频声敏感、对低频声迟钝。声压级只能表示声音在物理上的强弱,即客观上的大小,并不能完全反映出人耳主观感觉上的强弱。人耳的主观听觉与声音的客观物理量并非简单地呈线性关系。

2. 噪声的主观评价

(1)响度级

为了既能显示出声音在客观上的大小,又能反映出声音在主观感觉上的强弱,仿照声压级的形式引出一个新的概念——响度级,单位是 phon(方)。选取 1 000Hz 纯音作基准音,凡是听起来和该基准音一样响的声音,不论其声压级和频率是多少,它的响度级(phon 值)就等于该纯音的声压级值。例如,某噪声的频率为 3 000Hz,声压级为 90dB,主观感觉与 1 000Hz 纯音声压级 100dB 时一样响,那么,该噪声的响度级为 100phon。用响度级作为表示声音大小的量,可以把声压级和人的主观感觉联系并统一起来。响度级是人们对噪声主观评价的一个基本量。

利用与基准纯音相比较的方法,通过实验可以得到整个音频范围各个纯音的响度级。国际标准化组织(ISO)于 1961 年推荐的纯音等响曲线如图 6-8 所示。在图中任意一条曲线上的每一个点都代表一个纯音,尽管同一条曲线上的每个纯音的声压级和它的频率都不相同,但是它们的响度级却是相同的。

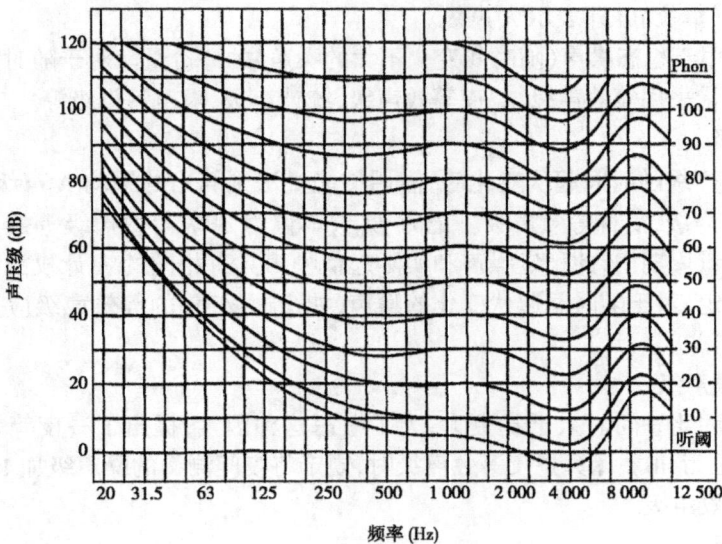

图 6-8　纯音等响曲线图

从等响曲线图可以看出,人耳对高频声,特别是 3 000 ~ 4 000Hz 的声音最敏感,而对低频声,尤其是 100Hz 以下的低频声很迟钝。如同样响度级 40phon,对 1 000Hz 的声音其声压级是40dB,对 3 000 ~ 4 000Hz 的声音其声压级是 33dB,而对 100Hz 声音的声压级则为 51dB。由此可见,人耳对声音的主观感觉随频率的不同相差很大。

(2)计权声级

在噪声测量中,试图用声级计直接测定噪声的"响度级",但实际与响度级并非完全一致,因此,读数称为声级,单位是 dB。为了使声音的客观物理量与人耳听觉的主观感受近似取得一致,在测量仪器中对不同频率的声压级,人为地给予适当的增减,这种修正方法称为频率计权。实现频率计权的电网络称为计权网络,经过计权网络测得的声级称为计权声级。

计权网络 A、B、C、D 的频率响应特性曲线的国际规定如图 6-9 所示。A 网络曲线近似于响度级为 40phon 的等响曲线的倒置,B 网络曲线近似于响度级为70phon 的等响曲线的倒置,C 网络曲线近似于 100phon 的等响曲线的倒置。通过计权网络测得的声级值分别为 A 计权声级、B 计权声级和 C 计权声级,简称 A 声级、B声级和 C 声级,其单位分别表示为 dB(A)、dB(B) 和 dB(C)。如果不加频率计权,即仪器对不同频率的响应是相同的,测得的声级称为线性声级(或总声级)。

在实践中发现 A 声级与人耳的主观

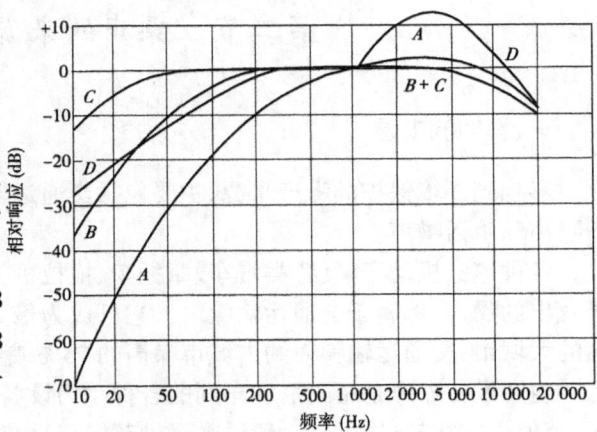

图 6-9　A、B、C、D 计权网络

141

反映非常接近,A 声级分贝数的大小与人们主观上响度的感觉近乎一致。所以近年来,国际、国内各种噪声标准和规范多数采用 A 声级作为评价量。习惯上,A 声级的单位可以记作 dB,如果没有注明时,单位 dB 即表示 A 声级。

A 声级通常用于稳态噪声(随时间变化不大的噪声)的评价量。对于随时间起伏变化的非稳态噪声的评价量采用等效声级、昼夜等效声级、统计声级、噪声污染级等。

(3)等效声级

当噪声的 A 声级随时间起伏变化时,需用按能量法则算出的平均 A 声级来评价该噪声,称为等效连续 A 声级,简称等效声级。记为 L_{Aeq},单位为 dB。等效声级等效于一个连续稳定的噪声作用在测量周期内,此稳定噪声和实际起伏噪声具有相同的 A 计权能量。按国家现行噪声测量方法规定,对于随时间起伏变化的噪声(如交通噪声)的等效声级应采用积分式声级计直接测定。

(4)昼夜等效声级

因噪声在夜间比昼间对人干扰更大,为了考虑这种因素,提出了昼夜等效声级作为评价量,记作 L_{dn},单位为 dB。计算昼夜等效声级时,规定将夜间测得的噪声级加 10dB,然后再计算一昼夜 24h 的等效声级。

(5)统计声级

当噪声随时间起伏变化较大时(如道路交通噪声)常用统计方法来评价。用噪声级出现的累积概率来表示这类噪声的大小,称为统计声级,又称为累积分布声级,记作 L_N,单位为 dB。统计声级 L_N 表示在测量时间内,有 N% 时间的噪声值超过的声级。常用的指标有工 L_{10}、L_{50}、L_{90},分别表示在测量时间内有 10%、50%、90% 时间的声级超过它的值。如 $L_{10} = 80dB$,表示有 10% 时间的噪声级超过 80dB,而 90% 时间的噪声级低于 80dB。在应用中 L_{10} 代表噪声的峰值,L_{50} 代表中值,L_{90} 代表背景噪声级。

(6)噪声污染级

等效声级是从能量平均的角度来评价噪声。从噪声对人的干扰来讲,起伏变化的噪声比平稳的噪声要更大一些。噪声污染级是综合噪声的能量平均和起伏变化特性两者的影响而给出的评价量,记作 L_{Np},单位为 dB。

第二节 噪声的来源、特性与危害

一、噪声的来源

影响到环境保护的噪声来源,主要包括交通运输噪声,工厂或车间生产设备噪声、建筑机械噪声和生活噪声。

各种道路机动车辆(各类汽车、摩托车、拖拉机等)、各种内河航运船舶、铁路机车以及飞机等发出的噪声,都属于交通运输噪声。它已成为最大的噪声污染源,在一些人口密集、交通发达的大城市,交通运输噪声约占城市噪声的 75% 或更高。

生产设备噪声是指工厂和车间的各种动力设备、加工机械等生产设备运行时所发出的噪声,其值也往往超过标准,一般说来污染范围仅是车间、工厂及其附近地区。

在城市建筑和市政建设中,越来越多地采用机械化设备,如卷扬机、打桩机、气锤、推土机、压气机、搅拌机等,形成了新噪声源。

此外,家庭生活现代化,广泛使用各种家电设备如空调设备、吸尘机、风扇、电冰箱等也给家庭带来噪声烦恼。

二、公路交通噪声的特性

1．公路交通噪声的现状

近年来,随着国民经济的迅速增长,我国的公路交通事业有了长足的发展。公路里程不断增加,公路等级不断提高,高速公路从无到有。然而,由于公路特别是高等级公路车速高、交通量大,所产生的交通噪声对沿线人群和环境造成一定负面影响,有些地区的影响还很严重。虽然公路不在城市内部,但公路要穿越城郊地区及乡村居民区,而且目前生活在干线两侧的人口越来越多,加之公路上行驶的车辆中大中型车及重型车所占比例很大,因此交通噪声造成的污染十分严重。实测表明,距公路 50m 内且高出路面的民居,面向公路侧窗外的环境噪声水平超过标准值的幅度为 2 ~ 5dB;距公路 65m 的学校教室窗外在教学时段,环境噪声的水平超过标准值的幅度为 5 ~ 7dB。为了使交通建设和经济发展相互协调,达到可持续发展的目的,我们必须对公路交通所产生的噪声加以重视,并采取相应的措施,以降低乃至消除交通噪声对环境产生的不利影响。

2．公路交通噪声的组成

公路交通噪声是由于车辆在公路上行驶,车辆自身驱动系统(包括发动机、风扇、变速箱进排气系统、轮轴等)以及轮胎与路面摩擦所产生的噪声。公路交通噪声的主要声源是各类机动车,各类机动车以不同的行驶状态和工况(包括不同的行驶档位、车速或加速、匀速)在公路上行驶而产生交通噪声。交通噪声的主要频率范围在 250 ~ 1 000Hz。

机动车辆在道路上行驶辐射的噪声(简称行驶噪声),主要由动力噪声和轮胎噪声两部分构成。

1)动力噪声

车辆动力噪声(又称驱动噪声)主要指动力系统辐射的噪声。发动机系统是主要噪声源,包括进气噪声、排气噪声、冷却风扇噪声、燃烧噪声及传动机械噪声等。动力噪声的强度主要取决于发动机的转速,与车速有直接关系,噪声强度随车速增大而增强。此外,车辆爬坡时,随着路面纵坡加大动力噪声也增大。

2)轮胎噪声

轮胎噪声是指轮胎与路面的接触噪声,又称轮胎—路面噪声。它由轮胎直接辐射的噪声和由轮胎激振车体振动产生的噪声构成。轮胎直接辐射的噪声,按其机理主要包括轮胎表面花纹噪声(空气泵噪声)和轮体振动噪声,还有在急转弯和紧急制动时与路面作用下产生自激振动噪声等。轮胎噪声的大小与轮胎花纹构造、路面特性(材料构造、路面纹理)及车速有关,且主要取决于车速,其强度随车速的增大而增大。

3．交通噪声的影响因素

交通噪声主要与下列因素有关:

(1)车辆组成种类。大功率机动车、柴油发动机的噪声及车身振动噪声最大。

(2)行车速度。车辆的行驶速度越快,噪声越大。当车速超过 50km/h 时,轮胎噪声就成为交通噪声的主要组成部分。

(3)路面结构。路表面的空隙率和车辆轮胎花纹的不同,其相互作用产生不同的噪声。

(4)路堤高度。在填方路段,周围越空旷,车辆噪声传播的距离越远。

(5)车辆鸣笛。车辆过多使用喇叭,如使用高音喇叭,可使噪声声级升高 7 ~ 10dB。交通噪声还与公路的线形、坡度等有关。

4. 交通噪声的特性

公路交通噪声的特性在相当大的程度上取决于在公路上行驶的机动车辆噪声特性。

机动车辆是一个综合噪声源,有些噪声源和发动机的转速相关,有些和车辆行驶的速度相关。按照噪声产生的过程,可将机动车噪声源大致分为两类:一是与内燃机运转有关的噪声;另一类是与机动车行驶有关的噪声。与内燃机运转有关的噪声主要包括内燃机运转时发出的燃烧噪声、机械噪声、冷却风扇噪声、进气和排气噪声,以及内燃机运转时所带动的各种附件(如压气机、发动机等)发出的噪声。与机动车行驶有关的噪声主要包括:传动机构(变速器、传动轴、差速器等)的机械噪声、轮胎发出的噪声、车身(架)振动及和空气作用所产生的噪声。

(1)燃烧噪声

发动机噪声是指发动机表面辐射噪声,按其机理可分为燃烧噪声和机械噪声。负荷对发动机噪声有一定影响。

(2)风扇噪声

冷却系统的风扇也是车辆重要噪声源之一。发动机高转速工作时,风扇成为发动机的主要噪声源。

(3)进气噪声

进气噪声是一主要空气动力噪声源,它通常可高出发动机噪声 5dB 左右,其主要频率范围在 500 ~ 10000Hz。

(4)排气噪声

排气噪声是机动车辆最主要噪声源,它要比发动机表面辐射噪声高 10 ~ 20dB。

(5)轮胎噪声

包括机动车行驶轮胎在地面滚动时,由于轮胎花纹间的空气流动和轮胎四周空气扰动形成的空气噪声、轮胎胎体和花纹弹性变形振动而激发的振动噪声,以及由于路面不平造成的轮胎与道路间的冲击噪声(当车辆急转弯或紧急刹车时这种振动和冲击噪声也会显得很大)。

(6)车身噪声

机动车行驶时,车身和空气的摩擦、冲击以及车体的各种壁结构在发动机和路面凹凸不平的振动激励下,也会产生噪声。它是各种客车和载货机动车驾驶室内部噪声产生的主要原因之一。

5. 交通噪声的强度

通常将道路的车辆分为大、中、小三类,大型车指大型客车和重型货车,中型车指中型客车和中型卡车,小型车指小客车和轻型货车。下面介绍各类车辆的行驶噪声和轮胎噪声的强度及其影响因素。

1)行驶噪声强度及影响因素

(1)行驶噪声强度

经测量,在距行车线 7.5m(参照点)处的平均噪声级与车速(v)之间有如下关系式:

①小型车

沥青混凝土路面:
$$L_{os} = 12.60 + 33.66 \lg v \tag{6-13}$$

水泥混凝土路面:
$$L_{os} = 19.24 + 31.77 \lg v \tag{6-14}$$

②中型车 $$L_{\mathrm{os}} = 4.80 + 43.70\lg v \tag{6-15}$$
③大型车 $$L_{\mathrm{os}} = 18.00 + 38.10\lg v \tag{6-16}$$

根据以上关系式绘制的车辆噪声级与车速的关系图见图 6-10。

（2）行驶噪声强度的影响因素

①载重量

根据测量和资料介绍，载重量对汽油车的噪声影响不大，使中型卡车的噪声级稍有增加，大型卡车载重时的噪声级比空车时增加约 3dB。

②路面材料

测试结果表明：小型车在刚性路面上的噪声级比相同车速下的柔性路面上大约 3dB，原因是小型车在刚性路面上的轮胎噪声比柔性路面上要大得多；中型车和大型车在刚、柔两种路面上的行驶噪声级基本相同，在相同车速下刚性路面上的噪声级比柔性路面上的高出 1dB 左右。

③路面粗糙度

路面粗糙度对小型车的行驶噪声有明显影响，这主要是由轮胎噪声引起的。对于小型车的行驶噪声级需按表 6-2 进行修正。

④路面平整度

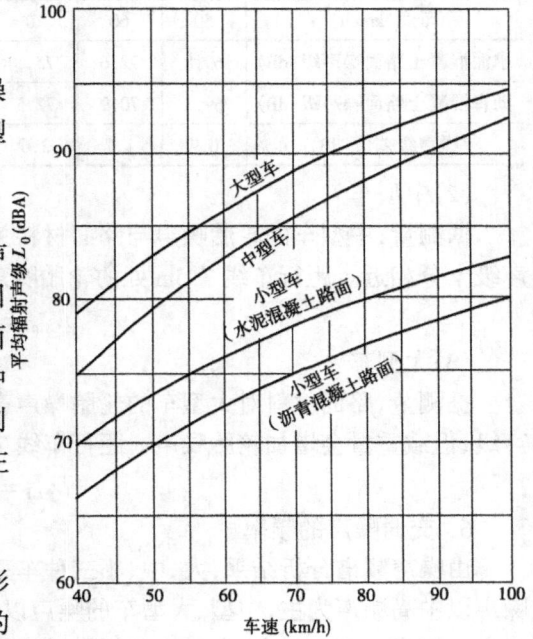

图 6-10 车辆行驶噪声级与车速关系图（参照距离 7.5m）

测试结果表明，路面平整度对车辆行驶噪声强度基本无影响。但路面严重破损或砂石路面，会因车体振动而使噪声强度增加。

⑤路面纵坡

路面纵坡对小型车的行驶噪声无明显影响。载重卡车因上坡时发动机转速的增加，增大了动力噪声，使行驶噪声明显增强，其修正值见表 6-3。

路面粗糙度噪声级修正值　表 6-2

粗糙度（mm）	噪声级修正值（dB）
<0.4	−2
0.4~0.7	0
0.7~1.0	+2
1.0~1.3	+4
>.3	+6

路面纵坡噪声级修正值　表 6-3

纵坡（%）	噪声级修正值（dB）
≤3	0
4~5	+1
6~7	+3
>7	+5

2）轮胎噪声强度

（1）小型车

测量结果表明，路面材料对小型车的轮胎噪声影响很大。在刚性路面上，其强度随车速增大而迅速增加，当车速大于 80km/h 时，行驶噪声中轮胎噪声占主导地位。在柔性路面上，行驶噪声中轮胎噪声也略高于动力噪声。经测量，在距行车线 7.5m 处，轮胎噪声级与车速（v）的关系式如下：

水泥混凝土路面:			$L_{AST} = 29.50v^{0.220}$						(6-17)
沥青混凝土路面:			$L_{AST} = 39.70v^{0.142}$						(6-18)

小型车在两种路面材料上轮胎噪声级的对比 表 6-4

车速(km/h)	50	60	70	80	90	100	110	120	车型
水泥混凝土路面噪声级(dB)	69.8	72.6	75.1	77.4	79.4	81.3	83.0	84.6	上海桑塔纳
沥青混凝土路面噪声级(dB)	69.1	70.9	72.5	73.9	75.2	76.3	77.4	78.3	
噪声级差值(dB)	0.7	1.7	2.6	3.5	4.2	5.0	5.6	6.3	

(2)中型车

据测量,中型车的轮胎噪声与路面材料关系不大,且在任何车速下其轮胎噪声级与动力噪声级十分相近。距行车线 7.5m 处的轮胎噪声强度可用下式估算:

$$L_{AmT} = 28.77v^{0.250} \qquad (6-19)$$

(3)大型车

据测量,路面材料对大型车的轮胎噪声影响不明显,行驶噪声中动力噪声级略大于轮胎噪声级,但载重量会增加轮胎噪声。距行车线 7.5m 处的轮胎噪声级可用下式估算:

$$L_{ALT} = 32.12v^{0.225} \qquad (6-20)$$

6. 交通噪声的频率

由噪声频谱分析结果,大、中、小三种车型的噪声频率范围见表 6-5。由表可见,小型车的噪声以中高频声为主,中型、大型车的噪声以中低频声为主。另外,水泥混凝土路面上的噪声频率比沥青路面上的高,由于人耳的听觉特性,这便是听觉上感到水泥混凝土路面上的噪声大于沥青路面上的主要原因。

车辆噪声的频率分布 表 6-5

车型	车速(km/h)	行驶噪声频率(Hz)		轮胎噪声频率(Hz)	
		沥青混凝土路面	水泥混凝土路面	沥青混凝土路面	水泥混凝土路面
小轿车	60 ~ 120	500 ~ 2 000	630 ~ 2 500	630 ~ 2 000	800 ~ 2 500
中型车	40 ~ 80	80 ~ 800	125 ~ 1 600	160 ~ 1 000	315 ~ 1 600
大型车	40 ~ 80	80 ~ 1 000	250 ~ 2 000	250 ~ 1 000	315 ~ 2 000

三、噪声的危害

1. 噪声所引起的听觉损伤

(1)暂时性听阈提高

当噪声超过规定的听觉损失危险标准时,人们短时在此环境下工作就会有暂时听阈提高现象。即原来小的声音就能听到,后来需要大点的声音才能听到,听力变迟钝,但它是暂时性生理现象,内耳听觉器官并未损害,仅表现为听觉敏感度有所降低,经休息后,可完全恢复正常。

(2)噪声性耳聋

如长期在强噪声环境下,内耳听觉器官发生病变,暂时性听觉上移变成永久性听觉位移,永久性的听觉位移超过一定限度时,将导致噪声性耳聋(也叫职业性听力损失)。这个限度,ISO 规定听力损失 25dB(500、1 000、2 000Hz 下的平均值)为耳聋的标准,即开始感觉对面交谈有困难的情况。耳聋可以分为:

轻度噪声性耳聋——讲话还能听见，只不过有点耳背而已；

中度噪声性耳聋——语言交谈、社会活动、收音机等均感到困难，平常讲话已听不清楚，必须大声讲话才能听到；

高度噪声性耳聋——对面大声讲话也听不清楚，这时需要带助听器。

噪声也是导致老年性耳聋的一个重要因素。

(3)爆炸性耳聋

如果人们突然暴露在高强度噪声环境下；就会使听觉器官发生急性外伤，引起鼓膜破裂流血，螺旋体从基底急性剥离，双耳完全失聪，耳鸣强烈。当噪声级超过 130dB 时，一定要戴耳塞，或将嘴张大，以防止鼓膜破裂。

2．噪声对人体健康的影响

(1)对视觉的影响

在噪声作用下会引起视觉分析器官功能下降，视力清晰度及稳定性下降。130dB 以上的强烈噪声会引起眼震颤及眩晕。

(2)对神经系统的影响

在噪声长期作用下会导致中枢神经功能障碍，表现为植物神经衰弱症候群(头痛、头晕、失眠、多汗、乏力、恶心、心悸、注意力不集中、记忆力减退、惊反应迟缓)。对噪声作用下的近万名职工的调查表明，噪声强度越大，神经衰弱症的阳性率越高。

(3)对消化系统的影响

强噪声作用于中枢神经，往往引起消化不良及食欲不振，从而导致肠胃发病率增高。

(4)对心血管系统的影响

噪声会使交感神经紧张，引起心跳过速、心律不齐、血压升高等症状。据调查，在高噪声环境下工作的人们，如钢铁工人和机械工人的心血管发病率比在安静下工作的要高。

当然引起某种慢性机能性疾病的原因是多方面的。噪声对引起上述疾病，其危害达到什么程度，目前还不很清楚。一般地讲，噪声级在 90dB 以下时，对人的生理机能影响不会很大。

3．噪声对工作与休息的影响

噪声影响睡眠的程度大致与声压级成正比，在 40dB 时，大约有 10% 的人受到影响，在 70dB(A)时受影响的人就有 50%。突然一声响把人惊醒的情况也基本上与声级成正比，40dB(A)的突然噪声惊醒约 10% 的睡眠者，60dB(A)的突然噪声惊醒约 70% 的睡眠者。

在强噪声下还容易掩盖交谈和危险警报信号，分散人们注意力，发生工伤事故。据世界卫生组织估计，仅美国由于工业噪声造成的低效率、缺勤、工伤事故和听力损失赔偿等费用，美年达 40 亿美元。

4．噪声对仪器设备和建筑物的影响

特强噪声会使仪器设备失效，甚至损坏。对于电子仪器，当噪声级超过 130dB 时，由于连接部位的振动而松动、抖动或位移等原因，使仪器发生故障而失效；当噪声级超过 150dB 时，因强烈振动而使一些电子元件失效或损坏。对于机械结构，在特强噪声的频率交变负载的反复作用下，使材料结构产生疲劳，甚至断裂，这种现象叫做声疲劳。

当噪声级超过 140dB 时，强烈的噪声对轻型建筑物开始起破坏作用。当建筑物附近有强烈的噪声(振动)源时，如振动筛、空气锤、振动式压路机等，也会使建筑物受损。

5．噪声对语言通信的影响

噪声对人的语言信息具有掩蔽作用。由于语言的频率范围多数为 500～2 000Hz，所以 500～2 000Hz 的噪声对语言的干扰最大。通常普通谈话声（距唇部 1m 处）约在 70dB 以下，大声谈话可达 85dB 以上，当噪声级低于谈话声级时谈话才能正常进行。电话通信对声环境的要求更严，电话通信的语言为 60～70dB，在 50dB 的噪声环境下通话清晰可辨，大于 60dB 时通话受阻。

6. 公路交通噪声的危害

交通噪声干扰人们的正常生活和休息，严重时甚至影响人们的身心健康，如使人血压升高、患上心血管疾病，造成内分泌紊乱等。噪声可使学习、工作效率降低，工作质量下降；另外交通噪声还会影响到公路沿线的经济发展。例如，受噪声影响严重的房地产、工厂、商业大厦的经济效益和生产效益都会有不同程度的下降，噪声还直接影响到周围土地的价值。

第三节　噪声的控制与控制标准

一、噪声的控制

1. 噪声控制的原则

噪声自声源至接受者的过程是声源辐射—传播途径—接受者。由此，噪声控制的原则应是首先降低声源噪声辐射，其次控制传播途径，最后接受者防护。

1)降低声源噪声辐射

道路交通噪声主要由车辆动力噪声和轮胎噪声构成。为降低车辆动力噪声，各国汽车专业人员在这方面已作了大量工作，并已取得很大成果。随着车速的提高和车辆动力噪声的降低，轮胎噪声的影响已举足轻重。20 世纪 80 年代以来，德、法等国开展了以降低轮胎噪声为目标的低噪声路面研究，已取得瞩目的成果。

2)控制噪声传播途径

控制噪声传播途径，是目前降低道路交通噪声的主要方式。

(1)控制路线距学校、医院、村庄及城镇居民区等环境敏感点的距离，这是最有效的，也是最经济的噪声防治措施。

(2)在噪声传播途中设置声障使其产生衰减。

3)接受者防护

对于道路交通噪声，采用接受者个人防护措施是不可行的，但可对接受者生活、工作的地点，如学校教室、医院病房和居民住宅等建筑物实施隔声降噪措施。这是被动的措施，在农村地区实施较困难，耗资也较大。

2. 噪声控制的步骤

噪声控制，一般应按下列步骤制定噪声的控制方案：

(1)调查噪声源现状，测定噪声级。

(2)确定噪声标准。根据使用要求与噪声现状，确定可能达到的噪声标准及所需降低的噪声级。

(3)选择控制措施方案。通过必要的设计与计算(有时需进行实验)，同时考虑其技术、经济的可行性，确定控制方案。根据实际情况，可以是一种措施，也可以是多种措施的结合。

二、噪声的控制标准

1. 噪声控制标准的建立

为了保护和改善环境质量必须对噪声进行控制。控制和降低噪声既是评价现代机械产品质量的指标之一,同时也是环境保护的主要内容。所谓噪声防治并不是完全消除噪声,完全消除噪声是没有必要的,也是不可能的。

噪声控制就是要用最经济的方法把噪声限制在某种合理的范围内,各种环境条件下的噪声适宜范围便是噪声标准。所谓噪声标准就是规定噪声级不宜或不得超过的限制值(即最大容许值)。在这样的条件下,噪声对人仍存在有害影响,只是不会产生明显的不良后果。为了获得适宜的噪声环境和反映产品适宜的噪声水平,而又为当时技术水平和付出成本所允许,就需要一系列噪声标准。它是噪声在不同条件下,为各种目的规定的所能允许的最高噪声级。

目前国内外出现的噪声标准主要分成两大类:一类是机械电气产品噪声标准,它是作为产品质量指标而制定的;另一类是听力和环境保护的噪声标准。噪声的限值受到多方面因素的制约,因此制定适当的技术标准就比较复杂和困难。

2. 听力保护与健康保护的噪声标准

噪声对听觉及人体的影响,主要由噪声级、频率和工作时间决定;同时也与个人反应、噪声峰值大小、有调无调等因素有关。

一般认为:噪声在 80dB(A)以下,对听觉及人体没有什么影响;在 80~85dB(A),对 90% 的人没有什么影响;在 85~90dB(A),对 85% 的人没有什么影响。

一般情况,高频噪声较低、中频噪声对人体的危害更大,因为人耳对 1 000~6 000Hz 的噪声反应是敏感的。

噪声作用时间,对听觉及人体的影响关系也很大。ISO 制定标准时,是按每天工作 8 小时,每周工作 5 天,每年工作 48 周,在噪声环境工作 10 年计算的。如果每天工作不是 8h,而是少于 8h,最大允许噪声级可相应地提高。

在同样的噪声级和作用时间下,各个人对噪声的反应是不同的。这与每个人的身体健康状况、个人的经历和所处的工作环境有关。所以,有关噪声标准都是统计性的,它并不能保证每一个人在允许标准下健康不受影响,而是以保证大多数人安全为准的。

此外,在制定标准时,还要适当考虑到技术水平和客观条件(如经济实力)等因素。

1)稳态连续性噪声听觉损失危险标准

1961 年 ISO 会议上提出,对噪声从妨碍听力、妨碍交谈和烦恼度三个方面来进行评价。建议噪声评价数 $N=85\text{dB}$ 曲线[相当于噪声级 90dB(A)]作为听觉损失危险标准。1971 年 ISO 又建议从 1974 年起开始试行 $N=80\text{dB}$ 曲线,相当于噪声级 85dB(A),作为听觉损失危险标准。在此曲线上,中心频率为 1 000Hz 的倍频带声压级等于 80dB,其他 63~8 000Hz 的倍频带声压级如表 6-6 所示。

63~8 000Hz 的倍频带声压级　　　　　　　　　　　　　　表 6-6

倍频带中心频率 f_0(Hz)	63	125	250	500	1000	2000	4000	8000
倍频带声压级 L_p(dB)	99	91	86	83	80	78	76	75

国际上噪声评价标准一般都用噪声评价数 N 曲线表示。但近年来,不少国家采用 A 声级来表示,A 声级与噪声评价数 N 的换算关系是,$N=\text{A 声级}-5\text{dB}$。例如 $N=80\text{dB}$,那么 A 声级为 85dB(A),依次类推。

关于噪声暴露时间减半,允许噪声级提高几分贝的问题有两种观点:

一种是美、日等国家的暂时性效应的观点:即暴露时间减半,噪声允许增加 5dB,听觉损失危险标准与暴露时间的关系见表 6-7 所示。

不同暴露时间的允许噪声级(A)(按暂时性效应观点推算)　　　　表 6-7

噪声暴露时间	8h	4h	2h	1h	30min	15min	8min	4min	2min	1min	30s
允许标准(dB)	90	95	100	105	110	115	120	125	130	135	140
允许标准(dB)	85	90	95	100	115	110	115	120	125	130	135

另一种是 ISO 提出的等能量观点,即暴露时间减半,噪声的允许标准增加 3dB。听觉损失危险标准与暴露时间的关系如表 6-8 所示。

不同暴露时间的允许噪声级(A)(按等能量观点推算)　　　　表 6-8

噪声暴露时间	8h	4h	2h	1h	30min	15min	8min	4min	2min	1min	30s
允许标准(dB)	90	93	96	99	102	105	108	111	114	117	120
允许标准(dB)	85	88	91	94	97	100	103	106	109	112	115

我国卫生部和国家劳动总局批准颁发的《工业企业噪声卫生标准》,从 1980 年开始试行。标准规定每天工作 8h 容许的等效声级,对于现有企业不得超过 90dB,对于新建企业不宜超过 85dB。该标准即是听力保护标准,该标准既照顾了老企业的历史现实,又对新建企业提出了更严格的要求,基本上执行了国际标准,利用了在设计规划时就考虑噪声控制要求要经济得多的规律,参见表 6-9。表中暴露时间,是指在噪声环境下工作的时间。若工作时间减半,按等能量观点推算,允许的噪声级可以提高 3dB。工作时间短,允许的噪声级提高,但最高限值不得超过 115dB。

所规定的噪声标准是指人耳位置的隐态 A 声级或非稳态的等效 A 声级。

工业企业噪声卫生标准　　　　表 6-9

噪声暴露时间	8h	4h	2h	1h	30min	15min
老企业标准(dB)	90	93	96	99	102	105
新企业标准(dB)	85	88	91	94	97	100

2)语言交谈和通信的允许噪声标准

在一定的噪声环境下谈话,彼此想听清楚,谈话的声音大小和谈话距离都要适当。各种环境下 A 声级下的谈话距离如表 6-10 所示。

各种 A 声级下的谈话距离　　　　表 6-10

A 声级[dB(A)]	45	50	55	60	65	70	75	80	85	90
一般讲话认为清楚的距离(m)	7	4	2.2	1.3	0.7	0.4	0.22	0.13	0.07	–
大声讲话认为清楚的距离(m)	14	8	4.5	2.5	1.4	0.8	0.45	0.25	0.14	–

在电话间或办公室打电话,A 声级在 55dB 时,通话清楚,感到满意;在 65dB 时,稍有困难;在 80dB 时,感到困难;90dB 时,就难以通话了。

3)环境噪声允许标准

(1)城市区域环境噪声标准

我国于 1993 年重新颁布了《城市区域环境噪声标准》(GB 3906—93),标准规定见表 6-11。标准中指出,"适用区域"的地带范围,由地方人民政府划定,本标准昼间、夜间的时间由当地人民政府按当地习惯和季节变化划定。夜间突发的噪声,其峰值不准超过标准 5dB(A)。关于噪声级测量及等效声级的计算方法,按国家标准(GB/T14623)中的规定执行。

适用区域	类别	昼间	夜间
疗养区、高级别墅区、高级宾馆等特别需要安静区域	0	50	40
以居住、文教机关为主的区域	1	55	45
居住、商业、工业混杂区	2	60	50
工业区	3	65	55
道路干线两侧、内河航道两侧及铁路主、次干线两侧区域的背景噪声限值	4	70	55

（2）建筑施工场界噪声限值

我国制定的《建筑施工场界噪声限值》适用于城市建筑施工场地产生的噪声，不同施工阶段作业噪声限值见表 6-12。本标准的建筑施工场地边界线处的等效声级测量应按 GB 12524《建筑施工场界噪声测量方法》进行。

建筑施工场界噪声限值　　表 6-12

施工阶段	主 要 噪 声 源	噪 声 限 值	
		昼 间	夜 间
土石方	推土机、挖掘机、装卸机等	75	55
打桩	各种打桩机等	85	禁止施工
结构	混凝土搅拌机、振捣棒、电锯等	70	55
装修	吊车、升降机等	65	55

（3）民用建筑噪声标准

1998 年 11 月我国颁布了《民用建筑隔声设计规范》（GBJ 118—88）。规范中规定了住宅、学校、医院等民用建筑室内允许噪声标准（见表 6-13）。该标准的噪声值采用 A 声级，对非稳态噪声可采用等效声级。

部分室内允许噪声级　　表 6-13

建筑类别	房间名称	允许噪声级 dB(A)	
		平均	最大
住宅建筑	卧室、书房	40 ~ 45	50
	起居室	45 ~ 50	50
学校建筑	要求安静的房间	40	40
	普通教室	40 ~ 45	50
医院建筑	病房	40 ~ 45	50
	门诊室	55	60
	手术室	45	
旅馆建筑	客房	40 ~ 45	55
	会议室、多功能大厅	45 ~ 50	50
	办公室	50 ~ 55	55
	宴会厅	50 ~ 60	60

（4）机动车辆噪声标准

我国业已制定出机动车辆允许噪声国家标准（GB 1495—79），如表 6-14 所示。由于这个标准制定较早，在执行中发现存在一些问题，有待于在今后的标准修订中加以修改。

车 辆 种 类		加速最大 A 声级(7.5m 处)(dB)	
		1985 年 1 月 1 日前生产的	1985 年 1 月 1 日后生产的
载重车	8~15t	92	89
	3.5~8t	90	86
	小于 3.5t	89	84
轻型越野车		89	84
公共汽车	4~11t	89	86
	小于 4t	88	83
轿车		84	82
摩托车		90	84
轮式拖拉机(44.2kW 以下)		91	86

第四节 公路噪声污染控制

一、公路噪声控制要求与措施

1. 公路噪声控制要求

(1)声环境噪声标准

距公路中心线 200m 范围内的一般声环境敏感点应符合《城市区域环境噪声标准》(GB 3096—93)中的 4 类环境噪声标准的规定,学校教室、医院病房、疗养院住房等应符合 2 类环境噪声标准的规定,有特殊要求时应符合国家现行有关标准的规定。

(2)应对《公路建设项目环境影响报告书》中列出的环境噪声级超标 5dB 的敏感点作补充工程调查,进行声环境污染综合防治设计,提出实施方案。

(3)应根据敏感点的性质、位置、规模、当地条件及工程特点,确定防治对策,可考虑下列措施防治交通噪声:调整公路线位;堆筑工程弃方;建筑物设置隔声设施;建造声屏障;栽植绿化林带;调整临噪声源一侧建筑物的使用功能。对所选用的交通噪声防治措施,应进行工程与环境费用效益分析,综合经济比较后确定。

(4)堆筑工程弃方防治交通噪声,应符合下列规定:

①应对用地的可行性进行分析论证,并注重与景观协调。

②工程弃方堆筑高度、长度可参照规范的规定设计,其边坡坡度应根据当地土质条件、地形、地物确定,堆筑体应压实,保证稳定。

③采用建筑垃圾或工业废渣等废弃物堆筑时应用土壤包覆,不得外露,并及时绿化。

④堆筑体表面应绿化,有条件时应在其表面及周围作美化栽植。

(5)建造隔声设施应符合下列规定:

①敏感点规模较小或为高层建筑时,可设置隔声设施降低室内噪声。

②隔声设施可采用封闭阳台、设置双层窗、封闭外走廊等,必要时亦可加设外墙。

③隔声设施的隔声设计可参照《民用建筑隔声设计规范》(GBJ 118—88)的有关规定。

(6)建造声屏障应符合下列规定:

①当公路距敏感点较近、用地受限且环境噪声超标5dB以上时,可采用声屏障。

②声屏障应设在靠近声源处,路堤地段声屏障内侧距路肩边缘不宜大于2.0m路堑地段则应设在靠近坡口部位;桥梁地段可结合护栏一并设置。

③声屏障的高度、长度应根据噪声衰减量、屏障与声源及接受点三者之间的相对位置、公路线形、地面因素等进行设计。声屏障高度不宜超过5.0m。当声屏障长度大于1km时,应设紧急疏散口。

④声屏障材料应具备隔声、高强、低眩、耐久、耐火、耐潮等性能。

⑤声屏障结构设计应作强度计算和抗倾覆稳定性验算。

⑥声屏障临公路侧的表面应减少对声波、光波的反射,其形式和色彩应与周围环境相协调。

(7)栽植绿化林带防治交通噪声应符合下列规定:

①城镇、风景区附近或有景观要求的路段,宜采用绿化林带。

②栽植绿化林带应结合自然环境、公路景观、水土保持规划等进行。

③绿化林带宽度不宜小于10m,长度应不小于敏感点沿公路方向的长度,并根据当地自然条件选择枝繁叶茂、生长迅速的常绿树种。乔、灌木应搭配密植,乔木高度不宜低于7.0m,灌木不低于1.5m。

(8)公路施工组织设计中应对产生强噪声辐射的施工机械的作业时间、场地布置等作出规定,其噪声标准应符合《建筑场界噪声标准》(GBJ 12523—90)中的有关规定。

2.噪声控制法规

《中华人民共和国环境噪声污染防治条例》是实施噪声控制的保障与依据,据此,我国颁布了一系列噪声标准和噪声控制的规定等,如对车辆噪声实行年检和车辆出厂检验。此外,多数城市实行市区禁鸣或夜间禁鸣,禁止卡车进入市内,车辆限速等规定,对降低城市环境噪声有较大的作用。国际上美、日等国还指定了道路交通噪声标准,用来控制道路沿线两侧不同区域的允许噪声级,对道路建设的声环境保护从法律上作了规定。

3.规划降噪

合理的道路规划和区域规划,对噪声控制具有战略意义。为了控制交通噪声,道路规划和区域规划时应考虑以下问题:

(1)交通干线应避免穿越城市市区和乡镇的中心区。尽可能避让学校、医院、城镇居民住宅区和规模较大的农村村庄等环境敏感点。

(2)城市道路两侧应布置商业、工贸、办公等建筑,以起声障作用。临街如建住宅时,将临路侧布置厨房、厕所等非居住用房,或采用封闭门、窗、走廊等隔声措施。如果道路为南北向时,将住宅等敏感性建筑的端面(山墙)朝街,以减小噪声干扰。

(3)交通干道与学校、住宅、医院之间设绿地或其他非敏感性建筑。

4.交通噪声控制措施

交通噪声控制所采取的措施应围绕降低汽车行驶时噪声的辐射、限制噪声的传播、保护接受者三个方面进行。

1)降低噪声的辐射

(1)通过车辆动力机械设计降低汽车的动力噪声。

(2)通过轮胎的形式和减噪路面改善和降低轮胎与路面的接触噪声。

(3)加强交通管理。减少或限制载重车进行噪声控制区,禁鸣喇叭等。

2)限制噪声的传播

(1)控制路线距环境敏感点的距离

噪声随传播距离的衰减和在传播途中的吸收衰减是声波的基本性质,利用该基本性质控制路线距敏感点的距离,是交通噪声防治的根本途径。由线声源模型,当距行车线的距离 r 为 $r_0(7.5m)$ 的 2 倍时,噪声级降低 3dB;当 r 为 r_0 的 4 倍时,噪声级降低 6dB;……此外,如接受点距地面高度小于 3m 时,因地面吸收的衰减也是十分显著的。

道路选线除应保证行车安全、舒适、快捷、建设工程量小等原则外,还应根据环境噪声允许标准控制路线距环境敏感点的距离,最大限度地避免道路交通噪声扰民。

(2)合理利用障碍物对噪声传播的附加衰减

噪声传播途中遇到声屏障,会对声波反射、吸收和绕射而产生附加衰减。

①利用土丘、山岗降低噪声。路线布设时,尽可能利用地貌地物作声屏障。如将路线布设在土丘外侧,使村舍处于声影区。

②利用路堑边坡降低噪声。对于环境敏感路段,采用路堑形式能起到噪声防治效果。

③利用构筑物或建筑物降低噪声。构筑物如挡土墙、围墙,沿街的商务建筑和其他不怕噪声干扰的建筑(如仓库等)能起到很好的降噪作用。另外,由于学校的声环境质量比村庄居住区的要求高,当线路布设在村舍一侧,能满足居住区的环境噪声标准时,亦保护了学校的声环境质量。

④利用林带降低噪声。道路路线布设应尽量利用原有林带的环保作用,还应加强道路周围绿化,改善环境质量。

⑤采取声屏障措施,修筑屏障墙。有反射式和吸收式两种。

⑥改善城市道路设施,使快、慢车和行人各行其道,不仅改善了行车条件,而且使道路交通噪声有所降低。表 6-15 列举了北京市若干条道路设施改善后的效果。

改善道路设施控制交通噪声的效果   表 6-15

改 善 道 路 设 施	改善前噪声级(dB)					改善后噪声级(dB)				
	L_{10}	L_{50}	L_{90}	L_{eq}	(veh/h)	L_{10}	L_{50}	L_{90}	L_{eq}	(veh/h)
路面由 12m 加宽至 21m(永定门西街)	79	68	60	74	408	73	69	64	70	700
增设道路快、慢车隔离带(崇文门西街)	80	74	63	78	592	69	65	61	66	1576
双行线改单行(西单北大街)	82	73	65	78	712	76	70	62	73	632
架设跨线天桥(西单北大街)	83	72	64	78	540	77	71	67	74	726
建立交桥(阜成门大街)	74	68	63	70	1124	72	68	63	68	1500

3)保护接受者

对特殊的个人和地点实施噪声保护,如学校、医院、住宅等,对建筑物实施隔声减噪措施。采取安装隔声窗,调整临噪声源一侧建筑物的使用功能等。

二、低噪声路面

20 世纪 80 年代起欧洲的比利时、荷兰、德国、法国和奥地利等国,开始研究并采用低噪声路面。由于低噪声路面与其他降噪措施(如声屏障)相比,具有经济合理、保持环境原有风貌、降噪效果好和行车安全等优点,目前国际上发达国家已广泛展开应用研究。1993 年欧洲共同体要求其所有路桥公司能修筑"净化"路面,掌握铺筑低噪声路面的技术,在法国 Toussieu 修建了一个试验场地,汇集了许多公路和噪声测试方面的专家,对低噪声路面技术作全面深入研究。我国一些高等学校也对低噪声路面的机理、面层材料构造、沥青改性及添加剂等作了较为系统的研究。

1. 低噪声路面的机理及其效益

1)轮胎噪声的物理现象

轮胎与路面接触噪声的大小不仅与轮胎本身(如表面花纹)有关,更主要的取决于路面的表面特性。概括起来,轮胎噪声的物理现象有下列三方面:

(1)冲击(振动)噪声

该噪声主要由路面的不平整度、车辙、横向刻槽等引起轮胎振动(甚至连带车身振动)而辐射噪声。该噪声的频率较低。

(2)气泵噪声

轮胎在路面上滚动时,表面花纹槽中的空气被压缩后迅速膨胀释放而发出噪声,噪声产生的过程类似于空气泵压缩——膨胀发出爆破声的现象。气泵噪声的强度随车速的增加而增加,且以高频声为主,在轮胎噪声中占主要地位。

(3)附着噪声

是由轮胎橡胶在路面上附着作用力而产生的类似于真空吸力噪声。

2)低噪声路面的机理

原先为了行车安全,铺筑开级配透水沥青混凝土面层,以使路面上的雨水由表面至内部连通的孔隙网迅速排出。就是由于面层具有互通的孔隙网,产生了惊人的降低交通噪声的功能,于是引发了多孔隙低(降)噪声路面的研究。低噪声路面的机理概括如下:

(1)面层孔隙的吸声作用

除了吸收发动机和传动机件辐射到路面的噪声外,还可吸收通过车底盘反射回路面的轮胎噪声及其他界面反射到路面的噪声。其吸声机理类似于多孔吸声材料的吸声作用。

(2)降低气泵噪声

由于面层具有互通的孔隙,轮胎与路面接触时表面花纹槽中的空气可通过孔隙向四周逸出,减小了空气压缩爆破产生的噪声,且使气泵噪声的频率由高频变成低频。

(3)降低附着噪声

与密实路面相比,轮胎与路面的接触面减小,有助于附着噪声的降低。

(4)良好的平整度,降低了冲击噪声。

3)低噪声路面的效益

(1)降低交通噪声源

轮胎噪声是交通噪声中不可忽视的噪声源,当车速大于 50km/h 时它起到举足轻重的作用。又因轮胎噪声的频率较高,夜间它是干扰人们睡眠的主要"凶手"(除鸣笛等突发噪声外)。据德国的研究,从改进汽车轮胎来降低轮胎噪声源是十分有限的,仅可降噪约 1dB(A)。因此,从噪声防治角度,铺筑低噪声路面降低交通噪声源无疑是有效的措施。

(2)可能的降噪量

从欧洲一些国家铺筑的开级配多孔隙沥青路面试验路段测得的结果,较传统的密级配路面降低噪声 3 ~ 6dB(A),雨天可降低约 8dB(A)。试验路面层的孔隙率大多为 20% 左右,是否可再加大孔隙率进一步降低噪声,该科题正在德国卡尔斯鲁尔工业大学进行研究。法国 Rhone 省联合 Michelin 研究室,从 1988 年起对低噪声路面的理论进行研究,得出的结论是采用加厚多孔隙路面可以降低噪声 10dB(A)以内,但最大不会超过 10dB(A)。

(3)耐久性和可靠性

荷兰、法国等试验路表明,多孔隙沥青路面在使用多年后(如法国使用 6 年)测试,其透水性和附着性仍令人满意,对抗车辙、疲劳、老化等都表现出很好的耐久性。德国 1986 年起在莱茵地区对低噪声面层进行的长期观察也表明,在透水性、耐久性、抗形变能力和使用性能等方面没有发现任何变化。也有一些国家,如日本研究认为,多孔隙沥青面层的孔隙率随使用时间下降,路面抗冻性差,车辙出现早,表面空隙被泥沙堵塞导致透水性及降噪效果下降。

(4)经济与使用分析

欧、美、日等地的试验路表明,采用多孔隙沥青混合料面层的低噪声路面比普通沥青混凝土路面的造价略高。因此,在道路交通噪声干扰人们正常生活的地方修筑低噪声路面才是有意义的,也符合经济的原则。它的使用价值表现在:ⓐ在城市人口密集区、特殊安静区等地使用,既可保护声环境,又可保持环境风貌,建成的试验路已受到当地民众的欢迎;ⓑ可以取消声屏障,至少可以降低屏障高度,从而美化了环境,减少了造价;ⓒ可以降低行车道内的噪声,从而降低了车内噪声,增加了司乘人员的舒适性。

2. 低噪声路面的材料构造

低噪声路面也分为沥青混凝土和水泥混凝土两类,目前对沥青混凝土低噪声路面研究较多。

1)多孔隙沥青路面

(1)单层多孔隙沥青混合料面层路面

该路面的构造是在普通密级配的沥青混凝土路面上,再铺筑一层开级配多孔隙沥青混合料面层。由测定及资料介绍,面层的厚度以 4~5cm、孔隙率 20% 为宜。该路面铺筑较简单,也较经济。

(2)超厚多层多孔隙沥青混合料面目路面

该路面的多孔隙沥青混合料层厚度为 40~50cm,一般设四层排水沥青混合料和 4cm 厚的多孔隙沥青混凝土面层,每层的材料级配不同,其目的是增加降噪效果。

2)水泥混凝土低噪声路面

国际常设公路协会(PIARC)的混凝土协会 1988 年设立了水泥混凝土路面降噪声委员会,他们收集汇总了各国的研究成果,水泥混凝土面层的降噪方式归纳如下:

(1)路面应具有良好的平整度,不允许存在间距为数厘米的横向不平整度,以降低轮胎冲击(振动)噪声。

(2)以纵向条纹代替横向条纹。纵向条纹不但可降低轮胎的气泵效应,还可降低冲击噪声。在水泥混凝土中加入增塑剂,浇筑刮平表面后再拉纵向条纹。据报导,不同的纵向条纹表面构造,降噪量差别较大。

(3)表面用编织物处理,或甩水则选。表面铺压编织物(如麻袋片),或用水刷洗混凝土,以增加表面粗糙度,从而降低轮胎气泵噪声的强度和频率。

(4)加气温凝土面层。30cm 厚的加气混凝土面层,其孔隙为 20% 左右,对降低轮胎噪声有利,但其造价较高,表面强度较低,抗冻性也有问题。因此,只能在特殊场合使用。

(5)粗糙面层。在新铺筑的水泥混凝土路面上(可不设封面层,但强度需足够),用环氧树脂和砾石铺设面层。该面层既有粗糙度,又有弹性,据报导,其降噪效果比多孔隙沥青路面还要好。

关于低噪声路面的材料构造、铺筑技术和养护管理等还需全面深入的研究,然而它的降噪效果是肯定的。

三、道路声屏障设计

声屏障是使声波在传播中受到阻挡,从而达到某特定位置上的降噪作用的装置。一个声屏障可以定义为任何一个不透声的固体障碍物。它挡住声源到声音接受点(受声点)的传播,从而在屏障后面建立一个"声影区",在声影区内,声音的强度比没有屏障时的衰减要大。声影区域的大小与声音频率有关,频率越高,声影区范围越大。

1.声屏障噪声衰减量计算

1)无限长声屏障噪声衰减量计算

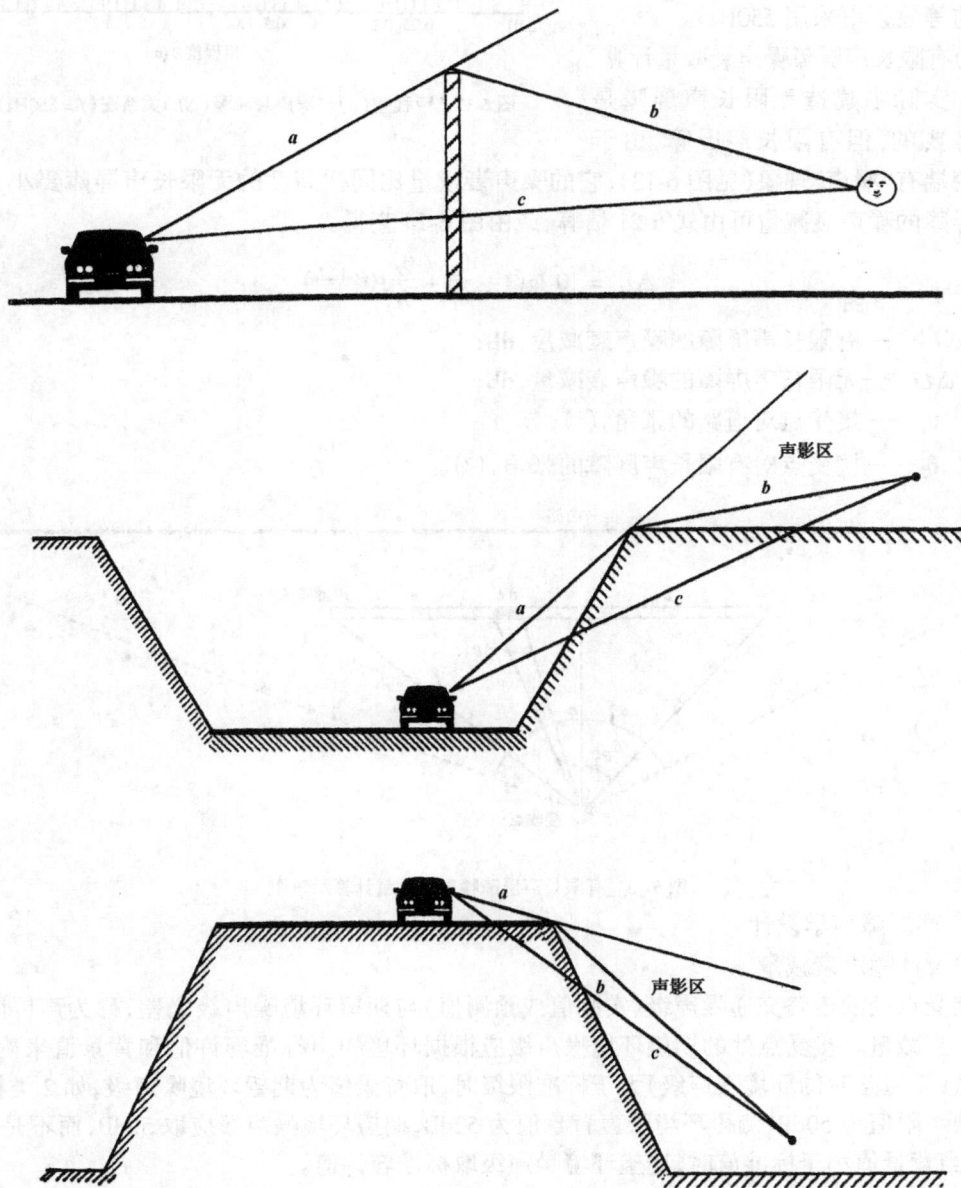

图 6-11 声屏障噪声衰减量计算示意图

157

接受点在声屏障建造前后噪声级称为声屏障的噪声附加衰减量。经测量我国公路噪声的等效频率为 500Hz，由图 6-12 可直接由声程差查得声屏障的噪声衰减量。目前我国有些资料直接引用美国的声程差(δ)与噪声衰减量(ΔL)曲线图，该图仅适用于噪声频率 550Hz（美国道路交通噪声的等效频率采用 550Hz）。

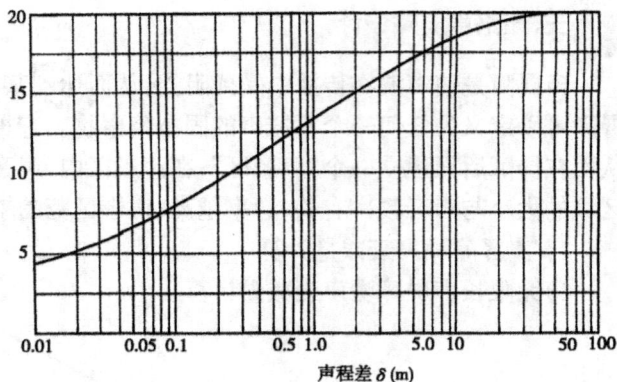

图 6-12　声程差(δ)与噪声衰减量(ΔL)关系图(f = 550Hz)

2)有限长声屏障噪声衰减量计算

在实际中建造无限长声屏障是没有必要的，但有限长声屏障，由于屏障两端有"漏声"现象(见图 6-13)，它的噪声衰减量比同样高度的无限长声屏障要小。有限长声屏障的噪声衰减量可由式 6-21 估算，或由图 6-14 查得。

$$\Delta L' = 10 \lg(1 - \frac{\theta_2}{\theta_1} + \frac{\theta_2}{\theta_1} 10^{0.1\Delta L}) \tag{6-21}$$

式中：$\Delta L'$——有限长声屏障的噪声衰减量，dB；

ΔL——无限长声屏障的噪声衰减量，dB；

θ_1——接受点对道路的张角，(°)；

θ_2——接受点对有限长声屏障的张角，(°)。

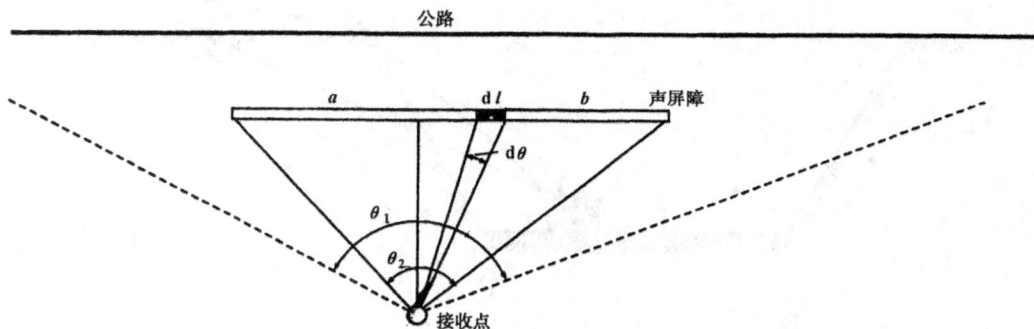

图 6-13　有限长声屏障噪声衰减量计算示意图

2. 声屏障声学设计

1)设计噪声衰减量

接受点处的道路交通噪声级(实测值或预测值)与期望环境噪声级之差，称为声屏障的设计噪声衰减量。接受点处的期望环境噪声级应根据环境噪声标准容许值和背景值来确定，当背景值(无道路时的环境噪声级)大于标准限级时，取背景值为期望环境噪声级，如 2 类标准夜间的噪声限值为 50dB，测得环境噪声背景值为 52dB，期望环境噪声级应取 52dB，而不是 50dB。相反，当背景值小于标准值时，期望环境噪声级取标准容许值。

2)声屏障的位置

声屏障越接近声源(或接受点)，其噪声衰减量越大。通常将声屏障建于靠近道路侧，为了行车安全和道路景观，声屏障中心线距路肩边缘应不小于 2.0m。美国规定，声屏障距行车道

158

边的最小距离(包括路肩)约 9.0m。

　　3)设计接受点

　　声屏障设计接受点应设在建筑群中受噪声袭击最大,或噪声敏感性最大的建筑处。设计时,视具体情况而定。

　　4)声屏障的高度

　　当声屏障的位置确定后,它与接受点、声源(等效行车线)三者之间的相对距离及高差便确定。根据测定的设计噪声衰减量,由图 6-12 查得声程差,再由图 6-11 得无限长声屏障的高度。设计时在满足噪声衰减量的前提下,应努力使屏障的高度经济合理。

　　为了降低声屏障的风荷载,屏障的高度不宜超过 5m。如需超过 5m 时可将屏障的上部作成折形或弧形,将端部伸向道路,以使更接近声源。

　　5)声屏障的长度

　　声屏障的长度应大于其保护对象沿道路方向的长度。由于有限长声屏障的噪声衰减量比无限长时要小,因此,设计时通过图 6-14 或式(6-21)计算,同时根据保护对象的性质、规模和声屏障的造价等,综合确定声屏障的长度。

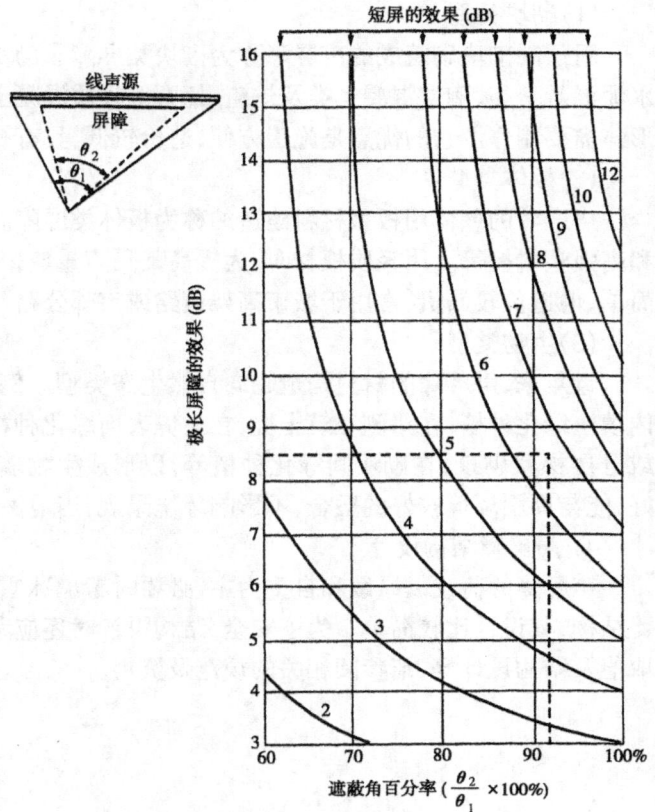

图 6-14　有限长声屏障的噪声衰减量计算图

3．声屏障构造设计

1)声屏障的隔声量

　　建造声屏障的材料及构造形式较多,不论何种材料构造,其隔声量必须满足基本要求。传至屏障背后接收点的噪声,有绕过屏障和透过屏障的两部分声能。屏障噪声实际衰减量为:

$$\Delta L = 10 \lg \left[\frac{1}{10^{-0.1\Delta L_d} + 10^{-0.1R}} \right] = \Delta L_d - 10 \lg [1 + 10^{-0.1(R - \Delta L_d)}] \qquad (6\text{-}22)$$

式中:ΔL ——声屏障的实际噪声衰减量,dB;

　　　　R　——声屏障对噪声透射的隔声量,dB;

　　　　ΔL_d——噪声绕过声屏障产生的衰减量,dB,即为声屏障的设计噪声衰减量。

　　当 $\Delta L_d - \Delta L \leqslant 0.5$dB 时,解得 $R - \Delta L_d \geqslant$10dB。这就是说,当屏障自身的隔声量比其噪声衰减量大 1dB 时,透射声对衰减量的影响小于 0.5dB。因此,声屏障壁体的隔声量至少应比其设计噪声衰减量大 10dB(对于实体材料构造通常是满足的)。即:

$$R \geqslant \Delta L_d + 10 \qquad (6\text{-}23)$$

2)声屏障的构造设计

　　声屏障的材料构造直接影响其技术性能、造价及寿命等,是声屏障设计的关键之一。声屏障的材料构造设计应满足技术经济合理、高强度、施工简便、美观、耐久、防火等性能。声屏障的构造因材料不同而各异,归纳起来可分为砌块类型、板体类型和生物类型等三类。

(1)砌块类型

用预制砌块砌筑成的声屏障称为砌块类屏障。砌块的材料种类较多,常用的有粘土砖类、水泥混凝土类、陶粒混凝土类及炉渣、蛭石等轻质混凝土砌块类。砌块的形状可根据声屏障的形体需要制作。它的优点是施工方便,造价较低,具有高强度、耐火、耐腐蚀等性能。

(2)板体类型

声屏障的壁体用板型材料建造的称为板体类屏障。常用的板材有混凝土板、金属板、木板和高强塑料板等。用轻质板材时,为提高其隔声量应采用复合板材。板体类型的声屏障施工简单,但造价较昂贵,常用于城市高架道路或市郊公路。

(3)生物类型

近年来,声屏障的材料构造趋向自然生态类型。例如:采用混凝土槽砌筑屏障壁体,在槽内填土绿化种植;在路侧堆筑土堤,在土堤表面绿化种植,当土堤较高时在土堤外设砌块护面或分层梯状砌筑,在砌块间绿化种植等,以形成生物墙。生物类型声屏障的优点是声学性能好,能与周围环境较好的融合,不影响环境景观,当地民众对它们有认同感。

4.声屏障结构设计

声屏障的荷载以风载和自重为主,必要时考虑冰雪载及侧向土压力等。结构形式上属悬臂结构,其设计比较简单。为了安全,结构设计时还应考虑防撞击的措施。关于声屏障荷载的取值及结构设计等,请参阅相关的规范及资料。

第七章 公路其他环境问题

第一节 公路行车振动环境与防治

道路建设期、营运期除对生态环境、声环境、水环境和空气环境有影响外,还会产生振动环境、社会环境、景观环境等其他环境问题。

公路交通激振引起道路两侧地面振动,会给人体、建筑、精密设备和文物等产生影响。公路交通振动的防治较为困难,现简述如下。

一、振动环境影响基本概念

公路交通振动是指由道路上行驶车辆的激振而产生的地面振动,因而公路交通振动很大程度上取决于道路结构和地质条件。

振动公害与噪声公害有着紧密联系,当振动的频率在 20 ~ 2000Hz 的声频范围内时,振动源同时又是噪声源。另一方面,若声源的振动激发了某些固体物件的振动,这种振动会以弹性波的形式在固体(如基础、地板、墙等)中传播,并在传播过程中向外辐射噪声,这就是"固体声",特别当引起固体共振时,会辐射很强的噪声。从这个意义上讲,防振技术是噪声防止技术的一种。

振动除了引起噪声方面的危害外,还能直接作用于人体、设备和建筑等,损伤人的机体,引起各种疾病;损坏设备,使建筑物开裂、倒塌等。因此,振动又区别于噪声,有其相对的独立性。

振动对人体的危害受心理因素和生理因素影响很大。一般说来,振动危害的大小取决于振动的频率、振幅或加速度。人体各器官都有自己的固有频率,当振动频率接近某一器官的固有频率时,会引起共振,对该器官影响最大。人的胸腔和腹腔系统对频率为 4 ~ 8Hz 的振动有明显的共振效应,因此,频率在 4 ~ 8Hz 的振动对人体的影响和危害最大。另外,频率 20 ~ 30Hz 的振动能引起"头-颈-肩"系统的共振,频率 60 ~ 90Hz 的振动能引起"下颚-头盖骨"的振动,都能造成人体的损伤。

振动振幅和加速度的危害程度与频率有关:在高频振动时,振幅的影响是主要的;在低频振动时,则振动的加速度起主要作用。振动对建筑物的危害一般说来,大振幅低频率的振动对建筑物危害较严重。

二、振动影响的评价与测量

振动是一种很普通的运动形式。当一个物体处在周期性往复运动的状态时,就可以说物体在运动。任何一种机械,不论是进行圆周运动还是往复运动,都产生某些振动对人的机体是有害的,有些甚至能破坏建筑物和设备。

1. 振动的评价

振动对人体的影响比较复杂,人的体位不同,接受振动的器官不同,振动的方向(垂直还是水平)、频率、振幅和加速度不同,人的感受也不同。因此,评价振动对人体的影响有很大的困难。目前我国制定的振动的评价标准尚未颁布,这里仅介绍一些国外的情况,供读者参考。

振动的强弱常可根据振动的加速度来评价。人能感觉到的振动,它的加速度一般在 $0.01 \sim 10 \text{ m/s}^2$ 范围内。与在噪声控制中类似,反映振动加速度的参数可用分贝来表示它的大小,这个参数称为振动加速度级 L_a(Vibration acceleration level),可用下式表示:

$$L_a = 20\lg(a/a_0)$$

式中:a——振动时的加速度的有效值(m/s^2)。

在正弦振动的情况下:

$$a = a_m/2^{0.5}$$

式中:a_m——振动加速度的振幅;

a_0——加速度基准值,通常取 $a_0 = 3 \times 10^{-3} \text{m/s}^2$,当频率为 100Hz 时,该基准值与声压的基准值 $P_0 = 2 \times 10^{-5} \text{N/m}^2$ 是一致的。

振动加速度级相同而频率不同时,人的主观感觉是不同的,经人体感觉修正后的加速度级 VL(vibration level),与 L_a 有如下关系:

$$VL = L_a + C_n$$

式中:C_n 为感觉修正值,由表 7-1 和表 7-2 查得。振动级与感觉的关系如表 7-3 所列。

垂直振动修正值   表 7-1

频率(Hz)	1	2	4	8	16	31.5	63	90
C_n(dB)	-6	-3	0	0	-6	-12	-18	-21

水平振动修正值   表 7-2

频率(Hz)	1	2	4	8	16	31.5	63	90
C_n(dB)	3	3	-3	-9	-15	-21	-27	-30

振动级的大体情况   表 7-3

振动级(dB)	振动情况	振动级(dB)	振动情况
100	墙壁开设裂缝	70	门和窗振动
90	容器中的水溢出,花瓶等倒下	60	差不多所有的人都感到振动
80	电灯摆动,门窗发出响声		

评价振动的强弱,也可根据振动对人体的影响,分为四个等级:

(1)振动的"感觉阈":指人体刚刚能感到振动时的强度,人体对刚超感觉阈的振动是能忍受的。

(2)振动的"舒适感降低阈":振动的强度增大到一定程度,人就感到不舒适,使人产生讨厌的感觉,但没有产生生理影响,这就是"舒适感降低阈"。

(3)振动的"疲劳—工效降低阈":振动的强度继续加大,人不仅产生心理反应,而且出现生理反应,振动通过刺激神经系统,对其他器官产生影响,使注意力转移,工作效率降低等,这就是"疲劳—工效降低阈"。当振动停止后,这些生理现象随之消失。

(4)振动的"极限阈":当振动强度超过一定限度时,就会对人体造成病理性损伤,产生永久性病变,即使振动停止也不能复原,这就是"极限阈"。

162

国际标准化组织(ISO)推荐的全身振动评价标准如图 7-1 所示。图中曲线上的数字为人在一天内允许累计暴露时间。此标准适用于人体受垂直振动。如承受的是水平方向振动,则可将各曲线的纵坐标值除以 $2^{1/2}$。

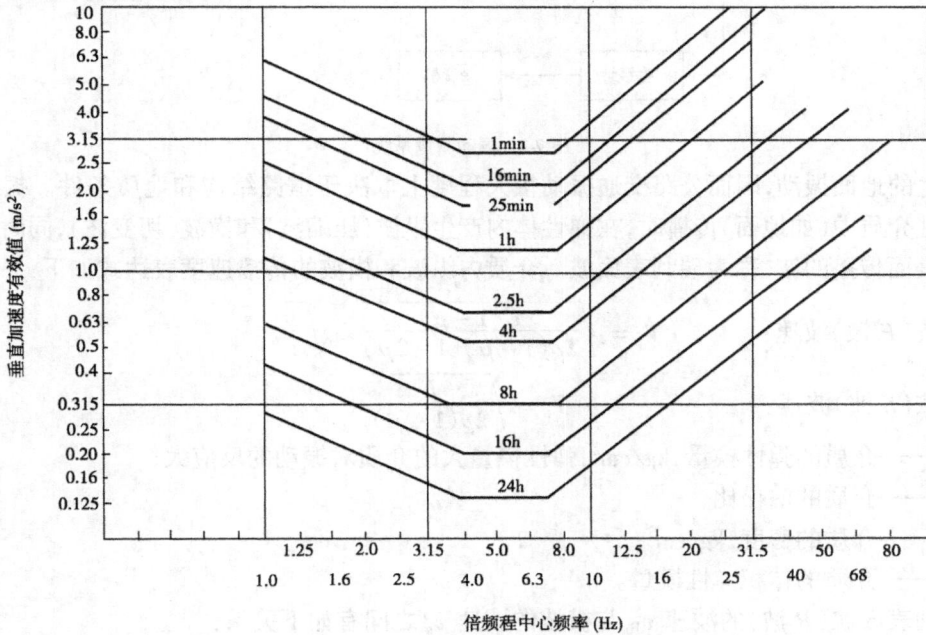

图 7-1 "疲劳－工效降低阈"的 ISO 振动评论标准

由图可见,振动频率在 4～8Hz 范围时,对人的危害最大。评价振动对人体的影响,还与振动的方向有关。图 7-2 所示为 ISO 推荐的人体全身对规则振动的等感级曲线。从图上的两条曲线可知,频率 8Hz 以上的振动,垂直振动比水平振动高出 10dB;人体对低频的振动比对高频的振动更敏感。

振动除直接危害振动源附近的人外,还可传播至远处。特别是由于固体对振动的衰减很小,对于高于 20Hz 的基频或谐频还会辐射出可听阈的噪声,此时即使将产生振动的机房门窗紧闭也无际于事。

2. 振动的量测

常用的振动量测系统如图 7-3 所示。

振动量测仪除了振动接受器(又叫振动传感器、拾振器)及其附加的前置放大器外,振动测量系统的其他部分基本上与声学测量分析系统相同。振动接受器作用是将机械振动转换为电信号。测量位移的仪器称为测振计,测量速度的称为速度计,测量加速度的称为加速度计。振动测量中最常用的是压电式加速度计。

三、公路交通振动的测量

(一)公路交通振动的传播

公路交通振动是指由道路上行驶车辆的激

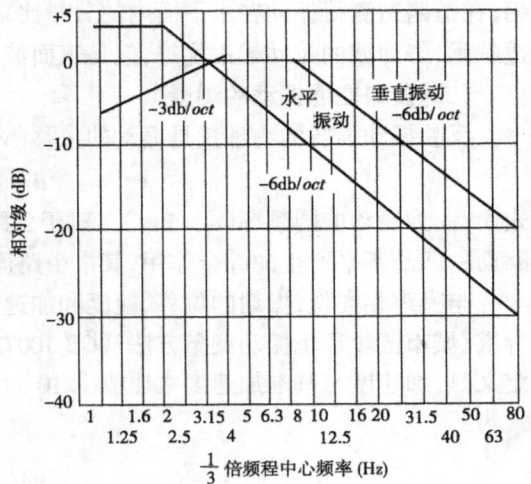

图 7-2 垂直和水平振动等感曲线

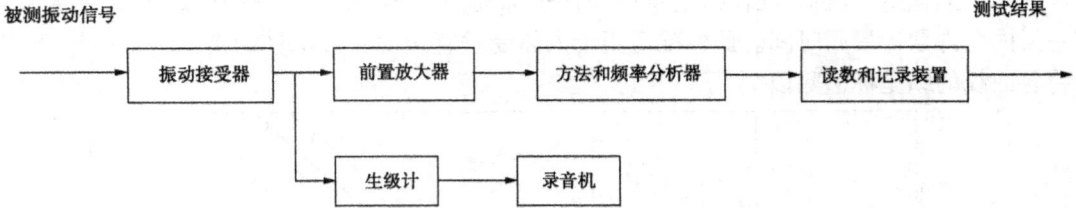

图 7-3 振动测量系统

振而产生的地面振动,因而公路交通振动很大程度上取决于道路结构和地质条件。振动在半无限弹性介质中(如地面)传播时,在弹性体内产生纵波(压缩波)和横波(切变波),同时还存在一种沿表面传播的波,称为瑞利表面波。介质内纵波和横波的传播速度表达式如下:

纵波(P 波)波速:
$$V_{\mathrm{P}} = \sqrt{\frac{E(1-\mu)}{2\rho(1-\mu)(1-2\mu)}} \approx \sqrt{\frac{B}{Y}}$$

横波(S 波)波速:
$$V_{\mathrm{s}} = \sqrt{\frac{E}{2\rho(1-\mu)}}$$

式中:E——介质的弹性模量,$\mathrm{kg/cm^2}$,弹性模量大的介质对振动的反应大;

μ——介质的泊松比;

ρ——介质的密度,$\mathrm{kg/cm^3}$;

B——介质的体积弹性模量。

瑞利表面波(R 波)的波速 v_{R} 与横波的波速 v_{s} 之间有如下关系:

$$\frac{1}{8}\left(\frac{v_{\mathrm{R}}}{v_{\mathrm{s}}}\right)^6 - \left(\frac{v_{\mathrm{R}}}{v_{\mathrm{s}}}\right)^4 + \frac{2-\mu}{1-\mu}\left(\frac{v_{\mathrm{R}}}{v_{\mathrm{s}}}\right)^2 - \frac{1}{1-\mu} = 0$$

由地表面激振的波动理论分析,点振源上、下方向振动,表面瑞利波的振幅以传播距离 $r^{\frac{1}{2}}$ 衰减,地表内(地基中)纵波和横波的振幅以 $1/r^2$ 衰减。对于线振源,纵波和横波的振幅以 $1/r$ 衰减。

实际上公路交通振动随传播距离的衰减与地质条件有关,软土地基比一般粘土地基随距离衰减要小,一般粘土地基比砂砾地基随距离衰减亦小,岩石地基随距离衰减最小。据资料介绍,在道路边测得振动在水平面内的分量比垂直面内上、下方向的分量要小得多,而且距道路边越远,表面波的波动越占优势,但是表面波一旦进入地表内,便迅速衰减。

(二)公路交通振动的测量

反映振动强弱的物理量是振动的位移(y)、速度(v)和加速度(a),三者之间有如下关系:

$$a = \omega v = \omega^2 y$$

式中:ω 为振动的圆频率($\omega = 2\pi f$)。对于公路交通振动,其振动频率(f)由车辆的固有频率和路面的凹凸不平产生的综合作用,其中由路面的凹凸不平产生的振动影响占支配地位。

与噪声相类似,振动的位移、速度和加速度等也可用分贝数来表达它们的相对大小,国家标准《城市区域环境振动测量方法》(GB 10071—88)规定采用振动加速度级。振动加速度级的定义是,加速度与基准加速度之比值以 10 为底的对数乘以 20,记为 VAL,单位为 dB。其表达式为:

$$VAL = 20\lg\frac{a}{a_0}$$

式中:a——振动加速度有效值,$\mathrm{m/s^2}$;

a_0——基准加速度,$a_0 = 10^{-6}$ m/s^2。

一般采用铅垂向的 Z 振级表示振动的强弱。Z 振级是按 ISO2631/1—1985 规定的全身振动 Z 计权因子修正后得到的振动加速度级,记为 VL,单位 dB。

测量振动的方法较多,最简单的是用振动级计直接测定环境振动的加速度级。振动级计采用加速度计作为测量振动加速度的传感器(拾振器),测量时传感器的底座平稳地安置在平坦而坚实的地面上。在野外测量时,先将传感器固定在一个平整的平板上,再将平板安置在经压实的地面上,平板的尺寸和质量要尽可能地小,以使对振动的影响可以忽略不计。测量点设置在各类建筑物室外 0.5m 以内的振动敏感点,必要时可置于建筑物室内地面的中央。

应用传感器和磁带记录仪可以将振动信号记录下来,再用信号分析仪对记录的振动信号进行分析,可获取振动频率、加速度、速度和位移等振动参数。

四、振动对人体的影响和振动标准

(一)振动对人体的影响

振动通过人体各部位与其接触而产生作用,根据振动作用范围的不同,对人体的影响可分为全身振动和局部振动两种。全身振动是指人体直接站(或坐)在振动体上所受的振动,局部振动是指人体只有部分部位(如手)与振动体接触所受的振动。由于公路交通振动激起的是地面振动,所以对人体的影响是全身的,车内的乘客振动亦是全身的。

人体对振动的反应相当于一个复杂的弹性系统,当振动的频率与人体的某些固有频率一致(或接近)时,因产生共振而对人体的影响特别大。实验表明,人体对频率 2～12Hz 的振动感觉最敏感,对低于 2Hz 或高于 12Hz 的振动,敏感性逐渐减弱。

人体全身垂直振动时,在频率 4～8Hz 范围内有一个最大的共振峰,称第一共振频率,它主要由胸腔共振产生,对心脏,肺脏的影响最大。在频率 10Hz 附近存在第二个共振频率,主要由腹腔共振产生,对肠、胃、肝脏等的影响较大。人体其他器官的共振频率头部为 25Hz,手为 30～40Hz,上下颌为 6～8Hz,中枢神经系统为 250Hz。

频率给定时,振动对人体的影响主要决定于振动的强度。其次与振动的暴露时间也有很大关系,短暂时间可以容忍的振动,在长时间就可能不能容忍。

当振动增强到某一程度人就感到不舒适,这是人对振动的心理反应。当振动继续增强,人对振动产生心理反应的同时产生生理反应,与此相应的振动强度叫做疲劳阈。当振动强度超过疲劳阈时,人的神经系统及其功能会受到不良影响。如果振动进一步增强,达到极限阈强度时,对人不仅有心理及生理影响,还会产生病理性损伤。长期在超极限阈的强烈振动下工作,会使感受器官和神经系统产生永久性病变,这种由振动引起的病变叫做振动病,它的全身症状是头晕、头痛、烦躁失眠、食欲不振和疲乏无力等,局部症状是承受强烈振动的部位,如手、肘、肩关节等发生损伤,手指肿胀僵硬,手臂无力等。

(二)振动容许标准

振动容许标准有两类,一类是关乎人的健康所建立的标准,另一类是关乎机器设备、房屋建筑及特殊要求(如天文台、文物古迹等)所制定的标准。下面介绍前一类标准,关于后一类标准请查阅有关资料。

1. 城市区域环境振动标准

我国于 1988 年颁布了《城市区域环境振动标准》(CB 10070—88),目的是控制城市环境振动污染。标准规定的振级值见表 7-4,表中给出的是铅垂向 Z 振级容许值,即各个区域的 Z 振级不得超过表中的限值。

各类区域铅垂向 Z 振级标准值(dB) 表 7-4

适 用 地 带 范 围	昼 间	夜 间
特殊住宅区:特别需要安静的地区	65	65
居民,文教区:纯居民区和文教、机关区	70	67
混合区、商业中心区:一般商业与居民混合区;工业、商业、少量交通与居民混合区	75	71
工业集中区:城市或区域内规划明确确定的工业区	75	72
交通干线道路两侧:车流量每小时 100 辆以上的道路两侧	75	72
铁路干线两侧:距每日车流量不少于 20 列的铁道外轨 30m 外两侧的住宅区	80	80

2.对人体影响的评价标准

国际标准 ISO 2631 是关于人体全身铅垂向振动暴露评价标准。该标准给出了三个振动容许界限和暴露时间。

(1)疲劳、效率降低界限。图中给出的曲线是疲劳和效率降低振动标准,即当振动强度超过该疲劳阈时,人体不能保持正常工作效率。

(2)舒适性降低界限。将图中每条曲线的加速度除以 3.15(减 10dB)便是舒适性降低界限,即当振动强度超过该界限时,人体对振动产生心理不舒适感。

(3)暴露界限。将每条曲线的加速度乘以 2(加 6dB)便是振动暴露界限,即当振动强度超过该极限阈时,人体不仅产生心理反应,而且会产生生理病变。

(4)暴露时间。每条曲线上的时间,即表示在该振动强度下允许的暴露时间,用以控制人的工作时间,以保持正常工作和身体健康。

另外,人体对频率 4~8Hz 范围内振动的反应最敏感。

五、公路交通振动防治

公路交通激振引起道路两侧地面振动,会给人体,建筑、精密设备、文物以及周围生态环境中的动植物等产生影响。公路交通振动的防治较为困难,根据国际、国内经验,公路交通振动防治可以采取下列措施:

1.控制公路与敏感点的距离

振动在地面传播时,其振动强度随传播距离衰减较快。一般情况,公路交通振动传至距路边 30m 左右便不会有太大的影响,传至 50m 便可安全。对于有特殊要求的敏感点如天文台、文物古迹等,可根据相应的振动标准控制路线距这些地点的距离,这是惟一可行的措施。

2.降低公路交通振动强度

(1)提高和改善路面平整度。由于路面的不平整是公路交通振动的主要激振因素,因而提高和改善路面的平整度是降低公路交通振动的主要措施。

(2)研究采用有橡胶树脂的沥青混凝土防振路面。

3.防振沟

一般的隔振系统用质量块、弹簧和阻尼器构成(见图7-4),以减

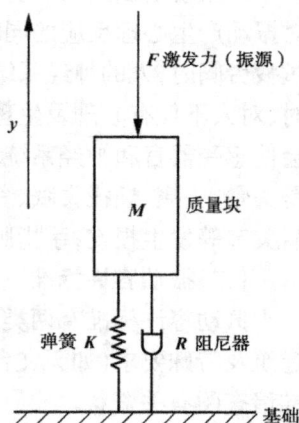

图 7-4 隔振系统示意图

166

弱振动源向基础(地基)传递振动。对于公路交通振动,一般的隔振措施显然是不可行的。

防振沟是在振动源与保护目标之间挖一道沟,以隔离地面振动的传播,所以又叫隔振沟。一般防振沟的宽度应大于60cm,沟深应为地面波波长的1/4(在低频时其波长较长,如$f=10$Hz时,波长可达数百米),因此防振沟深度应在被保护建筑物基础深度的两倍以上。为了有效地隔离公路交通振动,防振沟的长度应大于保护目标沿道路方向的长度,有时需在保护目标周围挖一圈防振沟。防振沟内最好是不填充物体而保持空气层,但实际中较难实现,通常是填充砂砾、矿渣或其他松散材料。需注意,防振沟内如被填充坚实,或者被灌满水将会失去隔振作用。

由上述可见,防振沟本身是一项比较间距的工程,因此,只有在特别需要时才采用,一般情况不宜采用。

第二节　公路社会环境影响

社会环境是人类生存环境要素(自然环境、社会环境)之一,它的内涵很广,包括政治、经济、宗教、法律、生产力、生产关系、人口及其质量、文化教育、社团活动、家庭和人类创造的物质财富等。

社会环境是人类在利用和改造自然环境中创造出来的人工环境和人类在生活和生产活动中所形成的人与人之间关系的总体。社会环境是人类活动的必然产物,是人类通过有意识的长期劳动,加工和改造了自然物质,形成了人造物质,创造了物质生产体系,积累了物质文化,产生了精神文化的综合体。

一、公路社会环境

公路社会环境,主要是指道路沿线范围内人类在自然环境基础上,经过长期有意识的社会劳动所创造的人工环境。按《公路建设项目环境影响评价规范》(试行)中规定的内容,主要包括①社区发展;②居民生活质量;③基础设施;④矿产资源利用;⑤土地利用;⑥旅游资源;⑦文物资源;⑧城镇发展规划等。公路建设对沿线两侧一定范围内社会的影响是不可忽视的。

一般情况,公路交通可能涉及的社会环境问题如图7-5所示。我国地域辽阔,各地的自然环境及社会环境有着较大的差异,每条道路的建设都应针对各地的特点,认真分析筛选出主要社会环境问题。

二、社会环境影响分析

公路建设对自然和社会环境的影响主要是主体工程占用和分隔土地,移民拆迁,路堑的开挖,路堤的填筑对地形、地貌的植被的破坏,以及施工过程中对环境和水系的影响等。公路交通对社会环境的影响有正面的,也有负面的,且正面影响是主要的。

(一)土地资源

土地资源是指有用的土地。它是人类赖以生存和发展的基础,也是陆地生物生长和生存的基础。土地是农业生产中最基本的生产资料,也是工业、交通、城市建设等不可缺少的宝贵的自然资源。我国山地多、平原少,960×10^4km² 国土(约 144 亿亩)中耕地约 15 亿亩,只占国土面积的 10.4%,占世界总耕地面积的 7%。我国的耕地面积正在逐年减少,除气候等自然因素外,建设用地影响很大。据统计,1949 年至 1980 年建设用地 1 500 万亩,1980 年至 2000 年用地约 700 多万亩,其中大部分是耕地。

公路建设是用地大户,高速公路和一级公路平均每公里占用土地约 80 亩。就"五纵七横"12 条国道主干线而言,总里程约 3.5×10^4 km,约占土地 280 万亩,其中耕地将占 80% 左右。当然公路建设占地是必然的,问题是如何少占耕地,保护良田。

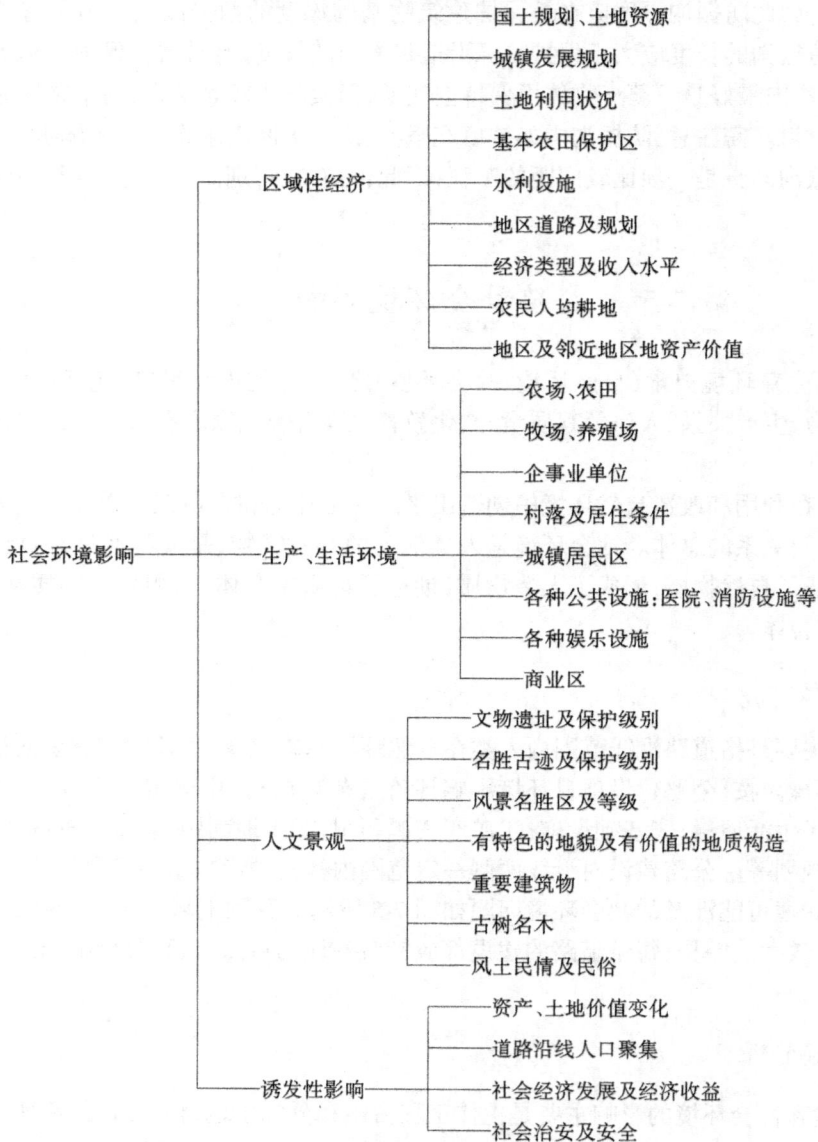

```
                          ┌─── 国土规划、土地资源
                          ├─── 城镇发展规划
                          ├─── 土地利用状况
                          ├─── 基本农田保护区
              区域性经济 ───┼─── 水利设施
                          ├─── 地区道路及规划
                          ├─── 经济类型及收入水平
                          ├─── 农民人均耕地
                          └─── 地区及邻近地区地资产价值

                          ┌─── 农场、农田
                          ├─── 牧场、养殖场
                          ├─── 企事业单位
  社会环境影响 ───┬── 生产、生活环境 ─┼─── 村落及居住条件
                          ├─── 城镇居民区
                          ├─── 各种公共设施:医院、消防设施等
                          ├─── 各种娱乐设施
                          └─── 商业区

                          ┌─── 文物遗址及保护级别
                          ├─── 名胜古迹及保护级别
                          ├─── 风景名胜区及等级
              人文景观 ───┼─── 有特色的地貌及有价值的地质构造
                          ├─── 重要建筑物
                          ├─── 古树名木
                          └─── 风土民情及民俗

                          ┌─── 资产、土地价值变化
                          ├─── 道路沿线人口聚集
              诱发性影响 ──┼─── 社会经济发展及经济收益
                          └─── 社会治安及安全
```

图 7-5 公路交通的社会环境影响

(二)基本农田保护区

当农田被一条新建公路而分割时,农业活动也会受到影响,可能干扰现有的耕种方式以及田块之间的连接。各地的基本农田保护区都是当地的稳产高产良田,一般不能在保护区内占地进行项目建设。当非占不可时,必须补偿同等数量同等质量的农田。

人口、粮食、资源是影响当今世界可持续发展的主要问题。我国用世界 7% 的耕地生产了占世界产量 17% 的谷物,养活了占世界 22% 的人口,这是了不起的成就。但我国毕竟人多地少,人均耕地仅为世界平均水平的 1/4,高产良田更是少而宝贵。国家实行基本农田保护区方针,是缓解人口、粮食、资源矛盾,实现 21 世纪可持续发展战略的重要举措。公路建设应不占或少占基本农田保护区内的耕地。

(三)水利设施

水利是农业的命脉,水利设施是国家、地区重要的基础设施,也是人民生产、生活和经济建设的保障设施。公路建设必须保护农田排灌系统、蓄防洪工程及其他水利设施。

公路工程在施工中,若与沿线农田水利排灌设施发生干扰时,应根据交通部相关法规的规定,采取先通后拆的原则。由于农业生产的季节性很强,为了保证农民不误农时,适时进行农耕及其农事活动,保证拟建公路沿线农业生产活动的正常进行,公路施工中破坏或占用的农田水利设施,必须在当地农事活动之前修通,暂时不能正式修复的农田水利排灌设施,应修建临时的农田水利排灌系统。

(四)拆迁与再安置

公路施工期对社会环境比较突出的影响是在主体工程正式开工前,对部分居民的拆迁与再安置。这是由于公路建设项目的特点所决定的,尤其是高等级公路均系政府部门的长远规划,路线长,跨越的市县多,虽然在设计时尽可能选择少占或不占用住房用地,但每个公路建设项目几乎都存在有不同程度的拆迁与再安置问题。应该认识到这也是在所难免的。

公路建设造成住宅、地产、企业及其他生产资源的被征用,必将引起社会干扰及使受影响的居民遭受损失。征地影响不仅仅是经济方面的,而且还是社会和心理方面的;经济影响包括房屋或一个企业的损失、业务收入的暂时或永久性损失,这些都是可以估计和作价的,但是,对这些损失的具体计价却往往是一个相当困难和持久的过程;社会和心理费用更加复杂,有时更加具有破坏性,社区或村庄被分割和破坏,居民之间的交往也因公路的分割而减少,甚至失去联系,商业也会因此而发生变化,这类问题往往在居民个人的身体健康问题上及不同程度的心理压抑中表现出来。

公路建设项目所涉及的居民拆迁和再安置与世行或亚行社会环境专家所讲的移民问题,在实际概念上是有差异的,同时与我国水利建设中的移民概念也有区别。通常所说的移民是指因征地、拆迁而引起的人口迁移及其恢复重建的全部活动,包括赔偿、安置与恢复措施。这些措施可以用来消减非自愿的、自然与社会经济迁移的影响。移民一般的讲是迁移出原来的行政管辖区域。而公路建设项目中涉及到的拆迁与再安置,虽然属于非自愿的拆迁与再安置,但通常情况下均系由本自然村范围内的再安置,被拆迁的居民既不会远离他们历代生活的居住环境,同时也不一定会失去自己承包的基本生活物资—土地,而且在拆迁与安置的过程中,还得到了建设单位相应的补偿。据了解,公路建设项目中涉及到的拆迁与安置的住户,绝大多数是满意的。

公路建设规划与设计中应尽可能少拆迁民房,拆迁时应做到拆迁安置合理,尽可能的保护民众利益。拆迁企、事业单位将涉及单位人员的就业,生活资金来源及迁址后的交通、生活条件等,影响的人员及因素较多。一般情况不宜拆迁较大的企、事业单位,避免产生不安定因素。

总之,公路建设项目在建设前期所涉及到的沿线居民的拆迁与再安置计划,是一项政策性很强的工作,它涉及到拆迁户的切身利益,在具体执行过程中,办事人员一定要坚持原则,严格执行政府部门的有关政策,要密切与地方政府部门的配合,认真听取被拆迁户的意见,真正做到把好事办好,使被拆迁户从中得到实惠,使他们的生活水平有所提高。在拆迁户安置住址的选择上,值得注意的是,新的安置地应离开拟建的高等级公路,以避免在营运期受交通噪声的污染影响。

(五)出行阻隔

高速公路和一级公路普遍存在对民众出行的阻隔问题,道路两侧民众对此反映较为强烈,一般存在横向通道的数量、质量和位置等问题。随着地区(特别是经济发达地区)交通条件及交通工具的改善,通道的数量问题已不很突出,较突出的是通道的质量问题。如下雨积水使老人、儿童难以通行,有的道路清扫人员从路的中央排水口向通道内倾倒垃圾,使通道内肮脏不堪。通道的设置位置也存在一些问题,如有的通道离学校太远,不但给小学生的上学造成不便,也产生了不安全因素。

(六)文物

文物(包括古迹、遗址等)是不可再生的文化景观资源,具有很高的历史、政治、文化和经济价值。原则上不论其属于何种保护级别,都应合理保护。

我国的文物破坏很严重,而且有逐年加重的趋势。主要是不法分子的盗掘破坏和大型工程建设破坏。道路建设项目往往途经几个地区,干扰文物常有发生。因此,在项目建设的各个阶段都应十分重视文物的保护和利用。

对地面上现有的文物资源在公路的设计阶段已多采取避让的原则,路线布设时充分考虑了避让的距离。但是对于地下埋藏的文物资源,即使聘请当地文物部门进行了勘察,也很难摸得十分清楚,这就要求公路的施工单位,在公路路基的施工过程中,一旦挖出地下文物时,应立即中断施工,及时通过业主向当地文物主管部门报告,请他们到现场进行处理。文物部门也应积极协助,抓紧时间处理,待文物处理妥善后,再恢复施工,从而加强对文物资源的保护。在此应特别强调指出,文物属国家财富,施工单位应教育职工,任何人不得私自占用和倒卖,否则应负法律责任。

(七)景观环境

高速公路和一、二级公路的投资巨大,占用了大量资源,是国家重要的永久性建筑物。因此,公路建设应研究公路美学,研究其与所经地域的地形地物、文化风情和人文景观的协调性,使公路融合到环境中去,减少或防止因高填深挖等对环境景观造成损害。

同时旅游业也会因公路建设受到影响,公路交通改善,交通方便与快速会对旅游业有利;而如果管理不当,会影响旅游的吸引力。

(八)对现有交通环境的影响

拟建公路在施工阶段,大量的公路建筑材料将通过汽车运输来完成。由于新建公路一般情况下与现有的低等级公路或县、乡公路相距不远,而运送筑路材料的汽车又多半是通过现有的公路来完成,这就会造成现有公路上汽车流量的大量增加,明显地干扰了现有公路上正常的交通秩序。这样一来可能产生的后果是,当地现有公路上交通事故发生率上升,因为运送筑路材料的汽车难于都用篷布遮盖,致使运送散状筑路材料的汽车在运输途中难免会出现泄漏或抛撒现象,从而使现有公路上扬尘增加,造成环境空气质量下降。与此同时,随着交通流量的增加,会使交通噪声加重,甚至会影响现有公路两侧居民夜间的正常休息,学校的正常教学。

为减少公路施工对现有交通环境的影响,施工单位应落实国家环境保护行政主管部门批复的该项目的环境影响报告书中所提出的环保措施,如在道口设值班岗、调整作业时间、在现有公路两侧有居民住宅的路段洒水等。

在营运期间,现有公路上的交通压力会明显改善,以上施工期间的环境影响即消除。

对于独立大桥建设项目,桥下部结构施工阶段,则会影响水上的航运秩序,特别是具有航运功能的河流上,还可能会出现撞船、撞桥墩的水上交通事故。为此,施工单位必须按环境影响报告书中所提出的环保措施进行,减少或避免水上交通事故的发生,保障施工作业的正常有序进行。

三、社会环境影响控制对策

公路交通社会环境影响及其控制对策,对我国的道路工作者来说是个较为陌生的课题。1998年7月发布的《公路环境保护设计规范》(JTJ/T006—98)(以下简称《规范》)中第3节,对社会环境的保护设计作了原则性的规定,这是确定公路交通社会环境影响控制对策的依据和评定标准。公路交通社会环境影响控制,应采取保护措施为主的原则,并应贯彻在道路整个建设过程中。根据《规范》要求,表7-5列出了道路建设中可能造成的(或应关注的)主要社会环境影响及其控制对策,供参考和讨论。关于社会环境影响控制的管理措施及经济补偿政策等,本教材不作讨论。

公路交通社会环境影响控制对策　　　　　　　　　　　　　　　表7-5

工程阶段或名称	社会环境影响	控 制 对 策
路线设计	①占用耕地和良田 ②占用基本农田保护区耕地 ③分割城镇小区及村落 ④阻隔出行 ⑤影响风景名胜区、文物保护区和其他人文景观	①对项目建设地区的自然环境、社会环境等作全面详细调查、统计和分析 ②路线方案比选分析时,对社会环境有重大影响的重点部位应用可持续发展的战略进行多方案论证分析 ③路线占地应少占耕地、保护良田 ④尽可能的绕避城镇居民区和较大的村落,对少数民族居住区尤应关注 ⑤避免将小学与主要生源的居民区和村落分隔 ⑥绕避省级以上文物保护单位、风景名胜、名胜古迹,并尽量绕让其他有价值的人文景观 ⑦路线应与沿线地区自然景观、人文景观相协调,并合理保护和利用
路基和桥涵设计	①占用耕地,良田 ②影响水利设施 ③拆迁安置 ④阻隔出行和交往 ⑤影响文物古迹,风景名胜和其他人文景观	①尽可能的降低路基高度,在良田路段的路基采用陡边坡,减少路基占地 ②路基、桥涵设计应确保当地排洪、防洪要求,确保水利设施的安全。按《规范》规定保护农田水利设施 ③尽可能地减少拆迁数量。对拆迁对象,特别是老、弱、病、残等脆弱群体应作好安置设计,切实保护公众利益 ④认真调查确定通道或天桥的数量及位置。应作好通道内的排水设计,或在通道的一侧设人行台阶,以方便通行。在牧区设放牧通道 ⑤文物古迹等保护及利用设计
道路施工	①影响土地资源 ②影响农田水利设施 ③影响地方道路 ④影响出行 ⑤影响文物和人文景观 ⑥影响安全	①认真调查作好取,弃土设计,取土坑、弃土场尽可能复移、还耕或植草种树,保护土地资源 ②料场等临时用地尽量不用耕地,不能使用良田。施工结束及时恢复原土地以便利用 ③合理安排桥涵施工,不影响农田排灌 ④及时修复因施工损坏的地方道路,确保安全通行 ⑤在可能有文物遗址的地区,施工前会同文物管理部门作文物勘探,防止损坏文物 ⑥设安全防范设施和安全监督措施

第八章 公路环境质量评价

第一节 环境质量评价概述

一、环境质量与环境质量评价

环境质量是指环境要素的好坏,其优劣往往根据人类的要求而定。环境质量评价则是按照一定的评价标准和方法,确定一个区域范围内环境质量状况,预测环境质量变化趋势和评价人类活动对环境影响的一门学科。

环境质量评价的目的是为制定城市环境规划,进行环境综合整治,制定区域环境污染物排放标准、环境标准和环境法规,搞好环境管理提供依据;同时也是为比较各地区所受污染的程度和变化趋势提供科学依据。它是环境管理工作的基础和重要组成部分。

环境质量评价是环境保护的一项先行性、基础性工作,其工作的依据为《中华人民共和国宪法》、《中华人民共和国环境保护法(试行)》、《建设项目环境保护管理办法》、《环境影响评价技术导则》等环境政策以及国家公布的各项环境质量标准和污染物排放标准。在此基础上进行环境质量评价,弄清区域中的主要环境问题,从而有针对性地制定改善和提高环境质量的规划和措施。

二、环境质量评价分类

环境质量评价是按照一定的评价标准和运用一定的评价方法对某一区域的环境质量进行评定和预测,主要为环境规划和环境综合整治服务。

根据国内外对环境质量评价的研究,可按时间、环境要素、区域空间等把环境质量评价分为几种不同的类型:

1. 按评价的时间来划分

可分为回顾评价、现状评价和影响评价三种类型。

(1)环境质量回顾评价是根据一个地区历年积累的环境资料进行评价,以回顾该区域环境质量发展和演变过程。它是环境质量评价的组成部分,是环境现状评价和环境影响评价的基础。但由于实际所能提供的资料往往有限,使得评价结论的可靠性较差。环境质量回顾评价包括对污染物浓度变化规律、污染成因、污染影响的程度的评估;对环境治理效果的评估等。

(2)环境质量现状评价是依据一定的标准和方法,着眼于当前情况对一个区域内人类活动所造成的环境质量变化进行评价。查明区域环境质量的历史和现状,确定影响环境质量的主要污染物种类和数量及其在环境中迁移、扩散和转化,研究各种污染物浓度在时空上的变化规律,建立资料模式,说明人类活动所排放的污染物对生态系统,特别是对人群健康已经造成的或未来(包括对后代)将造成的危害,为区域环境污染防治提供科学依据。

(3)环境质量影响评价是对一项拟开发行动方案或规划所产生的环境影响进行识别、预测和评议,并在评价基础上提出合理减轻或消除对环境影响的对策。环境影响评价包含了很广泛的内容,既要研究建设项目再开发、建设和生产过程中对自然环境的影响,也要研究对社会和经济的影响;既要研究污染物对大气、水体、土壤等环境要素的污染途径,也要研究污染因子在环境中传输、迁移、转化规律以及对人体、生物的危害程度。环境影响评价报告书一经批准,具有环境法律效力,是环境保护决策的重要依据。根据开发建设活动的不同,环境影响评价可分为单个开发建设项目的环境影响评价、多个建设项目的环境影响评价、区域开发项目的环境影响评价、宏观活动的环境影响评价等四种类型,它们构成完整的环境影响评价体系。

2.按环境要素来划分

可分为单环境要素的质量评价、部分环境要素的联合评价、整体环境质量的综合评价三种类型。

(1)单环境要素的质量评价是对各个环境要素单个给予评价。分大气环境质量评价、地表水环境质量评价、地下水环境质量评价、土壤环境质量评价、噪声环境质量评价等。这种评价主要在说明、评定单个要素受污染的状况,可为有关部门确定具体的环境管理和治理措施提供直接的依据。

(2)部分环境要素的联合评价是对两个及两个以上的环境要素联合进行评价,如地表水与地下水联合评价,大气与土壤联合评价,地表水、地下水、土壤及作物的联合评价等。联合评价除对各单个要素进行评价外,还可揭示污染物在各环境要素间的迁移、转化规律,以及各要素环境质量的变化与影响程度的规律,有助于对关联环节综合考虑追踪和解决各有关要素的污染问题。

(3)整体环境质量的综合评价是在单个要素(往往是主要要素)评价的基础上对评价区整体环境质量进行评价,可以从整体上较全面地反映一个区域的环境质量状况,从而为在整体上进行环境规划和管理提供科学依据,尤其有利于从综合防治的角度上为进行上述工作提供依据。但这种评价工作量大,难度高,故国内开展较少。

3.按评价区域划分

可分为城市环境质量评价、水域或流域环境质量评价、海域环境质量评价、经济开发区环境质量评价、风景旅游区环境质量评价、全国环境质量评价等。

4.按评价对象的特点划分

可分为自然资源环境质量评价、污染环境质量评价、农业环境质量评价、生态环境质量评价、社会经济和生活环境质量评价、风景游览区环境质量评价和名胜古迹区环境质量评价等。

5.按评价时的参数选择来划分

可分为化学评价、物理评价、生物学评价、生态学评价、卫生学评价等。

三、环境影响评价

1.环境影响

所谓"环境影响"是指人们的开发行动可能引起的物理、化学、生物、文化、社会经济环境系统的任何改变或新的环境条件的形成。开发行动的性质、范围和地点不同,受影响的环境要素变化的范围和程度也不同。在研究一项开发活动对环境的影响时,首先应该注意那些受到显著影响的环境要素的质量参数(或称环境因子),例如建设一个大型的燃煤火力发电厂,使周围大气中二氧化硫浓度显著增加,城市污水经过一级处理后排入海湾会使排放口附近海水中有机物浓度显著升高,会影响原有水生生态的平衡。环境影响的重要性是相对的,例如,对一个临危物种繁殖地的影响比对数量丰富的物种繁殖地的影响为重要,同样,高强度噪声对居民住宅区的影响比对工业区的影响重要。

2. 环境影响的类别

(1)按影响的来源分

可分为直接影响、间接影响和累积影响。直接影响与人类活动在时间上同时,在空间上同地,而间接影响在时间上推迟,在空间上较远,但是在可合理预见的范围内。如某一开发区的开发建设造成大气和水体的质量变化,或改变区域生态系统结构,造成区域环境功能改变,这是直接影响;而导致该地区人口集中、产业结构和经济类型的变化是间接影响。直接影响一般比较容易分析和测定,而间接影响就不太容易。间接影响空间和时间范围的确定,影响结果的量化等,都是环境影响评价中比较困难的工作。确定直接影响和间接影响并对其进行分析和评价,可以有效地认识评价项目的影响途径、范围、影响状况等,对于如何缓解不良影响和采用替代方案有重要意义。

累积影响是指一项活动的过去、现在及可以预见的将来的影响具有累积性质,或多项活动对同一地区可能叠加的影响。当建设项目的环境影响在时间上过于频繁或在空间上过于密集,以至于各项目的影响得不到及时消除时,都会产生累积影响。

(2)按影响效果分

环境影响可分为有利影响和不利影响。这是一种从受影响对象的损益角度进行划分的方法。有利影响是指对人群健康、社会经济发展或其他环境的状况和功能有积极的促进作用的影响。反之,对人群健康有害,或对社会经济发展或其他环境状况有消极阻碍或破坏作用的影响,则为不利影响。需注意的是,不利与有利是相对的,是可以相互转化的,而且不同的个人、团体、组织等由于价值观念、利益需要等的不同,对同一环境的评价会不尽相同。环境影响的有利和不利的确定,要综合考虑多方面的因素,是一个比较困难的问题,也是环境影响评价工作中经常需要认真考虑、调研和权衡的问题。

(3)按影响性质划分

环境影响可分为可恢复影响和不可恢复影响。可恢复影响是指人类活动造成的环境某特性改变或某价值丧失后可能恢复,如油船泄油事件,造成大面积海域污染,但经过一段时间后,在人为努力和环境自净作用下,又可恢复到污染以前的状态,这是可恢复影响。而开发建设活动使某自然风景区改变成为工业区,造成其观赏价值或舒适性价值的完全丧失,是不可恢复影响。一般认为,在环境承载力范围内对环境造成的影响是可恢复的;超出了环境承载力范围,则为不可恢复影响。

另外,环境影响还可分为短期影响和长期影响,地方、区域影响或国家和全球影响,建设阶段影响和运行阶段影响等。

3. 环境影响评价

环境影响评价是指对拟议中的人类的重要决策和开发建设活动,可能对环境产生的物理性、化学性或生物性的作用及其造成的环境变化和对人类健康和福利的可能影响,进行系统的分析和评估,并提出减少这些影响的对策措施。

根据开发建设活动的不同,可分为单个开发建设项目的环境影响评价、区域开发建设的环境影响评价、发展规划和政策的环境影响评价等三种类型,它们构成完整的环境影响评价体系。环境影响评价的对象包括大中型工厂、大中型水利工程、矿山、港口及交通运输建设工程,大面积开垦荒地,围海围湖的建设项目,对珍稀物种的生存和发展产生严重影响或对各种自然保护区和有重要科学价值的地质地貌地区产生重大影响的建设项目,区域的开发计划,国家的长远政策等。

环境影响评价可明确开发建设者的环境责任及规定应采取的行动,可为建设项目的工程设计提出环保要求和建议,可为环境管理者提供对建设项目实施有效管理的科学依据。

1)环境影响评价基本内容

环境影响评价是一种过程,这种过程重点在决策和开发建设活动开始前,体现出环境影响评价的预防功能。决策后或开发建设活动开始,通过实施环境监测计划和持续性研究,环境影响评价还在延续,不断验证其评价结论,并反馈给决策者和开发者,进一步修改和完善其决策和开发建设活动。环境影响评价的过程包括一系列的步骤,这些步骤按顺序进行。各个步骤之间存在着相互作用和反馈机制。在实际工作中,环境影响评价的工作过程可以有所不同,而且各步骤的顺序也可能变化。环境影响评价是一个循环的和补充的过程。

一种理想的环境影响评价过程,应该能够满足以下条件。

(1)基本上适应所有可能对环境造成显著影响的项目,并能够对所有可能的显著影响做出识别和评估。

(2)对各种替代方案(包括项目不建设或地区不开发的方案)、管理技术、减缓措施进行比较。

(3)编写出清楚的环境影响报告书(EIS),以使专家和非专家都能了解可能影响的特征及其重要性。

(4)进行广泛的公众参与和严格的行政审查。

(5)能够及时为决策提供有效信息。

一般来说,环境影响评价工作的成果要有一个评价报告,即环境影响报告书(EIS)。各国根据其具体情况,有不同要求。我国《建设项目环境保护管理条例》规定:"建设项目对环境可能造成重大影响的,应当编制环境影响报告书,对建设项目产生的污染和对环境的影响进行全面、详细的评价。"同时规定了编制环境影响报告表的类型。

2)环境影响评价的基本功能

环境影响评价作为一项有效的管理工具具有四种最为基本的功能:判断功能、预测功能、选择功能和导向功能。评价的基本功能在评价的基本形式中得到充分地体现。

评价的基本形式之一,是以人的需要为尺度,对已有的客体做出价值判断。从可持续发展角度,对人的行为做出功利判断和道德判断,对自然风景区做出审美价值判断等。现实生活中,人们对许多已存在的有利或有害的价值关系并不了解,越是熟悉的东西,越有可能因熟视无睹而一无所知。而通过这一判断,可以了解客体的当前状态,并提示客体与主体需要的满足关系是否存在以及在多大程度上存在。

评价的基本形式之二,是以人的需要为尺度,对将形成的客体的价值做出判断。显然,这是具有超前性的价值判断。其特点在于,它是思维中构建未来的客体,并对这一客体与人的需要的关系做出判断,从而预测未来客体的价值。这一未来客体,有可能是现有客体所导致的客体,也可能是现有客体可能导致的客体中的一种,还可能是新创造的客体。这时的评价是对这些客体与人的需要的满足关系的预测,或者说是一种可能的价值关系的预测。人类通过这种预测而确定自己的实践目标,确定哪些是应当争取的,而哪些是应当避免的。评价的预测功能是其基本功能中非常重要的一种功能。

评价的另外一种基本形式,是将同样都具有价值的客体进行比较,从而确定其中哪一个是更有价值,更值得争取的,这是对价值序列的判断,也可称为对价值程度的判断。在现实生活中,人们常常面临着不同的选择,面临鱼与熊掌不可兼得或两害相权取其轻的有所取有所舍,在这种必须做出选择的情势中,评价的功能就是确定哪一种更值得取,而哪一种更应该舍。这就是评价所具有的选择功能。通过评价而将取与舍在人的需要的基础上统一起来,理智地和自觉倾向于被选择之物,以使实践活动更加符合目的和顺利。

在人类活动中,评价最为重要的、处于核心地位的功能是导向功能,以上三种功能都隶属于这一功能。人类理想的活动是使目的与规律达到统一,其中目的的确立要以评价所判定的价值为基础和前提,而对价值的判断是通过对价值的认识、预测和选择这些评价形式才得以实现的。所以也可以说,人类活动目的的确立应基于评价,只有通过评价,才能建立合理的和合乎规律的目的,才能对实践活动进行导向和调控。

综上所述,可以简单地说,评价是人或人类社会对价值的一种能动的反映,评价具有判断、预测、选择和导向四种基本功能。这就是环境影响评价的哲学依据。在环境影响评价的实际工作中,环境影响评价的概念、内容、方法、程序以及决策等都体现出上述依据。同时,我们也在不断地运用环境影响评价的哲学依据,发现环境影响评价中的不足,解决面临的问题,不断地充实和发展环境影响评价,使这一领域的工作顺应社会的要求,实现可持续发展。

3)环境影响评价的重要性

环境影响评价是一项技术,也是正确认识经济发展、社会发展和环境发展之间相互关系的科学方法,是正确处理经济发展使之符合国家总体利益和长远利益,强化环境管理的有效手段,对确定经济发展方向和保护环境等一系列重大决策上都有重要作用。环境影响评价能为地区社会经济发展指明方向,合理确定地区发展的产业结构、产业规模和产业布局。环境影响评价过程是对一个地区的自然条件、资源条件、环境质量条件和社会经济发展现状进行综合分析的过程,它是根据一个地区的环境、社会、资源的综合能力,使人类活动不利于环境的影响限制到最小。

(1)保证建设项目选址和布局的合理性　合理的经济布局是保证环境与经济持续发展的前提条件,而不合理的布局则是造成环境污染的重要原因。环境影响评价从建设项目所在地区的整体出发,考察建设项目的不同选址和布局对区域整体的不同影响,并进行比较和取舍,选择最有利的方案,保证建设选址和布局的合理性。

(2)指导环境保护设计,强化环境管理　一般来说,开发建设活动和生产活动,都要消耗一定的资源,给环境带来一定的污染与破坏,因此必须采取相应的环境保护措施。环境影响评价针对具体的开发建设活动或生产活动,综合考虑开发活动特征和环境特征,通过对污染治理设施的技术、经济和环境论证,可以得到相对最合理的环境保护对策和措施,把因人类活动而产生的环境污染或生态破坏限制在最小范围。

(3)为区域的社会经济发展提供导向　环境影响评价可以通过对区域的自然条件、资源条件、社会条件和经济发展等进行综合分析,掌握该地区的资源、环境和社会等状况,从而对该地区的发展方向、发展规模、产业结构和产业布局等做出科学的决策和规划,指导区域活动,实现可持续发展。

(4)促进相关环境科学技术的发展　环境影响评价涉及到自然科学和社会科学的广泛领域,包括基础理论研究和应用技术开发。环境影响评价工作中遇到的问题,必然会对相关环境科学技术提出挑战,进而推动相关环境科学技术的发展。

4)环境影响评价的作用

环境影响评价在环境管理中的主要作用有：

(1)为地区发展规划和环境管理提供科学依据；

(2)通过环境影响评价了解拟建项目所在地区的环境质量现状,预测拟建项目对环境质量可能造成的影响；

(3)针对项目对环境质量造成的不利影响,提出有效的、经济合理的防治措施,使不利影响降至最低程度。

总之,环境影响评价是正确认识经济发展、社会发展和环境之间相互关系的科学方法,是正确处理经济发展与国家整体利益和长远利益关系、强化环境规划管理的有效手段,是对经济发展和保护环境一系列重大问题作决策的依据。

四、环境影响评价制度

1. 环境影响评价制度的建立

环境影响评价是分析预测人为活动造成环境质量变化的一种科学方法和技术手段。这种科学方法和技术被法律强制规定为指导人们开发活动的必须行为,就成为环境影响评价制度。

环境影响评价是建立在环境监测技术、污染物扩散规律、环境质量对人体健康影响、自然界自净能力等学科研究分析基础上发展起来的一门科学技术。20 世纪 50 年代初期,核设施已开始评价环境影响辐射状况,60 年代英国总结出环境影响评价"三关键"(关键核素、关键途径、关键居民区),已有较明确的污染源—污染途径(扩散迁移方式)—受影响人群的环境影响评价模式。

环境影响评价作为一种科学方法和技术手段,任何个人和组织都可应用,为人类开发活动提供指导依据,但并没有约束力,而美国是世界上第一个把环境影响评价用法律固定下来并建立环境影响评价制度的国家。

2. 国外环境影响评价制度

1969 年,美国国会通过了《国家环境政策法》,1970 年 1 月 1 日起,正式实施,其中第二节第二条的第三款规定:在对人类环境质量具有重大影响的每一生态建议或立法建议报告和其他重大联邦行动中,均应由负责官员提供一份包括下列各项内容的详细说明。

第一项:拟议中的行动将会对环境产生的影响。

第二项:如果建议付诸实施,不可避免地将会出现的任何不利于环境的影响。

第三项:拟议中的行动的各种选择方案。

第四项:地方上对人类环境的短期使用与维持和驾驶长期生产能力之间的关系。

第五项:拟议中的行动如付诸实施,将要造成的无法改变和无法恢复的资源损失。

继美国建立环境影响评价制度后,先后有瑞典(1970 年)、新西兰(1973 年)、加拿大(1973年)、澳大利亚(1974 年)、马来西亚(1974 年)、德国(1976 年)、菲律宾(1979 年)、印度(1978 年)、泰国(1979 年)、中国(1979 年)、印尼(1979 年)、斯里兰卡(1979 年)等国家建立了环境影响评价制度。与此同时,国际上也设立了许多有关环境影响评价的机构,召开了一系列有关环境影响评价的会议,开展了环境影响评价的研究和交流,进一步促进了各国环境影响评价的应用与发展。1970 年世界银行设立环境与健康事务办公室,对其每一个投资项目的环境影响做出审查和评价。1974 年联合国环境规划署与加拿大联合召开了第一次环境影响评价会议。1984 年 5月联合国环境规划理事会第 12 届会议建议组织各国环境影响评价专家进行环境影响评价研究,为各国开展环境影响评价提供了方法和理论基础。1992 年联合国环境与发展大会在里约热内卢召开,会议通过的《里约环境与发展宣言》和《21世纪议程》中都写入了有关环境影响评价内容。《里约环境与发展宣言》原则17宣告:对于拟议中可能对环境产生重大不利影响的活动,应进行环境影响评价,作为一项国家手段,并应由国家主管当局做出决定。

1994年由加拿大环境评价办公室(FERO)和国际评估学会(1AIA)在魁北克市联合召开了第一届国际环境影响评价部长级会议,有52个国家和组织机构参加了会议,会议做出了进行环境评价有效性研究的决议。

经过30年的发展,已有100多个,国家建立了环境影响评价制度。环境影响评价的内涵不断提高,从对自然环境影响评价发展到社会环境影响评价;自然环境的影响不仅考虑环境污染,还注重了生态影响;开展了风险评价;关注对累积性影响并开始对环境影响进行后评估;环境影响评价并从最初单纯的工程项目环境影响评价,发展到区域开发环境影响评价和战略影响响评价,环境影响技术方法和程序也在发展中不断地得以完善。

3．我国的环境影响评价制度

我国自1979年《环境保护法(试行)》确立了环境影响评价制度后,在以后颁布的各种环境保护法律、法规中,不断对环境影响评价进行规范,通过行政规章,逐步规范环境影响评价的内容、范围、程序,环境影响评价的技术方法也不断完善。我国的环境影响评价制度大致经历了三个阶段,即1979～1989年的规范建设阶段、1990～1998年的强化和完善阶段及1999年以后的提高阶段。

中国的环境影响评价制度是借鉴国外经验并结合中国的实际情况,逐渐形成的。中国的环境影响评价制度主要特点表现在以下几方面。

(1)以建设项目环境影响评价为主 现行法律法规中都规定建设项目必须执行环境影响评价制度,包括区域开发、流域开发,工业基地的发展计划,开发区建设等。对环境有重大影响的决策行为和经济发展规划、计划的制订,没有规定开展环境影响评价。

(2)具有法律强制性 中国的环境影响评价制度是国家环境保护法明令规定的一项法律制度,以法律形式约束人们必须遵照执行,具有不可违背的强制性,所有对环境有影响的建设项目都必须执行这一制度。

(3)纳入基本建设程序 中国多年实行计划体制,改革开放以来,虽然实行社会主义市场经济,但在固定资产投资上国家仍有较多的审批环节和产业政策控制,强调基建程序。多年来,建设项目的环境管理一直纳入到基本建设程序管理中。1998年《建设项目环境保护管理条例》颁布,对各种投资类型的项目都要求在可行性研究阶段或开工建设之前,完成其环境影响评价的报批。环境影响评价和基本建设程度密切结合。

(4)分类管理 国家规定,对造成不同程度环境影响的建设项目实行分类管理。对环境有重大影响的必须编写环境影响报告书,对环境影响较小的项目可以编写环境影响报告表,而对环境影响很小的项目, 可只填报环境影响登记表。评价工作的重点也因类而异,对新建项目, 评价重点主要是解决合理布局、优化选址和总量控制;对扩建和技术改造项目, 评价的重点在于工程实施前后可能对环境造成的影响及"以新带老",加强原有污染治理, 改善环境质量。

(5)实行评价资格审核认定制 为确保环境影响评价工作的质量,自1986年起,中国建立了评价单位的资格审查制度,强调评价机构必须具有法人资格,具有与评价内容相适应的固定在编的各专业人员和测试手段,能够对评价结果负起法律责任。评价资格经审核认定后,发给环境影响评价证书。持证评价是中国环境影响评价制度的一个重要特点。

五、环境影响评价的工作程序

环境影响评价工作大体分为三个阶段(见图 8-1):第一阶段为准备阶段,主要工作为研究有关文件,进行初步的工程分析和环境现状调查,筛选重点评价内容,确定各单项环境影响评价的工作等级,编制评价工作大纲;第二阶段为环境影响评价工作阶段,其主要工作为完成工程分析和环境现状调查监测评价,建设项目环境影响预测和评价;第三阶段为报告书编制阶段,其主要工作为汇总、分析第二阶段工作所得到的各种资料、数据,完成环境影响报告书的编制。报告书中应给出项目环境影响控制对策与环保措施、项目建设评价结论与建议。

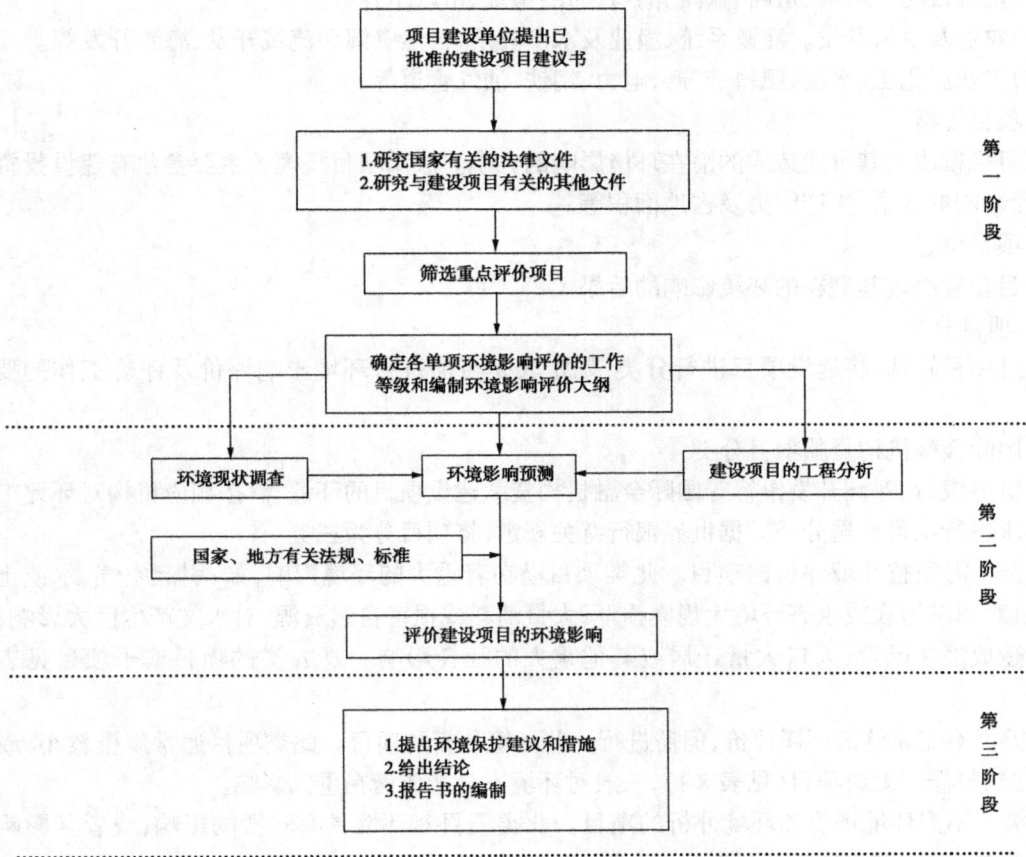

图 8-1 环境影响评价工作程序

六、环境影响评价项目的筛选

1. 项目筛选的目的

从原则上讲,不论建设项目的性质和规模,只要有可能对环境造成影响的都要进行环境影响评价。但从人力、物力和管理方面来讲,每年成千上万个建设项目全部作环评是不可能的。因此,预先对建设项目进行筛选,识别出需要进行环评的项目。项目筛选的目的是保证将具有重大环境问题的项目识别出来进入环评程序,将不具有潜在环境影响的项目挑出来不进入环评程序(或填环境影响报告表),以保证环境不受重大影响,也可节约资金和人力。

179

项目筛选是一项行政管理程序,这一决策是由国家经济计划部门和环保部门商讨作出的。我国的项目筛选决策由国家和地方环保局进行,至于决策权限在国家或地方(省、市)那一级环保局,主要由项目性质、规模等因素决定。目前,我国项目筛选识别尚无明确的标准和正规程序,为确保项目筛选的可靠性和合理的使用财力,该问题亟待研究解决。

2．项目筛选的原则

项目筛选一般依据项目类型、项目规模和建设位置。

1)项目类型

项目类型决定其潜在的环境影响的性质。一般下列项目需进行环境影响评价。

(1)基础设施。机场、道路、铁路、港口、防洪系统、市政工程等。

(2)农业及乡村开发。灌溉系统、渔业及水产养殖、自然资源和流域开发、海滩开发等。

(3)工业。化工、水泥、肥料、矿产、电力、钢铁、油气管道等。

2)项目规模

项目规模决定其可能造成的潜在环境影响的大小。表示项目规模的主要参数有建设投资总额、受影响的人数、生产能力及占地面积等。

3)项目位置

项目位置决定其潜在的环境影响的后果。

3．项目分类

通过项目筛选,将建设项目进行分类,确定其是否需进行环境影响评价及评价工作的要求。

1)国际金融机构贷款项目分类

向世界银行、亚洲开发银行等国际金融机构贷款建设项目的环评,需按相应机构对环评工作的要求进行项目筛选分类。据世界银行有关规定,将项目分为三类。

A类。需完整环境评价的项目。此类项目潜在着重大的环境影响,如:引起空气、水或土壤污染;对周围地表或生态环境大规模损坏;大量消耗或损害自然资源;对水文产生巨大影响;对环境造成潜在风险;人口大量迁居或其他重大的社会影响。属A类的项目或子项目见表8-1。

B类。不需完整的环境评价,但需进行一些环境分析的项目。此类项目通常规模较小,或者为维护、整修和更新项目(见表8-1),一般对环境不会造成潜在重大影响。

C类。不需环境评价和环境分析的项目。此类项目对环境具有轻微的影响,或者其影响无明显后果,但对某些项目的局部(如医院的医疗废弃物)设计时需作环保处置。

世界银行项目筛选分类表 表8-1

A类	B类	C类
1.水坝与水库	1.农业加工业	1.教育
2.林业及其生产项目	2.电力传输	2.计划生育
3.工业厂矿(大规模)	3.淡水和海水养殖	3.健康
4.水利工程(大规模)	4.灌溉和排水(小规模)	4.营养
5.土地平整	5.再生能源	5.机构开发
6.矿产开发(包括油、气)	6.农村电气化(包括小型电站)	6.技术援助

A类	B类	C类
7.港口开发	7.工业(小规模)	7.人力资源开发项目
8.开垦和新土地开发	8.农村供水和卫生	
9.移民和新土地开发	9.旅游	
10.河流流域开发	10.流域管理和整顿	
11.热电和水电开发	11.城乡道路	
12.交通(机场、公路、铁路、水运航道)	12.乡镇开发(小规模)	
13.城镇开发(大规模)	13.调整、维护和更新项目(小规模)	
14.旅游资源开发		
15.杀虫剂和其它有毒有害材料的制造、运输和使用		

2)我国项目分类

项目经筛选后,将对环境有影响的分为三类。

Ⅰ类。小型基本建设项目和限额以下技术改造项目,只需填报环境影响报告表。

Ⅱ类。对环境影响较小的大中型基本建设项目和限额以上技术改造项目,经省级环保部门确认可只填报环境影响报告表。

Ⅲ类。对环境有较大影响的建设项目,需要编制环境影响报告书。

七、环境影响评价工作等级的确定

环境影响评价工作的等级是指需要编制环境影响评价和各专题其工作深度的划分,各单项环境影响评价划分为三个工作等级。一级评价最详细,二级次之,三级较简略。各单项影响评价工作等级划分的详细规定,可参阅相应导则。工作等级的划分依据如下。

(1)建设项目的工程特点(工程性质、工程规模、能源及资源的使用量及类型、源项等)。

(2)项目的所在地区的环境特征(自然环境特点、环境敏感程度、环境质量现状及社会经济状况等)。

(3)国家或地方政府所颁布的有关法规(包括环境标准和污染物排放标准)。

八、环境影响评价方法

1. 环境影响预测评价方法

世界各国环境影响预测评价方法较多,道路项目环境评价常用的有数学预测法、类比调查法和图形叠置法等。

1)数学模型预测法

这是人们熟知的应用最广泛的一种预测方法。在道路项目环境影响评价中交通噪声级预测、环境空气污染物浓度预测、水质污染物浓度预测和土壤侵蚀量预测等,都采用数学模型预测法,有关数学模式及模式中各项参数的取值在前面章节中已作讨论,这里不赘述。在各种参数或资料具备的条件下,采用数学模型预测较为方便,结果亦较准确。

2)类比调查法

当缺乏必要的参数资料且获取它们又有困难时,常用类比调查法来预测评价拟建项目对环境的影响,该方法因简单直观而为广大环境科学工作者所青睐。采用类比调查法必须选择恰当的类比原型,选择类比原型应符合下列原则:

(1)类比项目与拟建项目的等级、类型相同。

(2)类比项目与拟建项目的交通量和平均行车速度相近。

(3)类比项目与拟建项目在同一个地区。

(4)类比项目的环境监测点位,应选择与拟建项目环境影响预测路段的环境相似。

3)图形叠置法

图形叠置法由 Mch 于 1968 年提出。该方法首先将研究地区分成若干个地理单元,在每个单元中通过各种手段获取有关环境因素的资料,利用这些资料为每个环境因素绘出一幅环境图,这样可绘出一系列环境图。然后把这些图衬于整个地区的基本地图之上,作出地区的环境复合图。通过对该图的综合分析,就可对土地利用的适用程度和工程建设的可能性等作出评价,并采用颜色、阴影的深浅等形象地表示工程项目对地区环境影响的大小。

该方法使用简便,但不能对影响做出确切的定量表示。它主要用于预测评价和表达某一地区适合开发的项目及其程度,对环境影响的范围(如确定洪水泛滥的范围),道路选线以及景观环境影响等评价。

2．环境质量评价方法

环境质量评价常用的方法,是将环境污染物的监测值(或预测值)与评价标准容许值进行比较,由是否超出标准值及超出量的大小作出评价结论。为了更加直观、定量地对环境质量进行评价,世界各国对噪声、水质、空气和土壤等环境质量规定了评价方法。

3．环境质量综合评价方法

人类的生活环境是由多项环境要素(如空气、水、土壤、声音、食物、文化生活等)相互作用、相互影响和相互制约下形成的综合环境体系。环境质量综合评价就是按照一定目的,在一个区域内各个单项环境要素评价的基础上,对环境质量进行总体的定性或定量评定。

环境质量综合评价是将某一环境体系(可大可小,大至一个国家,小至一个功能区)作为一个整体,在考虑其他功能的同时,突出其中某一项或几项主要环境要素,将其与人体健康和防治对策作为主要研究目标。

1)环境要素选择

在进行环境质量综合评价时,应根据评价的目的、目标及区域环境状况等,合理地选择环境要素,以不漏掉主要评价要素为原则,使评价结果能客观地反映评价区域的环境特征及演变规律。下面介绍几种常规评价目标的环境要素的选择。

(1)以控制环境污染为主要目标。应抓住与人体健康、生存条件等有关的环境要素,并力求突出其中的主要问题。一般将空气、水、土壤和生物等作为评价要素。

(2)以改善城市人民生活环境质量为主要目标。应抓住与人们生活、生产及文化娱乐等活动有关的要素,如各种社会设施、道路交通、居住条件、园林绿地、医疗及文化娱乐等。

(3)以保护生态环境、生态资源为主要目标。应抓住与地区生态环境特征和演变规律有关的要素,如水、地貌、植被、土壤侵蚀、土地利用、野生生物等。

(4)以保护、利用和开发风景旅游区为主要目标。应抓住景观环境质量要素,如自然景观、人文景观、建筑艺术、园林艺术等。

通常一项综合评价中,兼有上述两种或两种以上的评价目标,则应同时包含有关的环境要素,以满足评价目的与要求。

2)环境质量综合评价方法

关于环境质量综合评价,不同学科从各自的角度出发,提出并运用不同的方法进行研究,因此,环境质量综合评价的方法很多。下面就国内外较常采用的方法作简要介绍。

(1)均权叠加法

在各环境要素质量评价的基础上,计算环境质量综合评价指数。即:

$$P = \sum_{j=1}^{k} P_j \text{ 且 } P_j = \sum_{i=1}^{n} P_i$$

式中:P——环境质量综合评价指数;

　　　P_j——某种环境要素的质量指数;

　　　P_i——某种环境要素的单因子污染(或质量)指数;

　　　n——某种环境要素参加评价的因子数;

　　　K——选择的环境要素数量。

该方法将各种环境要素同等对待,未突出危害大、影响严重的因素,所以存在着一定的局限性。为了粗略了解某区域环境质量总体情况时,可以采用此方法。

(2)加权求和法

一般不同的环境要素及其污染物,对人体、生物和环境的影响程度是不同的。例如,空气污染和水污染是城市的主要问题,但对居民来说,呼吸污染的空气却是难以避免的。为使评价结果接近或符合环境质量及其变化的实际状况,对环境要素应引进权重值。即:

$$P = \sum_{j=1}^{k} W_j P_j \text{ 且 } P_j = \sum_{i=1}^{n} W_i P_i$$

式中:P——环境质量综合评价指数;

　　　W_j——某种环境要素的权重值;

　　　P_j——某种环境要素的质量指数;

　　　W_i——某种环境要素的单因子权重值。

用此法计算环境质量综合指数的关键是确定权重值。确定权重值有下列几种方法:

①根据人们的主观评价(或判断)确定。将选择的环境要素(包括它的污染因子)及其影响分级制成表格,大量发放给民众作主观评价调查。对调查表进行统计分析,并结合区域环境特点提出相应权重值。

②根据项目排污或环境功能确定。

③根据环境可纳污量确定。所谓环境可纳污量是指环境对某种污染物可容纳的程度,即污染物开始引起环境恶化的极限。环境纳污量及权重值可用下式计算:

$$V_i = \frac{C_{oi} - B_i}{B_i}; \quad G_i = \frac{1}{V_i}; \quad W_i = \frac{G_i}{\sum G_i}$$

式中:V_i、G_i——对某种污染物环境可纳污量的百分数及其倒数;

　　　C_{oi}——某种污染物的标准值;

　　　B_i——某种污染物的背景值。

除上述几种综合评价方法和计算权重值的方法外,还有不少其他方法,这里不一一介绍,如需要时可参阅有关资料。

第二节　环境质量现状评价

环境质量评价学的内涵首先是由其研究的对象决定的。在环境质量评价学的研究对象中,一类是相对稳定的研究对象,它们往往是以要素形式出现,主要有大气、水、土壤等,另一类是变动的研究对象,这类研究对象往往是存在于发展与环境的矛盾之中,并经常以问题的形式表现出来;还有一类则是以时间序列为特征,即把要素或问题按时间排序。因此,从环境质量评价的体系的角度来看,大致可以分为:

(1)以要素为导向的环境质量评价体系:如大气环境质量评价、水环境质量评价、土壤环境质量评价。

(2)以问题为导向的环境质量评价体系:如某地区的能源结构对大气环境的影响评价,某水源地的水质对人体健康的评价等。

(3)以时序为导向的环境质量评价体系:如环境质量的回顾评价,环境质量的现状评价和环境质量的影响评价等。

本节主要介绍的是以要素为导向,反映当前环境质量状况的评价。对一定区域内人类近期的和当前的活动致使环境质量变化,以及受此变化引起人类与环境质量之间的价值关系的改变进行评价,称为环境质量现状评价。我国开展这方面的环境质量评价工作较多,依据近几年的环境监测资料,通过质量现状评价,阐明当前环境污染的现状,对当前的环境质量进行估计和分析,为进行区域环境污染综合防治和管理提供科学依据。

一、环境质量现状评价的视角

环境质量的现状反映了人类已进行或当前正进行的活动对环境质量的影响。由于人类对环境质量的要求,除了要求维持生存繁衍的基本条件外,还要求能满足人类追求安逸舒适的需求。因而对这种影响的评价应根据一定区域内人类对环境质量的价值取向来进行评价。环境质量状况所能反映出的价值大致有以下四种:自然资源的价值、生态价值、社会经济价值和生活质量价值。

自然资源的价值,主要是指大气、水和土壤在人类利用它们的过程中体现出来的一种属性。人们把大气、水和土壤,尤其是大气看作为是一种有限的资源,是工业化革命以来由于污染事件不断发生而逐渐认识到的。因此,人们在对大气、水和土壤进行评价时更多注意的是污染评价,即评估人类的生产与生活活动所排放出来的各种污染物对大气,水和土壤的污染程度,以及由此对人体健康所造成的危害程度。

生态价值的评估主要以生态学原理为基础,以保护生态平衡,永续利用自然资源为目的,评估一定区域内生态系统是否处于良性循环状态,以及生态系统被破坏的程度。

社会经济价值和生活质量价值,可称为文化价值。可从不同的角度去评价,如适应人类生活的美好舒适的需要,从审美的观点出发,采用一定的评价方法对环境美学价值进行评价,以适应人类公共健康的需要,可从卫生学的角度进行评价;以社会经济协调发展为目的,可从经济学的角度进行评价。

环境质量现状评价的视角可以是多方位的。然而从理论到方法目前比较成熟的是环境污染评价,实际工作中也大量地进行环境污染的评价。但是这并不意味着环境质量现状评价就是环境污染评价。

二、环境质量现状评价的基本程序

环境质量现状评价的程序因其目的、要求及评价的要素不同,可能略有差异,但基本过程如下:

(1)确定评价目的,判定实施计划:进行环境质量现状评价首先要确定评价目的,划定评价区的范围、制定评价工作大纲及实施计划。

(2)收集与评价有关的背景资料:由于评价的目的和内容不同,所收集的背景资料也要有所侧重。如以环境污染为主,要特别注意污染源与污染现状的调查,以生态环境破坏为主,要特别进行人群健康状况的回顾性调查,以美学评价为主,要注重自然景观资料的收集。

(3)环境质量现状监测:是在背景资料收集、整理,分析的基础上,确定主要监测因子。监测指标的选择因区域环境污染的特征而异,有关各类监测指标,可参看《环境监测》(高等教育出版社出版)一书。

(4)背景值的预测:事先对背景值进行预测有时这也是非常必要的。例如在评价区域比较大或监测能力有限的条件下,就需要根据监测到的污染物浓度值,建立背景值预测模式。

(5)进行环境质量现状的分析:要选取适当的方法,指出主要的污染因子、污染程度及危害程度等。

(6)评价结论及对策:对环境质量状况给出总的结论,并提出建设性意见。

以上是一般意义上的环境质量现状评价的工作程序,根据具体情况和具体要求,现状评价的程序可有很大的不同。

三、环境质量现状评价的方法

1. 环境污染评价方法

其目的在于分析现有的污染程度、划分污染等级、确定污染类型。经常使用的是污染指数法,分为单因子指数和综合指数两大类。

1)单因子污染指数的计算公式为:

$$P_i = \frac{C_i}{S_i}$$

其算术平均值为:

$$\overline{P_i} = \sum_{i=1}^{K} \frac{P_i}{K}$$

式中:P_i——污染物 i 的污染指数;

C_i——污染物 i 的实测浓度;

S_i——为污染物 i 的评价标准值;

$\overline{P_i}$——为污染物 i 的平均污染指数;

K——为监测次数。

2)综合污染指数有以下几种形式:

叠加型指数:

$$I = \sum_{i=1}^{n} \frac{C_i}{S_i}$$

均值型指数:

$$I = \frac{1}{n} \sum_{i=1}^{n} \frac{C_i}{S_i}$$

加权均值型指数:

$$I = \frac{1}{n} \sum_{i=1}^{n} W_i P_i$$

均方根型指数:

$$I = \sqrt{\frac{1}{n}\sum_{i=1}^{n}P_i^2}$$

式中:I——综合污染指数;

　　n——评价因子数;

　　W——污染物 i 的权系数。

上述指数形式仅是基本形式,根据评价工作的需要可自行设计。

2. 生态学评价方法

是通过各种生态因素的调查研究,建立生态因素与环境质量之间的效应函数关系,评价自然景观破坏、物种灭绝、植被减少、作物品质下降与人体健康和人类生存发展需要的关系。由于生态学的内容非常丰富,生态学评价方法也有许多种,这里主要介绍植物群落评价、动物群落评价和水生生物评价。

(1)植物群落评价

一个地区的植物与环境有一定的关系。评价这种关系可用 F 列指标——植物数量,说明该地区的植被组成、植被类型和各物种的相对丰盛度、优势度,即一个种群的绝对数量在群落中占优势的相对程度。净生产力,它是指单位时间的生长量或产生的生物量,这是一个很有用的生物学指标。种群多样性,是用种群数量和每个种群的个体量来反映群落的繁茂程度,它反映了群落的复杂程度和"健康"情况。通常使用辛普生指数,其公式为:

$$D = \frac{N(N-1)}{\sum n(n-1)}$$

式中:D——多样性指数;

　　N——所有种群的个体总数;

　　n——一个种群的个体数。

由于指数受样本大小的影响,所以必须用两个以上同样大小的群落进行对比研究。

(2)动物群落评价

一个地区的动物构成取决于植物情况。因此,植物群落的评价结果及方法,在动物群落评价中都有重要作用。动物群落评价注重优势种、罕见种或濒危种,通过物种表、直接观察等方法确定动物种群的大小。

(3)水生生物评价

水生态系统(包括河流,海洋)的生物在很多方面与陆生生物和陆生群落不一样。因此,采集的方法和评价的方法也不同。例如,由于藻类是水生生物王国中主要的食物生产者,如果水质、水温、水位、流量、有机质含量等发生变化,藻类的生产就会受到影响。对某些评价工作就需要对藻类进行评价。在评价过程中,通常需要了解组成成分,即某区域内有什么生物体存在,丰盛度,某种水生生物在该研究区域内所有水生生物中相对数量,生产力,以说明某种生物在它的群落食物链中的相对重要性。其次是对水生动物的评价。水生动物包括范围很广,种类繁多,应根据评价的目的选择评价因子。

3. 美学评价法

是从审美准则出发,以满足人们的追求舒适安逸的需求为目标,对环境质量的文化价值进行评价。评价的方法主要有定性评价,如美感的描述,定量评价,如美感评分,对风景环境的美学评价;还可采用艺术评价手段,如摄影艺术,以此可烘托出环境美的意境来。

美感的描述主要包括对人文要素和环境要素构成美的内在关系的描述。美感评分,是采用主观概率法计算美感值,其计算公式可以采用:

$$Q = \sum_{i=1}^{n} Q_i W_i$$

式中:Q——评价对象的美感值;

Q_i——第 i 个要素美感值;

W_i——第 i 个要素的权系数。

需要指出的是美感值的评价结果往往受评价者主观因素影响较大。在评价中应该使有经验的专家评分与公众的调查评定结果相结合,再加以分析调整,才有可能得到比较客观一致的评价结果。目前环境质量的美学评价方法还不成熟,需要进一步完善。

第三节　公路环境质量影响评价

近几年来,随着各级政府的重视,特别是在 1996 年 7 月第四次全国环境保护会议之后,公路建设项目环境影响评价工作受到了高度重视。1996 年交通部颁发了《公路建设项目环境影响评价规范》(试行),使公路建设项目环境影响评价工作规范化。同年,交通部颁发了《公路工程基本建设项目设计文件图表示例》(初步设计),规定了公路初步设计中的环保设计内容,使公路环评报告中提出的环保措施有了实施的保障,报告中提出的环保措施开始在公路设计及工程中得到实施。

1998 年交通部颁发了《公路环境保护设计规范》,为公路设计单位在公路建设项目的可行性研究报告中将环境保护作为其主要内容之一提供了法规依据。环境影响评价工作不仅在监督和保护环境方面起到了积极的作用,而且促进了人们对环境问题认识的深入。

一、公路环境影响评价的特点

公路建设项目的环境保护有别于其他建设项目,这是由公路的特点所决定的:

第一,它是生态型的开发项目。由于地形、环境和人口之间的矛盾,在高等级公路经过的地区,将不可避免地占用和分割土地。施工过程中,大量的挖方填方,一方面引起岩土体移动、变形和破坏,增加了地质脆弱带边坡的不稳定性;另一方面,由于地表植被破坏和表土损失,自然植被恢复困难。随后与之相伴的坡面土壤侵蚀、水土流失、山体坍塌、滑坡、河流阻塞、水污染等危害影响人民的生产生活。

第二,它是一个带状的且流动的污染排放源。这种带状的影响宽度一般在公路两侧几百米,长度可达数百公里,对社会环境影响的范围还要扩大一些。

第三,它不同于城市中交通带来的环境污染问题。公路主要分布在我国城市之间广大田野以及山岭丘陵地区。营运期对环境的影响集中表现在公路交通沿线两侧 200m 地带范围内的各类敏感点,如学校教室、医院病房、疗养院、宾馆、集中居民点、饮用水源、各类自然保护区、地质不良路段以及需要保护的野生动植物和农牧业生态环境等。

第四,公路交通环境问题的研究难度大,涉及专业、范围广。这突出表现在污染是流动的,污染源强度并非交通部门独家所能决定。对地形的改变和植被破坏的恢复、水土流失的控制等,都需要进行新的技术研究。涉及的专业包括汽车、化学、农、林、牧、水、地质、土壤、建材、文物和环保等。

第五，对公路交通环境问题治理的投资大。发达国家这方面的投资约占公路建设投资费的四分之一，我国作为一个发展中国家，环境影响评价中提出的环保措施投资约占项目建设投资费用的 1% ~ 3% 左右，与上述发达国家相比尚有很大的差距。

二、公路环境影响评价的目的与要求

公路建设项目的业主单位，应在项目的可行性研究阶段报批建设项目环境影响报告书、环境影响报告表或者环境影响登记表；而公路建设项目，考虑到路线布设的特殊性，经有审批权的环境保护行政主管部门同意，可以在初步设计完成之前报批环境影响报告书(表)。因为只有这样才能够使该项目环境影响评价报告中所预测的重大环境影响问题，在工程的初步设计阶段得到落实。项目的环境影响评价将避免重大的施工延误，促使该项目的业主单位能更好地将公路建设工程与现有的环境相结合，促进公路建设与环境保护的协调发展。

公路环境影响评价的目的主要是：

(1)通过对项目可能带来的各种环境影响的定性和定量分析、描述、预测，评价其未来影响范围和程度，为合理选线提供依据；

(2)通过损益分析，提出可行的环保措施建议，并反馈于设计，以减轻和补偿项目开发活动带来的负面影响；

(3)为项目的生产管理和环境管理提供科学依据，为沿线地区的经济发展规划、环保规划提供依据，并给决策者提供协调环境与发展关系的科学依据。

因此，环境影响评价越来越多地被列入国家法律和国际规则的要求，或者通过其他条例来实施。考虑环境影响评价，在一开始就应该列入公路工程的预算。

工程项目的开发，一般遵循一个明确的期限，它包括可行性研究(项目的预可行性研究和工程可行性研究)、初步设计、施工图设计和建设；然后是竣工项目的运行和维护。公路工程的环境评价过程，由许多不同的阶段。包括筛选和确定范围、环境评价的各项研究、减轻环境影响的计划、培训和监督所组成。环境影响评价过程中的每一阶段都应有一个明确的结果，筛选和确定范围阶段应得出对潜在影响程度的初步评价，并由此得出对进一步研究的要求。筛选结果用来决定项目环境影响评价的类别、评价的重点、级别和环境要素、评价执行标准等。确定评价范围是划定需要进行调查研究的地区以及时间的范围。最终结果是提出环境影响评价报告书或环境影响报告表。它的功能是向决策者提供该公路建设项目的建设及营运过程中对公路沿线可能会产生的重大环境问题及其影响的程度和范围，同时提出减轻潜在不良环境影响的可供选择方案。

三、公路环境影响评价的管理程序与技术路线

1. 管理程序

(1)首先由建设单位提出委托，委托具有公路建设项目环境影响评价资格的单位进行。公路建设项目投资在 2 亿元以上的高速或一、二级公路必须委托持有交通运输行业类别的环评甲级证书的单位承担环境影响评价工作。

(2)评价单位在接到委托书后，对拟建公路预可行性研究报告进行分析研究，派技术人员作现场踏勘和调研，收集有关资料，提出环境影响评价大纲。环境影响评价大纲经建设单位认可后，由建设单位上报交通部环境保护办公室和国家环境保护总局进行技术评审，并由国家环境保护总局行文正式批复。获批复后的环境评价大纲是进行公路建设项目环境影响评价的依据。

（3）公路建设项目所在省、市的环保局根据当地实际情况，对环境影响评价拟采用的标准正式行文批复是开展环评工作不可缺少的另一个依据。

（4）通过上述程序，评价单位即可安排对拟建公路沿线各敏感区点的监测，并广泛收集有关的文献资料。依据监测报告和收集的数据资料，以及必要的类比试验，评价单位负责完成各专题报告和环境影响评价报告书。该环境影响报告书在广泛征求专家和建设单位的意见后，即可修改定稿印刷成册，提交建设单位行文报交通部环境保护办公室，并组织有关专家进行预审，必要时承担环境影响的单位还应依据专家意见对环境影响报告书（表）进行补充或修改。提交环境影响报告书（表）的报批稿之后，行业环境保护主管部门再形成正式书面意见，行文送国家环境保护总局。与此同时，项目所在地的环境保护主管部门（如省环境保护局或厅），也必须对该项目的环境影响报告书提出正式的书面意见，并行文报送国家环境保护总局。国家环境保护总局在收到以上技术评审意见的正式文件之后，进行终审，并正式行文批复给业主及有关单位。

特别应该指出的是，按照《建设项目环境保护管理条例》的要求，涉及水土保持的公路建设项目，环境影响报告书中的水土保持方案，还必须先经行政主管部门审查同意，并将审查意见正式行文报送环境保护行政主管部门后，方可进行环境影响报告书（表）的终审和批复。涉及海岸工程的公路建设项目，其环境影响报告书或环境影响报告表，须经海洋行政主管部门审核并签署意见后，报环境保护行政主管部门审批。

公路建设项目的环境影响评价分为现状评价和预测评价，预测年限取公路竣工投入营运后第 7 年和第 15 年。其管理程序方框图一般如图 8-2 所示。

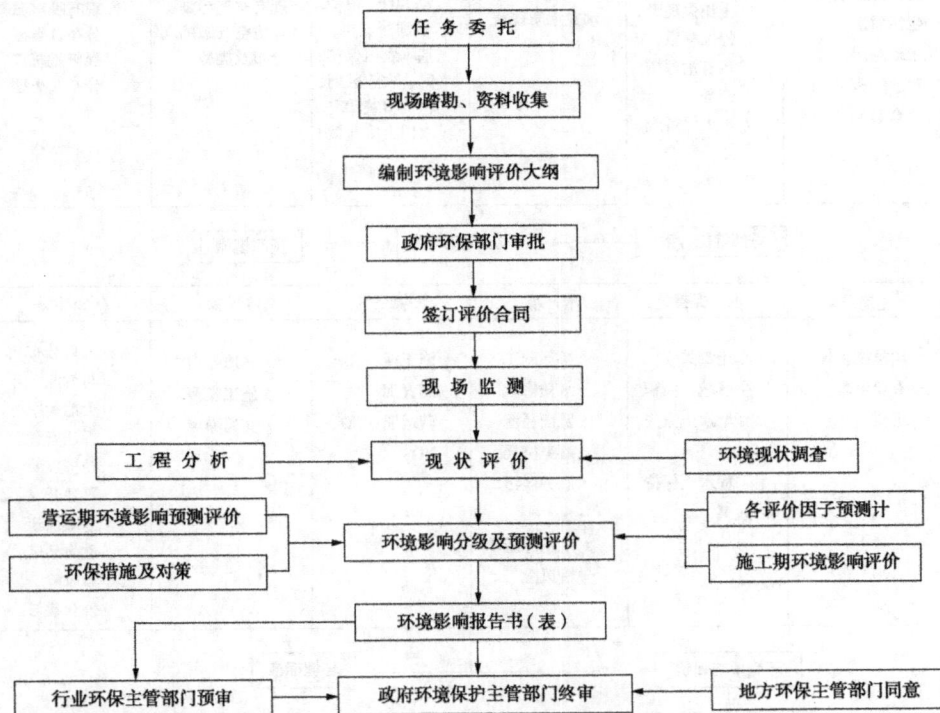

图 8-2　环境影响评价管理程序

2. 技术路线

公路建设项目环境评价工作开展的技术路线方框图见图8-3。

```
         ┌─────────┐   ┌─────────┐   ┌───────────┐
         │ 提出评价任务 ├───┤ 现场踏勘 ├───┤ 确定环境保护目标 │
         └─────────┘   └────┬────┘   └───────────┘
                    ┌────────┴────────┐
                    │ 环境影响因子识别与筛选 │
                    └────────┬────────┘
```

占用土地引起的环境影响	施工期环境影响	营运期环境影响
· 减少耕地 · 拆迁安置 · 破坏原有自然环境 · 损害野生动植物 · 改变水文状况 · 破坏农业环境 · 新增人造景观 · 地价涨落	· 填方的水土流失 · 废弃物和尘土污染 · 施工噪声与振动 · 妨碍现有交通 · 施工人员健康、安全事故 · 取土影响 · 地下文物破坏 · 有害物逸漏污染	· 交通噪声 · 环境空气污染 · 路面迳流污染 · 公路危险品运输事故逸漏风险 · 防洪 · 沿线居民出行不便 · 生活质量变更

```
                    ┌─────────┐
                    │ 编制环评大纲 │
                    └────┬────┘
         ┌─────────┐      │      ┌─────────┐
         │ 大纲评审批复 ├──────┼──────┤ 公众参与调查 │
         └─────────┘      │      └─────────┘
                   ┌─────────┐
                   │ 环境现状调查与评价 │
                   └────┬────┘
```

社会环境	水土保持	水环境	生态环境	环境空气	声环境
· 经济发展规划 · 资源开发条件 · 生活质量 · 土地利用 · 产业结构 · 公众意愿	· 水土流失现状,包括水土流失类型、侵蚀模数、现有治理措施等 · 水土保持规划	· 沿线水系 · 水环境功能划分 · 水文水质现状	· 野生动植物种类、数量、活动规律、保护级别 · 基本农田保护区、农业区划、植被覆盖状况 · 农田土壤质量	· 气象特征 · 环境空气质量 · 现有空气污染源 · 环境空气敏感点分布及类型	· 声环境质量现状 · 现有噪声源分布及类型 · 噪声敏感点分布及类型

```
         ┌─────────┐   ┌─────────┐   ┌─────────┐
         │ 局部替代方案 ├───┤ 环境影响预测 ├───┤ 预测模型 │
         └─────────┘   └────┬────┘   └─────────┘
```

生态环境	水土保持	水环境	环境空气	声环境	社会环境
· 动植物破坏 · 农业生态 · 土质	· 水土流失发生区域、面积 · 新增水土流失量 · 工程水土保持效果	· 桥涵施工水质影响 · 路面径流 · 灌溉格局 · 服务区污水 · 危险品运输风险	· 施工期:TSP、沥青烟 · 营运期:CO、NO$_2$	· 环境噪声 · 施工噪声 · 交通噪声	· 人口分布与就业 · 土地利用 · 拆迁安置 · 经济发展 · 资源开发 · 基础设施 · 危险品运输风险 · 公众参与

```
         ┌─────────┐             ┌─────────┐
         │ 环境影响评价 ├─────────────┤ 环境标准 │
         └────┬────┘             └─────────┘
  ┌─────────────┐  ┌──────────────┐  ┌─────────────┐
  │ 环境对策及损益分析 ├──┤ 编制环境影响报告书 ├──┤ 编制环境行动计划 │
  └─────────────┘  └──────────────┘  └─────────────┘
```

图8-3 环境质量评价技术路线图

四、公路环境评价的范围与主要内容

评价范围一般指"公路建设项目可行性研究报告"中确定的拟建公路中心线两侧各 200m 的范围。特殊情况也有根据实际扩大或缩小范围的可能。在生态环境影响评价时,对动植物的影响评价范围往往会扩大到 500m 甚至更大,对水环境影响评价和区内已有一类大气环境质量区与大气敏感点为重点评价区的大气环境影响评价也是如此。

自 1986 年至今,我国国内投资的公路建设项目环境影响评价的内容主要包括:社会经济影响评价、生态环境影响评价、大气环境影响评价和噪声环境影响评价四个方面。由国际金融组织投资的项目除包括国内投资项目的评价内容外,还增加了交通环境影响评价、文物和珍稀动植物保护及公众参与等内容。

1. 社会经济影响评价内容

社会经济环境影响评价内容见第四节。

2. 生态环境影响评价内容

1)野生植物与动物及栖息地的影响

(1)调查野生动植物的种类、保护级别、分布概况、生活(生长)习性、活动规律、经济和学术价值等;调查动物的现存数量和栖息环境特征;调查植物优势群落组成,植被覆盖率,公路用地,占用林地和草地面积或砍伐林木数量等。

(2)调查时以收集当地文献资料为主,受国家保护的野生动植物应注重向有关专家咨询。当植物现有资料不完全时,可针对沿线的主要植物群落,筛选出代表性的样点进行样点调查。

(3)对受国家保护的野生动植物的分布及其栖息环境进行评述,对植被覆盖率进行说明等。

(4)预测评述的主要内容有:对自然保护区的整体影响;对植物生长分布及动物活动规律、栖息环境的影响;对植被覆盖率地影响,根据预测及影响程度进行综合分析,评述影响范围、深度、形式和持续时间等。

(5)环保措施应以评价结论为依据,综合拟建公路所产生的负面影响,提出恢复生态环境及减少负面影响的措施,并进行技术、经济论证。

2)水土流失的影响

(1)评价范围为公路两侧路界内以及取、弃土(渣)场地等;评价内容为公路施工中高填、深挖处的坡面及取弃土(渣)场地,扰动后容易引起塌方、泥石流等地质病害的路段。

(2)现状调查与评价:调查沿线水土流失现状,土壤侵蚀类别、地形、地貌、地质、植被覆盖率、降雨情况及土壤侵蚀模数等,并综合评述路线经过地区的国家、省(区)、县人民政府批准的水土流失重点防治区和一般地区的水土流失重点防治区和一般地区的水土流失现状与治理情况。

(3)影响预测与防治措施:根据现状调查资料,结合公路施工产生裸露地表的特点及当地的气象条件,进行水土流失量的预测,并提出水土保持方案。详尽内容请参见本书公路建设中的水土保持一节。

3. 水环境的影响

(1)评价范围一般为项目《可行性研究报告》提供的路中心线两侧各 200m 范围内。当遇到地方政府部门规定的饮用水源地,可扩大到 1 000m 范围内。

(2)评价标准按照《地表水环境质量标准》(GB 3838—88),《污水综合排放标准》(GB

8978—88),《农田灌溉水质标准》(GB 5084—92),《渔业水质标准》(GB 11607—89),《海水水质标准》(GB 3097—97)等有关标准执行。

(3)现状调查、监测与评述

①调查评价范围内地表水域的分布及功能分类,了解工程的施工方案,生活服务区的位置及规模,调查公路建设项目两侧地表径流方位及水域功能,调查评价范围内现有水污染排放源。

②充分利用已有的水质资料,当没有资料或资料不完整时,应进行现状监测。公路建设项目通常监测的内容为 pH、高锰酸盐指数、CODcr、、石油类、溶解氧及悬浮物等。监测频率一般情况下为连续采水样两天,每天上下午各采水样一次。监测及采样分析方法参照《环境监测分析方法》进行。

③依据确认的评价标准对水环境现状进行评述。

(4)水环境影响预测评价

根据现状调查的结果,确定生活服务区的人数、生活服务区的排放系数、每人每天生活污水量定额、冲洗一辆车用水量及预测的冲洗车辆数等参数,应用污水排放预测评价模型预测生活服务区与洗车污水排放量。

(5)治理措施

①当路线经过当地政府部门确定的饮用水源地时,应对公路选线、桥址选择提出水环境保护要求。

②对不符合《污水综合排放标准》的污水,应提出治理措施。

③交通事故可能对水体造成污染时,应提出应急处理措施。

4. 环境空气影响评价

(1)大气环境评价包括:施工期的扬粉尘和沥青烟的影响分析以及对营运期 CO 和 NO_2 的预测分析,其中 CO、NO_2 作现状监测和预测评价;TSP 只作现状监测与评价。

(2)评价标准执行《环境空气质量标准》(GB 3095—96)或地方规定的标准。

(3)评价按路段进行,在路段内采取"以点为主,点段结合,反馈全线"的评价原则。评价路段应根据《可行性研究报告》中预测交通量、气象、工程及地形环境特征划分,并选具有代表性的路段进行评价。环境空气敏感点应作逐点评价;交通枢纽、高浓度污染区宜进行单独评价。

(4)现状调查

①调查沿线地形、地貌特点和现有工业污染源的排放特性,收集当地政府制订的功能区划分、环境空气质量执行标准和发展规划,划分评价路段,确定环境空气敏感点。

②收集评价区内环境空气质量常规监测资料,统计分析各点的主要污染物的浓度值、超标量和变化趋势等。

③收集评价路段近地处县、市 1～3 年常规气象资料,包括年、季、月的气压、气温、降水、湿度、日照、主导风向、平均风速、稳定度出现频率等项内容。

(5)现状监测

①充分利用已有的空气环境质量资料和常规气象资料。当没有资料或资料不完整时,应进行现状监测。

②采样、样品分析执行《空气和废气监测分析方法》。

③监测布点以环境空气敏感点为主,兼顾全路均布性的原则布设点群。监测点应具有代表性,能反映路段内环境空气污染水平和浓度分布规律。

（6）现状评价

分析评价因子的一次最高值和日均浓度值变化范围、超标率及超标原因,并对环境空气质量现状作出评价。

（7）预测评价

①根据车辆排放污染物线源强度计算模型和车辆排放污染物扩散浓度预测模型,按评价路段进行预测,或选择与预测路线交通量和平均车速相近、地形和气象条件类似的路段与评价路段进行类比预测。

②将预测点的预测扩散浓度与背景浓度线性叠加后同标准值比较,分析其达标和超标情况。

③对敏感点评价时,应分析出现超标时的气象条件和污染程度。

④根据预测污染程度,做出评价结论,并提出环境保护治理措施。

5．噪声环境影响评价内容

（1）声环境影响评价包括:施工期来自施工机械和运输车辆的噪声影响以及营运期来源于交通流量的噪声影响。

（2）评价对象为现有的环境噪声敏感建筑物,一般以200人以上的学校教室,50户以上的居民住宅,20张床位以上的医院病房、疗养院住房及特殊宾馆等作为重点评价对象,其他地带为一般评价对象。

（3）评价标准

①一般评价对象和重点评价对象中的居民住宅,现行所执行的为《城市区域环境噪声标准》中4类标准,即昼间70dB、夜间55dB。

②重点评价对象中的学校教室、医院病房、疗养院住房和特殊宾馆,现行所执行的为《城市区域环境噪声标准》中2类标准,即昼间60dB、夜间50dB。

（4）现状调查

对环境噪声影响重点评价对象的一般状况应进行调查与分析。在路线平面图中标出重点评价对象,并列表给出评价对象桩号、距路中心线距离、朝向、高度、受噪声影响的人数,并给出位置示意图。监测点位应布设在临拟建公路一侧第一排敏感建筑物(如学校、医院病房、疗养院卧室、集中居民点卧室等)窗前外1m处。

（5）现状监测

①布点原则:在重点评价对象受交通噪声影响较大地区布2～3个测点;在评价对象受其他噪声(包括铁路、交通量大于100辆的公路、工业噪声等)影响较大地区布2～3个测点;每个测点连续监测2天。具体监测点位应布设在临拟建公路一侧第一排敏感建筑物(如学校教室、医院病房、疗养院卧室、集中居民点卧室等)窗外1m处。

②监测方法按《环境噪声测量方法》执行。

（6）现状评价

根据监测的环境噪声值,按评价标准进行环境噪声现状评价。当环境噪声现状值超标时,应说明超标的原因。

（7）预测评价

通过调查确定以下参数值:预测交通量、车型比、设计车速、路基宽度、路基高度、线声源夹角、平均纵坡等,采用公路交通噪声预测模型计算出路段的交通噪声值,并将路段的交通噪声值与背景噪声值线性叠加后与标准值比较,分析其达标或超标情况。

(8)评价结论

在环境噪声现状评价与影响预测的基础上,根据采用标准,做出评价结论。

①对一般评价对象中需进行城市规划的路段,画出不同评价时段的公路交通噪声等声级曲线分布图,并标出昼间70dB与夜间55dB等声级曲线。

②对重点评价对象,应定量计算不同评价时期的环境噪声值,并按已经地方环境保护行政主管部门确认的评价标准予以评价。

③对于交通噪声防治对策,应进行多方案的技术与经济论证,提出环境保护措施的投资估算以及分期实施方案的实施计划等。

五、公路环境评价方法

根据公路建设项目的特点,采用点线结合,以点代线、突出敏感点的评价方法,对大气、噪声采用模式计算和类比分析法进行预测评价,对生态环境、水环境、社会经济环境的评价采用调查分析法。

大气和噪声的预测评价分别采用美国联邦公路局的高速公路扩散模式计算法、调研分析法。生态环境影响现状评价主要针对监测报告和现状调查资料,对动植物环境影响预测采用类比分析法,土壤流失影响预测采用模式计算和调研分析法进行,水质采用单因子指数法或分项达标率进行评价。社会经济环境影响评述针对项目直接影响区域社会经济的主要指标进行。对土地资源、矿产资源、旅游资源和文物古迹资源的影响评述,主要针对该公路建设项目建设前后的正负面影响进行。

六、公路环境评价的等级划分与主要保护目标

公路环境评价等级的划分应该根据中华人民共和国环境保护行业标准《环境影响评价技术导则》(HJ/T 2.1~2.3—93)、(HJ/T 2.4—1995)、(HJ/T 19—1997)的要求,参考地方的环境功能区划,并适当考虑工程的建设规模、污染特征、环境条件、保护对象的环境功能以及当地环境质量现状等来确定,一般路段评价从简,敏感路段应适当加深。

1. 环境空气影响评价等级划分

环境空气影响评价因子主要为一氧化碳(CO)、二氧化氮(NO^2)和总悬浮颗粒物(TSP)。其中 CO 和 NO^2 作现状监测和预测评价;TSP 只作现状监测与评价。在划分评价等级时主要依据是《环境影响评价技术导则》,即计算主要污染物的等标排放量(P_i),再根据 P_i 值确定评价工作级别。根据公路项目绝大多数在城市与城市之间布线的特点,并结合我国10多年公路环境影响评价积累的经验,多数情况下在公路建设项目的环境影响评价中将环境空气的评价等级定为三级。

2. 水环境影响评价等级划分

公路建设项目在施工和营运期间应该确保施工期污水、生活服务区污水和洗车污水不得排入《地表水环境质量标准》中所规定的Ⅰ、Ⅱ类水域。排入其他水域时,必须符合受纳水体相应功能的水质标准,不符合时要进行水质处理。评价因子主要有 pH 值、CODcr、石油类等。一般来说,污水排放量小,污水水质成分简单,拟建公路或大桥桥址在江、河上游500m以及下游1 500m之内没有城镇居民饮用水源集中取水口时,其评价等级一般为三级。

在评价范围内若有无法避让的环境敏感点或保护目标时,应提高评价的等级。水污染问题通常发生在那些公路车流量很大的地区。在下列情况中应该着重考虑:

(1)邻近一个饮用水取水口。

(2)邻近某些具有重要生态价值的区域。

(3)邻近一条枯水期流量很小的河流。

(4)穿过一个土壤过滤能力很低的地区,例如石灰岩和白云岩的过滤能力为零,而沙土和砂岩则能够有效滤除悬浮物质,至于粘土层则能够大大减轻污染影响。

3. 声环境影响评价等级划分

公路交通问题在人口密集区的繁忙道路上最严重。在许多情况下,噪声通常是公路使用中最明显的影响之一。根据《环境影响评价技术导则——声环境》(HJ/T 2.4—1995)的要求,高速公路、一级公路和二级公路建设后比建设前噪声级有显著增高(5~10dBA),应根据拟建公路沿线声环境敏感点的多少及声环境保护目标的数量确定评价等级。通常情况下可定为二级或一级评价。

4. 生态环境影响评价等级划分

根据《环境影响评价技术导则——非污染生态影响》(HJ/T 19—1997),公路建设项目生态环境评价范围按路线中轴线两侧各向外延伸300~500m;评价等级划分可以依照如下原则:当公路建设项目两侧评价范围内有敏感地区如自然保护区、风景名胜区、水源保护区、珍稀濒危物种栖息地及著名自然历史遗产时,应将评价等级定为一级;否则可定为二级或三级。

5. 主要环境保护目标的确定

公路建设项目批准立项后,通过对设计线位的现场踏勘调查,确定拟建公路沿线评价范围内环境空气和声环境的主要保护目标,一般情况下将公路沿线两侧距路中线距离50m以内的村庄、学校、医院和疗养区等定为环境敏感目标加以重点保护是十分必要的。

生态环境保护目标主要是指在公路两侧评价范围内已有的自然保护区、风景名胜区、生态脆弱带、野生保护动物栖息地、野生保护植物、连片森林、草地、基本农田保护区等。

水环境的保护目标主要指饮用水水源保护区、江、河源头区、集中养殖水域等;社会环境保护目标包括历史文化遗产、居民居住或出行的便利性和生活质量等。

综上所述,公路建设项目批准立项后,其项目的环境影响评价工作一般应在可行性研究阶段进行,通常环境评价的持续时间是6~18个月。经验表明,在项目期限内进行环境评价的时间越早,就完成得越快,而且费用越低。在项目期限内,环境评价开始晚了可能引起项目的延迟。

第四节 公路社会环境影响评价

一、社会环境影响评价概述

社会环境即经过人的改造受过人的影响的自然环境,也就是人类在自然环境的基础上,通过长期有意识的社会劳动所创造的人工环境,如工矿区、农业区、生活居住区、城镇、交通、名胜古迹、温泉、疗养区、风景游览区等。社会环境是人类劳动的产物,是人类物质文明和精神文明发展的标志,并随人类社会的经济建设和科技进步而不断地丰富和发展。

1. 社会环境影响

社会环境影响是指人类的活动对人类活动已构筑的社会环境所产生的相互依存、相互制约和相互发展的约束力。建设项目是人类活动的主要内容之一。根据社会环境影响现状的调

查,可确定建设项目对社会环境影响的内容、类别,进而分析各类影响可能产生的主要环境问题。建设项目社会环境影响的类别有:

1)直接影响和间接影响

直接影响是建设项目对某一社会环境要素直接产生的影响;间接影响是建设项目通过某一媒介对社会环境要素产生的影响。例如新建高等级公路,需要征地拆迁,这就是项目产生的直接影响;又如新建高等级公路,交通量增加,汽车排放的大量有害气体污染空气为直接影响,被污染的空气对人的健康产生的影响可视为间接影响。

2)有利影响和不利影响

有利影响是建设项目对社会环境要素产生的积极影响,表现为促进社会经济的发展;而不利影响是建设项目对社会环境要素产生的消极影响,又称负影响,表现为阻碍社会经济的发展。例如:修建高等级公路,使现有交通状况改善,加速商品流通,促进区域社会经济的发展,这是有利影响;因修建公路需大量征地,使当地产生剩余劳动力,以及修建封闭公路产生的阻碍问题等,这就是不利影响。

3)现实影响和潜在影响

现实影响是在建设项目的建设和运行过程中直观出现,并通过一定现象很快表现出来的影响;潜在影响则是很难通过一定现象表现出来,或是很缓慢地才能表现出来的影响。例如修建高等级公路必然要有拆迁,有拆迁就会出现迁居者(移民),有迁居者就有再安置,所以对这种社会环境要素的影响是肯定存在的,而且是现实的。由于拆迁和再安置,对迁居者来说,其社会环境的变化直接表现出来;而修建公路对人口素质的提高肯定会产生影响,但这种影响将是缓慢的、逐步的,这种影响就是潜在影响。

4)短期影响和长期影响

短期影响和长期影响主要根据时间流来加以区分,要根据拟建项目和所在区域的具体情况确定其界限。如修建高等级公路,对拆迁再安置者的生活来说,是短期影响;而对当地民众生活质量的提高的影响则是长期影响。

5)可逆影响和不可逆影响

可逆影响是指由建设项目所产生的社会环境影响经过采取措施,在处理后可恢复或消失的影响。不可逆影响是指建设项目所产生的影响不能通过人工加以恢复的影响。如修建高等级公路,汽车通行量增加,噪声超标,直接影响沿线民众的生活和工作,如果采用一些措施(如声屏障)可使生活和工作区域的噪声达到标准,这就是可逆影响;而由于修建公路,一些生态环境遭到破坏,使得一些珍惜动植物在当地灭绝,这种影响就是不可逆影响。

2. 社会环境影响评价

社会环境影响评价(SELA)是环境影响评价的主要内容之一。社会环境影响评价是拟建项目在规划、计划、实施之前,为尽量减缓或补偿拟建项目对社会环境的不良影响,尽可能改善社会环境质量,通过深入全面地调查研究,对影响区社会环境可能受到的影响内容、方式、过程、趋势等进行系统的综合的模拟、预测和评估,并据此提出评估意见及预防、补偿和改进措施,从而为科学管理、决策提供切实依据的一整套理论、方法、手段的总称。

由于社会环境系统规模庞大,包含的因素纷繁、层次众多、结构复杂、功能多样、内外联系广泛,不确定因素及动态变量大量存在,并具有较强的模糊性,而且地区和区域特征也非常明显,所以准确的评价标准和评价方法是不易确定的。如果说自然环境影响评价属于"硬"评价,那么社会环境影响评价则属"软"评价。鉴于社会环境影响评价的重要性和社会环境影响评价具有的特点，社会环境影响评价在环境影响评价中是薄弱的环节。发达国家对社会环境影响评价日趋重视，但系统的理论和方法还未形成。我国在该领域的研究和应用尚在起步阶段。

3. 社会环境影响评价的项目分类

在社会环境影响评价中进行项目筛选，来确定拟建项目的类别，并以此决定项目是否需要进行社会环境影响评价以及所要求的评价深度和广度。参照世界银行和亚洲开发银行的项目分类原则，并主要根据建设项目对社会环境影响的大小进行如下分类。

1)S1 类项目

此类项目对外界社会环境无影响或影响较小。由于此类项目主要产生内部经济效果，对外部社会环境影响较小，所以一般无需进行单独的社会环境影响评价，只需把工程可行性研究报告中有关的社会经济分析内容并入环境影响评价报告书即可。

2)S2 类项目

此类项目对外界社会环境产生一定的有利和不利的影响，除一些特殊大型项目以及外界社会环境较敏感的区域外，一般只要求进行社会环境影响简评，并将其并入环境影响报告。

3)S3 类项目

此类项目主要产生有利的社会环境影响，它包括脱贫以及改善社会环境等项目。由于此类项目旨在提高社会经济福利总水平，所以对此类项目一般要求进行社会环境影响详评，充分论证项目的社会经济效益或效果。这部分评价内容要并入环境影响评价报告书中。

4)S4 类项目

此类项目对外界社会环境产生严重不利影响，或外界环境极为敏感以及具有相当数量移民的项目。对此类项目要求进行社会环境影响详评，一般要进行社会环境影响专题评价，并形成专题报告书。

二、公路建设项目的效果分析

公路建设项目所产生的社会环境影响，其表现形式是多种多样的，也就是说不同的公路建设项目所产生的各类影响，在数量、方面、程度和后果上是不同的。通过对公路建设项目的社会经济效果的分析，可以对社会环境影响加以度量和评价。分析由项目所产生的社会经济效果是社会环境影响评价的主要内容之一。

1. 内部效果

建设项目的内部效果是项目的兴建对社会中的个人和团体直接产生的效果。项目的内部效果包括项目的直接效益、直接费用和直接影响等。

1)直接效益

公路建设项目的直接效益是由项目本身所产生的效益。直接效益中的大部分可进行货币化计算，主要是全社会公路使用者所获得的效益，目前已有较全面的指标体系和计算公式。这些效益包括：

(1)晋级效益。由于公路新建或改建(提高公路等级)获得的客货运输成本的降低。

(2)客、货运输节时效益。公路新建或改建获得的客货运输时间的减少。

(3)减少拥挤效益。公路新建使原有相关公路减少拥挤，客货运输成本降低，速度提高，客货在途时间的节约等。

(4)缩短里程效益。公路改建缩短里程而降低的运输成本。

(5)减少事故效益。公路改建带来交通事故减少,人员伤亡、货损事故减少而获得的效益等。

上述五种效益均为公路建设项目的直接正效益。

另外,公路建设本身也产生直接负效益,主要是征地。由于征地所带来的直接负效益主要是土地补偿、青苗补偿、拆迁补偿、移民及劳动力安置等等。在实际工作中,把这些负效益的合计作为实际征地费用。另外公路建设产生的阻隔影响和对原有基础设施等原有物的影响,也属于直接负效益。

2)直接费用

直接费用也称内部费用,即公路建设项目本身所需的费用。主要包括建筑安装工程费、设备及工具器具费、其他基本建设费、预留费、建设期贷款利息,以及计算年限内的养护费用、大修工程费用、交通管理费等。

3)直接影响

公路建设项目的建设和建成后营运对自然环境的影响是直接影响,也称第 I 级影响,主要有:

(1)大气环境影响。即项目的建设和营运,排放的主要气载污染物对大气环境质量的影响。

(2)水体环境质量影响。即项目的建设和营运,对地面水和地下水等水环境质量的影响。

(3)声环境质量影响。即项目的建设和营运,产生的公路交通噪声对声环境质量的影响。

(4)土壤环境质量影响。即项目的建设和营运,产生的污染物对土壤环境质量的影响。

(5)生态环境质量影响。即项目的建设和营运,对生物有机体周围的生存空间及生态条件的影响。

一般来说,上述直接影响都是负影响。这些直接影响可以通过监测、化验、分析和预测得到具体的物理量。这些物理量与有关标准进行对比分析,可得到定量分析结果。但这些影响很难用货币来衡量,一般把这样的影响称为无形效果。

此外,公路建设项目的建设和营运对社会环境产生的一些影响也是直接影响,如修建封闭式公路造成的阻隔影响等。

2. 外部效果

外部效果是由于项目的兴建使得社会的生产及消费的实际机会发生变化的效果,如商品和服务的需求、供给和价格发生变化引起的效果,以及其他波及效果。外部效果所包含的具体内容是很多的。

公路建设项目的外部效果是指由于公路建设项目的建设和营运而产生的间接效益、间接费用和间接影响等。由于公路建设项目是国民经济和社会发展的基础设施,所以修建公路对社会经济发展具有很大的促进作用。从总体上说,社会环境影响评价的内容总体属于项目的外部效果范围。应考虑的外部效果有:

1)促进区域社会经济发展

(1)社会结构的优化。

(2)经济布局的调整。

(3)人口素质的提高。

(4)经济效益的提高。

(5)生活质量的改善。

(6)社会秩序的稳定。

2)加强国防能力,促进政治稳定。

3)项目的环境美学质量对景观产生的影响。

4)由于项目对自然环境产生的第Ⅰ级影响,而对人、物产生的第Ⅱ级,第Ⅲ级的波及影响等。

5)项目对其他地区自然环境和社会环境产生的波及影响。

从理论上说,计算公路建设项目的间接效益,则要计算相应产生的间接费用;反过来说,投入了间接费用,则要计算相应产生的间接效益。其目的是在评价时,要遵循效益和费用一致的原则,保证评价的科学性。在公路建设项目社会环境评价中,有两种主要的间接费用:

(1)可计算效益的费用

在进行公路建设项目社会环境影响评价中,可能涉及到一些可量化的间接效益,在计算这些效益的同时,应计算相应的费用。例如修建某条公路,为开采某地的矿产资源提供了良好的交通条件,那么该矿产资源的开采效益即为这条公路的间接效益之一,但同时应测算开采费用,这样才能够对这个间接效益作出整体评价。

(2)为了减小公路项目对自然环境的不利影响,进而减小由于这些影响对人和物产生的波及影响,可以根据具体情况采取相应的环保措施,以减小甚至消除这些不利影响。有些环保措施直接纳入项目建设计划中,其费用也应包括项目的总投资中;有些环保措施是在项目投入使用后采取的,自然也就没有纳入该项目的建设计划,其费用也应没有包括在项目总投资中,这些环保措施的费用属于项目的间接费用。投入一定费用而建立的环保措施与这些措施所取得的环保效果,可用环境经济学提供的方法进行定性和定量的分析。

三、公路社会环境影响评价

根据国际通常的做法以及我国的有关规定,目前我国二级以上的公路建设项目,均要求进行项目环境影响评价,社会环境影响评价是其中的一项主要内容。特别是国际性金融组织提供贷款的项目,更是强调在进行项目环境影响评价时,要充分进行社会环境评价的重要性和必要性。

1. 公路建设项目社会环境影响评价的意义

对拟建公路建设项目进行社会环境评价,目的是全面估计拟建项目的社会经济效益,分析拟建项目对所在地区社会环境的影响,采取措施防止和减少拟建项目可能带来的不利的社会环境影响,使公路建设项目的论证更加充分可靠,努力实现社会效益、经济效益和环境效益的协调统一,促进社会经济持续、稳定、协调的发展。

公路建设项目对所在地区及其周围地区的自然环境影响是明显的,对社会环境产生的影响也相当显著。这些影响可能改变地区经济发展的方向,可能使社会结构产生变化,也会直接影响人民的生活。我国是一个以经济建设为中心的发展中国家,公路建设处在蓬勃发展时期,任务相当繁重。要完成好这样艰巨的任务,就要汲取发达国家和发展中国家的经验教训,在发展经济的同时,充分维护自然系统、生态系统和社会系统,使经济发展和环境保护协调统一,促进社会的发展和进步。这就要求在进行公路基本建设时,正确处理经济效益、环境效益和社会效益的关系,使三者协调发展。

2. 公路建设项目社会环境影响评价的特点

公路建设项目社会环境影响评价中的社会环境指的是广义概念的社会环境。公路建设项目社会环境影响评价是对其社会环境质量的评价,是对社会环境质量的优劣以及拟建公路对社会环境的影响给予定量和定性的分析和描述。公路建设项目社会环境影响评价具有以下特点。

1）总体属于间接影响评价类型

从总体上说，公路建设项目对自然环境产生的直接环境后果，其影响为原发性影响。而对社会环境来说，除项目本身的效益外，公路建设项目也产生一部分原发性的社会影响，如征地、拆迁、安置、施工活动的暂时性限制、营运期的阻隔交往等。但总体上公路建设项目对社会环境的影响是继发性影响，也就是间接性的或诱发性的影响。公路建设项目对环境的原发性影响很重要，但在某些情况下，继发性影响更为深刻。有时某拟建公路的直接效益可能不明显，然而它产生的促进某一地区或部门的社会经济发展和提高民众生活质量等间接效益却可能是十分显著的，而这往往又是公路项目决策重要的、甚至是主要的因素。社会环境影响评价主要是对项目产生的有关继发性影响进行评价，它属于间接影响评价的类型。

2）人是评价的主体

对环境进行保护的基本出发点是保护人类，人是环境的核心。自然环境评价的直接对象主体是物，如对水体、大气、土体、声的评价，当然各种污染物对自然环境的影响，最终表现在对人的影响上；而社会环境评价的对象主体是人，社会环境的改善或恶化直接表现在人的生活质量上。所以对社会环境的评价，实质是对人的各方面影响的评价。

3）定量分析评价难度大

公路建设项目本身产生的直接效果，已有较为规范的方法对其进行币值量化计算，从而进行分析和评价。而公路建设项目对社会环境的影响大多属于继发性影响，是外部效果。实现的效益也是间接效益或波及效益。由于确定社会经济效果和计算社会经济效益难度大、量化预测也不易进行，特别是对项目所产生的社会效益，是很难用货币量来计算的。所以在公路建设项目社会环境影响评价中，仍然是以定性分析和评价为主。另外拟建公路对自然环境的不利影响，其物理量是比较容易测量和计算的，但转化为币值进行量化分析就不容易了。这就使得进行公路建设项目的环境费用效益分析难度增大。

4）影响因素多

由于社会环境是诸多要素高度综合的复杂系统，所以影响社会环境的因素很多。从理论上讲，应该综合一切有关要素进行分析评价，但这样做是非常困难的，也是不实际的。在对公路建设项目进行社会环境评价时，需要针对具体的项目以及项目所在区域的社会经济状况，判断、筛选主要的、合适的、有代表性的影响因素进行分析，包括分析所选取因素的重要性。

5）缺乏成熟的方法和所需的数据

国内进行社会环境评价工作起步较晚，又存在如何进行社会环境评价的不同观点和侧重点等分歧，所以还没有一种成熟的分析评价方法。同时公路建设项目的环境、经济和社会的有关数据（包括数据范围和历史积累）都存在着严重不足，目前的数据收集和加工也存在着相当大的困难。此外对过去的社会经济发展方向和原始资料理解不足，致使分析难度增大。所有这些都限制了分析评价的质量。

6）公路的线形特征

公路建设项目具有规模庞大、投资多、建设周期长、工程建设后果影响巨大而深远等特征，它是个内部结构复杂，外部联系广泛的大系统。公路项目还具有一个显著特征，就是它是一种线型工程。一条拟建公路往往跨越几个县、市、地区、甚至几个省。由于这个特征，公路建设项目所在区域中的自然环境和社会环境存在差异,有时差异很大。另外拟建公路对所在区域社会经济发展的作用也会因区域内不同情况而存在差异。

此外,由于各地管理机制、经济发展、文化价值和宗教信仰的多样性等,增加了社会环境评价的难度。

对公路建设项目社会环境影响评价特点的认识归结起来主要有三点:一是公路建设项目对社会环境的影响是深刻的;二是进行社会环境评价的难度较大;三是应加强社会环境分析评价的理论研究和评价方法的研究。其目的在于科学地、全面地对拟建公路产生的社会环境影响进行分析评价,使公路建设项目的决策更加可靠。

3. 评价范围

社会环境评价的范围首先取决于公路建设项目的规模、等级和标准等,因为这决定了项目对社会环境的影响强度;其次评价范围取决于公路所在区域的社会环境状况,因为这决定了公路对社会环境的影响因素。因此,在公路建设项目具体规模和等级确定的情况下,在确定影响评价范围时,总是根据社会环境和自然环境的特点,尽可能地把对社会环境可能有较大影响的社会功能区域和敏感区包括在内,但不要一味追求大范围。一般考虑三种评价范围。

(1)直接影响区。指导公路所在的行政区域,如地区、市、县、乡等,这与"公路工程可行性研究报告"中所规定的直接影响区范围一致。

(2)间接影响区。指与直接影响区接壤的行政区域。一般对于建设规模大的国道、省道等项目,由于项目在较大区域对社会经济具有重要影响,则需分析它对间接影响区的影响。

(3)公路沿线范围。指拟建公路两侧一定范围内的区域,它是直接影响区中的重点影响区域。

公路两侧 200~500m 范围以内的带状区域。这是公路建设期和营运期影响最大的区域,也是自然环境评价所取定的主要评价范围。由于公路建成后,必然会对沿线的经济布局、农林发展、资源开发、劳动就业、民众生活等产生一定的影响,这些影响又直接影响着当地经济和社会发展,其影响范围会波及很宽。所以在资调工作和评价工作中可根据具体情况,适当拓展公路沿线的评价范围。

对于特殊评价区域,如工程建设的主要控制点、环境敏感区、文物遗址等地应作为重点评价区域,其评价范围应适当扩大。

4. 主要影响因素的识别与筛选

首先根据项目筛选的一般原则以及项目所产生的社会环境影响及效果确定项目类别,并根据类别确定社会环境影响评价的深度和广度。通常按照 S4 > S3 > S2 > S1 的顺序,评价深度和广度依次递减。

根据确定的项目类别和评价内容,分析出可能受到影响的各种社会环境因素。根据具体拟建公路和所在地区的环境特征,从这些因素中筛选出相对主要的影响因素及显著性。当然不同的公路项目,所考虑的社会环境的主要影响可能不同,主要因素与显著性的矩阵组合也可能不相同。表 8-2 所列是在一般情况下,公路建设项目主要社会环境影响因素及显著性。有一些公路项目,其本身或其所在的环境具有特殊性,则应把这些特殊点列为主要影响因素。如公路所在区域存在旅游资源或矿产资源,公路建设可能对旅游业和矿产开发产生显著影响;公路建设可能对原有的一些重要基础设施产生显著影响等。

项目工程活动	环境因素	项目阶段	
		建设期	营运期
公路联网交通运输	区域社会经济环境状况	●	●
	地区发展规划		●
	交通环境改善		●
	地区人民生活质量	△	△
	阻隔交往		△
征地、拆迁	占用土地	●	○
	再安置	●	○
施工活动	文物、古迹、名胜、景点	●	
	暂时性限制	△	
	地区现有道路	△	
	基础设施(农田水利设施)	●	
环境美学	景观	△	△

注:●重要影响;△中等影响;○轻度影响;空格为不确定影响。

5．评价内容

社会环境影响评价的内容取决于拟建公路项目和所在地区社会环境特点。公路建设项目社会环境影响评价的主要内容有:

1)社区现状调查及影响分析

(1)调查建设项目沿线的社区划分(以线或地、市为单位)、隶属管辖、地理位置、社区面积,评价建设项目对其影响。

(2)调查社区内的人口分布、数量、劳力、文化结构及人口自然增长率,评述建设项目对文化结构及劳动者就业的影响。

(3)调查建设项目沿线工农业生产总值、国内生产总值、第三产业产值、年出口总额、粮食年产量等主要经济和产品指标,计算人均占有量,与该地区所在省（区）的人均占有量进行比较,评价其发展水平,并评述建设项目对社区主要经济指标和产品产量的影响。

(4)调查人口居住分布、土地隶属状况、交往道路状况,评述路线两侧对交往阻隔的影响,提出交往通道设置建议。

(5)评述因路线布设对社会环境可能产生的影响,提出降低或消除不利影响的方法和措施。

2)居民生活质量和房屋拆迁的影响

(1)调查影响区域内职工年人均收入、农民年人均纯收入、城镇居民年人均生活收入,并与该地区所在省(区)的人均收入比较,评述生活现状水平,分析建设项目对居民生活水平的影响。

(2)调查社区内的万人占有医生数、公共医疗保健设施、人群健康状况,分析建设项目对医疗卫生保健事业发展的影响。

(3)调查社区内文化设施现状,分析建设项目对文化实施发展带来的影响。

(4)根据《可行性研究报告》提供的线位和资料,对拆迁量较大的居民点,实地调查其居民的房屋状况,根据拆迁政策,提出拆迁安置建议。

3)基础设施的影响

(1)调查交通、通信设施现状、各种交通方式的通行能力,并分析其相互的关系。

(2)根据《可行性研究报告》提供的线位资料,建设项目对现有公路、铁路、航道、管道运输、航空及通信设施的影响,应对不利影响提出相应的治理方案。

(3)调查评述范围内的水利排灌设施的使用现状;根据《可行性研究报告》提供的线位、现有水利设施与线位的相关位置,分析建设项目对水利排灌设施的影响,对不利影响提出相应的治理措施。

(4)调查迁移设施的类别和数量,并对迁移方案作出评述。

4)资源利用的影响

(1)调查路线永久性占地数量(水田、旱田等)、沿线农作物种植类别、单产及人均土地占有量、土地经济价值,对原价值及建路使用效益进行影响分析,提出对策。

(2)调查矿产资源的种类、开发利用现状、使用的运输方式和流向,分析项目建设期对矿产资源开发所造成的影响,并对不利影响提出相应对策。

(3)调查已开发和未被开发的旅游资源在沿线的分布状况,分析项目建设对旅游资源开发利用的影响,路线经过地带对旅游资源开发区与可能造成的损害,对不利影响提出相应的防止和治理措施。

(4)调查文物古迹保护区的保护级别、分布状况、保护价值和保护现状,分析建设项目对文物古迹资源开发利用的影响,对不利影响提出相应的保护措施。

5)景观环境的影响

(1)在景观环境评述中,对自然景观和人文景观进行筛选,对风景名胜资源较集中,自然景观和人文景观较优美,具有一定规模和旅游条件,可供人游览、观赏、休息和进行科学文化活动的区域或路段作出评述。

(2)调查区域内原有景观的地貌、植被、水体、建筑及现有社会基础设施状况,应评述路线布局及施工现场对景观的影响程度,确定景观环境区域路段内的自然景观和人文景观的保护目标。

(3)公路的各种构造物,如桥梁、隧道、互通立交、排水构造物、防护工程和服务设施及深挖高填路段,应结合评述区域内的自然景观和现有的人文景观对其建筑造型、色调、格局与周围景观环境相协调,作为景观环境的有机组成部分,提出为公路使用者提供安全、优美、舒适、整洁的旅行和休息环境的设计要求。

(4)路线经过较有名的和有影响的景观区域时,应有针对性地邀请设计、施工、风景园林、文物古迹、环境保护等方面的专家进行咨询。

6. 公路建设项目社会环境影响评价程序

公路建设项目社会环境影响评价程序见图 8-4。

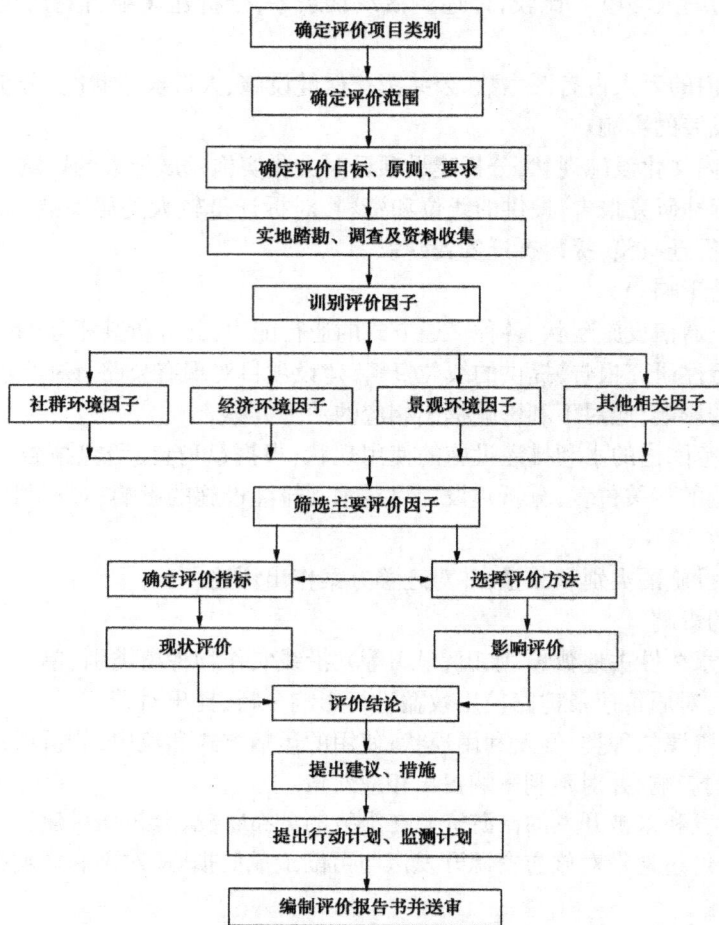

图 8-4 社会环境影响评价程序框图

第九章　公路环境管理

第一节　概　　述

在环境保护中,管理和治理,两者是相辅相成的,缺一不可,而管理更加重要。通过管理,防止新污染;通过管理,促进治理;通过管理,巩固和发挥治理效果。而环境监测是环境质量评价和环境管理中的一项重要工作。环境和自然资源,是人民赖以生存的基本条件,是发展生产繁荣经济的物质源泉。管理好我国的环境,合理地开发和利用自然资源,是现代化建设的一项重要任务。

一、环境管理及其内容

(一)环境管理概念

环境管理既是环境科学的一个重要分支学科,也是一个工作领域,它是环境保护工作的重要组成部分。何谓环境管理,目前尚无一致的定义,一般可概括为:以环境科学的理论为基础,运用经济、法律、技术、行政和教育等手段,协调社会经济发展同环境保护的关系,处理国民经济各部门、各社会集团和个人有关环境问题的相互关系,限制人类损害环境质量的行为,通过全面规划使经济发展与环境相协调,达到既能发展社会经济以满足人类日益增长的物质、文化生活的需求,同时防治环境污染和维护生态平衡,不超出环境的允许极限,使人类具有一个良好的生活、劳动环境,使经济得到长期稳定的增长。

环境管理在现代化建设中占有重要地位。科学、技术和管理是现代化的三大要素,三者相互制约、相辅相成,且管理这一要素具有更加重要的作用。环境保护关键在于管理,只有加强环境管理,才能更有效地利用人力、物力、时间,解决好环境问题。

在"人类—环境"系统中,人是主导方。所以,环境管理的实质是控制人类的行为,使人类的行为不致对环境产生污染和破坏,以求维护环境质量和生态环境平衡。从这种意义上讲,环境管理主要是管理人的事务。通过对人类行为的管理,达到保护环境和持续发展的目标。

(二)环境管理内容

环境管理的内容涉及土壤、水、大气、生物等各种环境因素,环境管理的领域涉及经济、社会、政治、自然、科学技术等方面,环境管理的范围涉及国家的各个部门,因而环境管理具有高度的综合性,环境问题由于受地理位置、气候条件、人口密度、资源蕴藏、经济发展、生产布局以及环境容量的多方面制约,因而管理具有明显的区域性。此外,由于每个人都在一定的环境中生活,人们的活动又作用于环境,环境质量的好坏同每一个社会成员有关,因而环境管理具有广泛性。因此,要求环境管理必须采取多种形式和多种控制措施。

环境管理从管理的范围划分,可分为资源管理、区域管理和部门管理。从管理的性质划分,可分为计划管理、质量管理和技术管理。此外,还有建设项目环境保护管理。

1. 环境管理的范围

1)资源管理

资源管理包括可更新(再生)资源的恢复和扩大再生产,不可更新资源的合理利用。我国当前资源的主要危机是使用不合理和浪费。资源的不合理使用会导致不可更新资源的提早枯竭,可更新资源的锐减。资源管理主要是研究确定资源的承载能力,资源开发的条件优化,建立资源管理的指标体系、规划目标、标准、政策法规和机构体制等。

2)区域环境管理

区域是指行政区域(如省、市、自治区及整个国土)、水域、工业开发区、经济协作区等。区域管理主要是协调区域的经济发展目标和环境目标,进行环境影响预测,制定区域环境规划,进行环境质量和技术管理,按规划实现环境目标。

3)部门环境管理

部门环境管理是按行业部门进行环境管理。如能源环境管理、工业环境管理、农业环境管理、交通运输环境管理、商业和医疗等部门环境管理。

2.环境管理的性质

1)环境计划管理

通过计划协调发展与环境的关系,对环境保护实行计划指导。环境计划管理首先是制定好环境规划,使环境规划成为整个经济发展规划的必要组成部分。环境规划是环保工作的纲要,并在实践中不断调整和完善。环境计划管理包括工业交通污染防治计划,城市污染控制计划、流域污染控制计划、自然环境保护计划、环境科学发展计划和宣传教育等,以及通过调查评价特定区域基础上的所制定的环境规划和实施计划。

2)环境质量管理

环境质量的优劣直接关系到人类的生存和健康,所以对环境质量实行直接管理有其特殊的意义。管理的内容和方法,是对环境质量的现状进行监测和评价,对未来环境质量的变化进行预测和评价。主要是指组织制订各种环境质量标准,各类污染物排放标准和监督检查工作。组织调查、监测和评价环境质量的状况,以及报告和预测环境质量情况和变化趋势。

3)环境技术管理

环境技术管理,是制定环境保护技术发展方向、技术路线和政策,制定防治环境污染技术、技术标准和技术规范等,以协调科学技术、经济发展与环境保护的关系,使科学技术的发展既能促进经济不断发展,又能保证环境质量不断得到改善。

3.建设项目环境保护管理

为了更有效地进行环境管理,国内外的经验证明,必须对建设项目实行环境保护管理。建设项目环境保护管理是环境管理学科的重要组成部分。运用经济、法律、技术、行政、教育等手段,去监督建设开发者按照国家的环境政策和有关法规从事开发建设活动,并通过建设项目环境影响评价和"三同时"等制度去协调社会经济、资源、环境三者的关系,使经济建设、城乡建设和环境建设同步发展,以实现经济效益、社会效益和环境效益三者统一。

上述对环境管理内容的划分,只是为了便于研究。实际上各种环境管理的内容不是孤立的,它们彼此之间是相互关联、相互交叉的关系。

(三)环境管理的基本职能

人类为了生存与发展,就要不断地开发利用环境资源。资源的开发和利用又会造成环境的污染和破坏。为了避免人类社会活动可能产生的不良后果,人类必须采取有效措施,一是保证资源的开发和利用,保证环境的生产能力和恢复能力,二是保证环境不断改改善,以适于人类生活和劳动。所以环境管理不能只限于控制污染,还要在发展的同时采取预见性政策,合理利用环境和改善环境。因此,在某种意义上说环境管理的基本职能就是预测和决策,主要有以下几条:

1. 制订环境保护规划

制订环境保护规划就是把环境保护纳入国民经济计划,协调资源、人口、环境和发展之间的关系,合理地开发和利用水、矿产、大气、土壤、动植物和其他海陆自然资源,在开发和利用时进行环境的规划和管理,防止新建、扩建和改建工程产生新的污染,维护环境的生产能力,正确处理发展与维护生态平衡的关系、眼前与长远利益的关系。

2. 环境保护工作的协调

环境保护工作的协调就是环境管理部门把各地区、部门、行业都组织推动起来,做好各自管辖范围内的环境保护工作,并协调解决一些跨部门跨地区的环境问题。其目的是沟通联系,统一步调,减少脱节,避免重复,协调有关部门对工作的分工执行。

3. 环境保护的监督

环境保护的监督是一个重要职能,要建立健全有效的环境管理,对损害环境质量的人为活动施加影响,主要有以下内容:

(1)环境立法　是国家环境政策的具体化、条文化和制度化。新中国建立以来,国家陆续颁布了一些有关环境保护的法律和条例。如 1957 年 7 月 25 日国务院发布的《中华人民共和国水土保持暂行纲要》;1989 年 12 月 26 日第七次全国人民代表大会常务委员会通过的《中华人民共和国环境保护法》。

(2)制定环境标准　环境标准是执行环境保护法规,实施环境管理的科学手段。制定环境标准时既考虑周围生态环境的影响,同时考虑总的社会经济效益,按照不同的目的要求,规定各种污染物在环境中的容许含量。

(3)环境监测　主要是指污染源、环境状况的监测。监测是评价环境质量,了解环境状况,监督环境法规的有效实施,为执法和科研提供依据。

(4)环境保护工作的监督　主要是监督环境政策的有效实施,防止新建、扩建、改造工程中产生新的污染,督促和检查各个部门对环境法规的执行。监督的方式主要是抓环境保护法,进行奖惩结合。

二、环境管理基本理论与指导思想

(一)环境管理的基本理论

环境管理主要通过全面规划,使人类经济活动与环境系统协调发展。因而需要研究人类社会经济活动与环境(生态)系统相互作用的规律与机理,这就是“生态经济学”。所以,生态经济理论是环境管理的基本理论。这就是说,用生态经济理论观点来研究分析环境(生态)—经济系统和经济增长与环境污染的关系,制定正确的环境政策和发展战略。

图 9-1 为环境管理的理论模型。图中第 1 种状态表明了社会、经济和环境(生态)三个相关系统处于稳定、协调发展的过程。在三环交叉中共有六个平衡支撑点,其中三个点落在三个系统共同相关的边界内。由这三个共轭点形成的三角形是向心发展的凸形区域,即社会、经济和环境效益三者协调统一。这个凸形面积愈大,说明三者协调发展的程度愈高。第 II 种状态也是三个环交叉,但只有两个系统相关的五个支撑点,由中间三个点形成的近似三角形是离心发展的凹形区域。这表明社会、经济、环境三者处于稳定的非协调发展的过程,存在着趋于统

一或对立发展两种可能性。第 III 种状态表明社会、经济、环境三者处于失调或恶性循环状态，经济增长仅能适应社会发展的部分需求，并且是以牺牲环境质量和一定资源为代价的。

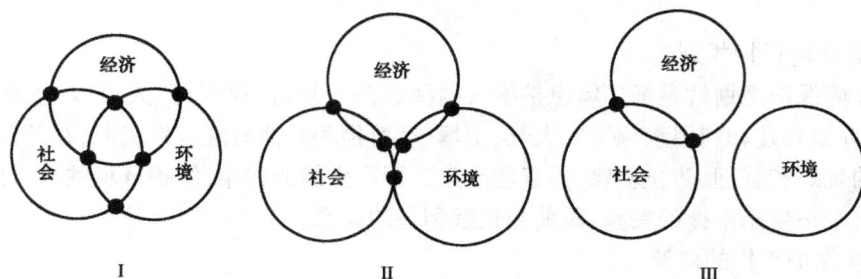

图 9-1　环境管理的理论模型

（二）环境管理的基本指导思想

我国是发展中国家，人口庞大，资源相对短缺。针对我国的具体情况，环境管理应遵循以下基本指导思想：

1．为促进经济持续发展服务

发展经济和保护环境为既对立又统一的整体，要充分发挥其相互促进的一面，同时又要限制其对立的一面，做到既保护环境又促进经济发展。在《中国 21 世纪议程》中明确指出，我国是发展中国家，持续发展是我们的必要选择。为满足全体人民的基本需求和日益增长的物质文化需要，必须保持较快的经济增长速度，并逐步改善发展的质量，这是满足当前和将来我国人民需要和增强综合国力的一个主要途径。只有当经济增长率达到和保持一定的水平，才有可能消除贫困，人民的生活水平才会逐步提高，并且提供必要的能力和条件，支持可持续发展。在经济快速发展的同时，必须做到自然资源的合理开发利用与保护，并和环境保护相协调，逐步走上可持续发展的轨道。

2．从宏观、整体、规划上研究解决环境问题

（1）环境问题是社会整体中的一部分，与整体社会密切相关。因此，环境保护工作不只是环保部门的事，而是整个社会的事。环境保护是我国一项基本国策，只有中央至地方政府齐抓共管，环境保护才能实现。

（2）控制和解决环境问题必须从整体考虑。各地方各部门应步调一致，协同奋斗，才能做好环境保护工作。

（3）环境是社会经济—生态系统中的子系统，必须采取综合措施才能有效地控制和解决环境问题。如综合研究区域内人口、资源、经济结构、自然条件和环境质量状况，制定区域的发展规划和环境规划，综合平衡统筹解决环境问题。

（4）环境管理应利用多学科的理论、研究方法和成果，采取行政、经济、技术、法律和教育手段解决环境问题。

3．建立以合理开发利用资源、能源为核心的环境管理战略

从社会、经济、环境三效益统一上讲，环境保护就是对人类的总资源、能源进行最佳利用的管理工作，保持经济发展与环境、自然资源、能源承受能力的平衡。为此，必须建立以合理开发利用自然资源、能源为核心的环境管理指导思想。在能源利用上应向生产和使用高效率以及更多地依靠可再生能源的转变。在资源开发利用上应向依靠自然的"收入"，而不耗竭其"资本"的方向转变。同时要密切注视资源、能源利用过程中可能给环境带来的影响，及时提出保

护对策,防患于未然。

三、环境管理的基本原则

环境保护是我国的基本国策,《中华人民共和国环境保护法》是进一步落实基本国策,强化环境监督管理,更好地保护和改善环境的极为重要的环境保护基本法。在贯彻执行这一环境保护基本法时,环境管理应遵守下列几项基本原则。

(1)经济建设与环境保护协调发展的原则

经济建设与环境保护协调发展原则的主要含义是指:经济建设、城乡建设与环境设必须同步规划、同步实施,同步发展,以实现经济效益、社会效益和环境效益的统一。环境保护与经济发展是相辅相成的,没有经济的发展,环境保护就会因缺乏资金、技术,而不能进行;而没有环境保护,经济持续发展的基础就不复存在。因此,环境保护规划纳入经济发展计划之中,必须纳入企业发展和企业生产管理之中,制订环境保护的具体计划和措施,以确保环境保护与生产发展相协调。

(2)预防为主,防治结合、综合治理的原则

它是指以防为核心,采取各种预防性手段和措施,防止环境问题的产生和恶化,使环境污染和破坏控制在能够维持生态平衡,保护人体健康、保障社会物质财富持续稳定增长的限度之内。在防治环境破坏和环境污染上,不能采取消极治理的办法。

(3)全面规划、合理布局的原则

全面规划,合理布局的原则是指在经济和社会发展中,对工业、农业、城市、乡村、生产和生活的各个方面统一考虑,把环境保护作为其中的组成部分进行统筹安排,不但从经济角度,还要从生态角度进行规划和布局,以实现经济、社会和环境的协调发展。

全面规划,合理布局的原则是我国进行经济建设应当遵循的一项重要原则,实施这一原则,可以最大限度地防止环境污染和生态平衡,缩小污染危害范围,节省污染防治费用。

(4)谁开发谁维护,谁污染谁治理的原则

破坏者整治,污染者治理的原则是我国在环境管理中,在责任归属上所采用的一项最基本的原则。我国宪法规定,国家保障自然资源的合理利用,禁止任何组织或者个人以任何手段侵占或者破坏自然资源。因此,凡侵占和破坏自然资源的行为,均属违反宪法的行为,并承担相应的法律责任。在开发利用自然资源时造成环境破坏者,有义务对被破坏的环境进行整治,造成环境污染者,有义务对污染源和被污染的环境加以治理。

(5)依靠群众,大家监督的原则

环境保护是关系到经济社会发展的全局问题。经济社会发展是全国人民的根本利益所在,保护环境也是全国人民的根本利益所在。因此,环境保护事业是全社会、全民族的事业。保护环境也是全国人民的权利,也是公民的义务。我国宪法赋予公民有在安全、良好、适宜的环境中生活的权利,从而为公民参加环境管理提供了依据。《中华人民共和国环境保护法》第六条规定:"一切单位和个人都有保护环境的义务,并有权对污染和破坏环境的单位和个人进行检举和控告。"环境法授权公民对污染、破坏环境者进行监督、检举和控告;环境法还授予公民在因环境破坏和环境污染受到损失、危害时,有获得赔偿的权利。

(6)促进环境科学技术、环境教育和宣传发展的原则

环境破坏和环境污染的最终解决,除了靠加强环境管理外,还要靠环境科学技术的发展,提高人民环境意识,培养大批环境保护专门人才。《中华人民共和国环境保护法》第五条规定:

"国家鼓励环境保护科学教育事业的发展,加强环境保护科学技术的研究和开发,提高环境保护科学技术水平,普及环境保护的科学知识。

(7)政府对环境质量负责的原则

《中华人民共和国环境保护法》第十六条规定:"地方各级人民政府,应对本辖区的环境质量负责,采取措施改善环境质量"。

一个地区的环境质量,除了自然因素以外,与该地区的社会经济发展密切相关。影响环境质量涉及到各个方面,如社会经济发展计划、城市规划和生产布局、城市建设、产业结构、能源结构、资金投向、人口政策等等。这些工作涉及各个部门,政府应组织、协调各个部门进行环境建设,组织各方面力量,共同行动,采取措施,改善环境质量。政府工作千头万绪,但抓环境保护是基本国策,各级地方政府应在中央统一领导下,按中央所制定的政策、法规、标准、要求分别负责本辖区内的环境保护工作。

(8)加强与促进环境保护国际合作的原则

全球环境是一个不可分割的整体,一个国家环境的改善和保护在很大的程度上依赖于全球环境的改善和保护。因此,我们要加强和促进环境保护的国际合作。1972年,我国派出庞大的代表团参加联合国人类环境会议,直接参与《人类环境宣言》的起草工作。10多年来,我国积极参与全球环境保护活动,与一些国家签订了环境保护合作协定。

四、我国环境管理八项制度

我国自1973年召开第一次全国环境保护会议至1990年近20年的实践中,总结出适合我国国情的环境管理八项制度。推行这些制度是为了达到控制环境污染和生态环境破坏,有目标地改善环境质量,实现环境保护的总原则和总目标。同时也是环境保护部门依法行使环境管理职能的主要方法和手段。

(一)"三同时"制度

"三同时"制度是指新建、改建、扩建项目和技术改造项目,以及区域性开发建设项目的污染治理设施,必须与主体工程同时设计、同时施工、同时投产的制度。该制度于1973年第一次全国环境保护会议通过,是符合我国国情的环境管理制度。它与环境影响评价制度相辅相成,是防止环境新污染和破坏的两大"法宝",是我国环境保护法以预防为主的基本原则的具体化、制度化和规范化,是加强开发建设项目环境管理的主要措施,是防止我国环境质量继续恶化有效的经济和法律手段。

为了便于执行和检查"三同时"制度,1987年国家计委和国务院环境保护委员会联合发布的《建设项目环境保护设计规定》中,对"三同时"制度的内容和要求作了规定。

(1)在建设项目的可行性研究报告中,应对项目建成后可能造成的环境影响进行简要说明。内容包括建设项目周围的环境状况,主要污染源和主要污染物,资源开发可能引起的生态变化,控制污染的初步方案,环境保护投资估算,计划采用的环境标准等。在初步设计中必须有环境保护篇章,内容包括环境保护设计依据,主要污染源和主要污染物及排放方式,环境保护设施及工艺流程,对生态变化的防范措施,环境保护投资估算等。在施工图设计中,必须按已批准的初步设计文件及环境保护篇章规定的措施进行环保工程施工图设计。

(2)在施工阶段,环境保护设施必须与主体工程同时施工。施工中应保护施工场地周围的环境,防止对自然环境造成不应有的损害,防止和减轻粉尘、噪声、振动等对周围生活环境的污染和危害。

(3)建设项目在正式投产或使用前,建设单位必须向负责审批的环境保护部门提交"环境保护设施竣工验收报告",说明环境保护设施运行的情况,治理的效果,达到的目标等。

(二)环境影响评价制度

环境影响评价制度是环境管理中贯彻预防为主的一项基本原则,也是防止新污染,保护生态环境的一项重要法律制度。环境影响评价是对可能影响环境的重大工程建设、区域开发建设及区域经济发展规划或其他一切可能影响环境的活动,在事前进行调查研究的基础上,对可能引起的环境影响进行预测和评价,为防止和减少这种影响制定最佳行动方案。

我国在 1978 年制定的《关于加强基本建设项目前期工作内容》中规定,环境影响评价为基本建设项目可行性研究报告中的一项重要篇章。在 1979 年颁布的《中华人民共和国环境保护法》(试行)将这一制度法律化。在以后国家颁布的《建设项目环境保护管理办法》中,对环境影响评价的内容和程序作了进一步的规定和完善。1989 年颁布的《中华人民共和国环境保护法》更加明确规定:"建设污染环境的项目,必须遵守国家有关建设项目环境保护管理的规定。建设项目的环境影响报告书,必须对建设项目产生的污染和对环境的影响作出评价,规定防治措施,经项目主管部门预审并依照规定的程序报环境保护行政主管部门批准。环境影响报告书经批准后,计划部门方可批准建设项目设计任务书"。

国家根据《建设项目环境影响评价证书管理办法》规定,对从事环境影响评价的单位进行资格审查。环境影响评价证书分甲级、乙级两种。国家和地方对持证单位定期进行考核,从组织上保证了评价工作的质量。

(三)排污收费制度

排污收费制度是指一切向环境排放污染物的单位和个体生产经营者,应当依照国家的规定和标准缴纳一定费用的制度。我国实行排污收费制度的法律依据,是 1989 年颁布的《中华人民共和国环境保护法》,该法规定:"排放污染物超过国家或者地方规定的污染物排放标准的企业事业单位,依照国家规定缴纳超标准排污费,并负责治理"。据此,在全国范围内,对超标排放污水、废气、固体废弃物、噪声、放射性等各类污染物的各种污染因子,按照标准收取一定数额的费用,简称排污费。排污费专款专用,主要用于补助重点排污源治理等,并规定排污费可以计入生产成本。

实行排污收费制度,是为了消除对环境的不利影响和恢复环境质量,从而体现出环境资源的固有价值。排污收费也是运用价值规律,促使排污单位防治污染保护环境。

(四)环境保护目标责任制

环境保护目标责任制,是一种具体落实地方各级人民政府和有污染的单位对环境质量负责的行政管理制度。该制度以社会主义初级阶段的基本国情为基础,以现行法律为依据,以责任制为核心,以行政制约为机制,把责任、权力、利益和义务有机地结合在一起,明确了地方行政首长在改善环境质量上的权力、责任和义务。

环境保护目标责任制是在我国环境管理实践中,结合我国国情,总结提炼出来的。它解决了环境保护的总体动力问题、责任问题、定量科学管理问题、宏观指导与具体落实相结合的问题。环境保护是一项十分复杂而综合性很强的系统工程,涉及到方方面面,这一巨大的系统工程必须统一指挥,统一规划,统一实施。承担这项巨大工作的是地方行政负责人,因为他有权、有职、也有责任。第三次全国环境保护会议规定,地方行政领导者对所管地区的环境质量负责。环境保护目标责任制就是在这种情况下出台的,这也是环境保护工作深入发展的需要。

(五)城市环境综合整治定量考核

城市是一种特殊的生态环境。城市不但人口多、密度大,而且工业集中、经济活动强度大。同时城市也是国家和地方的政治、经济、文化教育、科学技术的中心,在现代化建设中,城市起着主导作用。1988年国家发布了《关于城市环境综合整治定量考核的决定》,在第三次全国环境保护会议上把定量考核定为环境保护工作的重要制度,并提出了一些具体要求。从此,城市环境综合整治定量考核作为一项制度纳入了市政府的议事日程,在全国普遍展开。

城市环境综合整治,是在市政府的统一领导下,以城市生态理论为指导,以发挥城市综合功能和整体最佳效益为前提,采取系统分析的方法,从总体上找出制约和影响城市生态系统发展的综合因素;理顺经济建设、城市建设和环境建设的相互依存和相互制约的辩证关系;采用综合对策进行整治、调控、保护和塑造城市环境,为市民创建一个适宜的生态环境,使城市生态系统良性发展。

该制度的考核内容包括5个方面21项指标。5个方面是:大气环境保护;水环境保护;噪声控制;固体废弃物处置和绿化。21项指标是:大气总悬浮微粒年日平均值;二氧化硫年日平均值;饮用水源水质达标率;地表水COD平均值;区域环境噪声平均值;城市交通干线噪声平均值;城市小区环境噪声达标率;烟尘控制区覆盖率;工业废气达标率;汽车尾气达标率;万元产值工业废水排放量;工业废水处理率;工业废水处理达标率;工业固体废物综合利用率;工业固体废物处理处置率;城市气化率;城市热化率;民用型煤普及率;城市污水处理率;生活垃圾清运率和城市人均绿地面积。在21项指标中,大气方面的有8项;水方面6项;固体废物方面3项;噪声方面3项;绿化方面1项。

(六)污染集中控制

污染集中控制是在一个特定的范围内,为保护环境所建立的集中治理设施和采用的管理措施,是强化环境管理的一种重要手段。污染集中控制,以改善流域、区域等控制单元的环境质量为目标,依据污染防治规划,按废水、废气、固体废物等污染物的性质、种类和所处的地理位置,采取集中治理措施,达到用尽可能小的投入获取尽可能大的环境、经济、社会效益。

实践证明,污染集中控制在环境管理上具有方向性的战略意义,特别是在污染防治战略和投资战略上带来重大转变。实行污染集中控制有利于集中人力、物力、财力解决重点污染问题,有利于采用新技术提高污染治理效果;有利于提高资源利用率加速废物资源化;有利于节省防治污染的总投入,加速改善和提高环境质量。

(七)排污申报登记与排污许可证制度

排污申报登记制度是环境行政管理的一项特别制度。凡是排放污染物的单位,须按规定向环境保护管理部门申报登记所拥有的污染物排放设施,污染物处理设施和正常作业条件下排放污染物的种类、数量和浓度。

排放许可证制度以改善环境质量为目标,以污染物总量控制为基础,规定排污单位许可排放什么污染物、污染物的排放量和排放去向等,是一项具有法律含义的行政管理制度。

排污申报登记与排污许可证制度是两个不同的制度,这两个制度既有区别,又有联系。排污申报登记是实行排污许可证制度的基础,排污许可证是对排污者排污的定量化。排污申报登记制度的实施具有普遍性,要求每个排污单位均应申报登记。排污许可证制度只对重点区域、重点污染源单位的主要污染物排放实行定量化管理。

(八)限期治理污染制度

限期治理污染是强化环境管理的一项重要制度。限期治理是以污染源调查、评价为基础,以环境保护规划为依据，突出重点，分期分批地对污染危害严重、群众反映强烈的污染源、污染物、污染区域采取的限定治理时间、治理内容及治理效果的强制性措施，是政府为了保护人民的利益对排污单位采取的法律手段。被限期治理的企业事业单位必须依法按期完成治理任务。

<h2 style="text-align:center">第二节　公路环境管理</h2>

一、公路环境管理的任务与工作要求

(一)公路环境管理任务

公路部门环境管理以建设项目环境管理为主。其主要任务是执行国家有关的环境管理、环境保护的法规和制度，制定公路交通行业相应的规范、规定和细则，对因道路建设、营运给周围环境造成的污染、损害和影响采取环保对策，使公路交通建设与环境建设实现可持续发展。

(二)公路环境管理工作与要求

依据《交通部建设项目环境管理办法》规定的精神，公路交通环境管理的主要工作和要求如下：

(1)对环境有影响的交通行业大、中型建设项目，执行环境影响报告书(或报告表)审批制度和"三同时"制度；改(扩)建和进行技术改造的工程建设项目，在改(扩)建和技术改造的同时，对原有的污染进行综合治理；建设项目投产后，其污染物的排放不得超过国家和地方规定的排放标准。

(2)建设单位在安排工程可行性研究工作的同时，委托持有相应环境影响评价资格证书的单位承担环境影响评价工作。交通行业大、中型建设项目和限额以上的技术改造项目，原则上应编制环境影响报告书。但对环境影响较小的建设项目，经主管环境保护部门同意，报省级以上政府环境保护部门确认后，可以只填写环境影响报告表。

(3)大、中型交通建设项目和限额以上技术改造项目的环境影响报告书(或报告表)，由建设单位报国家环保总局或项目所在省级政府环境保护部门审批。小型建设项目和限额以下改造项目的环境影响报告书(或表)，按各地区政府规定的审批权限办理。

(4)承担项目环境保护设计单位，应持有建设项目环境保护设计资格证书或项目设计资格证书，应按照国家计委、国务院环境保护委员会颁发的《建设项目环境保护设计规定》和交通部颁发的《公路环境保护设计规范》的要求，完成经过审批的环境影响报告书(或表)所确定的环境保护设施的设计任务。

(5)施工期必须保护施工现场周围环境。应尽可能采取有效的环境保护措施，防止和减轻施工过程中产生的粉尘、噪声、废水、废料等对周围环境的污染和危害。加强水土保持措施和道路绿化，保护生态环境。工程竣工后，应尽快、尽可能地恢复因施工受到破坏的环境原貌。

(6)建设项目竣工验收前，建设单位应向项目主管的政府部门和交通环境保护部门提交"建设项目环境保护设施施工验收报告"，说明环境保护设施及其效果、试运转情况等。建设项目竣工验收时，应有政府和交通环境保护部门参加。

我国建设项目的环境管理程序与基建程序的工作关系如图9-2所示，图中表示了项目建设各个阶段所对应的环境管理工作。

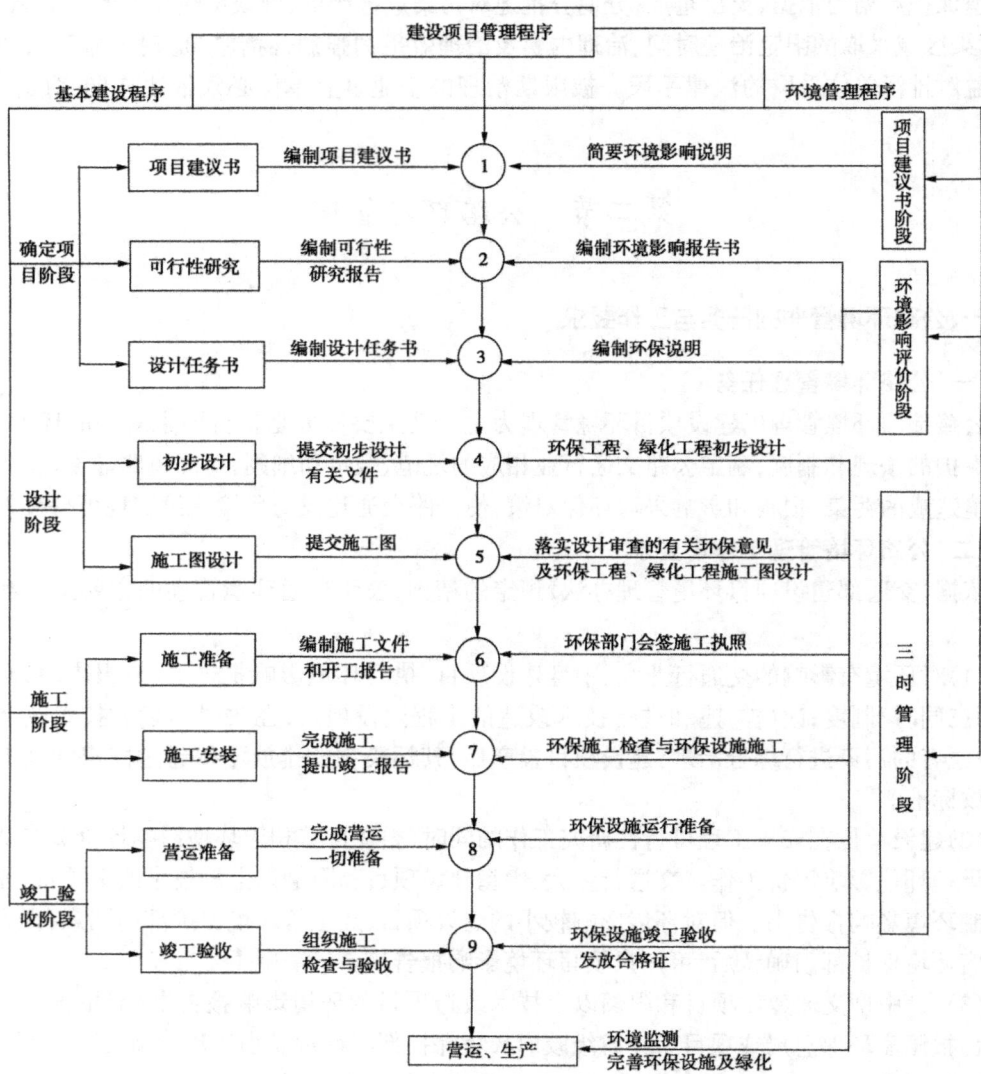

图 9-2　我国基本建设程序与环境管理程序的工作关系示意图

二、公路环境管理机构及职能

公路环境保护工作除受国家政府相应环保部门的管理外,还受交通行业各级环保部门的管理。一般来说,政府系统的环保部门为监督检查机构,交通行业系统的环保部门为执行机构。我国现行两个环保系统的工作关系见图9-3。

(一)公路环境管理机构及职能

目前我国各省(市)交通厅及其下属部门的环境管理机构框图见图9-4。各级机构的职能如下:

1. 省(市)交通厅环境保护办公室

负责全省(市)公路环境保护管理,制定公路环境保护有关条例、规章,编制环境保护规划,制订年度环境监测计划、环境设施实施计划等。

214

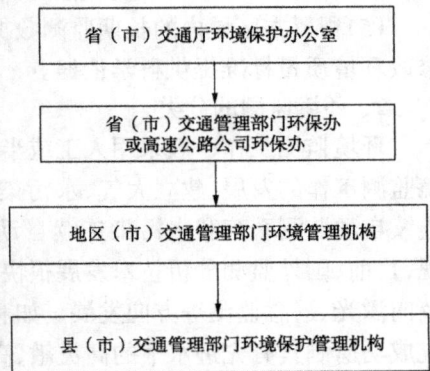

政府环境保护机构	交通行业环境保护机构
国家环境保护总局	交通部环境保护办公室
省（市）环境保护局	省（市）交通厅环境保护办公室
地区（市）环境保护局	省（市）交通管理部门环保办公室
县（市）环境保护局	地区（市）交通管理部门环保管理机构
区环境保护局	县（市）交通管理部门环保管理机构

注：交通管理部门指公路局、交通局、高管局等。

图9-3 政府环保机构与交通行业环保机构工作关系示意图

2．省(市)道路交通管理部门环境保护办公室

该层机构包括公路局、交通局、高等级公路管理局或高速公路公司等环保办公室,他们直接负责环境保护工作的管理与环保计划的实施,协助交通厅环保办公室完成定期环境监测,并行使建设项目环境管理职责。

3．地区(市)、县(市)交通管理部门

目前,我国地区(市)、县(市)道路交通管理部门(包括公路局、交通局等)的环保工作由领导及工作人员兼管,一般不设专门的环保机构。他们负责辖区内的公路环境保护工作,执行并完成省(市)交通环保规划及计划,协助完成环境监测等。

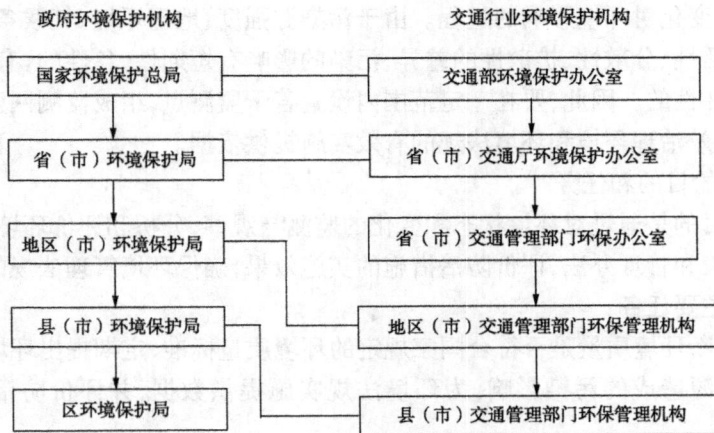

省（市）交通厅环境保护办公室
省（市）交通管理部门环保办 或高速公路公司环保办
地区（市）交通管理部门环境管理机构
县（市）交通管理部门环境保护管理机构

图9-4 交通行业环境管理机构框图

(二)公路工程施工期环境管理机构及职能

根据道路交通项目施工实践及具体工作的需要,特别是国际金融组织贷款建设项目环保工作的要求,施工期应有健全的环境管理机构。目前,施工期环境保护管理机构与施工组织机构合一,各级机构中设有专职或兼职人员负责环境保护工作。

应指出,目前我国公路环境管理的组织机构还不够健全,公路环境管理需要进一步加强,以使环境保护工作与我国道路建设的形势相适应。

第三节 公路环境监测

环境监测是进行环境管理和环境科学研究的基础,是制定环境保护规划和法规的重要依据,是环境保护工作中的基本环节。

一、环境监测概述

监测环境污染状况的工作称之为监测。环境监测是间断或连续测定环境中污染物的浓

度,分析和研究其变化对环境影响的过程。由于污染源强度、地理环境、气候条件的不同,排放有害物质的化学活性、分散性、扩散性的差异,污染的影响有短期性、急性的,有些则是长期性、慢性的或者是潜在性的。因此,要在一定范围内设置若干监测点,组成监测网监测污染物浓度变化及影响,为有效治理环境和环境法规的有效实施提供依据。

1．环境监测的目的和任务

环境监测的目的是通过对环境状态和变化的监测与观察,分析和评价环境质量,根据监测结果制订治理对策和管理办法,评价防治措施的实施效果,确保环境管理法规的有效实施。

环境监测的主要任务:

(1)检验和判断环境质量是否符合国家规定的环境质量标准,定期提出环境质量报告书。

(2)判断污染源造成的污染影响,为环境法规实施提供数据,并评价防治措施的实施效果。

(3)确定污染物的浓度分布状况,发展趋势和发展速度,掌握污染物的污染途径,预报环境状况,确定防治对策。

(4)研究污染物扩散模式。一方面用于新污染源的环境影响评价,给决策部门提供数据;另一方面为环境污染的预测预报提供资料。

(5)积累本区域内的长期监测数据,结合流行病的调查资料,为保护人们健康,以及制订和修改环境质量标准提供科学依据。

2．环境监测的分类

环境监测工作一般采用人工或半自动采样,用化学分析方法进行定期、定点测定。随着环境监测工作的发展,建立大气、水污染固定和流动监测站。60年代末和70年代初,大气污染连续自动监测系统和水污染连续自动监测系统相继建立起来。随着人们对环境保护日益重视,目前,国外监测分析技术发展很快,向着分析方法标准化、规范化,监测技术连续自动化,以及向激光、遥感监测等方向发展。如利用卫星监测海洋污染,激光监测烟囱排放的烟尘。我国也成功研制具有先进水平的高灵敏、高速度,连续自动测定的仪器,并可用电子计算机收集、整理和储存测定数据,以进行污染的预测预报。

环境监测可按监测目的、监测的对象以及污染物的性质进行分类。

(1)按监测目的可分为

研究性监测:研究污染物扩散情况,确定污染对人体、生物和其他物体的影响。

监测性监测:监测环境中有害污染物的变化趋势,评价控制措施的效果,判断环境标准实施的情况。

事故性监测:对事故性污染(如石油溢出事故)进行监测,确定污染范围及其严重性。

(2)按监测对象不同可分

大气污染监测、水体污染监测、土壤污染监测及生物污染监测等。

(3)按污染物性质不同可分

化学毒物监测、病毒病菌污染监测、热污染监测、电磁辐射污染监测、放射性污染监测、富营养化监测等。

3．环境监测的原则

在环境监测中,由于受监测手段、经济、设备等方面条件的限制,不可能包罗万象,应根据需要和可能,并要坚持以下几条原则。

(1)监测对象的选择 在选择监测对象时应从以下三个方面考虑:

①实地调查的基础上,针对污染物的特征性质,选择毒性大、危害严重、影响范围大的污染物,对于潜在性危害大的污染物也不可忽视。

②对确定监测的污染物,必须有可靠的测试手段和有效的分析方法,才能获得有意义的监测结果。

③对监测的数据能够作出正确的解释和判断。根据标准分析其危害程度,作出合理的评价,防止监测中的盲目性。

(2)优先监测的原则　环境监测的项目很多,不可能同时进行,必须坚持优先监测的原则。首先要考虑的是污染物的重要性和迫切性。对影响范围大的污染物要优先监测,其次考虑局部污染严重的污染物。

在大气污染监测中,根据以上两条原则及国家《大气环境质量标准》规定,现阶段常规分析的指标有二氧化硫、硫化氢、二硫化碳、氮氧化物、一氧化碳、氯、氯化氢、烟尘和粉尘。

水污染监测的项目是水污染综合指标和单个污染物的浓度。综合指标主要有:水温、电导率、溶解氧(DC)、浑浊度、化学需氧量(COD)、生化需氧量(BOD)、总需氧量(TOD)、总氮、总有机碳(TOC)、溶解性和悬浮性固体等。监测单个污染物的浓度项目有:氟(F)、氨(NH_4^+)、硝酸根(NO_3^-)、硫酸根(SO_4^{2-})、氰化物(CN^-)、砷(As)、镉(Cd^{2+})、铅(Pb)、铬(Cr^{6+})、汞(Hg)、酚等。

4．环境污染的特点

环境污染是各种污染物相互之间,以及污染物与其他环境因素相互作用的总和。从环境科学研究的角度出发,环境监测必须研究污染物的时间、空间分布特征,并了解污染物的综合效应及环境污染的社会评价等特点,才能使环境监测有效地服务于"全面管理、综合防治"这个总方针。

(1)污染物的时间分布　研究环境污染,需要了解污染物的排放量和污染因素的强度随时间变化的规律。工厂排放污染物的种类和浓度,往往是随时间而变化的。如河流由于季节的变化而有丰水期和枯水期以及潮汛期的变化,使污染物浓度随时间而变化,大气污染随着气象条件的变化,往往会造成同一污染物对同一地点所造成的地面污染浓度相差较大,交通噪声的强度也是随带车辆流量的变化而变化的。

(2)污染物的空间分布　排放后的污染物,随着水源和空气运动而被扩散稀释。不同污染物的稳定性和扩散速度与污染物性质有关。如大气污染,一个烟囱(点源)排放的污染物随距离和高度的不同,污染物的浓度分布是不同的;因此,污染物的空间分布受地理位置、气象条件、环境条件的影响。

由此可见,为了正确表述一个地区的环境质量,首先要根据污染物的时间和空间分布的特点,科学地设置采样点,确定适当的采样频率。

(3)环境污染与污染物含量(或污染因素强度)的关系　有害物质引起毒害的量及其无害的自然本底值之间存在一界限,污染因素对环境的危害有一阈值,阈值的研究是判断环境污染及污染程度的重要依据,也是制订环境标准的科学依据。

(4)污染因素的综合效应　环境是十个复杂体系,必须考虑各种因素的综合效应。从传统毒理学观点看,多种污染物同时存在对人或生物体的影响,主要有以下几种情况。

①单独作用　即当机体中某些器官只是由于混合物中某一组分发生危害,没有因污染物的共同作用而加深危害的,称为污染物的单独作用。

②相加作用　混合污染物各组分对机体的同一器官的毒害作用彼此相似,且偏向同一方

向,当这种作用等于各污染物毒害作用的总和时,称污染物的相加作用。

③相乘作用　当混合污染物各组分对机体的毒害作用超过个别毒害作用的总和时,称为相乘作用。

④拮抗作用　当两种或两种以上污染物对机体的毒害作用彼此抵消一部分或大部分时,称为拮抗作用。

此外,污染还会使生态系统发生变化,不同程度地改变某些生态系统的结构和功能。进入大气的污染物,它们之间互相作用,或与大气中正常组分发生反应以后,在太阳辐射参与下会引起光化学反应,形成新污染物——二次污染物,其毒害作用更大。

5．监测技术

污染物在环境中分布是排放量、时间和空间的函数,并受气象、季节和地形等因素的影响,因此,必须在一个地区内进行多点、同步、连续地监测,才能正确地掌握这一地区的污染状况。这不仅需要分析测试技术,还需要依靠电子计算机建立自动监测系统,用以收集、处理、分析和储存数据;不仅监测环境质量现状,而且能预测、预报变化趋向。

连续自动监测系统是进行连续、自动的采样和测定,并对测定的数据进行传输和处理的定时监测网。它由若干固定和流动的监测站,一个监测中心和数据通信系统三部分组成。各监测站按几何图形平均布点,流动监测站作为机动的监测中心,监测中心将收集到数据通过计算机处理后,向各监测站发出各种指令,将实测数据向各污染源的行政管理部门发出警报,连续自动监测系统所提供的长期的连续的实测数据可以判断该地区的污染现状、污染趋势、评价污染控制措施的有效程度,研究污染对人体健康及其他环境的危害。

1)化学、物理监测

对污染物的监测,目前使用较多的是化学方法和物理方法。尤其是分析化学的方法在环境监测中得到广泛应用。例如,容量分析、质量分析、光化学分析、电化学分析和色谱分析等。物理方法发展也很快,如遥感技术在大气污染监测、水体污染监测以及植物生态调查等方面更显示出特殊的优越性,是地面逐点定期测定所无法比拟的。

2)生物监测

(1)大气污染物中的生物监测有以下办法:

①利用指示植物的伤害症状对大气污染作出定性、定量的判断。

②测定植物体内污染物的含量,作出判断。

③观察植物的生理生化反应,如酶系统的变化、发芽率的变化等,对大气污染的长期效应做出判断。

④测定树木的生长量和年轮,估测大气污染的现状。

⑤利用某些敏感植物,如地衣、苔藓等作为大气污染的植物监测器。

(2)水体污染中的生物监测有以下办法:

①利用指示生物监测水体污染状况。

②利用水生生物群落结构变化进行监测,同时可引用生物指数和生物种的多样性指数等数学手段。

③水污染的生物测试,即利用水生生物受到污染物时毒害作用所产生的生理机能变化,测定水质的污染状况。

在发展大型、自动、连续监测系统的同时,小型便携式,简易、快速的监测手段也是必不可少的。例如,检气管、溶液比色法、试纸比色法、环炉法、固体电解质原电池型分析法等。

6. 环境监测的组织

环境监测所耗费的人力和时间是相当大的,为使环境监测的各环节有机地配合,就需要进行周密地计划和恰当地组织工作。

进行环境监测时,根据污染源,即污染物的种类、数量、排放量、排放方式、排放规律等,制订出合理的监测方案。监测方案中首要的是有针对性的监测对象和明确的监测目的。方案的内容很多,如采样点的选择、采样手段的确定和监测中环境要素的观测等。

二、公路环境监测的目的和任务

(一)环境监测目的

公路环境监测的目的,是为进行行业环境管理和建设项目环境管理提供环境信息和资料,为制定环境保护规划、计划及对策提供依据,通过监测可以及时发现道路周围环境质量的变化和环保措施的效果,以便适时实施环保措施或对已有环保措施进行改进。另外,环境监测可以长期积累监测资料,为保护道路两侧民众健康,保护环境资源等提供科学依据,也可为同类建设项目提供可靠的类比调查依据。

(二) 环境监测任务

1. 施工期环境监测

根据环境影响报告书编制的施工期环境监测计划,或由实际情况的需要进行环境监测。其任务是及时发现施工对周围环境质量的影响或损害,以便采取必要的环保对策。

2. 营运期环境监测

根据环境影响报告书编制的营运期环境监测计划,或由实际情况的需要进行环境监测。通过监测了解道路周围环境质量的变化,以便实施或修改环保措施,保护地区环境质量。

3. 其他需要环境监测

如环保措施实施前后的环境监测、重大环境污染事故后的环境监测、收费站的环境空气监测等。

三、公路环境监测计划

环境监测计划一般应包括:监测项目(环境要素)及环境因子;监测时段及频次;监测范围、地点;数据处理方法;监测单位、管理部门及主管部门;监测费用估算等。

(一)编制监测计划的原则

在编制环境监测计划时,应遵循下述基本原则:

1. 经济实用

环境监测是为了保证措施的实施,保护环境。因而,监测数据(包括点位和频次)不是越多越好,而是有用、够用就好。监测手段、技术装备不是越现代化越好,做到准确、可靠和实用就好。在编制监测技术路线时,应做费用—效益分析,尽量做到符合实际,经济可靠。

2. 全面规划合理布局

环境问题的复杂性决定了环境监测的多样性,监测成果是环境监测中布点、采样、样品保存、运输、分析测试及数据处理等多个环节的综合体现。所以应分别不同情况,采用不同的技术路线,做到全面规划、合理布局,实现最优的环境监测。

3. 优先污染物优先监测

所谓优先污染物是指那些对环境危害严重,影响范围广的污染物;污染呈上升趋势,对环境具有潜在危险的污染物;对环境具有广泛代表性的污染因子。优先监测的污染物一般应具有可靠的监测手段和分析方法,能获得正确的测试数据,并且已有环境标准或其他判据,能对监测数据作正确的分析判断。

(二)监测范围

监测范围与布点

1. 监测范围

施工期、营运期的环境监测范围一般与环境影响评价范围一致。当在监测范围附近有居民密集区、风景名胜区、文物古迹、自然保护区、饮用水源地等环境敏感点(区)时,应将他们包括在监测范围内。对于环境空气,在主导风向的下风向监测范围可适当扩大,而上风可适当缩小。

2. 监测点布置

监测点布置应有明确的监测目的,能反映一定范围地区的污染水平和规律。原则上监测点应布设在有一定规模、功能明确的环境敏感点(区),噪声监测点设在居民区、规模较大的村庄、学校、医院等地区,环境空气监测点设在居民区、规模较大的村庄、文物古迹保护区和自然保护区等地区,地表水监测以生活饮用水源、水产(或海产)养殖水体为主,对服务区经处理后排放的污水应定期监测。一般监测点周围不应有其他环境污染源,噪声和环境空气监测点周围应开阔。

(三)监测项目与环境因子

监测项目(环境要素)及环境因子与道路建设地区的环境、监测时段和监测任务等有关。下面按常规介绍道路施工期、营运期的环境监测项目与环境因子。

1. 施工期监测项目及环境因子

(1)地表水。一般监测因子为 pH 值、油类、总悬浮微粒(SS)及 COD。

(2)环境空气。降尘、TSP。

(3)噪声。施工场界噪声。

(4)振动(必要时监测)。环境振动。

2. 营运期监测项目及环境因子

(1)地表水。pH 值、油类、COD 等。

(2)环境空气。NO_x(或 NO_2)、CO、TSP。

(3)噪声。环境噪声(L_{Aeq})

(4)车辆尾气(必要时监测)。CO、CH、TSP。

(四)监测频次、监测方法

1. 监测频次

监测时段及频次,一般根据环境影响评价中环境要素的评价等级、监测点位地区的环境状况等确定,以能揭示环境质量、环境污染的变化趋势,及时发现环境问题为宜。

2. 监测方法

关于环境监测的方法、监测仪器设备及数据处理方法等,应按国家现行的环境监测规范执行。

四、公路环境监测程序

(一)监测程序

环境监测是一项环节众多的工作过程。公路环境监测,因其任务量大、周期长,需要较多的人力、物力和财力,应按环境监测程序进行监测。图 9-5 给出了环境监测的一般程序,其中关键是制订监测计划和主要环境要素监测方案。

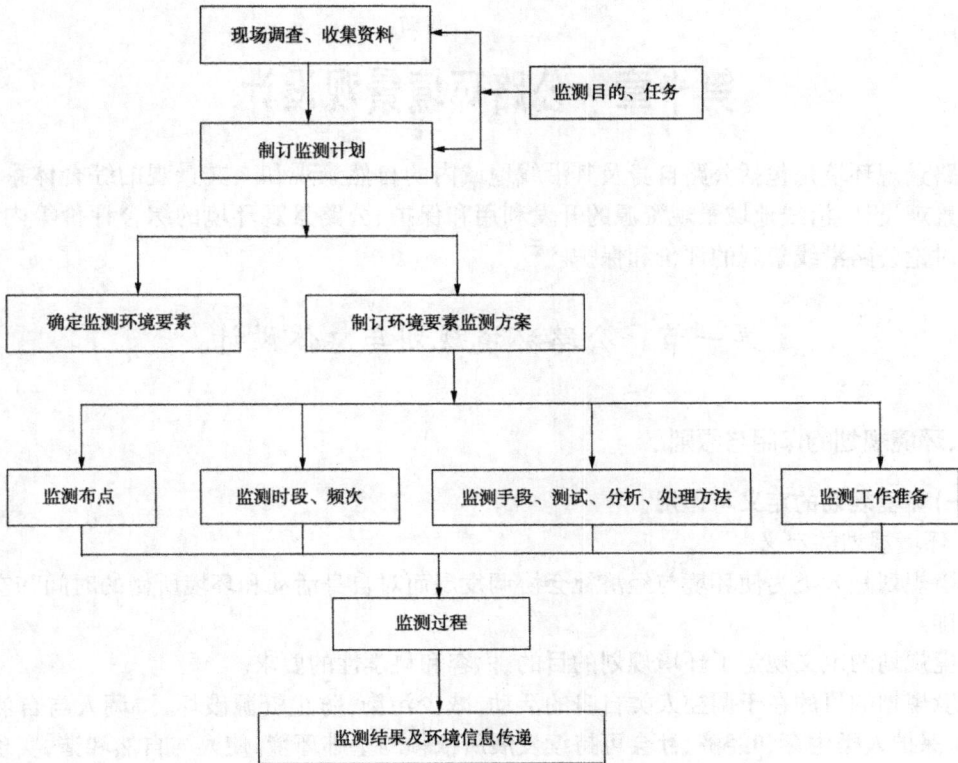

图 9-5　环境监测一般程序

(二)监测过程

环境监测过程由多个环节组成,一般包括现场调查→采样布点→样品采集→样品运送、保存及处理→分析测试→数据处理→质量保证、评价→出具报告等。在监测过程中应把握好各个环节,才能获得代表环境质量的各种标志数据,才能真实地反映环境质量。环境监测数据的准确性、完整性、代表性和可比性,取决于监测过程中最薄弱的环节。在不能保证各个环节可靠的情况下,过分强调某个环节的作用是徒劳的。因此,环境监测数据的可靠与否,应把握好监测过程的各个环节。

第十章　公路环境景观设计

公路景观环境是包括公路自身及其沿线地域内的自然景观和人文景观的综合体系,涉及公路的景观设计、沿线地域景观资源的开发利用和保护、公路景观环境的综合评价等内容,这里主要讨论公路沿线景观的评价和保护。

第一节　公路环境规划与总体设计

一、环境规划的作用与原则

(一)环境规划的定义与作用

1. 环境规划的定义

环境规划是人类为使环境与经济社会协调发展而对自身活动和环境所做的时间和空间的合理安排。

环境规划的定义规定了环境规划的目的、内容和科学性的要求。

环境规划的目的在于调控人类自身的活动,减少污染,防止资源破坏,协调人与自然的关系,从而保护人类生存和经济、社会可持续发展所依赖的基础环境,使人与自然和谐,实现环境与经济、社会协调发展。

为达到环境规划的目的,环境规划必须包括对人类自身活动和环境状况的规定。人类自身活动又包括两方面的内容:第一,根据保护环境的目标要求,对人类经济和社会活动提出的约束和要求,如确定合理的生产规模、产业结构和布局,采取有利于环境的技术和工艺,实行正确的产业政策和措施,提供必要的环境保护资金等;第二,根据经济和社会发展以及人民生活水平提高对环境提出的越来越高的要求,对环境的保护与建设活动作出时间和空间的安排与部署。对环境状况的规定包括:环境质量目标和生态环境状态。人类的经济、社会发展活动、环境保护与建设活动和环境状况形成了一个有机的整体,相互作用与反馈。经济发展增强了保护环境的能力,消除了导致环境污染和破坏的贫穷根源,同时环境的保护和改善保障了人类自身健康和经济、社会的持续发展。

环境规划是一种克服人类经济社会活动和环境保护活动的盲目性和主观随意性的科学决策活动,环境规划涉及的领域广泛、影响因素复杂又是一个开放型的动态系统,因而环境规划必须强调掌握充分的信息,运用科学方法,以保证环境规划的科学性和合理性。但是,环境规划不可能是理想化的产物,环境规划有多个目标,它又必须符合一定历史时期的技术和经济发展水平和支持能力,环境规划的影响因素也在不断地变化,因此,规划是有条件的最优化,是一种合理的安排。

2. 环境规划的作用

(1)促进环境与经济、社会持续发展

人类经过漫长的历史和经受了大自然的惩罚之后,深刻地认识到环境问题与经济发展和人口增长有着十分密切的双向联系,又受自然环境条件的制约,是一个极其复杂的问题,同时环境资源是一种稀缺资源,某些环境问题具有不可逆性和危害巨大的特性。环境问题的解决必须以预防为主,防患于未然,否则损失巨大,后果严重。环境规划的重要作用就在于协调人类活动与环境的关系,预防环境问题的发生,促进环境与经济、社会的持续发展。

(2)保障环境保护活动纳入国民经济和社会发展计划

不管是计划经济还是市场经济,环境保护都要靠政府。我国经济体制由计划经济转向社会主义的市场经济之后,制定规划、实施宏观调控仍然是政府的重要职能,中长期计划在国民经济中仍起着十分重要的作用。环境保护活动是我国经济生活中的重要活动,又与经济、社会活动有着密切的联系,必须纳入国民经济和社会发展计划之中,进行综合平衡,才能得以顺利进行。环境规划就是环境保护活动的行动计划。为了便于纳入国民经济和社会发展计划,环境规划在目标、指标、项目、措施、资金等方面都应经过科学论证、精心规划,总之要有一个完善的环境规划,才能保障环境保护纳入经济和社会发展计划。

(3)以最小的投资获取最佳的环境效益

正如前面叙述的,环境是人类生存的基本要素,又是经济发展的物质源泉。环境问题涉及到经济、人口、资源、科学技术等多方面,是一个多因子、多层次、多目标的、庞大的动态系统。然而,保护环境和发展经济都需要资源和资金。资源与资金又是有限的,特别是对我国来讲,百业待兴,资金短缺,如何用最少的资金,实现经济和环境的协调发展,就显得十分重要。环境规划正是运用科学的方法,保障在发展经济的同时,以最小的投资获取最佳的环境效益的有效措施。

(4)指导各项环境保护活动的进行

环境规划制定的目标、指标和各种措施乃至工程项目,给人们绘出了环境保护工作的蓝图,并指导环境建设和环境管理活动的开展。俗话说,没有规矩不成方圆,没有一个科学合理的规划,人类活动就是一个盲目的活动。环境规划是指导各项环境保护活动克服盲目性,按照科学决策的方法规定的行动计划。为此,环境规划必须强调科学性和可操作性,以保证科学合理和便于实施,更好地发挥环境规划的先导作用。

3．环境规划与各项环境管理制度的关系

20世纪80年代以来,我国逐渐形成了一整套环境管理的制度及措施。围绕着一个中心,并用一根主线串起来,形成了一个有机的整体,这个中心就是环境保护规划目标,这根主线就是环境规划。

(二)环境规划的原则

1．保障环境与经济社会协调、持续发展

环境问题的产生是伴随着人类的发展过程而产生的,是发展战略的失误。那种只注重经济发展,忽视环境,甚至以牺牲环境为代价的发展战略,只能在人类历史发展的初期,获得暂时繁荣,环境问题的恶化将造成对人类的危害、资源的枯竭,进而抑制经济的发展。随着人类对环境与发展问题的深刻认识,发展战略从单纯注重经济向环境与经济协调发展转变,环境问题将逐步得到解决,使人类得到持续发展。

环境规划的根本目的是保障环境与经济协调发展,保障环境与经济社会协调、持续发展是环境规划最重要的原则。为了贯彻这一原则,环境规划必须将环境、经济和社会作为一个大系统来规划,研究经济和社会的发展对环境的影响(正影响和负影响),环境质量和生态平衡对经济和社会发展的反馈要求与制约,进行综合平衡,做到经济建设、城乡建设、环境建设同步规划、同步实施、同步发展,使环境与经济、社会发展相协调。

2．遵循经济和生态规律

环境规划要正确处理环境与经济的关系,保障环境与经济协调发展,必须遵循经济规律和生态规律。在经济系统中,经济规模、增长速度、产业结构、能源结构、资源状况与配置、生产布局、技术水平、投资水平、供求关系等等都有着各自及相互作用的规律。在环境系统中,污染物产生、排放、迁移转换,环境自净能力,污染物防治,生态平衡等也有自身的规律。在经济系统与环境系统之间的相互依赖、相互制约的关系中,也有着客观的规律性。那种只遵循经济规律,忽视生态规律的发展战略,会造成环境恶化、危害人类健康、制约经济正常发展的恶果,只遵循生态规律,忽视经济规律的发展战略也是行不通的。为实现经济与环境协调发展,环境规划必须既尊重经济规律,也尊重生态规律,两者绝不可偏废。

3．提供合理和优化的环境保护方案,实现经济效益、社会效益、环境效益的统一

环境规划的主要任务是提出合理和优化的环境保护方案,实现环境规划规定的目标。然而正确的目标、合理和优化的方案都要有一个衡量的标准,即评价的准则,以此作为评价和选择目标与方案的依据。根据环境与经济协调发展的原则和经济建设、城乡建设和环境建设同步设计、同步实施、同步发展,实现经济效益、社会效益、环境效益统一的基本方针,评价的准则应该是"三效益的统一"。

4．一般原则

环境规划与其他规划一样,都必须遵守"实事求是、因地制宜、突出重点、兼顾一般"的原则。环境问题的地域性十分突出,不同地区的环境问题,由于其自然地理条件、经济发展水平、社会人文状况的差异,在环境问题的类型、原因、解决环境问题的手段等方面都不尽相同,因此要特别注意这些原则,才能使环境规划符合客观实际,具有可操作性。

二、环境规划的分类及与相关规划的关系

(一)环境规划的分类

环境规划是国民经济和社会发展计划体系的重要组成部分,是一个多层次、多要素、多时段的环境保护方面的专项规划,内容十分丰富。根据环境规划的特征,从不同的角度,环境规划可以有不同的分类。

1．按地域范围划分

环境问题的地域性特征十分明显,环境规划按地域范围划分,可以分为:全国环境规划、大区(如经济区)环境规划、省域环境规划、流域环境规划、城市环境规划、乡镇环境规划、小区(如开发区)环境规划等等。

2．按管理层次划分

环境管理是解决环境问题的主要手段,而环境规划是环境管理的基础和依据,从环境管理的层次划分,环境规划可以分为:国家环境规划、省级环境规划、城市环境规划、区县环境规划、乡镇环境规划、企业环境规划等等。

3．按环境要素划分

环境是一个由多要素组成的自然和人工生态系统,虽然各要素之间也有一定的联系,但各要素环境问题的特征和规律十分突出。环境规划,按环境要素划分,可以分为:生态环境规划和污染防治规划两大类。生态环境规划,又可分为:森林生态环境规划、草原生态环境规划、土地资源环境规划、海洋生态环境规划、生物多样性环境规划等等;污染防治规划可以分为:大气

环境污染防治规划、水环境污染防治规划、固体废弃物污染防治规划、声环境污染防治规划、其他物理污染防治规划等等。

4. 按时间跨度划分

环境规划,如其他规划一样,也是一种时效性很强的规划,按时间跨度划分,可以分为长(远)期环境规划(一般在 10 年以上)、中期环境规划(一般在 5~10 年)、短期环境规划(一般为5 年以下,主要是年度计划)。长期环境规划是纲要性计划,其主要内容是:确定环境保护战略目标、主要环境问题的重要指标、重大政策、措施;中期环境规划是环境保护的基本计划,其主要内容是:确定环境保护目标、主要指标、环境功能区划、主要的环境保护设施建设和修改项目及环境保护投资的估算和筹集渠道等;年度环境保护计划是中期规划的实施计划,内容比中期规划更为具体、可操作,但不一定面面俱到,年度间可以也应该有所侧重。

5. 按环境—经济的制约关系划分

环境与经济存在着互相依赖、相互制约的双向联系,但在特定的条件下,有时以经济发展为主,有时以保护环境为先。按环境—经济的制约关系划分,环境规划可以分为:经济制约型规划、环境与经济协调发展型规划、环境制约型规划。经济制约型规划是在确定了经济和社会发展目标、产业结构、生产布局、工艺进程及设备的前提下,预测污染物的产量,根据环境质量要求和环境容量的大小,规划去除污染物的数量和方式,经济和社会发展规划不考虑环境的反馈要求。环境与经济协调发展型规划是将环境与经济作为一个大系统来规划,既要考虑经济对环境的影响,为了保障经济的繁荣,环境保护要采取有效的措施,也要考虑环境对经济发展的制约关系,在规划经济发展目标、规模、结构、布局、科学技术等方面时要考虑环境质量的要求,实现经济与环境的协调发展。环境制约型规划是在某些特殊环境下,环境保护成为了环境与经济关系的主要矛盾方面,经济发展要服从环境质量的要求,例如,饮用水源保护区、重点风景游览区、历史遗迹等的环境规划。

(二)环境规划与其他相关规划的关系

由于环境问题涉及面十分广泛,又与经济和社会发展有着密切的联系,因此环境规划与许多规划有着密切的相容或相关性,例如,经济社会发展战略、国土规划、城市总体规划、国民经济和社会发展中长期规划等等。但是,环境规划又与这些规划有着明显的差异性。弄清这些相容、相关和差异性对处理好环境规划与这些相关规划的关系,更好地发挥环境规划的作用,是十分重要的。

经济社会发展战略,是指一个较长历史时期内经济和社会发展全局的总目标和总任务,以及所要解决的重点、所要经过的阶段、所要采取的力量部署和重大政策措施的总和,环境问题是应涉及的重点问题之一。

国土规划,是指国民经济和社会发展计划体系的重要组成部分,是高层次长远性的资源综合开发、建设总体布局、环境综合整治的指导性计划。

国民经济和社会发展中长期计划,是国民经济和社会发展计划体系的重要组成部分,是保证国民经济按比例和持续、稳定、协调发展的重要手段,侧重于速度、比例、规模的时间约束的规定,是一个指令与指导性并重的计划,环境保护也是应包含的重要内容。

城市总体规划,是指为了确定城市性质、规模和发展方向,实现城市经济和社会发展目标,合理利用城市土地,协调城市空间布局和各项建设所作的综合部署,侧重于从城市形态设计上落实经济、社会发展目标,环境保护也是应涉及的重要内容。规划的期限,一般是中长期,即5~10年。

环境规划是国民经济和社会发展计划体系的重要组成部分,是一个多层次、多时段的环境保护方面的专项规划的总称。拿一个城市来讲,城市环境长远战略规划是城市发展战略和国土规划的重要组成部分,是城市环境保护的最高层次、长远的宏观指导性计划;城市环境规划(规划期一般5~10年)是城市环境保护中长期乃至重大建设项目的指导性规划。它与城市总体规划有着密切的关系,其中与环境保护有关的城市基础设施的建设是城市总体规划的重要篇章,但包含的内容又不尽相同,其中关于污染源的控制和污染治理设施建设与运行是城市总体规划所不包括的内容。城市环境规划与城市经济和社会发展中长期计划也有着密切联系。城市环境规划是制定城市经济和社会发展中长期计划中的环境保护计划的依据,城市环境规划是指导性的,而后者应是指令性的。

三、环境规划的一般程序

(一)环境规划的编制程序

环境规划过程是一个科学决策过程,其编制程序一般分为:调查评价、污染趋势预测、功能区划、制定目标、拟定方案和优化方案、可行性分析、编写规划文本七个步骤。

1. 调查评价

任何一项规划都是从问题出发的,任何一个科学的规划都是对问题有了清楚、深刻的了解和认识之后,才可能做出。所以环境规划首先要通过调查评价,弄清环境问题,找出其中主要环境问题和产生的原因。为确定目标、制定对策提供依据。

调查评价工作要注意解决好以下三个重要环节,即:完善的指标体系、必要的信息来源、科学的评价方法。

2. 污染趋势预测

环境问题随着经济和社会的发展和环境保护活动的推进,在不断地变化着,环境规划是面向未来的,因而环境规划对环境问题的了解和认识,也应该是动态的,不仅要弄清当前的环境问题,而且要预测规划期内环境问题的发展趋势。在此基础上才可能确定合理的目标和有的放矢的对策,达到较好的效果,防患于未然。

污染趋势预测要注意将环境问题置于环境、经济、社会大系统中。把握经济、社会发展对环境影响的规律,特别是要注意科学技术进步对环境的影响。科学技术是第一生产力,也是实现环境与发展相协调的根本出路。科学技术进步如:清洁能源和清洁工艺的开发和应用、节能降耗减污的措施提高了能源、资源的利用率,减少了污染物的产生,减缓了经济发展对环境的压力,甚至建立了发展经济、保护环境的良性循环。尤其是在制定长期规划和战略研究时,往往由于科学技术的进步,环境与经济协调发展将会产生革命性的变化,应作为预测的重点,把握住环境问题发展的大方向。

3. 功能区划分

保护环境实质上是保护环境支撑人类健康和经济发展的功能。不同的环境,其潜在的功能也不相同,在制定环境质量标准时,遵照"高功能区、高标准,低功能区、低标准"的原则。人类通过合理布局自身的活动,科学地使用环境功能,使人与自然和谐。因而,在环境规划中,科学地划分环境的功能区是十分重要的。从宏观来讲,环境功能区划是合理布局的基础,从微观来讲,环境功能是确定污染源控制标准的依据。

环境功能区划是规划的重要组成部分,在环境规划前期要初步对规划的环境进行功能区划,以此为依据进行详细的环境规划,同时详细的环境规划又对功能区划的可行性和合理性进行论证。如论证结果为原功能区划不合理,则需修改功能区划,再重新调整详细环境规划,直至论证通过。

4. 制定目标

制定目标是目标管理的核心,是编制规划的中心任务。由于环境问题的复杂性,涉及面广泛,环境规划是一个多目标的决策问题,目标的确定是人类健康、经济发展对环境功能需求与科学技术水平、国力水平综合协调的结果,是一个相当复杂的问题。通常要根据环境现状与发展趋势及众多方面的综合考虑,确定一个初步目标,在此基础上,进一步研究实现这些目标的各种措施及其财政、人力等方面的支持条件,进行可行性研究,根据可行性研究结果,反馈修改或最终确定环境目标。

5. 拟定方案和优化方案

拟定方案是环境目标初步确定后,根据环境保护的技术政策和技术路线,拟定实现环境目标的具体途径和措施。一个目标(或目标集)可以通过多种途径来实现,但是只有在正确的技术政策和技术路线指导下,拟定的方案才能符合"三效益统一"的评价准则。20年来,我国已初步形成了一整套污染防治的技术政策和技术路线,在环境规划拟定规划方案时,要认真加以贯彻。

为了使规划方案更好地符合"三效益统一",通常要拟定多个方案以便于比较,从中筛选或优化出最佳方案。在运用数学规划或其他模型方法时,虽然可以不具体拟定定量化的方案,而是通过计算,筛选或优化出最佳方案,但也必须设计出可能采取的措施种类,其定量关系先用变量代替,然后运用数学方法计算出,优化出最佳的具体的定量化方案。

6. 可行性分析

方案的比较和优化往往都是在一定前提条件下进行的,或者是在某一个子系统中进行的。然而环境规划问题是一个十分复杂的多层次、多因子、多目标的动态开放的大系统,有许多因素是难以用数学模型来描述的,在决策问题的分类中属于非确定型或半确定型问题。在优化出最佳方案以后,还要进行涉及面更广、层次更高的可行性分析。例如进行方案的灵敏度分析、风险性分析,研究一下外界条件发生变化时,对方案的效果会有多大影响;进行投资来源渠道分析,研究用于环境保护的投资占国民生产总值的比例,以判断国力是否有可能支撑等;进行环境费用效益分析,对最佳方案的费用和效益(包括经济效益、社会效益、环境效益)进行比较和分析,以判断方案是否可行,在可能的条件下,将社会效益和环境效益进行货币化的计量,以求出方案的净效益现值,以判断该方案是否可行、是否值得等等。通过方案的可行性分析最终确定规划方案。

7. 编写环境规划文本

规划方案经过可行性的综合分析之后,要将规划的全部内容编写成环境规划文本。环境规划文本有两种。一种是环境规划的研究文本,其作用是对环境规划的结论进行科学的说明,作为规划鉴定的文本,突出环境规划的科学性;另一种是环境规划的审批和行政文本,其作用是提供政府和人民代表大会审批和下达的行政文本,作为环境规划主要结论和规定,即环境现状、行动目标与措施的说明,文字要精炼。

(二)环境规划纳入国民经济和社会发展计划

1. 编制环境保护计划

我国的国民经济和社会发展计划是由长期规划、五年计划和年度计划三部分组成。随着国民经济由计划经济向社会主义市场经济转变,年度计划将逐渐弱化,但中长期规划仍是宏观调控的重要手段。

《中华人民共和国环境保护法》第四条规定:国家制定的环境保护规划必须纳入国民经济和社会发展计划……。第十二条规定:县级以上人民政府环境保护行政主管部门,应当会同有关部门对管辖范围内的环境状况进行调查和评价,拟订环境保护规划,经计划部门综合平衡后,报同级人民政府批准实施。

环境规划或称环境保护规划是由环保行政主管部门或人民政府组织编制的一种专项规划,也是国民经济和社会发展计划体系的一个组成部分,但不是国民经济和社会发展计划的主体、主干道。为了将环境规划的目标及主要指标和措施纳入国民经济和社会发展计划主干道,需要编制一个符合国民经济和社会发展计划,特别是国民经济和社会发展的十年规划和五年计划要求的环境保护计划。

2. 环境保护纳入国民经济和社会发展计划

环境保护纳入国民经济和社会发展计划是环境规划实施的重要保证和具体步骤。从目前我国的情况来看,主要有四方面。(1)在国民经济和社会发展计划文本中,环境保护作为一个重要组成部分,或者形成独立一章,或者作为一方面的任务明确提出;(2)在国民经济和社会发展计划综合指标中,有1~2个代表性指标纳入其中;(3)在国民经济和社会发展计划指标本子中,作为一个独立的本子加以纳入;(4)在国民经济和社会发展计划重大项目中,纳入有关的环境保护设施和城市环境保护基础设施。

3. 审批实施

环境保护计划作为国民经济和社会发展计划的一个组成部分,与国民经济和社会发展计划一起通过人民代表大会审查批准,由人民政府组织各有关方面共同实施。

随着我国经济体制从计划经济向社会主义市场经济转变,环境规划和计划体系也将发生变化。如何使环境规划和计划在市场经济体制下更好地发挥宏观调控和先导作用是摆在我们面前的紧迫任务,有待研究和变革。

四、公路环境规划与总体设计

公路环境保护应贯彻以防为主、以治为辅、综合治理的原则,并结合工程设计开发利用环境,尽可能地改善和提高公路环境质量。公路工程建设项目的各个阶段必须做好环境保护设计,在可行性研究阶段应进行环境影响评价;在初步设计阶段应针对环境影响评价报告书(表)中的环境保护评价意见,拟定环境保护总体设计方案并进行论证;在施工图设计阶段应根据审定意见作出环境保护工程设计。公路环境保护设施的设计年限应同该公路的远景设计年限一致。声屏障等部分环境保护设施可视交通量增长情况分期实施。公路环境保护必须贯彻"经济效益、社会效益与环境效益统一"的方针,各种环境保护设施应因地制宜,做到技术可行、经济合理、效益显著。

在进行公路全线总体设计时,应结合项目工程建设条件、交通需求、地区经济发展等研究对环境的影响,以维护生态平衡、尽量降低环境污染为宗旨,以敏感点为主、点线结合、保护沿线环境为目标,确定环境保护总体设计原则和工程方案。公路建设项目除工程方案因素比选外,还应对该地区相关敏感点进行深入调查,充分研究工程与环境的相互影响,论证不同公路路线方案给沿线环境带来的不同影响。应根据环境保护标准、技术指标及其治理原则,结合本项目沿线的经济环境、社会环境、生态环境等特点制定公路环境保护总体设计方案,作出技术先进、经济合理、适用可靠的公路环境保护设计。

公路环境总体设计应符合下列要求：

(1)公路工程与自然环境融为一体；

(2)公路的各种构造物同周围环境相协调并成为新的人文景观；

(3)提供良好的视觉环境；

(4)对施工与营运期将产生的污染应采取相应措施,进行综合治理；

(5)公路环境保护设计宜结合不同的区域环境分段作出相应的建筑风格的设计。

公路环境保护总体方案设计应综合考虑路网规划、交通量、工程建设条件等,所推荐的路线应是可为环境所接受的方案,并着重进行以下方面的分析：

(1)路线及其相邻路网交通量增减变化所带来的噪声、废气的影响；

(2)对沿线农田水利设施与水土保持的影响；

(3)开挖与填筑路基对自然植被覆盖的影响；

(4)处理工程地质病害、开挖隧道等改变水文地质情况后对农作物的影响；

(5)对生态环境分割所带来的影响；

(6)同城镇规划、行政区划的配合及其影响；

(7)对文物、遗址、古迹、风景区等的影响；

(8)线位与环境敏感点的距离及其影响。

(一)公路设计阶段环境保护设计的原则

环境保护是我国的一项基本国策,我国公路建设项目的设计和施工中,历来都十分重视对自然环境的保护工作,特别是在公路选线、确定桥梁位置、综合排水、防止水土流失等方面积累了丰富的经验。为了更好地贯彻执行《中华人民共和国环境保护法》、《中华人民共和国公路法》、《建设项目环境保护设计规定》和《公路工程技术标准》等有关法规,总结我国多年来公路环保的实践经验,交通部已编制并颁发了《公路环境保护设计规范》(JTJ/T 006—98)。该规范规定,对于高速公路、一级公路以及有特殊要求的公路如从风景名胜区、自然保护区、林区等区域经过的公路,应重视保护环境与自然环境的协调,必须在主体工程设计的同时进行环境保护设计。

公路设计阶段的环境保护应贯彻以防为主、防治结合、综合治理的原则,并结合工程设计开发利用环境,尽可能地改善和提高公路环境质量。这就是讲,在工程设计开始即从主观上考虑公路建设过程中产生的环境保护问题,通过设计人员的努力,达到避免引起环境破坏、污染进而保护环境的目的。以防为主是主观活动,也是最经济有效的环境保护措施。

公路设计阶段的环境保护工作,贯彻以防为主的原则主要体现在公路设计中对各类环境保护目标或环境敏感点的避让方面。这些环境敏感点一般包括生态环境敏感地区(点),如自然保护区、森林、草原、天然湿地、野生保护植物生长地、野生保护动物及其栖息地,水土流失重点防治区,经政府部内批准的基本农田保护区等;水环境敏感点如河流源头水,集中式生活饮用水水源地一级、二级保护区、珍贵鱼类保护区、鱼虾产卵场等;气、声环境敏感点如居民集中居住点、学校教室、医院病房、疗养院以及环境上有特殊要求的区域或科研机构等。由于公路设计同时涉及到诸多方面,一旦采用避让措施不能满足环境保护相关功能、相关环境质量标准要求时,即应针对该项目业经相应政府主管环保部门批复的环境影响报告书(表)中所提出的环境保护措施与建议,拟定环境保护总体设计方案并进行论证,在初设或施工图设计阶段应根据审定意见作出环境保护工程设计。

在进行隔声屏障、绿化美化工程、污水处理工程、水土流失防治方案等年限一致。环境工程设施所需要的费用应在环境保护投资中计列。

鉴于公路工程线长面广,公路在施工期与营运期对沿线自然环境、生态环境、社会环境、声环境、环境空气、水环境以水土流失等均会产生不同程度的负面影响,公路作为主体工程从前期工作一开始就不可忽视对环境的影响。在设计中应妥善处理好主体工程与环保之间的关系,尽可能从路线方案、技术指标的运用上合理取舍,而不过多地依赖环境保护设施来弥补。当公路工程对局部环境造成较大影响时,应进行主体工程方案与采取环保措施间的多方案比选。

综上所述,公路建设项目在设计阶段就应重视环境保护工作,而且应该将重点放在"预防"措施或方案上,这样将充分体现是主动搞好环境保护工作。也只有这样才能做到公路建设与环境保护的协调发展,才能保障公路建设的可持续性发展。

(二)分项设计中环境保护的要点

1. 公路选线

公路选线结合地形、地物,针对路线所处区域的不同环境特征,对不同的环保对象进行不同的设计。

1)在平原、微丘区公路应着重论证的环境因素是

(1)填方、取土、弃土对农业资源、当地基本农田保护、耕地占用等给农业生产所造成的影响。

(2)对农田水利排灌系统的影响。

(3)路面径流对饮用水源以及养殖水体的影响等。

2)重丘、山岭区公路应着重论证的环境因素是

(1)高填方、深挖方路段对自然景观、植被的影响。

(2)公路的分割与阻隔对野生保护动物资源的影响。

(3)填挖方路基新增边坡坡面以及取、弃土(渣)场地对当地水土流失的影响。

(4)开挖、弃方、爆破作业等诱发地质灾害的影响等。

3)绕城线或接城市出入口的公路应着重论证的环境因素是

(1)拆迁与再安置给相应居民生活质量的影响。

(2)阻隔出行、交往的影响。

(3)交通噪声及车辆排放废气的影响等。

2. 线形设计

(1)平、纵线形组合设计应能使汽车匀速行驶。

(2)互通立交、匝道及其各类出入口的线形设计应能使车流顺畅运行。

(3)设置平面交叉时应采取较高平、纵指标并作渠化设计,以使车流通畅,避免堵塞。

(4)环境敏感点附近路段,宜采用较高平、纵线形技术指标,避免设置急弯、陡坡、爬坡车道等。

3. 路基设计

应结合公路沿线工程地质条件,贯彻因地制宜就地取材的原则,从环保要求应做到:

(1)对取土、石、砂砾料的料场,应考虑其位置,开采方式、数量等对坡面植被,河道等的影响。

(2)对弃方的位置、数量应考虑其对自然环境的影响,以及水土流失的影响等。

(3)路基综合排水系统应与当地排灌系统协调。

4．互通立交设计

(1)应针对互通立交区的地形、地质条件，以及周围自然环境、社会环境等特点进行。

(2)在满足使用功能的同时，应考虑其形式、布局的美观。

(3)综合考虑互通立交区周围自然环境进行上跨主线与下穿主线的方案比选，合理确定桥上纵坡及桥头路基高度。

(4)立交桥结构形式、跨径、桥长本身应成比例，应与周围环境相协调。

(5)做好立交区的景观与绿化工程设计以及排水系统设计等。

5．桥梁隧道设计

(1)桥址的选择，应结合考虑接线设计，注意与水源保护地及城镇饮用水集中取水口保持足够的距离。同时注意防洪、排涝等环境问题。

(2)隧址的选择应综合考虑接线设计、洞内外排水系统、弃渣处理、施工和营运管理等，并提出必要的环保措施。

(3)隧址通过含有有害气体的地层或有放射性矿床时，应预测对施工、营运的影响，并提出防治措施。

(4)隧址应避开或保护储水结构层和蓄水层，保护地下水径流和地表植被等。

6．服务区、管理设施设计

(1)对生活污水、废弃物等应进行综合治理，作到达标排放。

(2)污染防治措施应进行多方案比选。

(3)拟分期实施的防污染设施应进行经济技术论证并确定实施年限。

(4)结合周围的环境特征，进行景观与绿化工程的专项设计。

7．施工组织设计

应采取必要措施防止或减缓对声环境、环境空气、水环境、生态环境以及社会环境的影响，并作好以下工作：

(1)作好施工便道的调查与设计。

(2)应采取临时工程措施，确保施工地段的排灌系统畅通。

(3)应采取预防措施，使施工作业产生的粉尘污染减至最低限度。

(4)沥青混合料及稳定土等拌和厂的位置应远离居民区。

(5)限定噪声高的施工机械或设备的作业时间。

(6)对爆破作业应采取既能保证路基与边坡稳定又能够减少对环境影响的施工方法。

五、公路环境综合设计

环境保护是一项基本国策，我国公路建设项目的设计和施工，历来十分重视对自然环境的保护工作，特别是在公路选线、确定桥梁位置、综合排水、防止水土流失等方面积累了丰富的经验。为消除和减轻对环境的负面影响，公路工程建设项目必须从设计阶段开始重视环境保护工作。因此，在总结公路环境保护设计经验的基础上，进行环境综合设计。

公路环境保护设计不是一个独立的专业设计问题，它与公路各专业勘测设计密不可分，环境保护设计的许多具体措施不可能脱离主体工程设计对环境保护观念的落实，同时对主体工程的设计又要求从环境保护角度考虑方案与对策。为使环境保护设计与公路主体工程设计、环境保护措施与工程措施间关系协调，以最少的环境保护投入达到理想的环境保护效果，在公路设计中必须进行环境保护总体方案设计与综合设计。

环境保护设计方案与公路沿线农业生产、城镇分布、自然及人文景观、社会经济发展水平等环境特征相关,还与地形、地貌、公路等级、工程投资规模等建设条件相关。环境保护方案设计应综合分析上述因素,在主体工程设计的同时作出切合实际的安排。

(一)设计阶段的环境保护工作

公路项目的环境保护设计贯穿于项目各个设计阶段和主体工程设计的各个组成部分。从公路的路线设计、路基设计、路面设计、桥涵设计、沿线设施设计都无不与环境保护或水土保持有关系。要搞好公路的环境保护工作,应执行国家和行业主管部门颁发的相关法规和规范。现从交通部颁发的行业标准作一些简要介绍。

《公路建设项目环境影响评价规范(试行)》(JTJ 005—96),该规范是进行公路建设项目环境影响评价工作的指导性文件。有资质的评价单位在接受建设单位委托之后,要依据规范规定的基本内容开展现状调查与环境监测,并根据现状监测数据与可研报告中所提出的交通量预测结果,对公路项目在建设和营运期所产生的环境影响进行预测与评价。然后依据包括设计期、建设期、营运期三期中的生态环境、水环境、声环境、环境空气、社会环境等等预测结果,提出减少环境污染的各种措施。最终编制提交该项目的环评报告书或报告表。经环境保护行政主管部门批复的环评报告书是公路环保的依据之一。

《公路环境保护设计规范》(JTJ/T 006—98),该规范提出了进行公路环保设计的标准、原则、内容和方法,是公路环保设计的又一依据。

《公路工程技术标准》、《公路路线设计规范》、《公路路基设计规范》、《公路工程施工监理规范》、《公路工程国内招标文件范本》,以及待颁布的《公路绿化规范》等行业规范中都有对公路环境保护的要求,均为公路环保设计的重要依据。

(二)设计阶段应绕避的环境敏感点与距离

1. 环境敏感地区的概念

在国家环保总局开发监督司编著的《建设项目环境管理》一书中,对环境敏感地区的描述如下:

所谓环境敏感地区是针对下列情况而言的:

(1)从环境功能要求来说,是指城镇集中生活的居民区、水源保护区,名胜古迹区、风景游览区、温泉、疗养区和自然保护区。

(2)从环境质量现状来说,是指环境污染负荷大、环境质量现状已接近或超过质量标准的地区。

(3)从环境的稀释、扩散和自净能力来说,是指水文条件复杂(包括水量少、水质差、"顶托"现象严重、水体交换缓慢,各水期水量相差悬殊等);或气象条件不利(包括风速小、静风频率大、逆温持续时间长不利于烟气扩散);以及处于地形复杂的山谷、海湖防风交换频率大的沿海、海口、河口等地区。

除以上所述地区以外的具有一般环境条件的地区,属于非环境敏感地区。

2. 环境敏感点

环境敏感点是针对具体目标而言的,通常分为声环境、环境空气、生态环境、水环境、社会环境等各类环境敏感点。

(1)声环境敏感点是指:学校教室、医院病房、疗养院、城乡居民点和有特殊要求的地方。

(2)环境空气敏感点是指:省级以上政府部门批准的自然保护区、风景名胜区、人文遗迹以及学校、医院、疗养院、城乡居民点和有特殊要的地区。

(3)生态环境敏感点主要是指：各类自然保护区、野生保护动物及栖息地、野生保护植物及生长地、水土流失重点防治区、基本农田保护区、森林公园以及成片林地与草原等。

(4)水环境敏感点主要是指：河流源头、饮用水源、城镇居民集中饮水取水点、瀑布上游、温泉地区、养殖水体等。

(5)社会环境敏感是主要指：与城市规划的协调，重要的农田水利设施、规模大的拆迁点、文物、遗址保护点等。

3．绕避各类环境敏感点距离

(1)公路中心线位距声环境敏感点的距离应大于100m，其中距学校教室、医院病房、疗养院宜大于200m。

(2)公路中心线位距环境空气敏感点的距离，当执行环境空气一级标准时，应大于100m。沥青混合料及灰土搅拌站的厂址应设立在环境空气敏感点的主导风向的下风向一侧，且距离不宜小于300m。

(3)公路中心线位距生态环境敏感点(针对省级以上自然保护区而言)边缘的距离不宜小于100m。

(4)公路中心线位距地表水环境质量标准为 I-III 类水质的水源地应大于100m。当路基边缘距饮用水体小于100m，距养殖水体小于20m时，应采取隔离防护措施。

(5)桥位轴线距自来水厂取水口上游应大于1000m，距下游应不小于100m。

(三)设计阶段的环境保护设计

1．环境保护设计的依据与主要项目

在设计阶段环境保护设计的主要依据除行业颁发的相关规范外，就是指该公路建设项目的环境影响报告书(表)中所提出的各类环境保护措施。因为公路项目的走向与线位布设受多种因素的制约，对环境敏感点的避让距离不一定都能达到生态环境、声环境、水环境、环境空气等质量要求的目标，在这种前提条件下，公路建设与营运就不可避免的会对沿线的环境质量产生一定的负面影响，对部分环境敏感点的影响会严重超过其本身环境功能区的质量指标要求。对于这样的敏感点，就应贯彻谁造成污染，归谁治理的原则，由公路的建设单位负责给予治理。由此，就产生了公路建设的环境保护设计以及环保投资经费的概算。且这类环境保护设计与经费的概算均应在公路设计文件中给予落实。

目前在我国公路建设项目设计阶段的环境保护设计的主要项目包括声屏障的设计、绿化美化工程设计、野生保护动物通道设计、服务区生活污水处理设计、大量弃土(渣)场的整治设计等。但是，由于环境工程设计的专业性较强，在实际运作过程中可以另行委托有设计资质的单位承担。

2．环保设计中的水土保持方案

在公路的设计与建设过程中对做好水土保持工作是不可忽视的，公路行业多年来都是十分重视的。特别是高速公路的设计与建设之中，为了确保公路的畅通，在公路的防护工程与排水工程方面已做了大量工作，这些工程的实施不但起到了公路本身的防护功能，同时也大为提高了公路各类边坡坡面的水土保持功能，这是有目共睹的。但是，对于集中弃土(渣)场的整治设计目前的力度尚不到位，应引起重视，尤其在重丘、山岭区与沿河溪的公路建设，更应关注这一个议题。

水土保持方案中所涉及的水保工程如拦渣工程(主要包括拦渣坝、拦渣墙、拦渣堤等)、护坡工程、土地整治工程、防洪排水工程、防风固沙工程、泥石流防治工程、绿化工程等均应在环境保护设计中给予落实。同时这也是贯彻执行《水土保持法》的具体体现。该法第十八条规定"修建铁路、公路和水工程,应当尽量减少破坏植被;废弃的砂、石、土必须运至规定的专门存放地堆放,不得向江河、湖泊、水库和专门存放地以外的沟渠倾倒;在铁路、公路两侧地界以内的山坡地,必须修建护坡或者采取其他土地整治措施;工程竣工后,取土场、开挖面和废弃的砂、石、土存放地的裸露土地,必须植树、种草,防止水土流失。"具体方案,也应遵照"三同时"的制度办理。

第二节　公路路域的环境构成

公路的兴建,促进了区域社会经济的发展。然而,修建公路将占用土地,破坏植被,可能影响自然地貌、原始景观,以及区域内文物、遗迹、自然水系等。路体本身分割所在地动植物数代生存的空间,影响种群繁衍及动、植物多样性等等。这些,将给公路通过区域生态环境、景观资源、视觉环境等造成很大影响,其中某些损失将是不可逆转的。公路景观环境评价是环境影响评价中的新领域。在项目决策阶段,对其可能带来的景观环境影响进行分析评价,及早发现问题,采取必要措施,指导设计与施工。这样在公路建设项目的决策、设计建设和营运阶段可减少或避免项目对景观 环境产生不良影响,而且有助于景观环境的改善和合理利用。所以对公路建设项目景观环境进行分析与评价具有重要的现实和长远的意义。

一、公路景观环境概念

(一)景观

对于景观,人们对其概念有多种解释,归纳起来有两类:一是偏重于客观的解释,把景观视为景物;二是偏重于主观的感受,强调感觉、印象等,只用人为的审美和欣赏法说明景物。这两种解释都有它积极的一面,但又有其局限性。

随着环境问题的日益严重,越来越多的人开始用社会和生态的眼光关注其自身的生活环境,人们对景观内涵的认识和理解也不断拓展。景观是由地貌运动过程和各种干扰作用(特别是人为作用)而形成的,是具有特定的社会和生态结构功能和动态特征的客观系统。景观体现了人们对环境的影响以及环境对人的约束,它是一种文化与自然的交流。美的、有意义的景观不仅表现在它的形式上,更是表现在它具有社会系统和生态系统精美结构与功能和生命力上。景观是建立在社会环境秩序与生态系统的良性运转轨迹上的。

公路景观不同于单纯的造型艺术、观赏景观,为满足运输通行功能,它有自身的体态性能、组织结构。同时公路景观又包含一定的社会、文化、地域、民俗等涵义。可以说公路景观既具有自然属性又具有社会属性;既具有功能性、实用性,又具有观赏性、艺术性。

(二)景观环境

景观环境是指特定区域内各种性质、各种类别、各种形式的景观集合体。景观环境不是区域内景观的简单叠加,它不但表现出各个景观所具有的独特点,而且也体现出景观之间相互衬托、相互影响的空间氛围。

公路景观环境包括公路本身形成的景观,也包括其沿线的自然景观和人文景观,它是公路与其周围景观的一个综合景观体系。

景观环境评价是指运用社会学、美学、心理学等多门学科和观点,对一定区域的景观环境现状进行分析评价,并对该区域内的建设项目对其景观环境的影响而引起的变化(包括自然景观和人文景观)所进行的预测影响分析和评价的过程。

对公路景观环境的评价应立足于自然和社会的原则基础之上,将公路本身及沿线一定范围内的自然—社会综合体作为具有特定结构功能和动态特征的宏观系统来研究,而不应仅停留在传统的追求空间视觉效果和对景观意义的一般理解的层次上。

二、公路景观的构成

对公路景观的不同研究方法与不同研究角度对应着不同的分类方法。

(一)按公路景观客体的构成要素分类

按公路景观客体的构成要素分类方法见图 10-1。这种分类方法,包括了公路自身及沿线一定区域内的所有视觉信息,适用于对公路沿线一定范围的自然景观与人文景观的保护、利用、开发、创造等工作的研究。

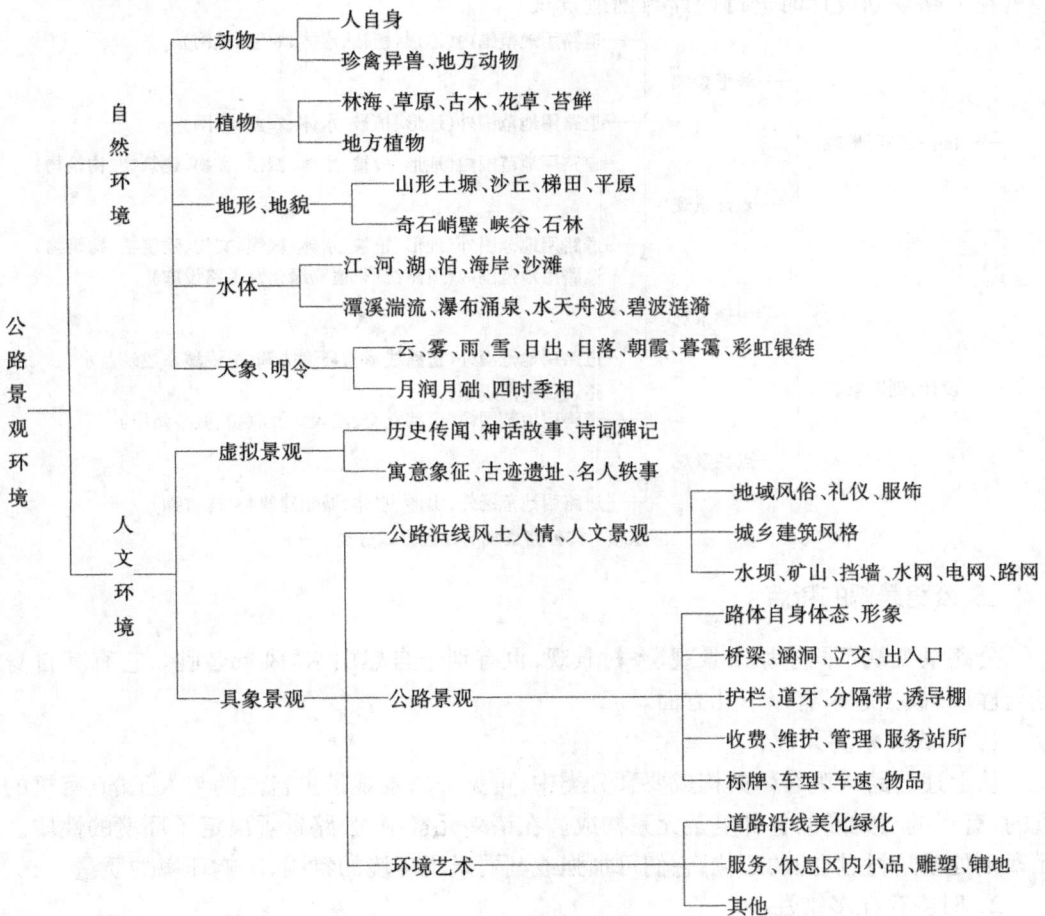

图 10-1　按公路景观客体的构成要素分类

(二)按公路景观主体的活动方式分类

按公路景观主体的活动方式分类方法见图 10-2。这种分类方法适用于研究景观主体处于高速行驶或静止慢行状态下,对动景观及静景观的生理感受、心理感受、视觉观赏特征及与之相对应的动景观序列空间设计与静景观组景技法、手段的应用。

公路景观
├─ 动态景观(景观主体高速行驶)
│   ├─ 道路用地范围内景观
│   └─ 道路用地范围外景观
└─ 静态景观(景观主体静止或慢行)
     ├─ 道路用地范围内景观
     └─ 道路用地范围外景观

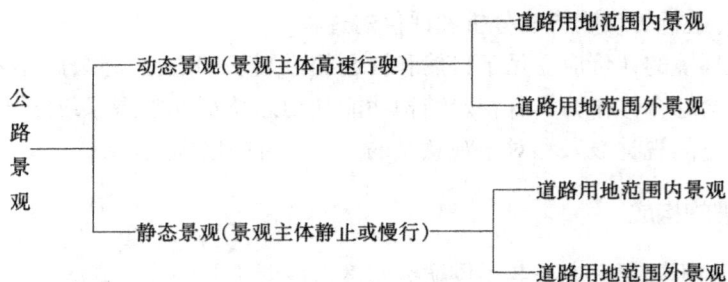

图 10-2　按公路景观主体的活动方式分类

(三)按公路景观的处理方式分类

按公路景观的处理方式分类见图 10-3。这种分类方法用于对公路景观的规划和创造。在具体工作中,我们可明确哪些景观需在公路选线、规划、设计中予以保护、开发、利用与改造,哪些需在公路规划设计时进行设计与创造景观。

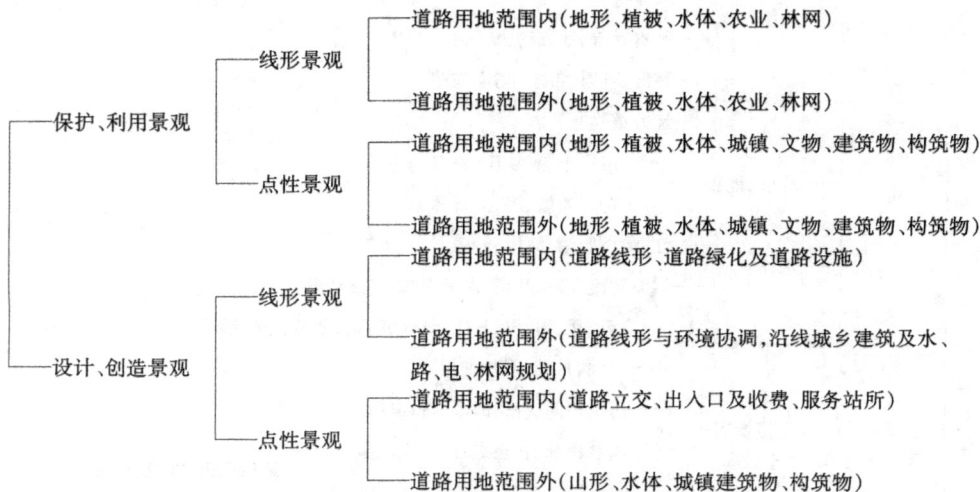

保护、利用景观
├─ 线形景观
│   ├─ 道路用地范围内(地形、植被、水体、农业、林网)
│   └─ 道路用地范围外(地形、植被、水体、农业、林网)
└─ 点性景观
     ├─ 道路用地范围内(地形、植被、水体、城镇、文物、建筑物、构筑物)
     └─ 道路用地范围外(地形、植被、水体、城镇、文物、建筑物、构筑物)

设计、创造景观
├─ 线形景观
│   ├─ 道路用地范围内(道路线形、道路绿化及道路设施)
│   └─ 道路用地范围外(道路线形与环境协调,沿线城乡建筑及水、路、电、林网规划)
└─ 点性景观
     ├─ 道路用地范围内(道路立交、出入口及收费、服务站所)
     └─ 道路用地范围外(山形、水体、城镇建筑物、构筑物)

图 10-3　按公路景观的处理方式分类

三、公路景观的特点

公路景观既不同于城市景观、乡村景观,也有别于自然山水、风景名胜。它有其自身的特点与性质,概括起来有以下几方面。

1. 构成要素多元性

从上述公路景观客体的构成要素分类中,可见公路景观是由自然的与人工的、有机的与无机的、有形的与无形的各种复杂元素构成。在诸多元素中,公路景观决定了环境的性质。其他元素则处于陪衬、烘托的地位,它们可加强或削弱景观环境的氛围,影响环境的质量。

2. 时空存在多维性

从公路景观空间来说,它是上接蓝天、下连地势;连续延绵、无尽无休;走向不定、起伏转折的连贯性带形空间。而从时间上来说,公路景观既有前后相随的空间序列变化,又有季相(一年四季)、时相(一天中的早、中、晚)、位相(人与景的相对位移)和人的心理时空运动所形成的时间轴。

3. 景观评价的多主体性

任何一种景观环境,都无法取得一致的褒贬。公路景观更是如此。评价的主体不同,评价主体所处的位置、活动方式不同，评价的原则和出发点必有显著的差别。如观赏者、旅行者多从个人的体验和情感出发；经营者、投资者多从维护管理、经济效益等方面甄别；沿线居住者多从出行是否便利、生活环境是否受到影响等方面考虑；而公路设计者、建设者考虑更多的则是行驶的技术要求 及建设的可行性。

第三节　公路景观设计

公路景观绿化设计属于景观设计学的范畴。景观设计学是一个庞大、复杂的综合学科，它融合了社会行为学、人类文化学、艺术、建筑学、当代科技、历史学、心理学、地域学、风俗学、地理、自然等众多学科的理论，并且相互交叉渗透。

一、公路景观设计概述

公路景观绿化设计是指在公路路域范围内利用植物及其他材料创造一个具有形态、形式因素构成的较为独立的，具有一定社会文化内涵及审美价值并能满足公路交通功能要求的景物的过程。这样它必须具有以下三个属性：一是自然属性，它必须作为一个有光、形、色、体的可被人感知的因素，一定的空间形态，较为独立并易于从公路路域形态背景中分离出来的客体。二是社会属性，它必须有一定的社会文化内涵，有观赏功能，改善环境及使用功能，可以通过其内涵，引发公路使用者——司机、乘客、公路管理养护人员等的情感、意趣、联想、移情等心理反映，即所谓的景观效应。三是特殊的功能性，这是公路景观绿化设计区别于一般景观设计的重要特征，公路景观绿化设计的依附主体是公路，在其具有上述两种属性的同时必须注意应满足公路在设计、施工、营运过程中的具体功能要求，如交通安全、防止水土流失、净化空气、降低交通噪声等等。

1. 公路景观绿化设计是实现公路建设可持续发展的需要

社会的不断发展和进步，使我们愈来愈认识到人口、资源、经济与环境的矛盾，也逐步认识到人与自然的共生是人类发展的必然趋势，认识到自然、社会和经济必须协调发展。公路建设应加强对景观、沿线资源的维护、利用和开发，保护持续的、稳定的、发展的态势，这样才能既有利于当代人，又造福于后代人。

2. 公路景观绿化设计是延续历史文脉、弘扬民族文化的要求

可持续发展是人类文明史上的一个重要里程碑。它不仅体现在物质资源和自然资源的持续利用和可持续发展之上，也体现在人类精神文明与文化知识的可持续发展之上，体现在如何保持、保护、弘扬民族精神与文化之上。人类在走向更高文明的过程中，文物古迹、民风民俗等文化资源的保存、保护和持续利用同物质资源和自然资源的保护同样重要。它是先人留给当代人，当代人留给后代人的最珍贵的遗产。公路建设本身是我们创造出的人文景观，它同其周围的景观共同构成一个四维景观环境。它既有形、声、色、光等使用方面的物质环境，同时又有历史遗产、社会生活、视觉感受、场所特征、形象符号等精神方面的文化环境。公路景观绿化应研究如何保护延续这种环境，并能很好地开发、利用和欣赏这种环境。

3. 公路景观绿化设计是保护视觉环境质量的要求

作为社会环境质量的重要因素，视觉环境质量对于人类已日趋重要。从大好河山到风景区域，从城市到农村，一些国家已经进行了许多视觉资源保护、改善、规划和管理的工程实践。视觉资源已被公认，并开始取得与其他资源同等重要的地位。在我国，人们日趋重视视觉环境

质量,并将其作为环境质量保护的一个重要内容。但是在该领域的研究、探讨和应用远少于对环境质量其他领域的研究。在工程建设中,经常出现良好的自然环境被侵占或破坏。所以有必要通过公路景观绿化设计来完成保护视觉质量的目的。

二、公路景观规划设计

公路建设项目除了可能造成环境污染和生态破坏外,还可能带来包括景观及视觉影响在内的其他影响。一些发达国家和地区已注意到这个问题并采取了相应措施。他们在公路规划设计过程中,始终伴随有景观配套设计及实施方案。其目的是充分考虑审美因素并注意开发和保护自然资源的审美主题,以其能在公路上提供给使用者一个赏心悦目的环境,并尽可能把构筑物对周围环境的视觉冲击减至最小。

在我国景观与视觉环境质量作为一项环境保护质量指标正逐步为人们所重视。与此同时,人们看到公路建设占用土地、破坏植被,影响自然地貌、原始景观、通过区域内的文物、遗迹、自然水系等。这些,将给公路通过区域生态环境、视觉环境、景观资源等造成很大影响。因此,在公路规划、设计和建设中,有必要对其景观环境进行系统的规划、设计与评价,这已成为许多公路建设的决策者、设计者、建设者的共识。

(一)公路景观规划设计的目的

1. 改善公路景观

公路景观绿化是国土绿化的重要组成部分。公路绿化反映公路建设系统工程的水平,景观绿化能使本来生硬、单调的公路线形变得丰富多彩,创造出许多优美的景观;能使裸露的挖方路堑岩石边坡披上绿装,使新建公路对周围环境景观的负面影响降低;能使公路两侧的自然及人文景观资源与环境景观有机结合、协调,使公路构造物(如:立交桥、服务停车区、收费、管养站区)巧妙地融入到周围的环境之中,给高速公路的使用者——司机及乘客提供优美宜人、舒适和谐的行车环境。

2. 吸尘防噪、净化空气

绿色植物体可以通过光合作用过程吸收二氧化碳,放出氧气,使高速公路沿线的空气保持清鲜。同时植物的叶片还能吸收和阻滞在高速公路上行驶的车辆排放的尾气中所含的各种有害气体(如:CO、NOx 等)、烟尘、飘尘以及产生的交通噪声,减轻并防治污染、净化和改善大气的环境质量。

3. 固土护坡及防止水土流失

植物体通过根系对土壤的固着作用,以及植物枝叶和地被植物的有关作用达到涵养水源的目的,并能阻止或减少地表径流,降低和防止雨水冲刷路基、路堤、路堑、边沟、边坡,避免水土流失。

4. 视线诱导

公路绿化是司机和游客视野范围内的主要视觉对象,规整亮丽的树木花草,不仅可以给人以优美、舒适的享受,而且可以提示高速公路路线线形的变化,使行驶于高速公路上的车辆能更安全。

5. 防眩光

在夜间,对向行驶的车辆之间会因车前灯光造成眩目,给交通安全带来极大的隐患,但是在高速公路中央分隔带内栽植一定高度和冠幅的花、灌木,能够有效地起到防眩遮光的作用,保障行车安全。

6. 降低路面温度

有关试验表明：夏季沥青混凝土路面，温度高达 40~50℃，比草地和林荫处高 1~14℃，绿地气温较非绿地一般低 3~5℃。通过景观绿化美化，可以改善地温和气温，改善小气候，减轻路面老化，延长公路使用寿命。

(二)公路景观规划设计的内容

公路景观环境规划设计是对公路用地范围内及公路用地范围外一定宽度和带状走廊里的自然景观与人文景观的保护、利用、开发、创造、设计与完善。其中对人文景观的保护、利用、开发、创造、设计与完善，包括路线线形、公路构造物(挡土墙、护坡、排水、桥涵、隧道、声屏障等)，建筑物道路绿化美化，道路设施、交通工程设施等风格形式、质感色彩、比例尺度、协调统一等方面内容。在不同路段、不同工程项目的景观保护、利用、规划、设计中，不同的景观内容、处理手段、轻重与深度不尽相同。对于自然景观来说，公路的修建不能破坏当地的自然景观，其影响程度应减至最小。对自然景观的影响应有必要的保护和恢复措施。最理想的是公路建设与自然景观浑然一体、相容协调，共同构成一个良好的景观环境。

(三)公路景观规划设计的原则

公路景观环境规划设计是对原有景观的保护、利用、改造及对新景观的开发、创造。这不仅与景观的审美情趣及视觉环境质量有着密不可分的联系，而且对它的评价、规划和设计以及对生态环境、自然资源及文化资源的持续发展和永久利用有着非常重要的意义。在公路景观规划设计中应遵循以下几项原则。

1. 可持续发展原则

自然、社会、经济的协调发展，可持续发展要求公路建设必须注意对沿线生态资源、自然景观及人文景观的永久维护和利用，从时间和空间上规划人的生活和生存空间，使沿线景观资源的建设保持持续的、稳定的、前进的态势。只有这样才能保护公路建设既有利于当代人，又造福于后代人。

2. 动态性原则

反映人类文明的公路景观环境存在着保护、继承、又不断更新演绎的过程。这就要求我们在公路景观环境的保护和塑造过程中，坚持动态性原则，赋予公路景观环境以新的内容和新的意义。

3. 地区性原则

我国地大物博，不同地区有其独特的地理位置，地形、地貌特征，气候气象特征以及社会环境特征等，加之我国人民有着自己独特的审美观念，不同地区的人们又有不同的文化传统和风俗习惯，所有这些形成了不同地区特有的公路景观环境，因此在公路景观环境设计中应充分考虑地区性特点。

4. 整体性原则

公路建设项目是一个线形工程，其纵向跨度大。在公路景观环境的规划和设计中，对于公路本身，要求其将道路宽度、平曲线要素、纵坡、路线交叉、道路连通性及其构造物、沿线设施等与沿途地形、地貌、生态特征以及其他自然和人文景观作为一个有机整体统一规划与设计，使公路这一人工系统与沿线自然系统和其他人工系统协调和谐。并努力使公路在满足运输功能的前提下，使原有景观环境更臻完美。

5. 经济性原则

公路景观环境构成要素包罗万象，但不必将精力放在那些耗费大量人力、物力、财力的观赏景观的塑造上,而应把重点放在对公路沿线原有景观资源的保护、利用和开发,以及公路本身和其沿线设施等人工景观与原有自然环境和社会环境的相容性方面。从经济、实用的原则出发,保护沿线的生态环境、自然和人文景观,并满足交通运输的需求。

(四)公路景观规划设计的方法

公路交通的快速运输功能决定了公路景观结构体系具有线性景观与点式景观模式。这一特定景观结构模式的设计涉及动态与静态、自然与人工、视觉与情感上的问题。要解决好这些问题,在公路景观的规划设计中要遵循基本的思路和方法。

1. 保证道路畅通与安全。

保证道路畅通与行驶安全,避免对司乘人员造成心理上的压抑感、恐惧感、威胁感及视觉上的遮挡、不可预见、弦光等视觉障碍是公路景观规划设计的基础与前提。

2. 线性景观设计重在"势"

早在汉晋时代,我国古代环境设计理论中出现的"形势"说,恰可用于公路景观设计。"形势"说中的形和势的概念如下:"形",有形式、形状、形象等意义;"势"则指姿态、态势、趋势、威力等意义。而形与势相比,形还具有个体、局部、细节的涵义;势则具有群体、总体、宏观、远大的意义。

线形景观的观赏者多处于高速行驶状态下,在这一状态下景观主体对景观客体的认识只能是整体与轮廓。因此,线性景观的设计应力求做到公路线形、边坡、中央分隔带、绿化等连续、平滑平顺、自然且通视效果好,与环境景观要素相容、协调。而沿线点式景观给人的印象则应轮廓清晰、醒目、高低有致、色彩协调、风格统一。

3. 点式景观设计重在"形"

公路通过村镇、城乡段及公路立交、跨线桥、挡土墙、收费站、加油站、服务区等处的景观,其观赏者除一部分处于高速行驶状态外,还有很大部分处于静止、步行或慢行状态。因此,这部分景观的设计重点应放在"形"的刻画与处理上。如公路路基的形态、形象设计,绿化植物选择与造型,公路构造物的形态与色彩,交通建筑与地方建筑风格的协调,场所的可识别性、可记忆性强调,甚至铺地、台阶、路缘石等均应仔细推敲、精心规划与设计。

三、公路景观绿化设计

(一)设计内容

从严格意义上讲,高速公路征地范围之内的可绿化场地均属于景观绿化设计的范围,按其不同特点可分为以下几部分内容:公路沿线附属设施(服务区、停车区、管理所、养护工区、收费站等)、互通立交、公路边坡及路侧隔离栅以内区域(含边坡、土路肩、护坡道、隔离栅、隔离栅内侧绿带)、中央分隔带、特殊路段的绿化防护带(防噪降噪林带、污染气体超标防护林带、戈壁沙漠区公路防护林)、取弃土场的景观美化等。公路景观绿化工程的各部分的有关设计原则简述如下:

1. 服务区、停车区、管养工区等公路附属设施景观绿化工程

1)功能

以美化为主,创造优美、舒适的工作和生活空间,以及适宜的游览、休闲环境。

2)设计要求

服务区与收费站区的建筑物及构造物一般都较新颖别致,外观美丽,设施先进,具有较强烈的现代感,视觉标志性极强,而且通常空间较大、绿化用地较充足,除周边的大块绿地需要与

240

周围环境背景互相协调外,其建筑、广场、花坛、绿地主要采用庭院园林式绿化手法,加强美化效果,使整体环物舒适宜人,轻松活泼,起到良好的休闲目的。同时服务区亦可根据各自所处的地域特征,通过绿化加以表达,突出地方文化氛围。

2. 互通立交绿化美化工程

1)功能

诱导视线,减少水土流失,绿化美化环境,丰富公路景观。

2)设计要求

互通立交区绿化以地被植草为主,适量配置灌木、乔木,以既不影响视线又对视线有诱导作用为原则。图案的设计简洁明快,以形成大色块。

依据互通所处的地理位置,服务城镇性质、社会发展,结合当地历史典故、人文景观、民俗风情等决定表现形式和植物配置,可以将沿线互通分为三类:

(1)城郊型:地处城市近郊,或本身就是城市的组成部分。在吸纳当地人文历史等背景资料的前提下,可设计抽象或规则图案,表现此地区的综合文化内涵,同时注意城市建筑和公路绿化景观的统一与协调。图案设计体量宜大,简洁流畅,色彩艳丽丰富。

(2)田园型:地处农村郊野,距城镇较远。绿化形式以自然式为主,强调表现本地区的自然风光,突出绿化的层次感及立体感,使互通景观充分融入周围原野中。

(3)中间型:距离大城镇较远,而又靠近小的乡镇,地处农田原野,是城郊和田园型的中间类型。绿化应兼顾双重性,强调体现个性,给游客以深刻印象。

3. 边坡、土路肩、护坡道、隔离栅及内侧地带等的防护及绿化工程

1)功能

保护路基边坡,稳定路基,减少水土流失,丰富公路景观、隔离外界干扰。

2)设计要求

(1)土质边坡栽植多年生耐旱、耐瘠薄的草本植物与当地适应性强的低矮灌木相结合来固土护坡。

(2)挖方路堑路段的石质边坡采用垂直绿化材料加以覆盖,增加美观。可选用阳性、抗性强的攀援植物。

(3)护坡道绿化应以防护、美化环境为目的,栽植适应性强、管理粗放的低矮灌木。

(4)边沟外侧绿地的绿化以生态防护为主要目的,兼顾美化环境,可栽植浅根性的花灌木,种植间距可适当加大。

(5)隔离栅绿化以隔离保护、丰富路域景观为主要目的。选择当地适应性强的藤本植物对公路隔离栅进行垂直绿化。

4. 中央分隔带绿化美化

1)功能

防眩为主,丰富公路景观。

2)设计要求

中央分隔带防眩遮光角控制在 8°~15°之间,常见中央分隔带绿化栽植形式主要有三种:

(1)常绿灌木为主的栽植;

(2)以花灌木为主的栽植;

(3)常绿灌木与花灌木相结合的栽植方式。

5. 特殊路段的绿化防护带

1)功能

减轻公路营运期所造成噪声及汽车排放的气体污染物超标造成的环境污染,保护公路免受不良环境条件影响。

2)设计要求

特殊路段绿化防护林带设计应以环境保护及防护为主,设计前应详细查阅环境影响报告书、水土保持方案报告书、公路工程地质勘测报告书等相关资料,明确防护林带的位置、长度、宽度等事宜。同时在植物选择时应注意以下原则:

(1)以规则式栽植为主。

(2)以乔灌木栽植为主,结合植草,进行多层次防护。

(3)所选树种及草种应能对污染物有较强的抗性并有适应不良环境条件的能力。

6.公路取弃土场绿化美化

1)功能

减少水土流失,恢复自然景观。

2)设计要求

取弃土场绿化设计应以防护为主,尽量降低工程造价,设计方法可参考边坡防护工程有关内容。同时在植物选择时应注意以下原则:

(1)以自然式栽植为主;

(2)以植草为主,结合栽植乔灌木;

(3)草种及树种选择避循"适地适树"的原则。

(二)公路景观绿化设计的依据

主要设计依据如下:

(1)业主单位对项目的设计委托书(合同书)。

(2)交通部《公路工程基本建设项目设计文件编制办法》。

(3)交通部发《公路环境保护设计规范》(JTJ/T 006—98)。

(4)《交通建设项目环境保护管理办法》。

(5)公路工程预可报告、工可报告、初步设计文件及施工图设计文件。

(6)公路环境影响报告书。

(7)公路水土保持方案报告书。

(8)国家和交通部现行的有关标准、规范及规定等。

(三)设计程序及文件的编制

公路景观绿化设计程序主要包括以下几个步骤:

1.现状调查

1)公路工程设计资料调查、收集

(1)公路等级、路线走向、预测交通量、工期安排等。

(2)公路主要经济技术指标。如路基、路面宽度;路堤、路堑和边坡的长度、宽度、高度、坡度、地质状况。

(3)平交道口和交叉区的位置以及构造情况等;平曲线位置、半径以及长度。

(4)构造物如边沟、桥涵、分隔带、堤岸护坡、挡土墙、防沙障、调水坝、水簸箕、过水路面等的位置及其绿化环境。

(5)服务区、停车区、收费站、管理所、养护工区等设施的位置、面积和总体布局等。

(6)统计绿化面积、位置、标高、长度、宽度、坡度、堆积物等。

(7)按绿化工程实施的难易程度对公路进行分段统计。

2)公路沿线社会环境状况调研

(1)区域:公路经过的主要区域;重要的集镇规划;主要的工厂、矿山、农场、水库;周围建筑物;名胜古迹;疗养区和旅游胜地等。

(2)风俗习惯:路线沿线居民特殊生活风俗、绿化喜好和忌讳习惯等。

(3)劳动力资源、工资、机具设备、运输力量等。

(4)组织:当地公路管理机构;公路养护组织;主要机具设备等。

(5)农田:旱田、水田、果园、菜地、大棚等分布及作物种类。

(6)公路现场周围地上和地下设施的分布情况,如电缆、电线、光缆、水管、气管等的深度和分布。绿化植物的栽植应与之保持适当距离。

3)公路沿线自然环境状况调查

(1)调查物候期、降水量、风、温度、湿度、霜期、冻土及解冻期、雾、光照等影响道路交通功能和绿化效果的因子。研究各气象因子近10年以上年度和各月份平均值及变化规律,特别注意灾害性气象的发生规律,如极端气温、暴雨、干旱、台风等。

(2)调查种植地土壤的酸碱性、盐渍化程度、厚度、土温、含水量变化冻土情况、肥力等理化性质。

(3)调查地表水分布、地下水水位和分布、水量等,必要时检测水质指标。

4)公路沿线植物情况的综合调查

(1)种类调查:当地已有的公路绿化植物、园林植物,包括乔木、(花)灌木、草本植物、攀缘植物;常绿植物、落叶植物;针叶树和阔叶树等。

(2)苗源调查:种类、数量、质量、来源、距离、价格等。

(3)生态习性和主要功能:包括花期、返青期、落叶期、耐荫、耐旱、耐湿、耐盐碱、耐修剪、根系分布等。

(4)公路沿线绿化常用技术经验。

(5)路线沿线现存树木调查:珍稀古树名木和林地的种类、位置、分布、数量等。

2. 图纸资料的收集

在进行设计资料收集时,除上述所要求的文件资料外,应要求业主提供以下图纸资料:

(1)路线地理位置图、路线平纵面缩图。

(2)公路平面总体方案布置图、公路平面总体设计图、公路典型横断面图。

(3)路线平纵面图、工程地质纵断面图。

(4)取土坑(场)平面示意图、弃土堆(场)平面示意图。

(5)路基防护工程数量表、路基防护工程设计图。

(6)沿线水系分布示意图。

(7)隧道平面布置图。

(8)互通式立体交叉设置一览表、互通式立体交叉平面图、互通式立体交叉纵断面图。

(9)沿线管理服务设施总平面图(服务区、停车区、收费站、管理处养护工区)、沿线管理服务设施管线(水电)布置图。

3. 现场踏勘

任何公路景观绿化设计项目,无论规模大小,项目的难易,设计人员都必须到现场认真进行踏勘。一方面,核对、补充所收集到的图纸资料;如现状的建筑物、植被等情况,水文、地质、地形等自然条件。另一方面,由于景观设计具有艺术性,设计人员亲自到现场,可以根据周围环境条件,进入艺术构思阶段,做到"佳则收之,俗则屏之",发现可利用、可借景的景物和不利或影响景观的物体,在规划过程中分别加以适当处理。根据情况,如面积较大、情况较复杂的互通立交、服务区等,有必要的时候,踏勘工作要进行多次。

现场踏勘应尽量能有熟悉当地情况及公路线位走向的设计人员作向导,并应拍摄环境的现状照片,以供进行总体设计时参考。

4．绿化植物的选择与配置

(1)植物选择要根据生物学特性,考虑公路结构、地区性、种植后的管护等各种条件,以决定种植形式和树种等。

①与设计目的相适应。

②与附近的植被和风景等诸条件相适应。

③容易获得,成活率高,发育良好。

④抗逆性强,可抵抗公害、病虫害少,便于管护。

⑤形态优美,花、枝、叶等季相景观丰富。

⑥不会产生其他环境污染,不会影响交通安全,不会成为对附近农作物传播病虫害的中间媒介。

⑦适当考虑经济效益。

(2)应优先选择本地区已采用的公路绿化植物、其他乡土植物和园林植物等。经论证、试验后,可适当引进优良的外来品种。

①路域生态环境要求绿化植物种类和生态习性的多样性。

②选择植物品种应兼顾近期和远期的树种规划,慢生和速生种类相结合。

③大树移植宜选择当地浅根性、萌根性强、易成活的树木。

④草种选择。根据气候特点,选择适合当地生长的暖季型或冷季型。

5．设计文件的编制

与公路主体工程文件编制程序相适应,公路景观绿化设计文件的编制一般分为以下三个步骤:

1)总体方案规划阶段

本阶段可看作是公路工程预可或工可报告的组成部分,在本阶段应完成景观绿化设计基础资料的调查收集工作,并结合公路总体规划及沿线自然、人文景观的分布,提出公路景观绿化设计的总体原则、明确设计范围等。

2)初步设计阶段

本阶段与公路工程初步设计阶段相对应,是对总体方案的具体与细化,应在方案规划设计的基础上完成初步设计文件的编制。

本阶段应完成以下文件及图表内容:

(1)设计总说明书

按有关设计编制要求及总体规划方案完成项目的总说明书编制工作,一般包括:项目概述、设计依据、工程概况、沿线环境概况、绿化设计的指导思想与基本原则、具体设计模式说明、植物种的选择(并附植物选择表)、工程投资估算说明等项内容。

(2)管理养护区、服务区及停车区等设施的景观绿化初步设计上述区域应依据庭院园林绿化模式进行设计,视设计所需其设计文件中应包括绿化栽植、花架、亭廊等园林小品、园路、场地铺装、花坛、桌凳等设施项目。文件应完成如下内容:

①详细的设计说明一份。应写明设计原则、设计手法、植物配置方法等项内容(此部分内容最后汇总至设计总说明编制者)。

②绿化总体布置图一份。图纸中应有:a.绿化植物的配置图;b.植物品种、规格、数量的统计表;c.各种园林小品及设施的布置图。

③图纸比例尺与指北针。为便于图纸的拷贝与缩放,所有要求尺寸比例的图纸都应以"标尺比例尺"的形式给出比例尺。所有平面图均应给出指北针。

(3)互通立交区的景观绿化初步设计

本项绿化视为一般园林绿地场地进行规划设计,一般仅作植物栽植设计(有特殊要求时做地形设计及主题雕塑设计),应完成如下文件内容:

①互通立交绿化设计说明一份。应写明设计原则、设计手法、植物配置方法等项内容。

②总体绿化布置平面图一份(双喇叭互通应增加两张分区绿化图),同时随图给出植物种类、规格、数量统计表一份。

③互通立交绿化效果图。亦可视情况单独要求。

④局部详图。对能突出互通景观特色的重点区域(如图案栽植部分、主题雕塑等),应给出局部详图,同时图中相应标出所采用植物的种类、规格及数量;雕塑应给出平立面图及效果图;应以图示方式标明本详图与总图的位置关系。

⑤场地规划图。提出互通区内土方平衡调配的原则措施,在满足交通功能要求的基础上,依景观所需及绿化功能设计微地形,标明微地形的范围,等高线间距等数据,并对土方工程数量进行估算。

⑥图纸比例尺与指北针。为便于图纸的拷贝与缩放,所有要求尺寸比例的图纸都应以"标尺比例尺"的形式给出比例尺。所有平面图均应给出指北针。

(4)中央分隔带、边坡、路侧绿化带及环保林带的设计

本项绿化视为一般园林绿地场地进行规划设计,一般仅作植物栽植设计,对于上述区域的绿化方案应在"路基标准横断面图"中示出相应位置关系。同时应附图给出植物种类、规格、数量统计表一份,边坡防护应单独给出较详细的工程量清单一份。

(5)灌溉系统工程设计

该部分工程作为总体绿化的附属工程,其文件包括以下内容:

①详细的设计说明一份。应写明绿化区域的自然地理、地貌特征,尤其应注明水源的形式及分布位置;采用推荐喷灌系统方式的理由;相关的水力计算等。

②灌溉系统管线布置图一份。图中应标明水源位置;管线布设方式;所采用管线的管径指标;出水口(喷头)的精确埋设位置;各节点之间的间距(如喷头与支管之间、喷头与喷头之间等)。

③随图或单独列出设备清单一份。表中应明确各种设备的类型、型号、主要性能指标、数量、生产厂家等。

(6)投标文件编制

此部分内容应严格依据购买的招标文件有关要求按投标文件编制格式完成(不含设计说明及设计图纸)。

(7)工程概算文件编制

按有关工程概算文件编制要求完成项目的概算文件编制工作,一般包括:编制说明、概算汇总表、分项工程概算表等项内容。

3)施工图设计阶段

本阶段与公路工程施工图设计阶段相对应,该阶段是对初步设计文件的具体化,,使之具有可操作性,能作为景观绿化施工的依据。并应在初步设计的基础上完成景观绿化施工图设计文件的编制。

本阶段在初步设计基础上应完成以下文件图表:

(1)管理养护区、服务区及停车区等设施的景观绿化施工图设计

在初步设计基础上,施工图文件应完成如下内容:

①主要园林小品、设施(如花架、园路、场地铺装、园凳、水池、山石)的结构详图。

②植物栽植总平面图。同初步设计图纸内容。

③绿化分区示意图。对于植物栽植总平面图视实际情况可分成若干张,以达到能清晰表明植物的种植关系为目的,图中还应给出施工放线基准点(明显的永久构筑物或道路中心线的某处桩号等)。

④植物栽植分区详图。图中应标明每棵植物的种植点,同种植物之间以种植线连接,并注明相互之间的距离。应以图示方式标明本图与总图的位置关系(参照绿化分区示意图)。附图给出植物品种、规格、数量统计表。

⑤图纸比例尺与指北针。为便于图纸的拷贝与缩放,所有要求尺寸比例的图纸都应以"标尺比例尺"的形式给出比例尺。所有平面图均应给出指北针。

(2)互通立交的景观绿化施工图设计

在初步设计基础上,施工图文件应完成如下内容:

①植物栽植总平面图。同初步设计图纸内容。

②绿化分区示意图。对于植物栽植总平面图视实际情况可分成若干张,以达到能清晰表明植物的种植关系为目的,图中还应给出放线基准点(道路中心线上的某处桩号或跨线桥与主线的交点等)。

③植物栽植分区详图。图中应标明每棵植物的种植点,同种植物之间以种植线连接,并注明相互之间的距离(规则时栽植的植物可仅标明一处,其余以文字说明方式注出)。应以图示方式标明本图与总图的位置关系(参照绿化分区示意图)。附图给出植物品种、规格、数量统计表。

④互通中图案造型。应单独给出大样图,图中注明放样基准点及放样的网格线,并随图给出植物品种、规格、数量统计表。

⑤雕塑。雕塑作为独立设计内容要求,图中应给出平、立、剖面图,结构图(节点及基础等关键部位),并标明详细的尺寸关系、拟采用的材料等有关内容,并附图给出材料的工程量清单一份。

⑥图纸比例尺与指北针。为便于图纸的拷贝与缩放,所有要求尺寸比例的图纸都应以"标尺比例尺"的形式给出比例尺。所有平面图均应给出指北针。

(3)中央分隔带、边坡、路侧绿化带及环保林带的设计

本项绿化设计文件初设阶段深度已可满足施工要求,可直接引用有关文件图纸。

(4)灌溉系统工程设计

该部分工程设计深度及图纸内容基本同初步设计。可参考执行。

(5)招标文件编制

此部分内容应严格依据招标文件有关要求及业主的书面要求并按编制格式完成(不含设计说明及设计图纸)。

(6)工程预算文件编制

按有关工程预算文件编制要求完成项目的预算文件编制工作,一般包括:编制说明、预算汇总表、分项工程预算表等项内容。

但具体实施过程中因项目的不同其景观绿化设计文件的编制也有所不同,一般是按以上程序完成文件的编制,有时作两阶段的初步设计及施工图设计,有时也会依据项目内容及时间要求仅做一阶段的施工图设计。

四、桥梁景观设计

(一)"桥梁景观"及相关概念

"桥梁景观"系指以桥梁和桥位周边环境为"景观主体"或"景观载体"而创造的桥位人工风景。这里,桥梁是某一具体桥梁工程的总称。包括了该工程范围内的主桥、辅桥、引桥、立交桥、引道、接线、边坡等单位工程。因此,桥梁景观是一个具有特定含义的整体概念。这是它与已建桥梁中出现的单体景点的基本区别。

"桥梁景观设计"系指根据政府或政府授权的建设单位所制定的桥梁景观建设标准和要求、景观开发利用目标和要求、政府制定的地区规划及环境保护和环境建设规划等,结合桥型特点、交通特点及桥位周边环境的自然地理风貌特点、地形地质地物特点、人文特点,在桥梁结构设计方案的基础上,按照美学原则对桥梁及其周边环境进行的美学创造和景观资源开发。

"桥梁景观工程"是桥梁景观设计中所包括的景观项目的总称。

"桥梁景观建设"是桥梁景观建设方针、标准、要求;桥梁景观设计方案及方案评议、审定;景观工程施工及验收等等项目的总称。它说明景观建设是政府、建设单位、设计单位、科研单位、施工单位、监理单位、监督单位及材料设备、材料试验单位等有关各方(统称为参建单位,下同)共同参与的集体行为。

"桥梁景观设计方案评议"系指政府组织社会各界(包括各参建单位、规划单位、环保单位、旅游管理单位、建筑师、艺术家,各阶层民众代表,下同)根据景观建设方针、设计规模、设计原则对桥梁景观设计方案所体现的主题和预期达到的美学功能、与桥梁主体结构、环保、规划之间的关系,以及开发利用前景,广泛发表意见。这是政府和建设单位选定实施方案的依据之一。由于景观建设成果所具有的观赏属性是直接为社会服务的,可能造成深远的社会影响,所以组织具有广泛代表性的社会各界来评议景观设计方案是完全必要的,应当把它作为景观建设必须遵循的程序。日本本四连络桥建设过程中就设立了"本四连络桥景观委员会",在"本四连络桥公团"领导下,组织景观设计方案评审和研究工作。但是,景观设计方案评议并不表示政府和社会可以干预设计者的艺术创造性,它的作用只能是使景观艺术创造从纯艺术领域中走向社会,更符合实际,更具时代性和观赏性,从而发挥更大的美学效应。

桥梁结构在桥梁景观建设中的"主体功能",表现为直接利用桥梁结构进行建筑艺术造型创造,并直接体现桥梁的美学效应。

桥头雕塑的美学效应是非常明显的,在古代桥梁和现代桥梁中应用很广。

桥梁结构在桥梁景观建设中的"载体功能"应用得更为广泛,它表现为结合桥梁结构特点及桥位地形地物特点,对桥梁进行装饰性艺术创造,以充分展现桥梁的美学效应。如现代化桥梁中广泛应用的灯饰夜景。在灯饰夜景中,灯光已不再是照明设施,而成为展示桥梁造型魅力的载体。

(二)"桥梁景观设计"与"桥梁结构设计"的统一

桥梁结构设计是桥梁设计师根据桥梁建设方针和建设要求,以具有法律效力的标准、规范为依据,以严密的、精确的力学、材料学为基础所进行的结构造型创造。桥梁设计师追求的主要目标是满足桥梁使用功能(包括通车、行人、通航、行洪与线路顺畅连接等),保证桥梁结构安全和使用年限(即坚固耐用);结构合理、经济;施工方便、可行,适当兼顾美观等。基于这个事实,桥梁设计师在桥梁建设中占据了主导地位,并对设计承担法律责任。所以桥梁结构设计被称为工程的灵魂。而桥梁景观设计则主要是景观设计者从事的艺术创造活动,所追求的主要目标是最大限度发挥桥梁及周边环境的美学效应和资源功能。桥梁设计师和景观设计者分别从两个不同的侧面去追求同一个目标——建设最好、最美的桥梁。但是由于各自的依据不同、知识范围有别、研究重点和领域及创造性思维存在差异,由此必然形成桥梁结构设计方案与桥梁景观设计方案的差异,桥梁设计师和景观设计师产生意见分歧,是国内外桥梁建设史上经常发生的现象。不过有理由相信,随着社会对桥梁景观要求的提高,桥梁设计师与景观设计者合作机会的增加,这类分歧会日趋缩小。

为了解决现代化特大型桥梁的结构设计与景观设计的统一问题,设计出结构最合理,美学效应最佳,景观资源得到充分利用的现代化桥梁,当前应当致力于提高桥梁设计师的美学素质。一个优秀的桥梁设计师不但应当是桥梁结构专家,还应当是桥梁艺术家。现在教育主管部门在高等学校桥梁工程专业开设桥梁美学课,培养具有较高美学素质的桥梁工程师,这是适应现代化桥梁建设需要的重大举措。

在协调处理结构设计方案与景观设计方案之间的关系时,毫无疑问,应当把全面满足桥梁结构的使用功能及区域建设规划和环境保护要求放在首位。结构使用功能包括:通车行人、通航行洪、受力合理、安全可靠、桥头接线顺畅等。为此,景观设计者们在以桥梁结构为主体进行造型优化时,应以不影响结构功能为前提并充分尊重桥梁设计师的意见。景观设计者以桥梁结构为载体进行的美学创造通常不会影响结构的承载能力和使用功能,应当受到桥梁设计师的尊重。

桥梁周边景观的美学创造和景观资源开发,不是桥梁设计师关注的范围,因而成为景观设计者们发挥艺术创造的领域。需要注意的是这些新创造必须与区域发展规划和环境保护相结合,有丰富的文化内涵,富于教育意义。

夜景灯饰设计、涂装色彩设计、展览馆建设、博物馆建设等,涉及物理学、化学、建筑学领域。所以,成功的桥梁景观建设工程应该是多学科合作的结晶。

(三)景观建设标准

大桥、特大桥由于规模大,位置特殊,在景观设计时的标准从以下六方面体现。

(1)富于创新的桥型和独特的主体结构艺术造型。

(2)开拓性、创造性的景观创意。

(3)应用现代化科技成果创造现代桥梁景观美学效应。

(4)丰富的科技文化内涵。

(5)现代旅游景点。

(6)保护环境、创造环境。

(四)景观设计项目

景观设计项目由建设单位根据建设标准和规模、建设资金回收历程确定,以合同方式委托景观设计单位实施。景观设计项目包括:

(1)桥型方案的美学优选。

(2)桥梁主体结构艺术造型优选。

(3)涂装色彩美学设计。

(4)灯饰夜景美学设计。

(5)进出口标志工程景观设计。

(6)桥位周边景观设计。

(7)景观资源开发利用方案。

(五)景观设计原则

根据建设单位提出的景观建设标准、规模及有关要求,由景观设计单位拟定具体的景观设计原则报请建设单位批准后,作为指导景观设计和协调处理与结构设计关系的依据。

(1)保证桥梁使用功能要求的原则。即景观建设项目不能影响桥梁的交通功能;不能侵入通航净空限界,影响通航;夜景灯光照度不能影响航空飞行、进出港行船等。

(2)质量、安全第一原则。以桥梁受力结构为主体的结构艺术造型美学设计应不降低结构承载能力、结构刚度、结构稳定性和结构使用寿命。在此范围内,景观设计应服从结构设计。景观设计方案应经建设单位转交结构设计单位验算,在得到正式认可后才可成立。除此之外,因艺术造型而使结构复杂化,增加了设计和施工难度等,不应成为否定景观设计方案的主要理由,而应由建设单位采用补偿设计费和工程费的办法来解决。

(3)以桥梁结构作为载体的景观建设项目,如夜景灯饰等,不会影响工程质量和结构受力,不应受结构设计的限制,而应以充分发挥景观的美学效应为主旨。

(4)桥位周边景观是实施景观建设的重点对象,在城市规划和环境保护规划允许的前提下,开拓艺术创新思路,全方位、多角度展示桥梁景观的美学效应,开发景观资源。

(5)环境保护和环境建设原则。桥梁景观建设应维护环境生态平衡,保护珍稀动植物和特有地质风貌,杜绝声、光、电对环境的"污染"。

(6)尊重民风、民俗原则。涂装色彩选择时不但要考虑与周边环境色调、桥梁造型相协调,还要考虑本地区的民风、民俗。

(六)景观设计程序

大桥景观设计由建设单位委托桥梁景观设计单位承担,设计程序如图 10-4 所示(厦门海沧大桥设计程序)。该程序与现行基本建设工程采用的三阶段设计程序相类似。但根据景观设计的特殊性,其形式和内容有所不同。主要区别是建设单位在景观设计中的主导作用更为突出。

五、立交景观设计

立体交叉(简称立交)是利用跨线构造物使道路与道路(或铁路)在不同标高相互交叉的连接方式。我国现阶段正大力发展交通基础设施建设,立交作为道路交叉连接的重要形式,在高速公路、城市道路建设中经常采用。而且,立交的位置通常都处在交通发达、经济繁荣的地区,它的建设对于发展地区经济,促进周边土地的开发和利用,美化环境起着举足轻重的作用。

立交是一座由道路与桥梁等构造物构成的工程实体,它与周围的自然景物和广阔的空间共同构成一个人为的物质环境。那么它必然会对自然景观产生影响,同样,自然景观也会对立交的规划、设计以及建成后的通行能力发挥作用。由此可见,作为景观设计在立交的设计过程中占有非常重要的位置,是一个必不可少的部分。随着科学技术的进步和经济的发展,人们的

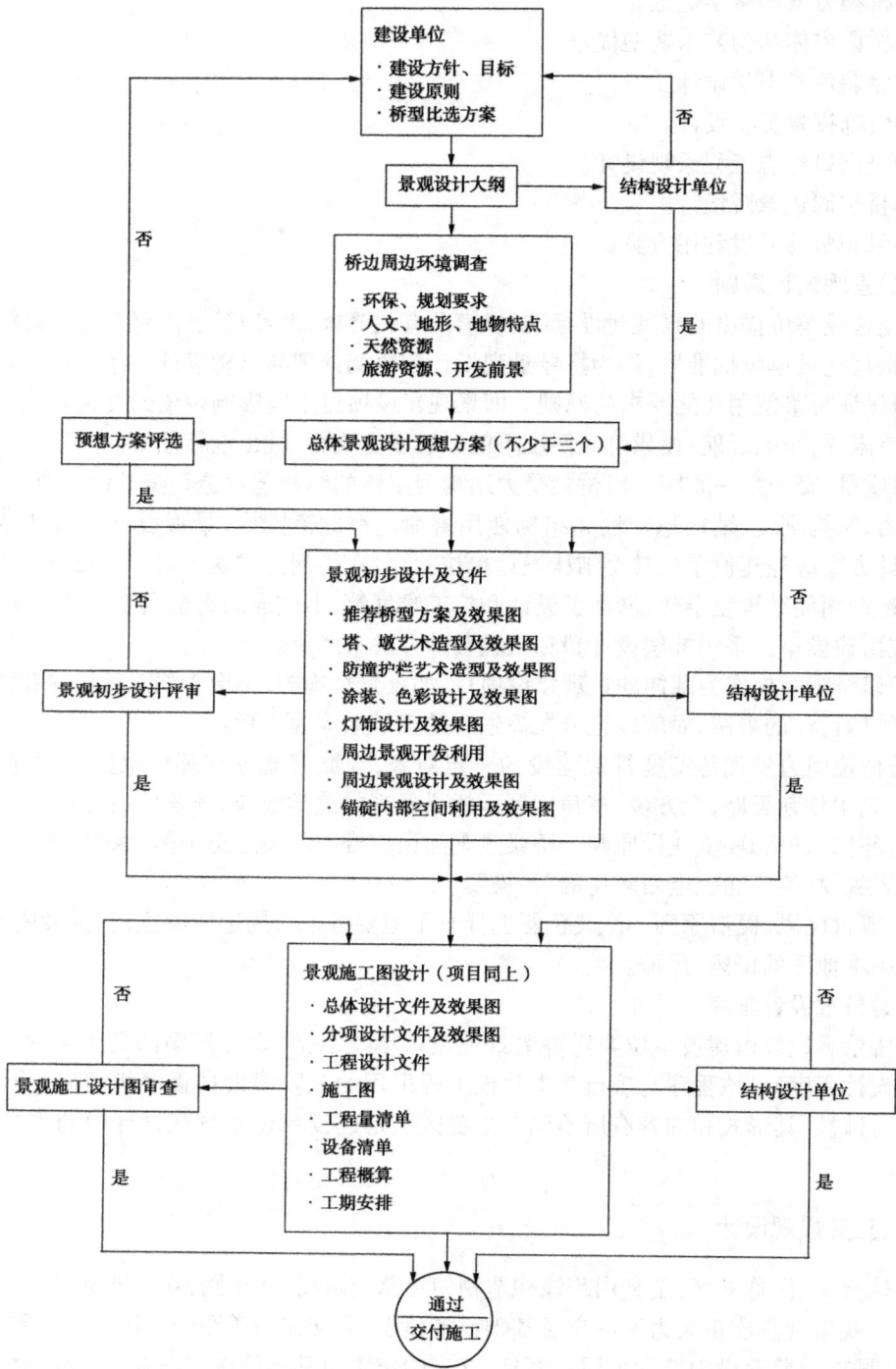

```
                        ┌─────────────────┐
                        │   建设单位        │
                        │ ·建设方针、目标   │ ──────── 否
                        │ ·建设原则         │
                        │ ·桥型比选方案     │
                        └─────────────────┘
                     ┌──────────┐      ┌──────────┐
         否          │景观设计大纲│ ───→ │结构设计单位│
                     └──────────┘      └──────────┘
                        ┌─────────────────┐
                        │  桥边周边环境调查  │
                        │ ·环保、规划要求   │      是
                        │ ·人文、地形、地物特点│
                        │ ·天然资源         │
                        │ ·旅游资源、开发前景│
                        └─────────────────┘
    ┌──────────┐   ┌──────────────────────────┐
    │预想方案评选 │ ← │总体景观设计预想方案(不少于三个)│
    └──────────┘   └──────────────────────────┘
         是

                        ┌─────────────────────┐
                        │  景观初步设计及文件     │
                        │ ·推荐桥型方案及效果图  │
    否                   │ ·塔、墩艺术造型及效果图 │          否
  ┌──────────┐          │ ·防撞护栏艺术造型及效果图│  ┌──────────┐
  │景观初步设计评审│ ←─── │ ·涂装、色彩设计及效果图 │ →│结构设计单位│
  └──────────┘          │ ·灯饰设计及效果图      │  └──────────┘
                        │ ·周边景观开发利用      │
    是                   │ ·周边景观设计及效果图  │          是
                        │ ·锚碇内部空间利用及效果图│
                        └─────────────────────┘

                        ┌─────────────────────┐
                        │ 景观施工图设计(项目同上)│
    否                   │ ·总体设计文件及效果图  │          否
  ┌──────────────┐      │ ·分项设计文件及效果图  │  ┌──────────┐
  │景观施工设计图审查│ ←── │ ·工程设计文件         │ →│结构设计单位│
  └──────────────┘      │ ·施工图              │  └──────────┘
                        │ ·工程量清单           │
    是                   │ ·设备清单            │          是
                        │ ·工程概算            │
                        │ ·工期安排            │
                        └─────────────────────┘
                            ┌──────────┐
                            │   通过     │
                            │  交付施工   │
                            └──────────┘
```

图 10-4　厦门海沧大桥景观设计流程图

250

生活水平不断提高,观念也在逐步改变,文化素质不断提高的人们纷纷把目光投向更高层次的精神世界,对立交的文化性、艺术性提出了更高的要求。人们意识到立交不仅仅具有交通功能,还应当从景观、环境、区位以及空间组合等角度来考虑其美学功能以完善其整体美感。

立交景观设计就是考虑使立交具备固有的交通功能的同时,还需考虑使立交与周围环境相协调,以减少建设性景观破坏,提高其美学价值和文化价值。也就是在考虑立交建设及养护的经济性同时,还需考虑它给司乘人员以及沿线居民在心理上带来的舒适感和安全感,建设一个与自然环境相协调的人工构造物,从而营造出一个新的优美环境,尽可能少地造成建设性景观破坏。这里所提到的建设性景观破坏是指由于立交工程的建设破坏了自然环境,以致对自然景观产生了不利影响。比如,有些结构物在设计阶段由于只注重了其工程条件和经济性,而忽视了建成后所产生的负作用,以至进一步破坏了周边的自然景观。

因此,所谓立交景观设计,就是从美学观点出发,在满足其交通功能的同时,充分考虑立交的美观、路用者的舒适性,以及与周围景观的协调性,让使用者(驾驶员、乘客以及行人)感觉安全、舒适、和谐所进行的设计。它的目的是使立交在满足规定的技术与经济指标要求下,合理地适应当地环境,使之成为新的景观,这样既有利于行车安全,又具有优美景象。

立交景观设计是建立在公路工程学、桥梁工程学、建筑美学、建筑艺术学、交通心理学、生态学和园林学等学科知识基础上的,没有固定的模式。在实际工作中,往往需要因地制宜,各方面知识综合考虑。

1. 立交景观设计的内容

根据景观开发的思想规划立交,不仅要避免对生态环境的破坏,而且应力求美化自然,使立交与自然景观有机联系,浑然一体。最大限度地与地形吻合和避开重要建筑设施等是保护景观的有效措施。但是出于立交的主要功能是为了保证进出立交车辆的交通转换和交通安全,过分迁就地形,将引起设计标准的降低,从而降低在立交上行驶的车辆的舒适与安全,违背了我们规划、设计立交的原则。景观设计就是为了解决这些矛盾,提出保证用路者的安全与舒适的方法,提出保护有价值的风景和各组成部分的方法,通过预先控制尽可能消除或减少对风景的损坏,并提出立交作为自然景观一员的景观造型美化的方法。

立交景观设计包含多方面的内容,主要有:立交的规划布局与总体造型,立交的线形设计,构造物的景观设计,立交景观修饰等等。现从上述几方面讨论立交景观设计应考虑的问题及应遵循的原则。

2. 立交景观设计的原则

一座立交首先要有满意的功能,这功能是要适应于它服务的对象,而不在于功能如何完善。从美学的角度看只有具备满意的功能,才能使人产生美感,也就是要求立交的构造物功能与美学要求的一致性。

立交的规划、设计不仅要满足行驶动力学、交通工程与运输经济的要求,还应满足造型建筑的美学要求,立交空间造型。会从心理和生理方面对司机的运行状态产生影响。立交的选型还应最大可能地保护植物与各种自然特性、名胜古迹和风景,不应分隔原有的社区,不应破坏生态平衡,保证自然资源的利用能力。所有这些,将获得公众对立交建造的支持和拥护,使立交不仅仅是具有交通功能的设施,同时成为景观的有机组成部分。根据立交所处的地域范围、地形地貌、周边环境等自然因素和地域特色、文物古迹、风俗习惯等人文因素进行综合,确定相应的设计原则。一般情况下要做到以下几个方面:

1)因地制宜为前提

强化结合利用现状地形、设计地形宜树则树、宜草则草,在尽可能减少工程量的前提下,达到良好的视觉效果和环境效果。这是符合中国园林"虽由人作,宛自天开"的这一基本设计思想的。立交是一个有机整体,在景观设计时既要注意内部各组成部分之间的协调,使其有机地融合在一起,又要注意与地形、环境的外部相协调。在进行立交的线形、构造物的造型设计时,避免割断生态环境空间或视觉景观空间的错误做法,周围景点、附属设施以及绿化植物要有统一性和连续性,避免相互独立,缺乏整体协调性。同时,还要与当地风土人情、历史文化相协调,展现出当地的文化内涵与韵味。

2)环境保护为基础

立交的建设必须建立在环境保护的基础上,依据国家在相关方面的法律、法规依法办事,才能真正走上可持续发展的良性循环。立交的景观设计必须考虑保持长期的自然经济效益,尽量避免破坏自然环境和原有风景,保护各种动植物和名胜古迹。在保护原有风景的同时,作为现代化的标志,它的设计要符合时代发展的需要,要体现时代主旋律。立交景观要具有时代感、速度感,要使整个立交范围活跃起来,明亮起来,绿起来,成为现代化的时空走廊。

3)美学理论为指导

立交景观的形成不能脱离社会审美观的要求而独立存在。由于立交的性质和功能,决定了立交景观不可能凌驾于交通功能之上而成为首先考虑的方向,必须在满足其功能的前提下,以美学理论为指导,进行相应的规划与设计。舒适是立交景观设计的主要目的。研究表明,司机在行车过程中的感受与立交景观之间存在着密切关系,道路应该为司机提供既有趣又舒适的行车环境,而要做到这一点,主要依靠线形设计。但是,通过景观设计提高舒适性的前提是保证交通安全,如果不能保证交通安全,不管立交本身多么优美都是毫无意义的,所以保证安全是立交景观设计的基本原则。

4)风格鲜明为特点

立交一般位于城市边缘(也有建于城市中心的),地区、地域特点十分明显,因此,充分地结合地域特征和人文特点,才能创造出具有鲜明风格的景观。立交的景观设计必须考虑保持长期的自然经济效益,尽量避免破坏自然环境和原有风景,保护各种动植物和名胜古迹。在保护原有风景的同时,它的设计要符合时代发展的需要,要体现时代主旋律。立交景观要具有时代感、速度感,要使整个立交范围活跃起来,明亮起来,绿起来,成为现代化的时空走廊。

5)统一与变化相结合

立交的景观设计强调统一,但不是千篇一律,没有区别,而是要在统一的主题下表现出各自的特色和韵味,否则沿途景观就可能会因单调而使司机注意力迟钝。适当的变化,如建筑物的风格、造型、色彩,以及线形的弯曲、起伏等,都会使司机在行车途中感受到沿途景观富有节律感、多变性,产生愉悦的心理,达到消除疲劳提高行车安全的目的。所以,立交的景观设计一定要在统一的主题下,在统一中变化,在变化中统一。

6)兼顾效益为目的

立交建设的目的就是为了发展经济,提高社会生产力,其经济效益和社会效益不言而喻。但在建成后能否最大限度地发挥环境效益,则是贯穿了工程项目从可行性分析、勘察设计、施工过程、后期养护管理等全过程。所以,立交的景观问题是需要认真对待、全面调查、仔细分析的重要内容之一。

3. 立交的规划布局与总体造型

立交的规划布局作为立交设计的前期工作,将初步确定立交设置的位置、间距、立交的规模、立交的类型等,这些都会直接影响立交建成后的整体景观。一般来说,立交的设置应根据相交道路的等级、性质、任务、交通状况,考虑到公路网或城市整体规划、立交建成后经济、社会和环境效益等条件,综合分析研究确定。

立交的造型是立交设计过程中最关键的工作。立交形式选择是否恰当,不仅直接关系到道路交叉本身的功能和经济,如通行能力、行车安全、营运经济,而且对地区经济的发展以及区域景观的形成都会产生重大影响。

规划立交的结构形式,确定道路主线应当在上面跨越还是在下面穿过,要考虑的有地形条件和主线线形两项主要因素。除此之外,相交干道的等级和周围的景观也是要考虑的因素之一。作为一般的规律,最美观的设计是将合于地形的设计,而且施工和养护也是最经济的。下穿式立交更适宜建造在凸形与地形狭窄、受周围建筑物的限制而不易拆迁的地带,它对环境影响较小。下穿式立交包括地道桥和路堑两种形式。上跨式立交宜建在凹形或平坦的地势,且有广阔的场地的地方,但因占地面积大,特别是引道高于地面且可能出现高于现有建筑物标高的情况,因而在规划时要充分考虑与周围景观的协调,以避免由于建立交而割裂了景观。

立交选型应与周围的环境结合,郊外公路立交因人口密度较小,建筑物稀少,主要从功能上考虑;城市立交,尤其是城市中心地带立交,除了满足功能上的要求外,还应侧重与周围建筑与人文环境相配合,既要保持立交本身的建筑艺术完美,又要注意与区域建筑及自然环境协调一致,达到立交造型上的内在美和外界结合的自然美。如果因为建设立交而使环境自然景观遭到破坏,那将得不偿失,立交再美也难补偿大自然的自然美。

从美学的观点出发,为使立交整体与周边环境协调,应注意以下几个问题:

(1)应尽可能少破坏立交周围的地形、地貌、天然树木、建筑物等,布局应尽量避开大型建筑物、现有民居、高低起伏较大处等,避免大填大挖,设计出与地形和环境相适应的、顺其地面的优美线形。

目前,我国已建成或正在建的立交由于诸如匝道太多等种种原因,纵坡始终降不下来,较多采用高填土方案,平原微丘区的立交主线就宛如一条土堆"长龙",在自然地形中显著突出,阻隔着人们的视线,破坏地形地物,严重影响自然景观,不能不说是一大遗憾,而且这种遗憾恐怕是永久性的。

(2)应充分利用自然风景如孤山、湖泊、大树或人工建筑物如水坝、桥梁、农舍或路旁设置一些设施等,以消除景观单调感,使立交与大自然融为一体。

(3)靠近水域的立交,应注意保留沿岸的绿化,并使其与水域有适当的空间,并注意通过细节处理在立交上能眺望一定的水域景观。应注意景观图象效果,路线可借助于适当的曲线来适应这样的景观,同时应注意保持现有植物的生长情况。

(4)应处理好与其他建筑的协调问题,如以平房为主的交叉口地区不应修建过高的立交,以免对居民造成压抑感;有标志性建筑或重要景观处不宜修建上跨式立交,以免对重要景观造成视觉削弱甚至遮挡;高层建筑群处不宜修建下穿式立交;周围有停车场、公共汽车站等公共设施的交叉口,不能因修建立交后给乘车、停车带来不便等。

(5)应处理好交叉路口与其他出入口的衔接问题,在立体交叉的引道上,应尽可能避免设置平面交叉路口,如不可避免,则设法接至引道的平坡段。在平面交叉路口范围内的纵坡不宜过大,以保证行车转弯安全,为达到这一要求,同引道交叉的道路应适当配合把标高降低或升高。

引道两侧的建筑出入路口因高差悬殊不能直接与引道衔接,则应考虑在引道之外修筑支路,把它引至标高相近处接入主线,此支路也可以与施工便道结合,在施工期间作为便道使用,但应注意不要给居民造成过多不便。

除此之外,由于城市立交与高速公路立交各自所处的环境及交通服务的特点不同,在立交选型时应当区别考虑。

4. 立交线形景观设计

立交的平纵线形是两相交道路线形的有机部分,与两端的道路线形配合,从汽车动力学、视觉心理学、环境保护学以及地形条件等多方面考虑,确保线形平顺而优美。

立交的线形最终是作为平面和纵断面两种线形合二为一的立体线形而映入驾驶者眼帘的,平纵线形的协调是至关重要的。因此,怎样把两种线形组合起来,形成良好的立体线形是线形景观设计的关键。首先线形应连续,其次设计平面线形时,注意和纵断面关系,使之成为良好的立体线形。

1)保持立交线形在视觉上的连续性,以自然引导视线,取得舒顺的驾乘节奏,这是平面、纵断面两种线形组合时最基本的也是最重要的问题。因此,在线形景观设计时,应注意避免下列情况:

(1)凸形竖曲线的顶部或凹形竖曲线的底部,应避免插入小半径的平曲线。前者失去诱导视线的作用,驾驶员靠近坡顶部才发现平曲线,因而会形成减速或因高速行驶不能立即反应,发生行车错误的情况。后者易使驾驶员对纵坡判断失误,将下坡看成上坡而导致超速行驶,造成安全事故。

(2)凸形竖曲线的顶部或凹形竖曲线的底部,应避免设置反向曲线的变曲点。前者使驾乘人员感到不安,在顶点发现反向转弯,操作危险。后者会引起排水上的问题,并在变曲点前后呈现视觉上的扭曲现象。

(3)应避免使用短的平曲线、竖曲线和直线,特别在同一方向转弯的曲线之间应避免加入短的直线。当为平面线形时,同向曲线间的直线在视觉上给人感觉好像弯向与两端曲线相反的方向;而为纵断面线形时,两同向竖曲线间的短直线给人感觉好像浮在上面,视觉上很不舒适。

2)平曲线和竖曲线要保持相互均衡,以取得线形景观的顺适。

在平、竖曲线长度的均衡上,一般平曲线比竖曲线长些,即平曲线包住竖曲线。前苏联《公路建筑景观设计规范》规定:平曲线通常应与凹形竖曲线长度相重合,如果曲线不可避免而相位交错,左转弯应布置在凹形竖曲线之前,而右转弯应布置在后面。凸形竖曲线顶点应与平曲线转角点相重合,但平曲线长度应比竖曲线长度长 20 ~ 80m。

在平、竖曲线技术指标大小的均衡上,应遵循平曲线以竖曲线为先导的原则。当平曲线半径小于 1000m 的情况下,一般竖曲线的半径为平曲线半径的 10 ~ 20 倍左右时,可以取得均衡。

3)驾驶员一般是在距路面只有 1m 左右的驾驶室看道路的,同时驾驶员要连续不断地变换着行驶方向,所以他很少去察看较远距离以外的路况,根据这个特点,我们在路线空间造型时,应根据驾驶员的感受来进行设计,以保证路线行驶的可预知性。这对于车速较快的高速公路立交尤其重要。

当设计离开相交道路驶入高速公路的匝道时,由于驾驶者希望尽早达到高速公路的设计速度,因此内环匝道宜采用单圆。在受到地形限制不得不采用多圆时,应使小圆和大圆半径之比不宜相差过大,最好为1:1.2,不得已时也要小于1:1.5。其原因是小圆半径 R_1 和大圆半径 R^2 相差过大时,在与高速公路接近的小圆曲线部分,这促使驾驶者减速,这违背了驾驶者的愿望,以致容易发生事故。在设计离开匝道时,可采用多圆曲线,布置成顺滑的卵形复曲线。但内环道形式的小圆 R_1 和大圆 R_2 之比应小于1:1.2,多数车辆在减速中进入 R_2 的曲线,这样行车感觉较好。

同时,应重视变速车道与高速公路部分的合成坡度及纵横断面的协调配合,且在高速公路的进出口处应保持良好的视线,以便看清高速公路直通交通流的运行状况,很顺利地汇入高速公路。

4)汽车行驶中,驾驶员的视觉点在不断的移动,通过视觉,驾驶员将道路与汽车联系起来,而视觉提供了立交的立体线形、周围的景观、标志的表现以及其他与道路有关的各种信息,这表现为交通工程中人、车、路、环境四者在时间和空间上的相对关系。道路线形在立体上是否良好,驾驶者主要通过视觉来感受,因此,最直观、最有效的方法就是采用动态、仿真景观图来检验。

5. 立交桥跨景观设计

立交桥跨结构物是立体交叉的主要组成部分,作为立交的主体工程,无论从数量上和造价上,在道路和立交中占有很大的比例。此外,由于立交桥跨是线路之间的互相跨越,往往要克服线形纵断面坡度要求,跨越的障碍物较多,使得桥跨结构形式多种多样,有梁式、刚架式及组合式等。同时,立交匝道和主线平面和纵断面线形组合复杂,分流合流频繁,使得桥跨结构弯、坡、斜、竖曲线桥以及异形桥极为常见。因此,每条线路桥跨之间相互关系包括形状、位置、层次安排、桥型布置都是相互影响的。立交桥跨的重要地位及其构造上的特点,充分说明立交桥跨的美学效果在立交景观中的重要作用。长期以来,我国桥跨结构的设计都比较注重结构的功能性设计,而对结构的景观艺术性考虑不足,使得桥梁结构过于呆板,甚至成为景观的一大障碍。

既然立交桥跨是线路间的相互跨越,人们要从上、下线对桥跨作全方位的动态观视,这就对桥跨的空间造型、细部结构和装饰都提出了要求。当立交的总体造型和线形骨架形成后,体现立交景观的重点应落到桥跨的结构形式、结构尺寸及各部分之间尺寸比例关系、桥跨结构总体布置与环境之间的协调等方面。

(1)桥跨布设要服从立交总体造型,立交总体造型统率整个立交各组成部分的布设。立交桥跨布设应服从每条主线和匝道的路线走向,根据路线布设采用弯、坡、斜、曲线桥及异形桥。桥梁长度应满足纵面跨越和地形要求,桥头接线或两桥梁相交处,应作到变化均匀、线形圆滑、连续,过渡顺适,不产生突变现象,以使路桥成为一个整体,显示立交的完整性和总体美。

(2)透空度是体现立交美感的一个重要指标,尤其是上跨式立交若透空度不够会给人以沉重压抑的感觉。立交桥跨的净空高度以及桥梁长度占路线比例的多少是反映透空度的重要指标。设计时在可能的条件下尽可能减小路堤的长度,保证桥下净高,从整体上透现立交的空旷、轻盈,给人以较强的空间动感。

(3)安全感是立交桥跨美感的基础和前提,缺乏安全感的桥跨结构,绝无美感可言,因此,立交桥跨造型和结构设计中,要注意避免产生心理上的压抑感、压迫感和威胁感等,采用对称法则和均衡法则增加结构造型的稳定性,为用路者创造良好的心理条件。

(4)尺度感是立交桥跨美感的具体体现,立交桥跨的尺度感不仅要求其结构本身轻巧,大小、高低、长短、宽窄、厚薄、粗细及斜度等体现形体在量上的尺度应适宜,同时要求这些尺度间的比例关系以及立交桥跨整体与周边环境之间的比例关系应恰当。

　　实践经验表明,在立交范围应尽可能地减少可见的体量,尤其是如果桥下的空间用作行车交通或停车场时,更应该如此。减少可见的体量关键是上部结构和支承的选择。

参考文献

1　公路建设项目环境影响评价规范(试行)(JTJ 005—96).北京:人民交通出版社,1996

2　公路环境保护设计规范(JTJ/T 006—98).北京:人民交通出版社.1998

3　城市道路绿化规划与设计规范(CJJ 75—97).北京:人民交通出版社,1997

4　公路路线设计规范(JTJ 011—94).北京:人民交通出版社,1994

5　国家环境保护总局编.中国环境影响评价培训教材.北京:化学工业出版社,2000

6　杨金泉等编.公路建设项目环境保护法规汇编(1982—1999),北京:人民交通出版社,2000

7　张雨化.公路勘测设计(第二版).北京:人民交通出版社,1991

8　汉斯·洛伦茨(德).公路线形与环境设计.北京:人民交通出版社,1984

9　关伯仁.环境科学基础教程.北京:中国环境科学出版社,1995

10　高速公路丛书编委会.高速公路环境保护与绿化.北京:人民交通出版社,2001

11　Z.SHALIZI 等编著.公路与环境手册(世界银行报告 TWU13).北京:人民交通出版社,1996

12　董小林.公路建设项目社会环境评价.北京:人民交通出版社,2000

13　单福庆.公路建设环境保护研究.哈尔滨:东北林业大学出版社,1997

14　张玉芬.道路交通环境工程.北京:人民交通出版社,2001

15　刘天齐.环境保护.北京:化学工业出版社,1996

16　中国 21 世纪议程—中国 21 世纪人口、环境与发展白皮书.北京:中国环境科学出版社,
1994

17　湖南大学.环境工程概论.北京:中国建筑工业出版社,1986

18　钱耀义.汽车发动机排气污染与控制.北京:人民交通出版社,1987

19　金岚主.环境生态学.北京:高等教育出版社,1992

20　严钦尚、曾昭璇.地貌学.北京:高等教育出版社,1985

21　刘兴昌、张友顺.水土保持原理与规划.西安:西北大学出版社,1989

22　常茂德等.开发建设项目水土保持方案防治目标和重点.水土保持通报.1996.16(1)

23　"中国生物多样性保护行动计划"总报告编写组.中国生物多样性保护行动计划.北京:中
国环境科学出版社,1994

24　马乃喜.中国西北的自然保护区.西安:西北大学出版社,1995

25　胡名操.环境保护实用数据手册.机械工业出版社,1990

26　李天杰.土壤环境学.北京:高等教育出版社,1996

27　王俊.环境影响评价原理与方法.东北师范大学出版社,1993

28　国家环境保护局自然保护司编.自然保护区管理法规文件汇编.1996

29　赵松龄.噪声的降低与隔离.上海:同济大学出版社,1985

30　T·M·Barry and J.A·Reagan, FHWA HIGHWAY TRAFFIC NOISE MODEL, U.S.Department of
Transportation Federal Highway Administration Office of Research, Office of Environmental Policy,
Washington, D.C.20590, December, 1978

31　西安冶金建筑学院.建筑物理.北京:中国建筑工业出版社,1987

32　张玉芬,高等级公路交通噪声及其控制设施研究报告.陕西省公路交通科学技术研究项
目.西安公路学院.1993

33 任文堂等.交通噪声及其控制.北京:人民交通出版社,1984

34 徐兀.汽车振动和噪声控制.北京:人民交通出版社,1987

35 车世光等.建筑声环境.北京:清华大学出版社,1988

36 中国建筑科学研究院建筑物理研究所.建筑声学设计手册.北京:中国建筑工业出版社,1987

37 林正清编译.欧洲国家采用透水沥青材料铺路经验.公路与高速公路,1990.(4)

38 沈金安.开级配多孔隙排水型沥青路面.国外公路,1994.14(6)

39 张玉芬.低噪声路面材料构造吸声性能试验研究.西安:西安公路交通大学学报,1993.3

40 贺克斌等.中国环境科学,1996.17.(4)

41 北京市环境保护科学研究所.水污染防治手册.北京:中国建筑工业出版社,1989

42 北京市市政设计院.给水排水设计手册.北京:中国建筑工业出版社,1986

43 姚雨霖等.城市给水排水.北京:中国建筑工业出版社,1994

44 曲格平等.环境科学基础知识.北京:中国环境科学出版社,1992

45 金鉴明等.自然保护概论.北京:中国环境科学出版社,1991

46 日本京滋砬地区环境影响调查报告书,1984

47 刘滨谊.风景景观工程体系化.北京:人民交通出版社,1998

48 史宝忠.建设项目环境影响评价.北京:中国环境科学出版社,1993

49 曹申存、张万玉等.公路建设项目环境影响评价技术与方法.西安:陕西师范大学出版社,1994

50 韦鹤平.环境系统工程。上海:同济大学出版社,1993

51 曲格平.中国环境管理.北京:中国环境科学出版社,1989

52 张慧勤、过孝民.环境经济系统分析.北京:清华大学出版社,1993

53 程福祐.环境经济学.北京:高等教育出版社,1993

54 张兰生等.实用环境经济学.北京:清华大学出版社,1992

55 郦桂芬.环境质量评价.北京:中国环境科学出版社,1994

56 刘书套、熊焕荣.多孔隙沥青混凝土减噪路面声学性能的试验研究.2000年道路工程学会学术交流会议论文集.北京:人民交通出版社,2000

57 熊焕荣.公路路基路面施工监理指南(修订版).北京:人民交通出版社,1999

58 刘书套.论公路建设与管理中的环境保护.中国公路学会2000学术交流论文集.中国公路杂志社,2000

59 杨俊平.景观生态绿化工程设施模式研究.北京:中国科学技术出版社,1999

60 国务院新闻办公室.中国的环境保护.北京:中国环境科学出版社,1996

61 王肇润.工业交通环保概论.北京:科学技术文献出版社,1986

62 李宇峙.工程质量监理.北京:人民交通出版社,1999

63 马大猷主编.声学学报.北京:中国声学学会,2000

64 沈毅、李聚轩.高速公路声屏障设计.工程力学.北京:清华大学出版社,1999

65 王礼先.水土保持学.北京:中国林业出版社,1995

66 刘震等.开发建设项目水土流失防治技术研究.北京:中国标准出版社,1999

67 焦居仁.开发建设项目水土保持.北京:中国法制出版社,1998

68 〔美〕I·L·麦克哈格著.芮经纬译.设计结合自然.北京:中国建筑工业出版社,1992

69 刘蔓编著.景观艺术设计.重庆:西南师范大学出版社,2000
70 刘滨谊.现代景观规划设计.南京:东南大学出版社,1999
71 唐学山、李雄、曹礼昆编著.园林设计.北京:中国林业出版社,1997
72 浙江农业大学主编.植物营养与肥料.北京:农业出版社,1991
73 王敬国等.植物营养的土壤化学.北京:北京农业大学出版社,1995
74 商鸿生等.草坪病虫害及其防治.北京:中国农业出版社,1996
75 山寺喜成等.恢复自然环境绿化工程概论.北京:中国科学技术出版社,1997

面向 21 世纪交通版高等学校教材（公路类）目录

交通工程专业

序号	教 材 名 称	主编学校
1	交通工程学（第二版）	北京工业大学
2	交通工程总论（第二版）*	东南大学
3	交通调查与分析（第二版）	长安大学
4	交通流理论*	吉林大学
5	交通管理与控制（第二版）*	同济大学
6	交通仿真技术*	北京工业大学
7	道路通行能力分析	长安大学
8	道路交通安全	哈尔滨工业大学
9	交通枢纽规划与设计	哈尔滨工业大学
10	交通工程设施设计*	东南大学
11	城市总体规划原理（第二版）	北京工业大学
12	运输工程导论**	同济大学
13	运输经济学	同济大学
14	客运交通系统	同济大学
15	物流学	同济大学
16	城市轨道交通	同济大学
17	机场规划与设计	同济大学
18	交通与环境	长安大学
19	智能运输系统概论*	吉林大学
20	城市交通网络分析	华中科技大学
21	城市停车场规划设计与管理	北京工业大学
22	交通规划与设计	东南大学
23	道路与交通工程系统分析	东南大学
24	交通设计方法与运用	同济大学
25	道路工程（土木、交通工程）	同济大学
26	公路网规划	哈尔滨工业大学
27	交通工程专业英语*	哈尔滨工业大学
28	交通影响分析	华中科技大学
29	道路交通安全管理法规概论及案例分析	哈尔滨工业大学
30	交通工程计算示例	湖南大学
31	交通工程专业课程设计指导书	同济大学
32	交通工程专业实习指导书	哈尔滨工业大学
33	交通工程设计理论与方法*	长安大学

*：已出版；**即将出版。

土木工程专业（道路工程专业方向）

序号	教 材 名 称	主编学校
一	基本知识技能层次教材	
1	土质学土力学（第三版）	同济大学
2	道路建筑材料（第三版）	同济大学
3	道路工程地质（第三版）	长安大学
4	测量学（第二版）	长安大学
5	土木工程概论	同济大学
6	画法几何与工程结构制图（第四版）	同济大学　湖南大学
7	道路工程英语（第二版）	湖南大学
8	工程经济学原理与应用	长沙交院
9	道路勘测设计（第二版）	长安大学
10	公路施工组织及概预算（第二版）	长沙交院
11	工程项目管理	长安大学

序号	教 材 名 称	主编学校
12	路基路面工程	东南大学
二	知识技能拓展及提高层次教材	
1	城市道路设计（第二版）	华中科大
2	道路经济与管理决策	华中科大
3	软土与软土地基处理	同济大学
4	路基路面工程检测技术	长沙交院
5	公路加筋技术设计及应用	长沙交院
6	交通地理信息系统	华南理工
7	公路工程计算机辅助管理	长安大学
8	沥青路面	长安大学
9	水泥混凝土路面	同济大学
10	公路养护与管理（第二版）	长安大学
11	道路与桥梁工程计算机绘图	长安大学
13	公路土工合成材料原理与应用	东南大学
14	路线 CAD 原理与方法 （研究生教材）	东南大学
15	道路管理与系统分析方法	东南大学
16	地基处理	东南大学
17	路基设计原理与计算	东南大学
18	GPS 测量原理及其应用	东南大学
19	高速公路（第二版）	同济大学
20	公路工程造价编制与管理	重庆交院
21	工程概预算与招投标	重庆交院
22	路面断裂与损伤 （研究生教材）	长安大学
23	高等土质学 （研究生教材）	长安大学
24	公路环境与景观设计	长沙交院
25	道路工程结构分析数值方法 （研究生教材）	长沙交院
26	道路交通安全工程	同济大学
27	道路规划与几何设计	同济大学
28	路面设计原理 （研究生教材）	同济大学　　长沙交院
29	路基设计原理 （研究生教材）	长安大学　　长沙交院
30	路线设计原理 （研究生教材）	华南理工　　长安大学
31	现代道路工程材料 （研究生教材）	华南理工　　重庆交院
32	工程经济学 （研究生教材）	长安大学　　长沙交院
33	特殊地区公路设计与施工系列教材	长安大学
①	黄土	长安大学
②	多年冻土	长安大学
③	膨胀土	
④	盐渍土	
⑤	山区	长安大学
⑥	沙漠	长安大学
37	道路结构可靠度	哈工大
38	高速公路设计	长安大学
39	现代土木工程施工	重庆交院
40	土木工程造价控制	长安大学

土木工程专业（桥梁与隧道工程专业方向）

序号	教 材 名 称	主编学校
一	基本技能层次教材	
1	桥梁工程（桥方向）（上、下）	同济大学 重庆交院
2	桥梁工程（路方向）	同济大学
3	桥梁工程（土木、交通工程）	湖南大学
4	基础工程（第二版）	长安大学
5	结构设计原理（第二版）	东南大学
6	隧道工程（第二版）	长安大学
7	桥涵水文	长安大学
8	现代钢桥	同济大学
9	斜弯桥设计与分析	同济大学

序号	教 材 名 称	主编学校
10	道路工程（桥隧方向）	重庆交院
二	知识技能拓展与提高层次	
1	高等桥梁结构理论	同济大学
2	桩基设计与计算	湖南大学
3	桥梁检测与加固	华中科大
4	组合结构原理	哈工大
5	桥梁结构电算（一）	同济大学
6	桥梁结构电算（二）（研究生教材）	同济大学
7	高等钢筋混凝土结构 （研究生教材）	重庆交院
8	桥梁结构试验	同济大学
9	桥梁抗震	同济大学
10	桥梁抗风	同济大学
11	桥梁工程CAD及信息技术	湖南大学
13	结构工程数值方法 （研究生教材）	长安大学
14	桥梁施工技术	同济大学
15	桥梁施工组织管理	长安大学
16	桥梁施工控制与监测 （研究生教材）	同济大学
17	桥梁结构概念设计 （研究生教材）	同济大学
18	现代预应力技术理论与实践 （研究生教材）	同济大学
19	轨道交通桥梁结构理论 （研究生教材）	同济大学
20	混凝土结构理论 （研究生教材）	同济大学
21	桥梁工程中的非线性与稳定分析 （研究生教材）	同济大学
22	斜拉桥的设计、施工与控制	长沙交院
23	大跨度桥梁结构计算理论	长沙交院
24	服役桥梁动态可靠度理论与维修加固策略	长沙交院
25	公路隧道勘察设计	长安大学
26	隧道结构计算与分析	长安大学
27	桥梁健康状态监测 （研究生教材）	同济大学
28	大跨度桥梁极限承载力分析	长沙交院

四、教学参考书

序号	教 材 名 称	主编学校
一、	路、桥隧专业方向课程设计、毕业设计指导书	
1	《道路勘测设计》毕业设计指导书	长安大学
2	《基础工程》	长安大学
3	《路基路面工程》	长安大学
4	《结构设计原理》	长安大学
5	《隧道工程》	长安大学
6	《桥梁工程》	重庆交院
7	《公路施工组织及概预算》	长沙交院
二、	设计计算示例	
1	桥梁设计计算示例丛书	
①	拱桥（1）	华中科大
	拱桥（2）	重庆交院
	钢管混凝土拱桥	华南理工
②	连续梁桥（1）	重庆交院
	连续梁桥（2）	华南理工
③	斜拉桥	重庆交院
④	悬索桥（第二版）	重庆交院
⑤	混凝土简支梁（板）桥（第二版）	同济大学
⑥	桥梁地基与基础	湖南大学
2	道路结构计算示例	哈工大 长安大学
3	简明桥梁施工计算示例	重庆交院
4	隧道设计计算示例	长安大学
三、	工程实习指导书	
	《桥梁工程》	重庆交院

人民交通出版社公路图书介绍（＊为最近新书）

人民交通出版社公路图书部是该社公路图书核心出版部门,现承担国家级重点图书"交通科技丛书"22种,"现代桥梁技术丛书"20种,"当代交通领域重要著作丛书"以及"面向二十一世纪交通版高等学校教材"120种等重点图书的出版任务。联系电话:010－64237738/64213147(传真)

1. 面向 21 世纪交通版高等学校教材

＊土质学与土力学(第三版)(高大钊) ……………… 26元
＊路基设计原理与计算(李峻利) …………………… 40元
＊高速公路(第二版)(方守恩) ……………………… 21元
＊公路土工合成材料应用原理(黄晓明) …………… 22元
＊GPS测量原理及其应用(胡伍生) ………………… 28元
＊公路经济学教程(袁剑波主编) …………………… 23元
＊公路工程造价编制与管理(沈其明) ……………… 31元
＊高等桥梁结构理论(项海帆主编) ………………… 35元
＊桥梁结构试验(章关永主编) ……………………… 22元
＊桥梁抗震(叶爱君) ………………………………… 15元
＊大跨度桥梁结构计算理论(李传习) ……………… 18元
＊高等钢筋混凝土结构(周志祥) …………………… 27元
＊混凝土简支梁(板)桥(易建国) …………………… 27元
＊悬索桥(徐君兰) …………………………………… 16元
　钢桥(徐君兰) ……………………………………… 16元
＊拱桥(第二版)(钟圣斌) …………………………… 36元
＊交通工程设施设计(李峻利主编) ………………… 35元
　交通流理论(王殿海) ……………………………… 21元
＊交通工程设计理论与方法(马荣国) ……………… 40元
＊交通系统仿真技术(刘运通等) …………………… 26元
　交通工程总论(徐吉谦) …………………………… 32元
＊智能运输系统概论(杨兆升) ……………………… 25元
＊现代工程机械发动机与底盘构造(陈新轩) ……… 38元
　施工机械概论(王进) ……………………………… 35元
＊专业英语(第二版)(李嘉) ………………………… 30元
＊交通工程专业英语(裴玉珑) ……………………… 28元
＊交通管理与控制(第二版)(杨佩昆) ……………… 25元
＊路基路面工程检测技术(李宇峙) ………………… 46元
＊交通运输工程导论(姚祖康) ……………………… 22元
＊测量学(第二版)(许娅娅) ………………………… 34元
＊公路工程地质(三版)(窦明健) …………………… 25元
＊道路结构力学(上、下)(郑传超、王秉纲) ……… 50元
＊城市道路设计(吴瑞麟) …………………………… 22元
＊交通工程学(任福田) ……………………………… 42元
＊运输经济学(严作人) ……………………………… 40元
＊桥涵水文(三版)(高冬光) ………………………… 24元
＊公路环境与景观设计(刘朝晖) …………………… 元
＊基础工程(王晓谋) ………………………………… 33元
＊交通工程专业生产实习指导书(朱从坤) ………… 7元

2. 面向 21 世纪交通版交通高等职业技术教育路桥专业教材

＊道路建筑材料试验指导书(姜志青) ……………… 18元
＊建筑力学(上、下)(罗奕) ……………………… 共53元
＊公路工程 CAD 基础教程(郑益民) ……………… 26元
＊道路建筑材料(姜志青) …………………………… 29元
＊毕业设计与毕业答辩指导(上) …………………… 15元
＊毕业设计与毕业答辩指导(下) …………………… 17元
＊工程地质(齐丽云等) ……………………………… 23元
＊公路工程检测技术(金桃等) ……………………… 28元
＊公路工程施工监理基础(李文不) ………………… 24元
＊公路隧道施工(黄成光) …………………………… 59元
＊工程机械与施工用电(王定祥) …………………… 33元
＊公路工程建设招标与投标(文德云) ……………… 30元
＊交通工程学基础(张郃生) ………………………… 19元
＊道路工程制图(刘松雪) …………………………… 29元
＊道路工程制图习题集(曹雪梅) …………………… 28元
＊工程测量(李仕东) ………………………………… 24元
＊工程力学(孔七一) ………………………………… 26元
＊公路施工组织设计(马敬坤) ……………………… 16元
＊道路工程专业英语(薛廷河) ……………………… 19元
＊公路工程项目管理(陈　烈) ……………………… 27元
＊土质与土力学(孟详波) …………………………… 21元
＊结构力学(李　轮) ………………………………… 25元
＊公路工程造价(陆头春) …………………………… 24元
＊城市道路设计(王连威) …………………………… 24元
＊公路养护技术与管理(彭富强) …………………… 16元
＊结构设计原理(孙元桃) …………………………… 23元
＊公路设计(金仲秋) ………………………………… 36元
＊桥涵施工技术(王常才) …………………………… 39元
＊基础工程(陈晏松) ………………………………… 19元
＊桥涵设计(白淑毅) ………………………………… 26元
　桥涵水力水文(俞高明) …………………………… 28元
＊公路施工技术(俞高明) …………………………… 26元
　汽车安全检测(杜兰卓) …………………………… 25元

　试题集及题解第二版(1～4辑) ………………… 全套108元
　《地质与土质》实习实验指导 …………………… 12元
　课程设计指导 ……………………………………… 27元
　桥梁施工组织与管理基础(王洁) ………………… 21元
　道路建筑材料试验指导书(姜志青) ……………… 18元

1

4